海底大型金属矿床安全高效开采技术

陈玉民　李夕兵　等著

U0325810

北　京

冶金工业出版社

2013

内 容 提 要

本书详细阐述了三山岛金矿海底开采的研究成果,内容包括海底开采概述、三山岛金矿海底开采技术特征、海底矿床地应力测量方法与分布规律、海底矿床岩体质量分级与评价、海底矿床开采的相似模拟试验、海底矿床开采的安全隔离层厚度、海底矿床开采的方法选择与优化、海底矿床开采地表沉降规律数值分析和海底矿床开采安全监测技术等内容。

本书可供矿山设计人员、管理人员、研究人员使用,也可供高等院校采矿专业及相关专业师生参考。

图书在版编目(CIP)数据

海底大型金属矿床安全高效开采技术/陈玉民等著. —北京:冶金工业出版社,2013.5

ISBN 978-7-5024-6199-7

Ⅰ.①海⋯　Ⅱ.①陈⋯　Ⅲ.①金属矿开采—海底采矿法
Ⅳ.①TD857

中国版本图书馆 CIP 数据核字(2013)第 038117 号

出 版 人　谭学余
地　　　址　北京北河沿大街嵩祝院北巷 39 号,邮编 100009
电　　　话　(010)64027926　电子信箱　yjcbs@cnmip.com.cn
责任编辑　杨秋奎　美术编辑　彭子赫　版式设计　孙跃红
责任校对　王贺兰　责任印制　李玉山
ISBN 978-7-5024-6199-7
冶金工业出版社出版发行;各地新华书店经销;三河市双峰印刷装订有限公司印刷
2013 年 5 月第 1 版,2013 年 5 月第 1 次印刷
787mm×1092mm　1/16;23.5 印张;563 千字;358 页
78.00 元

冶金工业出版社投稿电话:(010)64027932　投稿信箱:tougao@cnmip.com.cn
冶金工业出版社发行部　电话:(010)64044283　传真:(010)64027893
冶金书店　地址:北京东四西大街 46 号(100010)　电话:(010)65289081(兼传真)
(本书如有印装质量问题,本社发行部负责退换)

《海底大型金属矿床安全高效开采技术》
编 委 会

主　任　陈玉民

副主任　李夕兵　裴佃飞　修国林　刘志祥

编　委　陈玉民　李夕兵　裴佃飞　修国林　刘志祥　赵国彦

　　　　刘　钦　姜福兴　杨竹周　刘爱华　王　芳　王剑波

　　　　王卫华　华海洋　王存文　马春德　王　成　尹土兵

　　　　何顺斌　刘科伟　王瑞星　彭　康　黄麟淇　陈光辉

　　　　翁　磊　刘志义　党文刚　林春平　王　平　张小刚

　　　　杨洪忠　孙洪洲　马明辉

前　言

　　工业化过程是人类大量消耗自然资源，快速积累社会财富，迅速提高国民生活水平的过程，是一个国家不可逾越的发展阶段。我国已进入新型工业化道路的新阶段，对矿产品的需求量快速增长。10 种有色金属产量已从 1980 年的 124.8 万吨，发展到 2011 年的 3438 万吨，增长了 27 倍多。2011 年中国黄金产量达到 360.957t，比上年增加 20.081t，再创历史新高，连续五年居世界第一。自 2004 年以来，我国持续保持世界最大的有色金属消费国地位，铜、铝、铅、锌等主要有色金属的消费量快速增长，与全球其他国家有色金属消费量普遍下降形成鲜明对照。据预测，到 2020 年，我国有色贵重金属的需求增长趋势短期内难以改变。

　　我国陆岸有色矿产资源量的基本特点是：（1）资源总量大，但人均占有量低；截至 2011 年，我国已查明的矿产资源总量约占全球的 12%，但人均资源拥有量仅为世界人均量的 52%；（2）"小金属"矿产资源较丰富，而大宗矿产资源储量相对不足。钨、钼、锡、锑、稀土等"小金属"探明储量居世界前列，而经济需求量大的铜、铝、铅、锌、镍等大宗矿产资源储量所占比例很低，属于国家短缺、急缺或不足矿产资源；（3）贫矿较多，富矿稀少，开发利用难度大。我国金属矿产地数量多，但贫矿多、富矿少；（4）共生、伴生矿床多，单一矿床少。我国 80% 左右的金属矿床中都有共伴生元素，其中尤以铝、铜、铅、锌矿产为多。在铜矿资源中，单一型铜矿只占 27.2%，而综合型的共伴生铜矿占 72.8%。（5）资源分布范围广。各省、市、自治区均有产出，但区域间不均衡。

　　我国陆地矿产资源形势很不乐观，具体体现在：一方面，我国有色资源开发利用损失大，资源浪费严重，生产经营粗放，采选回收率仅为 60%，比发达国家低 10% ~ 20%，共伴生金属综合利用率只有 30% ~ 50%，仅为发达国家的一半；另一方面，我国陆地金属资源储量结构呈现"三少三多"的特征，一是储量和基础储量少，资源量多，在已查明的资源储量中，储量占 18.9%，基础储量占 36.3%，资源量占 63.7%；二是经济可利用的资源储量少，经济利用差或无法确定的资源储量多，经济可利用的占三分之一，经济利用差或无法确定的占三分之二；三是探明的资源储量少，控制和推断的资源储量多，达到探明程度的仅占 10.6%，控制的占 43.6%，而推断的占 45.8%。经过近六十多年的大规模开采，浅部及易采资源基本采完，80% 以上资源为深井开采与难采资源，严重影响着我国国民经济的增长需求。从对中国有色资源综合情况分析和需求预测来看，目前有色资源的基本态势是：金、铜资源严重不足；铝、铅、锌、镍资源保证程度不高，对国外依赖增加；钨、锡、锑过度开采，资源保证程度不乐观，优势地位在下降。

探寻有色资源的供需保证程度，不难发现我国现有资源开发利用程度已经很高。据初步统计，铜矿资源的开发利用已占全国资源储量的67%，铝土矿占50%以上，铅矿占68%，锌矿占72%，钨矿占79%，钼矿占60%，锡矿占89%，锑矿占87%，金矿的开发利用程度更高。在今后相当长的时间内，我国陆岸有色资源可能出现资源荒，出现无矿可开、无资源可采的状况。目前我国铜金属对外依存度达50%以上、黄金在32%以上，其他有色金属不低于25%。有色贵重金属资源较高的对外依存度已经严重影响到我国经济的战略安全。

经过近六十多年的强化开采，我国陆岸浅表资源开采殆尽，深部资源开采成本增加及复杂难采矿体的开采难度加大，我国沿海及其大陆架为主体的海基类金属资源为我国有色资源提供了新的出路与方向。我国不仅是陆地大国，而且是海洋大国。我国有18000km海岸线，有3000000km^{2}的海洋国土面积，200海里专属经济区面积为世界第十。随着大陆架地质勘探力度加大和资源勘探技术提升，我国将涌现出一大批类似山东黄金集团三山岛金矿等海基类金属矿床，该类矿床赋存于海底大陆架基岩中，矿床储量大，经济价值高，开采效益好，可大大缓解我国矿产资源紧张的状况，满足国民经济建设对金属资源的需求。

由于海下金属矿开采的特殊性，海底金属资源开采不同于海下石油与煤矿开采。海下金属矿矿体厚大、成因复杂，埋藏深，开采时间长，特别是海底开采上部为海水，开采过程中由于地应力场不断改变，上覆岩层发生受限张弛、变形、下沉，岩层内节理裂隙扩张、延伸，岩层弹性带、变形带、破碎带不断改变，若不能有效地控制好金属矿海下开采的岩移和变形大小与速度，掌握上覆岩层移动、破裂、下沉规律，必将导致采空区上方围岩中的破碎带上移，最终使破碎带与上覆海水层贯通，一方面将使岩石自稳性大幅度降低，采场顶板岩层冒落与失稳；另一方面，海水通过破裂带渗透至井下，引起井下大量突水，导致井毁人亡的重大安全事故。再者，海下开采由于古海水的高盐分，严重腐蚀井下设备与管缆，对海下开采矿山的安全性构成威胁。因此，针对近海地下硬岩金属矿床开采的主要问题及困难提出对策和解决方法，对合理开发利用我国滨海地下金属矿床具有重要的指导意义。

三山岛金矿是我国第一个从事大陆架滨海矿床地下开采的硬岩矿山，其目前开采的矿体大部分位于海水以下，其开采特点既不同于海底煤矿开采，也不同于普通的陆地开采。因此，如何在保证安全的前提下高效、快速、强化开采海底资源已成为三山岛金矿迫切需要研究的新课题。为此，山东黄金集团将"三山岛金矿海底安全高效开采技术"作为重点科技攻关项目，与中南大学等单位合作，就三山岛金矿海下开采安全隔层厚度、高效开采方法、岩层移动安全监测等技术展开研究，期望实现三山岛金矿海下资源的安全高效开采。同时该项目得到了国家重点基础研究发展计划"深部重大工程灾害孕育演化机制与动态调控理论"（2010CB732004）和国家自然科学基金重点项目"高应力硬岩矿床非爆连续开采理论与技术的基础研究"（50934006）的资助。

　　本书详细阐述了三山岛金矿海底开采的研究成果。首先，结合三山岛金矿海底矿床开采特征，根据国内外工程岩体分类经验，建立了适合三山岛金矿海底矿床的 M - IRMR 工程岩体质量与稳定性评价体系，并根据三山岛金矿工程地质调查成果，对开采区域进行了工程岩体分类，优化得出了不同质量岩体的采场合理跨度和支护技术参数，同时将 SURPAC 软件应用于岩体质量分级，实现了岩体质量分级结果的三维可视化；其次，通过测试海底大型金矿床三维地应力分布、矿岩物理力学性质、海底黏性土微观结构与渗透性能，并采用相似理论建立海底大型矿床开采试验平台，探索了海底开采岩石破坏规律和岩层突水机理，实现了 SURPAC 与 FLAC^{3D}数值模拟耦合建模，确定了三山岛金矿海底开采合理安全隔离层厚度。提出了采场交替上升无房柱连续采矿新工艺，并在三山岛金矿进行工业试验，大幅度提高了单位面积开采强度，实现了矿床连续开采，对岩层扰动小，有效控制了矿体上盘断层对采矿的影响，并在三山岛金矿全面推广应用，开创了海下金属矿床安全高效低贫损开采的先例。设计建成了三山岛金矿海底开采岩层移动监测系统，确保了海底大型矿床低沉降安全开采。

　　本书内容来自工程实践，通过理论分析优化开采技术参数，而后再应用于工程实践，得到工程实践的检验，体现了"工程实践—理论与试验研究—工程实践"的研究路线，具有系统性、创新性及与工程实践紧密结合的特点，可供矿山设计人员、管理人员、研究人员和高等院校采矿专业及相关专业的师生参考。

　　由于作者水平所限，书中不妥之处，恳请广大读者及同行批评指正。

著　者

2012 年 12 月

目　　录

1 海底开采概述

1.1 矿产资源的基本概念

1.1.1 矿产资源定义

矿产资源是自然资源中的一种，是指岩石圈内由地质作用形成，在技术上可行、经济上有利用价值的自然资源。它们以元素或化合物的集合体形式产出，绝大多数为固态，少数为液态或气态，人们习惯上称之为矿产。

按照矿产的可利用成分及其用途，可将矿产资源分为金属、非金属、能源、水气矿产等四种类型（表1-1）。

表 1-1 矿产资源的分类

矿产类别		说　　明
金属	黑色金属	能提炼铁、锰、镍、钒、钴、钼、钨等钢铁工业所需原料的矿产资源
	有色金属	能提炼铜、铅、锌、铝、锡、铋、镁、钛等金属的矿产资源
	贵金属	能提取金、银、铂等贵重金属的矿产资源
	稀有金属	能提取锂、铍、铌、钽、锑、汞等元素的矿产资源
	稀土金属	硒、镉等20种元素
非金属		富含硫、磷、碘、硼等元素，以及重晶石、石棉、萤石、石墨、金刚石、石膏、滑石、膨润土、高岭土、珍珠岩、硅灰石、蛭石、海泡石等矿产资源
能　源		包括煤、石油、天然气、泥炭和油页岩等由地球历史上的有机物堆积转化而成的"化石燃料"
水气矿产		地下水、矿泉水、二氧化碳气等6种矿产

矿产资源是人类赖以生存和发展的物质基础。随着人类的不断发展与进步，地球矿产资源，尤其是那些地质赋存条件好、埋深较浅、容易开采的矿产资源已经被大量的开发利用。今天，人类所面临的地球资源枯竭、生存环境恶化等问题已经越来越严峻。向海洋、向极地，甚至向太空要资源已经或必将成为采矿工程的主要任务，其成败无疑将直接关系到人类未来能否安全、持续发展。其中，开发海洋矿产资源无论是从技术还是经济的可行性来看都是现阶段最为现实的研究方向。

1.1.2 我国矿产资源概况及开发利用现状

1.1.2.1 我国矿产资源概况

我国在一些用量不大的矿产上具有较大的优势，但大宗支柱矿产在世界上的地位却偏低、排名靠后。关系到国计民生的用量较大的重要矿产，如铁、锰、铝、铜、铅、锌、硫、磷等，或贫矿多，或难选矿多，或分布于西部地区，开发条件差。

我国的资源总量是丰富的，从绝对数上说，在世界上是一个资源大国，但由于我国人口众多，人均资源低于世界平均水平，因此，从相对数来看，我国在世界上又是一个实实在在的资源小国。

我国累计发现矿床种类 171 种，其中探明一定储量的 158 种，发现矿床和矿化点 20 多万处，探明储量的矿区 1.4 万多处[1]。我国的钨、锑、钒、钛、锌、锂、锡、硫铁矿、稀土、菱镁矿、萤石、重晶石、石墨、石膏等矿产的探明储量均居世界首位，铜、钽、铌、汞、煤、石棉、滑石等矿产的探明储量居世界第二、第三位，铁、镍、铝、锰等矿产的探明储量居世界第四、第五位。我国是世界上拥有矿种比较齐全，探明储量比较丰富的少数国家之一，而且矿产的总量也多，45 种主要矿产保有储量的价值居世界第三位。虽然如此，但若按人均拥有量计算，我们却还是无法脱掉"贫矿"的帽子。除煤以外，均不足世界平均水平的 50%，在世界上居第 80 位。虽然我国矿产总的消费需求量在不断增加，但人均矿产资源消费量却一直较低。以人均石油消费量为例，有数据统计表明，居前 4 位的国家分别是沙特阿拉伯、美国、加拿大、荷兰。

1.1.2.2 我国矿产资源开发利用现状

新中国成立以来，我国矿产资源勘查开发取得了巨大成就，初步查明了我国矿产资源的分布特点，发现、勘查和开发了一大批矿床，形成了比较强大的矿业体系。目前，我国稀土、钨、锡等金属矿产和许多非金属矿产储量位居世界前列，煤炭、石油、钢铁的产量也都有了快速的增长，矿产资源的开发利用已经成为我国社会经济发展的重要支柱。

然而，进入 20 世纪 90 年代以来，我国明显进入工业化经济高速增长阶段，许多矿产资源的消费增速接近或超过国民经济的发展速度。

据中国统计网公布的数据，我国 2011 年钢材消费量 6.1 亿吨，铜消费量 791.4 万吨，铝消费量达 2106 万吨。多方面资料显示，国际方面对于我国矿产资源消费需求的预测和近年来实际发生的矿产资源消费数量远远超过了我国自己的估计。有资料分析，到 2020 年我国现有与人民生活息息相关的主要大宗矿产中，石油、天然气、铝、铁、铜、黄金、镍、硫、硼、铀、磷、石棉、铬、钾、富锰等无法满足国内需求，我国短缺的矿产资源将增至 39 种，供需矛盾十分严峻。

我国未来的石油消费已引起国内外的普遍关注。据中国石油天然气集团公司有关专家预测，我国 2020 年石油需求量将为 3.05 亿吨。国际能源机构（IEA）2020 年中国能源展望报告，预测中国石油需求将以年均 4.6% 的速度增长，到 2020 年市场份额将大幅增加，年消费量可达 5 亿吨以上。

目前全国可供开采的石油资源量预测为 160 亿吨，根据估算，我国石油储量可持续开采 60～65 年。据中国石油天然气集团公司对我国石油供需平衡的预测分析，国内原油的自给率将从 2000 年的 82% 降低到 2020 年的 60%，到 2020 年缺口将达到 1.3 亿吨。另据国际能源机构（IEA）预测，2020 年我国石油产量将下降到约 1.01 亿吨/年，石油进口将达到约 4.04 亿吨/年以上，成为世界石油市场的主要进口国。

有专家认为我国许多矿产资源供应已经不足，在二三十年内面临包括石油和天然气在内的各种资源的短缺，同时还将增加矿产资源对进口的依赖程度。而未来几十年，随着我国工业化进程的加快以及经济全球化，我国成为世界重要矿产资源消费大国的趋势不可阻挡。

显然，与我国未来二三十年主要矿产的巨大需求相比，我国目前探明的主要矿产储量显得严重不足。而且目前矿产资源对我国经济社会的保障程度正在出现下降趋势。我国矿产资源总量丰富、品种齐全，但已勘查矿产资源中经济可用性差和经济意义不明确的资源储量所占比重达三分之二，可采和预可采储量比例低，其中 45 种主要矿产可利用的资源储量大幅度减少，这表明矿产资源对我国经济社会的保障程度出现下降趋势。某些重要资源长期依赖进口，增加了国民经济和社会发展的不确定因素，也影响到国家安全。

1.1.3 开发利用海洋资源的必然趋势

随着人类的不断发展与进步，地球矿产资源，尤其是那些地质赋存条件好、埋深较浅、容易开采的矿产资源已经被大量的开发利用。今天，人类所面临的地球资源枯竭、生存环境恶化等问题已经越来越严峻。向地球深部、向海洋、向极地、向太空要资源以成为人类未来发展的重要方向。其中海洋矿产资源的开发利用已经或正在体现出极其重要的现实意义。

海洋是全球生命支持系统的一个重要组成部分，也是人类社会可持续发展的宝贵财富。海洋的表面积为 $3.6 \times 10^8 km^2$，约占地球表面积的 71%。根据 1994 年生效的《联合国海洋公约》规定，国际海底区域是指国家管辖海域以外的海床和洋底及其底土，其面积约 $2.517 \times 10^8 km^2$，占地球表面积的 49%，国际海底区域及其资源是人类共同继承的财产。深海则包括了绝大部分区域和部分国家管辖的海域。国际海底区域因其在海洋中所处的独特的政治法律地位，更因其拥有的具有多样性的资源，包括战略金属资源、能源资源和生物资源等，既为世界各国提供了一个延展可控制的疆界、争取海洋空间权益的机遇，又为世界各国开辟了一个培育、发展和应用高新技术的重大领域。在陆地资源短缺、人口膨胀、环境恶化等条件下，各沿海国家纷纷把目光投向海洋，加快对海洋的研究开发和利用已成为必然，一场以开发海洋为标志的"蓝色革命"正在世界范围内兴起。

1.2 海洋资源开发技术及开发现状

虽然随着科学技术的发展进步，人类开发海洋资源的规模越来越大，对海洋的依赖程度越来越高，同时海洋对人类的影响也越来越大，但由于国际海洋法、技术装备水平以及经济效益等方面的因素影响，海水中和海底下蕴藏着的各种矿产资源至今没有能够得到充分开发和利用。考虑到海洋环境的特殊性，传统的采矿方法，甚至溶浸采矿这类特殊工艺都不能完全胜任海底与极地资源的开发利用，而必须采用更特殊的工艺——海洋采矿法。

1.2.1 海洋资源及其分类

海洋是人类和多种生物的发祥地。海洋不仅提供人类巨大的食品资源，而且蕴藏着丰富的矿产资源和能源，同时也是人类生存和生活的第三空间。海洋不仅是良田、是宝库、是盛夏的别墅，是寒冬的温床，是各国关注的重要战略目标和交通要道，更是人类未来重要的陆地可接替资源，因为海洋中蕴藏着取之不尽、用之不竭的海水化学资源、动力资源、生物资源和矿产资源（表 1-2）。

表 1 - 2 海洋资源分类

资源类别	地质分布	开发内容	有关产业
海水化学资源	整个海洋水域	淡水； 金属及盐类：锰、钙、钾、溴、硫、锶、铀、硼等； 含金属的浓盐：水中富集有锌、铜、铅、银等	矿业、化学、电力、机械
海洋矿产资源	大陆架区（水深 0～200m）	重砂矿物：磁铁、钛铁、金红石、独居石、铬铁、锆石、锡石等； 稀有及贵重矿物：金刚石、金、铂等； 灰质砂及贝壳：硅质砂、磷、钙石、霞石、海绿石等； 建筑、玻璃制造及铸造等用的砂砾和砂； 流体矿产：石油、天然气、浓盐； 海底基岩矿床：煤、铁、硫黄、石膏等	矿业、造船、钢铁、电动机、机械、电子技术、石油化工等
	大陆坡（水深 200～300m）	磷灰石、热液硫化矿床（多金属软泥和含锌、铜、铅、银的块状矿物）	
	深海平原（水深 3500～6000m）	锰结核（含锰、铜、钴、镍等）	
海洋动力资源	整个海洋水域	利用热力发电； 利用海水的势能和动能，如波力发电、潮汐发电、海流发电等； 用深层海水（压力差）进行海底钻探等	电力、土建、电动机、电子技术
海洋生物资源	整个海洋水域	植物：海带、紫菜、巨藻等； 动物：鱼、虾、龟、鲸、豚、贝等	水产、造船、机械、电动机

在 21 世纪的今天，人们强烈意识到陆地资源的匮乏，随着社会的进步和科学水平的提高，人类将更多依赖占地球面积 3/4 的海洋。海洋是人类可持续发展的重要基地，海洋是人类未来的希望，开发利用海洋是解决当前人类社会面临的人口膨胀、资源短缺和环境恶化等一系列难题的极为可靠的途径。在陆地资源日渐枯竭的今天，海洋正成为人类繁衍发展的生命线。海洋开发利用的前景诱人，世界上许多国家视海洋为开拓地，制定面向海洋、开发海洋、向海洋进军的国策。人们开始认识到，海洋是 21 世纪确立国家地位和经济实力的决定性因素之一，发展海洋事业已成为国际性大趋势和各国的战略抉择。

海水中溶解有 80 多种化学元素，被誉为"液体矿山"。海水中可提取镁、钾、铀、锶等各类矿物达 5 亿亿吨。海水中含各种金属元素（表 1-3）[2]。

表 1 -3 海水中的主要元素及其含量

元素名称	海水中的浓度 /g·t⁻¹	海水中的总量 /t	元素名称	海水中的浓度 /g·t⁻¹	海水中的总量 /t
钠（Na）	10500	1.4×10^{16}	锶（Sr）	8	1.1×10^{14}
镁（Mg）	1300	1.78×10^{15}	锕（Ac）	0.6	8.2×10^{12}
硫（S）	885	1.19×10^{15}	锂（Li）	0.17	2.3×10^{12}
钙（Ca）	460	6.3×10^{14}	铷（Rb）	0.12	1.64×10^{12}

元素名称	海水中的浓度/g·t⁻¹	海水中的总量/t	元素名称	海水中的浓度/g·t⁻¹	海水中的总量/t
钡（Ba）	0.03	4.1×10^{11}	钇（Y）	0.0003	4.1×10^{8}
铟（In）	0.02	2.74×10^{11}	银（Ag）	0.0003	4.1×10^{8}
锌（Zn）	0.01	1.37×10^{11}	镧（La）	0.0003	4.1×10^{8}
铁（Fe）	0.01	1.37×10^{11}	镉（Cd）	0.0001	1.37×10^{8}
铝（Al）	0.01	1.37×10^{11}	钨（W）	0.0001	1.37×10^{8}
钼（Mo）	0.01	1.37×10^{11}	锗（Ge）	0.00007	9.6×10^{7}
锡（Sn）	0.003	4.1×10^{10}	钍（Th）	0.00005	6.8×10^{7}
铜（Cu）	0.003	4.1×10^{10}	铬（Cr）	0.00005	6.8×10^{7}
铀（U）	0.003	4.1×10^{10}	钪（Sc）	0.00004	5.5×10^{7}
镍（Ni）	0.002	2.74×10^{10}	汞（Hg）	0.00003	4.1×10^{7}
钒（V）	0.002	2.74×10^{10}	镓（Ga）	0.00003	4.1×10^{7}
锰（Mn）	0.002	2.74×10^{10}	铅（Pb）	0.00003	4.1×10^{7}
钛（Ti）	0.001	1.37×10^{10}	铋（Bi）	0.00002	2.74×10^{7}
铯（Cs）	0.0005	6.8×10^{8}	铊（Tl）	0.00001	1.37×10^{7}
钴（Co）	0.0005	6.8×10^{8}	铌（Nb）	0.00001	1.37×10^{7}
锑（Sb）	0.0005	6.8×10^{8}	金（Au）	0.000004	5.5×10^{6}
铈（Ce）	0.0004	5.5×10^{8}	铍（Be）	0.0000006	8.2×10^{5}

海洋是个矿产聚宝盆。海洋矿产资源是指存在于海洋中在目前或将来经济技术条件下具有工业开采规模的有用矿物质。

海洋矿产资源按其形态可分为三类：海水矿产资源、液体矿产资源和固体矿产资源。

（1）海水矿产资源。海水矿产资源是指溶解在海水中的有用矿物资源和有用化学元素。海水矿物资源是海洋中种类和数量最多的海洋矿产资源，它是化工原料的主要来源。

（2）液体矿产资源。液体矿产资源是指海洋中的石油和天然气，它是分布最广和最具经济价值的海洋矿产资源，也是目前开采量最大和经济效益最好的海洋矿产资源。

（3）固体矿产资源。固体矿产资源是指洋底或洋底内部以固态形式存在的有用矿物质。如海滨砂矿、海底表面的锰结核、富钴锰结壳和含重金属的软泥矿等以及海底热液多金属硫、煤、铁矿床。海底固体矿产资源分布范围广，种类多，是具有较大潜在经济价值的矿产资源。

1.2.2　海洋资源开发技术

要利用海洋的丰富资源，就要了解海洋和开发海洋。了解海洋需要观测海洋，海洋开发需要获取大范围、精确的海洋环境数据，需要进行海底勘探、取样、水下施工等。要完成上述任务，需要一系列的海洋开发支撑技术，如深海探测、深潜、海洋遥感、海洋导航等。海洋工程技术主要用以开发海洋资源、利用海洋空间、防御和减轻海洋灾害。其中，水下工程技术更是进行水下石油开采和深海采矿所必需的手段。

1.2.2.1 海水淡化技术

向海洋要淡水已成定势。淡水资源奇缺的中东地区，数十年前就把海水淡化作为获取淡水资源的有效途径。美国正在积极建造海水淡化厂，以满足人们目前与将来对淡水的需求。全世界共有近 8000 座海水淡化厂，每天生产的淡水超过 60 亿立方米。俄罗斯海洋学家探测查明，世界各大洋底部也拥有极为丰富的淡水资源，其蕴藏量约占海水总量的20%。这为人类解决淡水危机展示了光明的前景。

1.2.2.2 深海探测与深潜技术

深海是指深度超过 6000m 的海域。世界上深度超过 6000m 的海沟有 30 多处，其中的20 多处位于太平洋洋底，马里亚纳海沟的深度达 11000m，是迄今为止发现的最深的海域。深海探测，对于深海生态的研究和利用、深海矿物的开采以及深海地质结构的研究，均具有非常重要的意义。

美国是世界上最早进行深海研究和开发的国家，"阿尔文"号深潜器曾在水下 4000m处发现了海洋生物群落，"杰逊"号机器人潜入到了 6000m 深处。1960 年，美国的"迪里雅斯特"号潜水器首次潜入世界大洋中最深的海沟——马里亚纳海沟，最大潜水深度为 10916m。

1997 年，我国利用自制的无缆水下深潜机器人，进行深潜 6000m 深度的科学试验并取得成功，标志着中国的深海开发已步入正轨。2012 年 7 月，我国蛟龙号完成了 7000m级海试[3]。

1.2.2.3 大洋钻探技术

在漫长的地球历史中，沧海桑田、大陆漂移、板块运动、火山爆发、地震等都是地壳运动的表现形式。洋底是地壳最薄的部位，且有硅铝缺失现象，没有花岗岩那样坚硬的岩层。因此，洋底地壳是人类将认识的触角伸向地幔的最佳通道，"大洋钻探"是研究地球系统演化的最佳途径。

为了得到整个洋壳 6000m 的剖面结构，从而获取地壳、地幔之间物质交换的第一手资料，美国自然科学基金会从 1966 年开始筹备"深海钻探"计划，即"大洋钻探"的前身。1968 年 8 月，"格罗玛·挑战者"号深海钻探船，第一次驶进墨西哥湾，开始了长达15 年的深海钻探，该船所收集的达百万卷的资料已成为地球科学的宝库，其研究成果证实了海底扩张，建立了"板块学说"，为地球科学带来了一场革命。

1985 年 1 月，美、英、法、德等国拉开了"大洋钻探"的序幕。"大洋钻探"计划主要从两方面展开研究：一是研究地壳与地幔的成分、结构和动态；二是研究地球环境，即水圈、冰圈、气圈和生物圈的演化。

1.2.2.4 海洋遥感技术

海洋遥感技术主要包括以光、电等信息载体和以声波为信息载体的两大遥感技术。

海洋声学遥感技术是探测海洋的一种十分有效的手段。利用声学遥感技术，可以探测海底地形、进行海洋动力现象的观测、进行海底地层剖面探测，以及为潜水器提供导航、避碰、海底轮廓跟踪的信息。

海洋遥感技术是海洋环境监测的重要手段。卫星遥感技术的突飞猛进，为人类提供了从空间观测大范围海洋现象的可能性。目前，美国、日本、俄罗斯等国已发射了 10 多颗专用海洋卫星，为海洋遥感技术提供了坚实的支撑平台。

我国的海洋遥感技术始于 20 世纪 70 年代，开始是借助国外气象卫星和陆地卫星的资料，开展空间海洋的应用研究，解决中国海洋开发、科学研究等实际问题。同时，我国积极研究发展本国的卫星遥感技术。

1.2.2.5 海洋导航技术

海洋导航技术，主要包括无线电导航定位、惯性导航、卫星导航、水声定位和综合导航等。

无线电导航定位系统，包括近程高精度定位系统和中远程导航定位系统。最早的无线电导航定位系统是 20 世纪初发明的无线电测向系统。从 20 世纪 40 年代起，人们研制了一系列双曲线无线电导航系统，如美国的"罗兰"和"欧米加"，英国的"台卡"等。

卫星导航系统是发展潜力最大的导航系统。1964 年，美国推出了世界上第一个卫星导航系统——海军卫星导航系统，又称子午仪卫星导航系统。目前，该系统已成为使用最为广泛的船舶导航系统。

我国的海洋导航定位技术起步较晚。1984 年，我国从美国引进一套标准"罗兰 – C"台链，在南海建设了一套远程无线电导航系统，即"长河二号"台链，填补了我国中远程无线电导航领域的空白。在卫星导航方面，我国注重发展陆地、海洋卫星导航定位，已成为世界上卫星定位点最多的国家之一。

1.2.2.6 海洋采矿技术

不同的海洋矿产资源种类，其开发利用技术各不相同[4~6]。目前，各类海洋采矿方法正方兴未艾地进行着试采、完善和应用等方面的工作。

海洋矿产资源勘探开发技术，特别是深海矿产资源勘探开发技术，是一项高技术密集型产业，涉及地质、海洋、气象、机械、电子、航海、采矿、运输、冶金、化工、海洋工程等许多学科和工业部门。

众所周知，随着世界工业和经济的高速发展，矿产资源消耗量急剧增加，陆地矿产资源在全球范围内日趋短缺、枯竭。据估计，陆上的矿产资源危机，人类唯有把占地球表面积 3/4 的海洋，作为未来的矿产来源，而海洋矿产资源勘探开发技术的发展，则使这种可能变为现实。目前，在海洋矿产资源开发中，最有经济意义、最具发展前景和高技术含量最多的，是海洋油气资源与大洋锰结核矿物资源的开发。

A 海洋石油天然气的勘探与开采

海洋石油、天然气，是指蕴藏在海底地层中的石油与天然气。海底油气的勘探阶段，要经过地质调查、地球物理勘探、钻探三个步骤。地质调查是指在沿岸地质构造调查分析的基础上，用回声测探仪或航空拍照的资料来研究海底地质、地形的特点。完成地质调查后，就要对可能形成储油构造的海区进行地球物理勘探。这是寻找海底石油最基本的方法，主要包括重力、磁力、人工地震等勘探方式。地球物理勘探的结果只能是理论上说明海底储油构造的存在与否，至于海底是否有石油，还要取决于最后一步——钻探。分析钻探取得的岩芯，就可以得出油层的变化规律、性质以及分布情况，从而完成勘探阶段的使命而进入开采阶段。

开采阶段又分钻井和采油两道工序。在钻井工序中，最早进行海上钻探所使用的钻井

图 1-1 海上石油钻井平台

都设在岸上，倾斜着向海底钻探。但这种方法只适合浅近海区。后来，人们又建造出类似码头样的钻井平台（图 1-1），从而使得作业范围扩大到几十米甚至几百米的深海领域。钻井平台又分为固定式与活动式两种，适应不同需要。采油是海底油气开采的最后一道工序，也是最终目的。为实现该目的，世界各国主要使用的采油装置有四种：固定式生产平台、浮式生产系统、人工岛屿和海底采油装置。其中，以固定式生产平台使用最广。

供海上钻生产井和开采油气的工程措施主要有：

（1）人工岛，多用于近岸浅水中，较经济。

（2）固定式采油气平台，形式有桩式平台（导管架平台）、拉索塔平台、策略式平台（钢盘混凝土重力式平台）。

（3）浮式采油气平台。浮式采油气平台可分为可迁移的浮式平台、不迁移的浮式平台。可迁移的浮式平台（又称活动式平台），如座式平台（也称沉浮式平台）、自升式平台、半潜式平台和船式平台（即钻井船）。不迁移的浮式平台，如张力式平台、铰接式平台。

（4）海底采油装置。海底采油装置采用钻水下井口的办法，将井口安装在海底，开采出的油气用管线直接送往陆上或输入海底集油气设施。

供开采生产的油气集中、处理、转输、储存和外运的工程设施包括：

（1）装有油气集中、处理、计量以及动力和压缩设备的平台。

（2）储油设施，包括海上储油池、储油罐和储油船。

（3）海底输油气管线。

（4）油气转运码头，包括单点系泊装置和常规的海上码头（有固定式和浮式两种）。

B 大洋锰结核的调查与开采

大洋锰结核又称大洋多金属结核，呈结核状（图 1-2），成分以锰为主，且富含多种其他有色金属，如镍、铜、钴等，总组成元素多达近 80 种，预计 21 世纪，大洋锰结核将成为世界重要的有色金属来源。

为了能够找到锰结核比较富集、金属品位比较高且便于开采的海区，首先，要有性能优良的远洋调查船。调查船吨位一般在 1000t 以上，配有先进的卫星导航定位系统、深海用绞车、起吊设备以及海底地形、深度的测量仪器等。其次，要采用现代化的调查技术。根据调查方式的不同，调查技术可分为直接调查技术与间接调查技术。直接调查技术包括利用各种

图 1-2 海底锰结核

取样工具、海底电视、遥感水下摄影等采集或观测海
底沉积物；间接调查技术包括将水声、浅地层地震技
术、旁侧声呐技术等用于海洋锰结核的调查。

大洋锰结核的开采技术，目前比较成熟、可行的
有水力提升式采矿技术与空气提升式采矿技术两种。
水力提升式采矿技术是通过由采矿管、浮筒、高压水
泵和集矿装置四部分组成的系统（图1-3）。这种技
术在20世纪80年代中期就已达到日产500t的采矿能
力。空气提升式采矿技术与水力提升式采矿技术大体
相同，区别仅在于船上装有大功率高压气泵代替水
泵。这种技术的优势是能在水深超过5000m的海区作
业，目前已具有日采300t锰结核的采矿能力。

值得重视的是，自从20世纪70年代试验锰结核
开采成功以来，开采规模日益扩大，已由过去各国单
独开采，发展到现在多国联合大规模合作开采。特别
是随着在《联合国海洋公约》上签字和批准公约的
国家越来越多，锰结核开发管理体系已日趋完善。

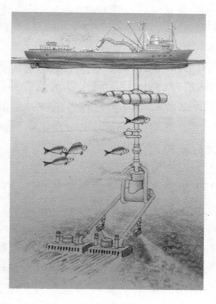

图1-3 锰结核采矿系统示意图

1.2.3 我国海洋资源开发现状

我国海域辽阔，是发展中的海洋大国。我国海域面积约3000000km^2，有着丰富的海
洋资源，为实现从海洋大国跨入海洋强国的目标，"863"计划在海洋技术领域分别设置
了海洋监测技术、海洋生物技术和海洋探查与资源开发技术3个主题，以期为我国的海洋
开发、海洋利用和海洋保护提供先进的技术和手段。以具有20世纪90年代海洋勘测国际
先进水平的"海底地形地貌与地质构造探测系统"的开发和研制为代表的多项先进的海
洋勘查与资源开发技术，为我国海洋资源的开发、利用、保护，维护海洋权益，捍卫国家
主权提供了高精度的科学依据。

在"863"计划的推动下，我国在合成孔径成像声呐、高精度CTD剖面仪和定标检测
设备的研制、近海环境自动监测技术方面等重大技术上取得突破性进展，并已进入世界先
进水平行列。通过建立海洋环境立体监测系统技术及示范系统促进了上海等城市区域性社
会经济的发展，并为建立我国整个管辖海域的海洋环境立体监测和信息服务系统奠定坚实
的技术基础。在仅仅4年多的时间里，我国沿海周边地区已经在全球海洋观测系统框架
下，初步建立起了从航天、航空、海监船立体监测体系，从整体上提高了我国海洋环境观
测监测和预测预报能力。国家"863"计划及时增加并大力发展海洋领域的高技术，为我
国走可持续发展道路起到了积极的示范作用。

"863"计划在海洋生物技术研究上以促进海水养殖业持续发展和高技术产业化，促
进海洋生物高值化产品的新兴产业的发展为目标。在海洋生物基因工程上突破了定点整合
转基因鱼、转基因虾等关键技术，推动了我国海洋分子生物学研究进程；在细胞工程技术
上突破了多倍体育种育苗、性控等关键技术，为我国海水养殖高技术化奠定了坚实基础；
在生化工程技术上突破了快速、高通量药物筛选等关键技术，推动了我国海洋生物天然活

性物质与药物、海洋生物高值化制品及其相关产业的发展；我国科学家通过努力还突破了海洋生物病害诊断和综合防治技术，以及海水养殖工程优化技术，从而解决了限制我国海水养殖业发展的主要瓶颈技术问题。

在海水养殖业、海洋生物新资源的开发利用及海洋生物高技术的前沿探索方面，由"863"计划支持的海水养殖苗育种等技术极大地促进了我国蓝色海水农业的可持续发展；通过高技术手段获取和尚未被开发的潜在药物、食品和工农业用品资源，推动了我国海洋生物资源的高值化；成功开发新型抗艾滋病海洋药物和抗肿瘤新药；以优质甲壳质、壳聚糖为原料，经过一系列深加工技术生产新型生态农药"农乐一号"，开辟海洋生物技术真正为农业服务的新途径。在"863"科技计划的支持下，我国在特有海洋生物资源功能基因组研究方面已经成功地构建了 13 个海洋动物 cDNA 表达文库，通过大规模测序列，建立起了我国的海洋生物基因数据库。

作为维护我国海洋权益这一战略目标而设立的"海底地形地貌与地质构造探测技术"专题，研究开发出的多波束全覆盖精密测深技术，投入使用的海底全覆盖探测系统，为我国专属经济区和大陆架勘测专项提供了高新技术支撑，为海底区划界提供了重要的科学依据。从海洋矿产资源勘探形势出发，"863"计划重点支持开发了海上油气资源快速探查与综合评价技术的研究，并在应用中获得一批有价值的油气异常显示，在海上探明天然气储量 5000 亿立方米，形成年产天然气 80 亿 ~ 100 亿立方米的生产能力。沉积物捕获器等 10 余种自主研制一批海底探查新装备，从整体上提高了我国海洋地质调查技术能力。

"863"计划海上大气田探测技术和海洋边际油气资源开发技术取得了重要成果，海上中深层高分辨率地震勘探技术跻身世界前列；海上多波地震勘探设备，打破了国际技术垄断；解决了高温超压钻井世界性难题的关键技术。成功开发并投入应用的大位移钻井技术减少海上钻井平台的建造数量和工程投资费用，在提高经济效益的同时，使得用常规方法开发没有经济效益的边际油田得以有效开发。实践表明，利用这些技术与成果，揭示深部油藏基底，发现天然气水合物赋存证据，获得海洋地质和石油地质科学上的新认识、新发现。"863"计划正在使我国走上海洋强国之路。

1.3　典型的海洋矿产资源

海洋矿产资源按其上覆海水的深度可分为三类，即浅海矿产资源、深海矿产资源及海底基岩中的矿产资源。

1.3.1　海底基岩中的矿产资源

海底基岩矿床有两类。一类是陆成矿床，即在陆地时形成，陆海交替变更沉入海底的矿床；另一类是海成矿床，它是由海底岩浆运动与火山爆发生成的矿床，这类矿床多为多金属热液矿床。浅海底基岩中的固体矿产资源比其他的海洋矿产资源少很多，目前已发现的浅海底基岩中的固体矿床主要有硫、铁、煤、石膏等。日本九州附近海底还发现了世界上最大的铁矿之一。亚洲一些国家还发现许多海底锡矿。已发现的海底固体矿产有 20 多种。我国大陆架浅海区广泛分布有铜、煤、硫、磷、石灰石等矿。然而，由于开采难度大，采矿成本高，因此，目前只开采靠近海岸的少数矿产资源。

如弗里波特硫黄公司开采了格兰德附近海底中的硫矿；Mexico湾海底盐丘的开采；波兰1963年开始海底钾矿开采；英国、日本利用竖井开采海底煤矿；加拿大纽芬兰海底铁矿开采等。

世界许多近岸海底已开采煤铁矿藏。如日本、智利、英国、加拿大、土耳其等。日本海底采煤事业发展很快，开采规模最大，海煤产量占世界之首，近年来日本的煤炭总产量达1800万吨，其中四个海底煤矿的开采量达800万~900万吨，约占全国煤炭总产量的45%~50%。

纽芬兰海底铁矿的总储量估计有几十亿吨，现在正从贝尔岛的入口处，用与陆上开凿竖井和坑道的地下采矿方法相似的方法进行开采。

1.3.2 浅海底矿产资源

海水深度不超过200m称为浅海，也称为大陆架。浅海总面积约为28000000km²，占海洋面积的7.6%。浅海蕴藏的资源十分丰富，主要包括石油和天然气、煤和金属矿藏、海底砂矿床。

1.3.2.1 石油和天然气

海底石油储藏量约1350亿吨，天然气约140万亿立方米，约占世界油气总量的45%。目前，海上油气开采量约占全球油气开采量的30%。海洋石油和天然气的勘探开发的发展速度很快。海洋石油的产量，1950年仅0.3亿吨，占世界石油总产量的5.5%；1960年为1亿吨，占世界石油总产量的9.2%；1995年为9.65亿吨，占世界石油总产量的30.1%。海洋天然气的发展速度虽不如石油，但其产量也从1980年的2903亿立方米增加到1995年的4421亿立方米。浅海面积的37%可能蕴藏有石油，其石油储量估计在1000亿吨以上，占整个陆地石油储量的1/3以上。

1.3.2.2 煤和金属矿藏

煤和金属矿藏多为陆地矿床向海底延伸的部分，因其处于海水之下，给开采带来极大难度。

1.3.2.3 海底砂矿床

海底砂矿床主要是由于河水运搬陆地的有用物质在流入大海之后因流速下降沉积而成，其有用矿物质有金刚石、锡石、锆石、砂金、铁矿砂、砂砾、重晶石、金红石、海绿石、独居石、银、铂、石榴石等，世界90%的锆石和90%的金红石就产自海滨砂矿。此外，海洋生物的遗骸形成石灰质矿（如贝壳沉积层），海洋中自生自长的磷结核。海滨中的砂砾也是建筑材料的主要来源。

1.3.3 深海底矿产资源

1.3.3.1 海底软泥层

深海底上沉积有平均厚度为600m的软泥层。软泥层因地域不同而含有不同的组分，有硅质、钙质、铝质、多金属等软泥层。如红海海底的多金属软泥层，含30%左右的铁、1%~7%的铜、锌及其他金属，硅质、钙质、铝质软泥虽然含金属成分不多，但因其成分的特殊性，可用于陶瓷工业和化工生产的催化剂、吸收剂等，也可以作为深海药物原料或作为开采锰结核的附产物加以利用。

1.3.3.2　锰结核（多金属结核）

锰结核又称锰矿球、锰团块，是一种以锰为主的多金属结核。广泛分布和赋存于水深 4000～6000m 的深海底软泥层之上的一种棕褐色的团块矿石。其直径大多为 1～25cm，平均直径为 5cm，表面不规则，金属含量为：锰 25%、镍 1.5%、铜 1.2%、钴 0.2%。质量可达几十千克以上，它们像卵石一样散布于深海的洋底。英国 HMS 挑战号在 1872～1876 年远洋考察中发现锰结核。据美国加利福尼亚大学 Mero 教授估计，大洋底覆盖的锰结核储量约为 20000～30000 亿吨，仅太平洋就有 17000 亿吨之多。据锰结核勘查，位于太平洋夏威夷与墨西哥之间的 CC 区是锰结核的富集区。CC 区平均水深 4000～6000m，面积约 5000000km²，结核丰度 5～25kg/m²（个别高达 35 kg/m²），结核储量约 300 亿吨，金属品位锰 30%、铁 10%、镍 1.5%、铜 1.2%、钴 0.2%。

据推算，海洋中全部锰团块含有的各种金属，其储量远远超过陆地上的储量。更重要的是，锰团块是一种再生沉积矿物，它的储量还在不断增加，仅太平洋每年便可增长 1000 万吨。尽管各大洋都分布有锰团块，但以赤道北面东太平洋海底的锰团块分布面积最广，富集度最高，而且金属品位也比较高。其中，从墨西哥西南到夏威夷南部的一条长达 4600km，宽 900km 的海域里，海底表层密密麻麻布满了锰团块，平均密度为 10kg/m² 以上，镍、铜、钴的总品位超过 3%，可谓遍地都是宝。这一带海域地形比较平坦，海况条件也比较好，有利于开采作业，是目前各国进行科学研究和开采试验的主要场所。联合国分配给我国开采的海域也位于这一地区。

1.3.3.3　深海钴壳矿床

钴壳矿床是在水深 800～2400m 的海底山脉的斜坡面或顶部基岩上呈层状产出的坚硬矿床。钴壳厚只有数毫米或数厘米，组成成分与锰结核基本相似，但其钴的品位较高，高达 1.0%，为锰团块中的几倍。其铂的含量也较高，品位为 0.3～0.6g/t。据调查，仅在夏威夷各岛的经济水域内，其蕴藏量便达 1000 万吨。钴壳中除含有钴外，还约含镍 0.5%、铜 0.06%、锰 24.7%，另外还含有大量的铁，其经济价值约为锰团块的 3 倍多。钴壳矿床埋藏较浅，因此更加容易开采。

1.3.3.4　海底热液矿床

海底热液矿床通常赋存于水深 2000～3000m 的海底，含有丰富的 Cu、Pb、Zn、Ag、Au 等多种金属。由于它是火山性的金属硫化物，故又被称为"重金属泥"。它的形成是由于海水通过海底地壳裂缝渗到地层深处形成高温热水，把岩浆中的盐类和金属溶解，变成含矿溶液，然后受到地层深处高温高压作用喷到海底，使得深海处泥土含有丰富的多种金属。通常，深海处温度较低，而这些地方由于岩浆的高温，使温度可达 50℃ 以上。

人们最早是在 1973 年于墨西哥海面和加拉帕戈斯海岭（位于南美大陆西边）发现巨大的热水矿床堆积物。加拉帕戈斯矿床宽 300m、长 1000m、厚 40m，蕴藏量约 1200 万吨。1981 年在美国俄勒冈州附近海面也发现了这样的热水矿床。另外琉球海沟、伊豆·小笠原群岛等水域也发现有热液活动，有望发现新的海底热液矿床。

热水矿床的价值很高。以加拉帕戈斯矿床为例，金的品位是陆地金矿的 40 倍左右，此外还含有 10% 的铁、铜，0.1% 的银、镉、钼、铅、钯、锌等。只要含有 0.1% 的金，20000t 矿泥的价值便达 3000 万美元，可见，热水矿床和锰团块不一样，一方面含有的贵金属较多、价值很高；另一方面，赋存于中等深度的海底，开采相对比较容易。因此热水型矿床对人们具有更大的吸引力。

1.4 海洋采矿的特殊性与基本方法、基本工艺

1.4.1 海洋采矿的特殊性

海洋资源具有的巨大潜力，将为实现社会的可持续发展提供物质基础。21 世纪的海洋科学与开采技术的结合正在逐渐证实"海洋深处有锌、铁、银和金矿，开采相当容易"的观点。今天，在商业和战略双重利益的激励下，一些矿业公司已着手准备从水下逾 1000m 深处的储存在海床上火山区域的丰富矿藏中开采金属矿物，这些火山区被称为大洋脊，一般距离海洋表面 1000 ~ 2000m，它们蕴藏着丰富的锌、铁、银、金、铜和铅。

总部设在温哥华的 Nautilus Minerals 公司在多伦多证交所上市，公司名称与尼莫船长的潜艇同名。该公司正将重点放在巴布亚新几内亚附近的马努斯盆地上。而总部设在悉尼、在伦敦上市的 Neptune Minerals，则把精力集中在新西兰北岛海岸附近的一片区域。

海底开采的前景，引发了一些环保人士的"本能"反对，公众会出现一些正当的担忧。但有专家认为"深海采矿将比陆上开采造成的危害小"。理由是海底开采不存在酸性排放问题，这是因为酸性物质已被碱性海水立即中和。开采作业不会碰及被称为"海底黑烟囱"的活性热液喷溢口，这些喷口寄生着千奇百怪的海底动植物群落，它们已进化到能在极端条件下繁衍兴旺。而硫化物矿藏直接坐落在海床上。

尽管如此，海洋面积大，海洋水很深，海水有很强的腐蚀性，海洋环境恶劣多变。海洋矿产资源的分布、赋存状态、矿石物理性质等，也与陆地矿产资源有很大的差别。除了少数近海岸海底基岩矿床的开采方法可以借鉴陆地地下开采方法以外，绝大多数海洋矿产资源的开采，无论在技术和工艺方面，还是在设备和环境保护方面都有其独特的要求。海洋采矿既有陆地采矿不可能有的有利条件，也要面对陆地采矿无需面对的特殊困难。

1.4.1.1 有利条件

海洋开采不占用土地。海洋开采是在无边无际的海洋环境下进行，不占用人类宝贵的陆地资源。科学技术的进步，更有可能将海洋采矿中采、选、冶各项工程全部在采矿船上实现，在海上得到的不是矿石，而是金属产品，从而避免选、冶工厂占用土地。

公海海洋资源人类共享，不受疆域限制，更不受政治经济制度的限制，只要有能力，任何国家都有权力去开采。

大多数海洋矿产资源（海底基岩矿床除外）上面没有较厚的覆盖层，所以不用剥离爆破，即可进行回采。大多数海洋矿产资源属于未固结的松散沉积物，因此，其采矿过程也不用穿孔爆破。

海洋开采的技术起点比较高，可以运用一切可能的高科技、先进机械设备，自动化程

度高。

有些海洋资源，如锰结核，其沉积增长的速度大于目前开采消耗的速度。据调查和计算，大多数情况下，海洋中锰、钴、镍堆积的速度比消耗的速度分别快 3 倍、4 倍和 4 倍。因此，只要在开采这些矿产时，注意生态环境保护，海洋矿产资源就能再生，真正成为取之不尽的海底宝藏。

1.4.1.2 不利因素

海洋采矿设备特殊、组成复杂。除了用陆地地下采矿法开采海底基岩矿床时，所用的技术和设备与陆地采矿接近，其他的海洋开采技术和设备则与陆地采矿技术与装备相去甚远。海洋环境以海水为基本组成元素，它的基本特征是水深浪高、具有很强的腐蚀性、高水压、缺氧等。在恶劣的海洋环境下，必须借助自动化程度高、可靠性好、功能强大、耐腐蚀性能力强的综合性新型采矿设备系统来完成海底矿石采集和初选、矿石提升和运输等工作。

海洋采矿受海洋环境和气候的影响大。其中对海洋采矿工作影响最大的是台风和海浪。轻的时候会引起采矿船体晃动、降低工作效率，严重时会引起停工停产，甚至损坏设备等。根据天气情况，采取必要的防范措施是必需的。因此，准确的天气预报系统，是确保海洋采矿顺利进行的关键因素之一。

海底采矿监控难度大，对海图精确度要求高。海底采矿是在高压、能见度差、缺氧的环境下进行的。要实现对采矿工作的监控工作，必须采用先进的监控技术，比如扫描声呐、定位声呐、电视摄像等手段。同时，必须绘制准确的海图（海底地形及海水深度），因为海图是确保海洋采矿顺利进行的另一个关键因素。

海底开采对海洋环境无疑将带来影响，但如何影响、影响的程度如何，目前存在不同的看法。海底开采对环境的影响是一个多学科相互作用、涉及面相当广、又比较难解决的复杂问题。

采矿设备定位技术复杂。为了确保采矿作业按设计的路线、顺序等完成对圈定矿体的回采工作，必须有先进的采矿设备的定位系统。目前常用的方法有卫星定位、海底应答器声测定位法和 GPS 定位法。

海洋采矿的给养、后勤服务等保障工作有一定困难。为保证海洋采矿的顺利进行，必须建立一个组织严密，计划周到的后勤保障体系。

1.4.1.3 海洋采矿与海洋环境保护

A 影响海洋环境的主要因素

海洋环境问题是伴随着人类开发利用海洋而产生的。海洋形成已有亿万年了，人类利用海洋已有几千年的历史，但是并未发生严重污染问题，就是因为海洋对有害物质有自净能力。但是海水的自净能力是有限的，随着人类开发利用海洋向深度和广度进军，人类对海洋环境的影响越来越大。人类的生产建设措施已经和自然因素一起，成为影响和改变海洋生态环境的一个因素。20 世纪 50 年代以来，人类的生产力水平有明显的提高，排放的污染物大大增加，对海岸的破坏和影响也越来越严重，加上海底矿产资源开发利用力度和规模的不断增大，使得海洋环境问题越来越突出、形式越来越不容乐观。

a 以陆地为污染源的海洋污染物

（1）石油进入海洋形成油膜，污染海洋、破坏海洋生态。偶发性的海上石油平台和油轮事故，引起石油渗漏和溢出，造成海洋污染。

（2）重金属物质流入海洋后，逐渐在鱼和贝类体内富集。通过食物链，最终进入人体，导致人严重中毒死亡。1953～1970 年，日本九州岛"水吴湾"发生的汞污染事件，就是因为工厂在生产有机产品过程中，排出含有汞的废物造成的。

（3）核电站和工厂排出的冷却水，水温较高、流入河口或海中时，往往给海洋生物带来影响。

（4）施入农田的杀虫剂随雨水流进河流、或者随土壤颗粒在河口附近淤积，最终进入海洋。

b 海洋资源开发利用对海洋环境产生的影响

（1）由于人们对矿物燃料特别是石油的需求量不断增加，海洋石油开发和运输迅速发展，海洋中石油溢出事件无疑会更加频繁，石油污染将是一种持续的海洋污染现象。20 世纪 60 年代末，随着海洋石油运输业的飞速发展，油轮溢油事件开始频繁发生。时至今日，恶性的油轮溢油事件仍时有发生。在海洋石油开采活动中，石油的自然渗出、偶然发生的井喷、油污排泄等，也可能造成溢油。

（2）沿海工业生产和海运航线上的船舶，是海洋石油污染的主要来源。因此，石油污染区域集中于沿海水域和海上航道沿线。为减少意外事故的发生，很多国家在试验新的原油载运方法。有些国家配备了除污船，用来清除港口水面垃圾和污油。

（3）围海造田、港口建设等工程周期一般为几年到十几年，这种短时期内对局部海岸的激烈改造，必然导致区域海洋生态系统发生改变。

（4）人类对某些传统经济鱼类的过度捕捞，往往导致这些资源数量减少，质量下降，进而导致部分非经济生物由于天敌锐减而大量繁殖。从而导致海洋生态失去平衡，海洋环境遭到破坏。

（5）海洋矿产资源的开发利用对环境的影响主要来自海底资源的开采、采矿船上废水排放及岸上加工的环境影响，其中海底采矿活动的影响最为严重。

B 海洋采矿对海底环境的影响

根据相关试验结果及资料分析，深海采矿对上层环境，如悬浮颗粒物质增加、光衰减、冷的底层水与表层水混合、表层水中营养盐、痕量金属❶、海水密度等都有一定影响，但是不足以危及上层生态系统。尽管这些试验结果是令人欣慰的，但由于这些试验的规模和持续的时间是十分有限的，并不能完全真实地评估深海采矿对海洋生态系统的潜在影响。

21 世纪是人类开发利用海洋的世纪。深海海域作为人类最后一片未开发区域，蕴藏着丰富的资源，成为世界各国争取海洋权益、发展高新技术、开展国际合作及展示自身实力的重要场所。

海底热液矿床是近年来颇为引人注目的深海资源，在世界大洋水深数百米至 3500m

---

❶ 痕量金属是指含量极少的金属。在痕量分析里，是指浓度在百万分之一以下。

处均有分布。它主要出现在 2000m 深处的大洋中脊和地层断裂活动带，是具有远景意义的海底多金属矿产资源，主要元素为铜、锌、铁、锰等，另外，银、金、钴、镍、铂等也在一些地区达到工业品位。这些富含硫和金属的海底热液矿床，由分布于世界各地水下火山区域的"黑烟囱"生成。所谓"黑烟囱"，就是当含有矿物质的热水出现在热液口时，与周围的冷水混合迅速变冷，使得许多矿物质硬化，在热液口周围逐渐形成的一种像烟囱一样的结构，这里的"烟"实际上是矿物颗粒形成的浓云（图1-4）。

图 1-4 大西洋海底火山喷发出来的二氧化碳气体和沉积岩——"黑烟囱"

人类在海洋地质学和深海技术方面取得的进展，让人们觉得去几千米的水下采矿，可能比到几千米的岩石下采矿更容易，这将使 2000m 以下海底采金或开采其他稀有资源具有极大的吸引力并在不久的将来成为现实。

目前，最深的海底采矿是位于南非附近的钻石矿开采，深度也只有几百米。然而海上石油和天然气工业的蓬勃发展将为海底采矿提供更多借鉴。事实上，20 世纪 40 年代中期，石油和天然气工业就开始了海上开采。如今，世界上 1/3 的石油来源于海上开采。在巴西海域，正在生产的油井的深度是 1500m；在墨西哥湾，正在钻探 2500m 深的油井。

海底采矿中的关键问题之一是如何运送海底矿石。使用深海型的自动采煤机器人，将矿石通过管道传送到采矿船或海上采油使用的半下潜式平台，就能够解决矿石的运送问题。由于 20 世纪七八十年代，国际上投入了 6 亿多美元用于海底锰结核矿开采技术的研发，深海采矿技术得到了很大发展，而且深海机器人已经是成熟的工业技术，广泛使用于海上石油开采和海下搜救中。

一般认为海底采矿对环境的影响比陆地采矿要小。海底采矿可以避免陆地采矿带来的许多问题。比如，海底采矿不存在排放酸性污水的问题，因为碱性海水可以中和酸性污水；由于硫化物沉积物就在海底，所以也无需掘洞开采，不会在海底留下永久性的建筑物；海底采矿也可以通过距离的控制，不触及活跃的黑烟囱，从而不会威胁到活跃黑烟囱附近聚集的各种海底生命。

尽管如此，与其他形式的工业生产一样，海底采矿肯定会引发一些环境问题，比如，集矿线路上对海底生物的搅动与破坏；悬浮沉积物再沉降对海底生物的可能伤害与再生期的延时影响；沉积物中某些化合物的溶解性对海水水质的影响等。因此，采取必要的防范措施，将采矿及运送过程所产生的数量不小的沉淀物对海底生物体的生存环境的污染，控制在尽可能低的水平是应该的。

20 世纪 70 年代末期，"黑烟囱"（图1-4）的发现让科学家认识到，生命还可以依靠热能和化学能存在，并不一定需要阳光。由于海洋的历史基本等同于地球的历史，这些"黑烟囱"附近的环境可能是地球最古老生命的生存地。科学家认为，除了"黑烟囱"有其科学价值外，生存在其周围的生物体在医药和生物技术方面也具有重要的应用价值。人类有责任和义务采取措施，防止海底采矿对"黑烟囱"产生破坏。

C 海洋采矿对海表环境的影响

海洋采矿对海表环境的影响主要表现在海底油气开采时油的泄漏及偶然的喷发等事故。事实上，不论是海洋油气开采还是新兴的海洋产业，自从开采海洋油气资源以来，人类的经济得到了迅速的发展，但历史上的海洋油污事件历历在目，人类为此所付出了沉重的代价（图1-5）。

图1-5 受到石油污染的海面

墨西哥湾漏油事件，又称英国石油漏油事故，是2010年4月20日发生的一起墨西哥湾外海油污外漏事件。起因是英国石油公司所属一个名为"深水地平线"（Deepwater Horizon）的外海钻油平台故障并爆炸，导致了此次漏油事故。爆炸同时导致了11名工作人员死亡及17人受伤。据估计每天平均有12000～100000桶原油漏到墨西哥湾，导致至少2500km²的海水被石油覆盖着。此次漏油事件造成了巨大的环境和经济损失，有专家预计，仅救灾的花费就在10亿美元左右。

海洋油气开采的成功与否很大程度上取决于该国对油气开采的尖端技术掌握的高度以及管理水平，我们要提倡走一条海洋油气开采与海洋环境保护相结合的可持续发展道路。

此外，采矿过程还会将深海的浓缩营养物提升至海洋表面营养物相对缺乏的区域，引发海洋表面海藻繁殖，从而污染捕渔业赖以生存的水域。通过洋流，营养物将漂流到其他区域，破坏食物链，损坏其他国家甚至公海的生态系统。

深海开采中提升至船上的浆状物，绝大部分为深海海水，仅有10%～20%的为矿物。由于排至海面的深海废水主要由海底水、沉积物、结核碎屑和海底生物等组成，因而具有与海面海水明显不同的物理化学性质，海水温差及其物理化学性质的突变可能导致海底生物和海表某些生物的共同死亡。

对多金属结核与海水的微量金属交换的研究发现，结核碎裂成几十目大小的颗粒，将交换到海水表面，并可能释放出有毒的重金属。

海底采矿废水排放量有限，且能很快稀释下沉，对海表面的影响不是很大。如果将废水由管道注入200m以下的海水中，可以有效地避免废水排放对海表浮游生物的影响。

D 海洋采矿对海岸环境的影响

海洋采矿对海岸环境的影响主要表现在：

（1）近海岸矿产资源开发造成的直接影响。如果管理不善，规划不合理，都可能破坏美丽的海岸线（图 1 – 6）。

图 1 – 6　海岸环境遭破坏的情景

（2）深海资源开采后在岸上的提炼加工。深海回采的金属资源，一般都要在陆地上进行火法或湿法提炼加工。火法加工时会产生 SO_2、NO_2、H_2S、CO 等有害气体；湿法时，则会在岸上形成诸如炉渣、尾渣、废水等废弃物。废弃物的排放可以选择陆地或海洋。无机或有机浮选剂排向海洋时，必须经过必要的处理，以达到相关的排放标准。

建筑工程混凝土用砂数量十分巨大。河滨及地下古河道是建筑用砂的重要来源。虽然如此，也不可小看了海滨建筑用砂的价值。美国就把这项资源看作一项重要的现实资源，并对其储量进行了勘查计算；全美拥有普通海沙和砾石资源 1400 亿吨。砾石不但是建筑材料，还是化肥、陶瓷生产不可缺少的"球磨"材料。我国辽东半岛南端旅顺口柏岚子海滨的砾石，一度成为国内外有关厂家争相购买的抢手货。20 世纪 70 年代以来，世界每年开采海滨建筑用沙和砾石的价值，也在 2 亿美元以上。我国改革开放以前，基建规模不大，河沙即可满足需要。20 世纪 90 年代以后，出现了乱挖乱采海沙的问题，已经引起有关政府部门的重视。为了保护海岸稳定和环境的优美，海沙、砾石也不是可以随意开采的。探明可供开采的地点和储量也是必要的。

总之，为了降低海洋开采对海底、海面和海岸的环境破坏，现在就应该采取行动，通过科学和法律的形式，保护敏感的海洋生态环境系统，待开采开始后再进行立法将会非常困难。

1.4.1.4　国际海洋公约与海洋资源共享

世界海洋的管理一直是人类面临的挑战之一。一些临海国家对部分海域有主权要求，一些内陆国家也要求分享海洋。20 世纪 40 年代，世界海洋置于少数霸权国家的控制。60 年代，国际形势和国际关系力量对比发生转折，发展中国家反对海洋霸权，争取海洋权益平等。60 年代以来，掀起世界性开发海洋的热潮。海洋的环境问题、领土问题与资源所有权问题一直是国际海洋法会议的主题。

《联合国海洋法公约》以下简称《公约》1982 年通过，1994 年 11 月 16 日正式生效。《公约》共分为 17 个部分，计 320 条，9 个附件。

《公约》的诞生，为建立国际海洋法律新秩序迈出了重要一步。《公约》编纂国际海洋法的习惯规则，规定了 12 海里领海宽度，肯定了 200 海里专属经济区制度，确定了沿海国对大陆架的自然资源的主权权利。《公约》明确宣布，国家管辖范围以外的海床和洋底区域及其底土以及该区域的资源为人类的共同继承财产，其勘探和开发应为全人类的利益而进行。

因为《公约》要兼顾各个国家的利益和要求，还有许多不完善和不明确之处。例如，在封闭或半封闭的海域（例如黄海），周边国家主张的200海里专属经济区就可能存在着重叠，另外还有一些岛屿主权争议和渔业资源分配等问题，这些都有可能成为相邻国家关系紧张，甚至引发国际冲突的新的因素。因此，相邻国家间管辖海域划界和海洋权益，要求有关国家本着友好协商的精神，予以公平合理的解决。

按12海里领海宽度计算，我国内海、领海共370000km^2，属我国管辖的海域面积约为4730000km^2，相当于陆地面积的1/2。所以，我国不仅是一个陆地大国，而且是一个海洋大国。海疆北起鸭绿江口，南至曾母暗沙，东起钓鱼群岛，西至北仑河口。我国大陆海岸线18000多千米，岛屿6500多个，东临渤海、黄海、东海、南海，台湾岛以东面临太平洋，其中渤海是我国内海。我国岛岸线总长14000km，陆岸线和岛岸线总长度为32000km。我国沿海地区的国民生产总值占全国60%以上，人口占全国的40%，全国一半左右的大中城市分布在这里。

我国大多数公民还缺乏比较强烈的海洋意识和活跃的海洋进取精神。不仅内陆和边远地区的人们海洋观念淡薄，就是生活在海边并从事涉海行业的人们，也存在着"近海不识海"的问题。整个国家、民族存在着海洋观念薄弱的一面。与经济发达的海洋国家相比，我们对于某些问题的看法和处理方式表现出明显差距和不应有的淡薄。我们必须转变观念，从《联合国海洋法公约》这一国际法上认识我国的领土。如果说世界处在人口、资源、环境的危机之中。那么这种资源的空间上的压力在我国就显得更为突出。我国人均资源不足，以占世界7%的土地养活占世界22%的人口，这既是我们引以为自豪的成绩，又是我们必须备加关心和重视海洋资源与空间开发的迫切理由。我国管辖海域内有着丰富的资源种类和蕴藏量，只有将这种资源优势转化为经济优势，才能使海洋为国民经济和人民生活水平的提高做出更大的贡献。

1.4.2　海洋采矿方法的基本分类

1.4.2.1　采矿方法的基本分类

采矿是一种行动、过程或作业，把有用矿物开采出来，并运送到加工地点或使用地点。采矿科学是人们在长期的矿产资源开发利用实践中，运用地质统计学、工程地质学、数值分析方法和运筹学等不断总结、归纳和提升的，关于如何通过露天开挖、地下开采、化学浸出或其他方式，科学合理地开发利用那些物理化学性质、地质赋存及环境条件等千变万化的矿产资源的理论、方法与技术体系。

我国是世界开创采矿业最早的国家之一。虽然我国采矿工业目前的发展水平与发达国家相比，还存在一些差距，主要表现在采矿工艺革新、采矿设备更新及矿山企业的优化管理水平方面，但改革开放以来，随着中国经济的复苏与持续高速发展，大大刺激和加快了中国采矿工业的发展和进步。近三十年来，我国采矿科学无论在理论、方法还是技术领域都有了长足进步，缩小了与先进国家的距离。

A　传统采矿方法分类

传统采矿方法的划分基本可分为两大类型，一是按回采对象的不同进行划分，二是按回采工艺的不同进行划分。前者先将矿产资源按其物理化学性质和地质赋存条件的异同进行归类；后者则从矿产资源开发时所采用的具体工艺来分类。

不同的矿产资源或回采对象，其物理化学性质、地质赋存条件肯定不同。例如，同一种采矿方法和工艺肯定不能同时适应煤矿资源、石油、天然气和金属矿产资源等多种资源的开采，因此，采用的开采方法也必须根据具体情况进行具体分析，选择技术上可行、经济上合理、生产安全、有利于环保的采矿方法和工艺。为此，按回采对象的不同，可将采矿方法划分为以下几大类：

（1）煤矿资源的开采方法和工艺；

（2）石油、天然气资源的开采方法和工艺；

（3）金属矿产资源的开采方法和工艺；

（4）其他矿产资源的开采方法和工艺。

如果直接根据所使用的采矿工艺技术的不同来进行划分，则传统的采矿方法也可以大致分为地下采矿方法、露天采矿方法、露天和地下联合采矿方法、其他采矿方法。

B　特殊采矿方法分类

特殊采矿方法包含两方面的含义：

（1）从技术层面来看，不同于传统的采矿—选矿—冶金三者独立的工艺流程。这类采矿方法充分利用矿物的化学、微生物等浸出原理，变采矿－选矿－冶金为布液－集液－金属提取一条龙作业的溶浸采矿工艺。

（2）针对那些无论是在矿体赋存条件，还是其物理化学性质方面都具有特殊性的矿产资源，即难选或难采矿产的开采方法。特殊采矿方法包括：化学浸出和微生物浸出采矿法、海底与极地资源特殊开采、盐类矿床开采、砂矿床开采、自然硫矿床开采、煤炭地下气化开采及保水采煤或煤水共采、地热开采、太空采矿法。

1.4.2.2　海洋采矿方法的基本分类

陆地矿产资源种类繁多、状态各异、分布广阔、埋深悬殊。相对而言，海洋矿产资源的性质及所处的环境有较大的一致性，因此，海洋采矿法的种类没有陆地采矿方法那么多变。尽管如此，开采不同海底矿产资源所使用的方法、装备和设施还是不尽相同的。

海底采矿技术一般分基岩矿开采和沉积矿开采两大类。基岩矿是指存在于海底岩层和基岩中的矿产，如非固态的石油、天然气和固态的硫黄、岩盐、钾盐、煤、铁、铜、镍、锡、重晶石等。沉积矿大都呈散粒状或结核状存在于海底各类松散沉积层中，例如分布在海滨的磁铁矿、钛铁矿、铬铁矿、锡砂、锆石、金红石、独居石、金、铂、金刚石等重砂矿和砂、砾石等；分布在近海底的磷灰石、海绿石、硫酸钡结核、钙质贝壳和砂、砾石等；分布在深海底的锰结核、多金属软泥、钙质软泥、硅质软泥、红黏土等。海底沉积矿开采，由于深海与浅海采矿技术的难度不同，因而又区分为浅海沉积矿开采和深海沉积矿开采两种。

海洋采矿方法一般可根据矿产资源的类型进行分类。目前，赋存于海洋中的矿产资源主要有海底中的基岩矿床和海底表层的沉积矿床，因此，海洋采矿方法也基本上被分成海底基岩矿床开采法和海底沉积矿床开采法。各类采矿方法因设备、工艺、水深的不同又有所不同,具体分类情况如图1-7所示。

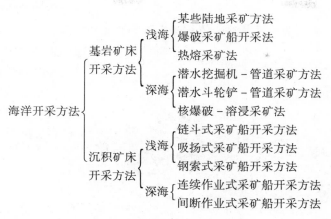

图1-7 海洋采矿方法基本分类

1.4.3 海洋采矿的基本工艺

1.4.3.1 海底基岩矿床开采工艺

海底基岩矿床的开采主要指开采赋存于海洋海底岩层中的固体、液体和气体矿床。海洋固体矿产资源,按赋存条件和开采方式分为浅海海底堆积砂矿、海底岩层中固体矿床、深海海底堆积的锰结核和多金属软泥。目前主要开采前两者,深海采矿还处于研究和试采阶段。而液体和气体矿床主要指海底石油和天然气。

3000年前希腊人已从岸边矿井开采延伸至海底部分的矿体。20世纪初开始以工业规模开采滨海砂矿。20世纪50年代起,随着科学技术的进步和陆地高品位易采矿产资源逐渐减少,海底采矿日益引起重视。

海底基岩矿床的开采,原则上可以借鉴与陆地上所用的开采工艺类似的方法。海底基岩矿床开采是在海洋环境下进行的开采,其最大的技术难点是如何防止海水向采矿工程的渗漏和入侵。

A 石油和天然气开采

非固态的石油和天然气开采使用的开采工程设施主要为固定式平台,在平台上钻井采集到油(气)后,通过运输系统送往岸上;水深较浅处也有用填筑人工岛进行钻井采油(气)的(图1-8)。而在水深较大的海域,多应用浮式平台或海底采油(气)装置(船)进行开采。图1-9给出了除人工岛钻井平台开采法以外的另外三种常见海底石油气开采方法,它们分别是:

图1-8 海上人工岛钻井平台

（1）水深浅，自升式钻井架开采方式：支撑腿延伸至海底；

（2）水深较深，张力腿钻井架开采方式：整个系统漂浮在海面，但有锚链固定在海底；

（3）水深深，采用船上钻井法，依靠船本身装置完成定位。

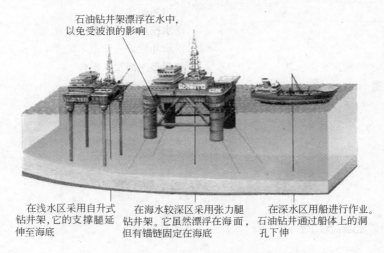

石油钻井架漂浮在水中，以免受波浪的影响

在浅水区采用自升式钻井架，它的支撑腿延伸至海底

在海水较深区采用张力腿钻井架。它虽然漂浮在海面，但有锚链固定在海底

在深水区用船进行作业。石油钻井通过船体上的洞孔下伸

图 1-9　海底石油气开采的三种常用方式

B　浅海海底基岩中固体矿床的开采

在浅海大陆架基岩中，与陆地一样，也赋存各类固体矿床。目前主要开采岸边矿床延伸至海底的部分。常用的开拓方法是自陆地开掘井巷通至海底。海水不深时可堆造人工岛构筑竖井。中国和英、日、加、美、智利等很多国家都在开采海岸附近的海底矿床。所用采矿方法应保证顶底板岩层中不产生足够多的裂隙，更不能形成能直通海底的海水通道，以防止海水涌入采矿工作面。此外，还需加强顶底板监测和水质化验工作，以便及时采取安全措施。美国在墨西哥湾成功地实现了在平台上开采海底的自然硫矿。

（1）固态的煤、铁、锡等基岩矿开采。一般都从岸上打竖井，通过海底巷道开采，或利用天然岛屿和人工岛凿井开采，也有利用海底预制隧道——封闭井筒方式开采的（图 1-10）。

海底基岩矿床开采中的关键是必须使作业巷道与海水隔绝，其他方面与开采陆地同类矿藏的方法基本相似，所用机械设备也基本相同。另外，海底硐、坑采掘多采用非爆破掘进法，因此影响采矿速度。但自 20 世纪 70 年代后，非爆破掘进速度已提高到每小时 4.6m，这使采矿业有可能向远离海岸的海区发展。

（2）海底硫黄矿开采。通常采用井下加热熔融提取法，先把加热到 176.7℃ 的海水用泵从边导管注入硫黄矿层，使融化的硫黄液从内套管上升至一定高度，然后用空气提升法采收。

（3）海底钾盐矿和岩盐矿开采。由于钾盐和岩盐也是可溶性矿物，也可用溶解采矿法。其技术原理与开采硫黄矿相同，但一般都采取竖井开采。

（4）海底重晶石矿开采。正在开采的美国阿拉斯加卡斯尔海滨矿离海岸 1.6km，矿脉在海底表土下 15.2m。由于覆盖层较薄，所以采取了水下裸露开采法，进行水下爆破，

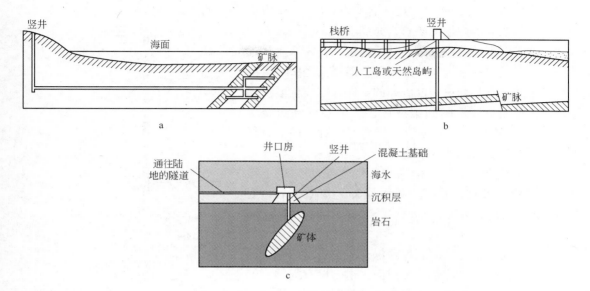

图 1 - 10　三种海底基岩矿床开采方法示意图

a—从岸上打竖井挖巷道；b—从天然岛屿或人工岛打竖井；c—海底隧道—封闭井筒开拓

然后用采矿船采集炸碎的岩石。

如前所述，开采海底矿床时，涌水一般要比陆地采矿的大得多，因此，必须采取相应的措施来防止过大的涌水，避免水害。

（1）开采前查清采区内的地质构造（断层等其他含导水通道结构）及水文地质情况。

（2）采空区宜及时充填，防止岩层移动。所用充填料最好为石英砂之类的刚性材料，以尽量降低顶板可能的下沉量。

（3）禁止使用易导致岩层破坏、损伤的大爆破作业方式。

（4）矿柱布置要规则，确保顶板完整。

（5）保留足够厚度的不透水保护岩层，如遇裂缝时，应采取有效措施将其封闭。

（6）加强地压管理和岩移监控，研究制定各种地压控制和预防岩移的措施。

（7）配备足够数量的排水设备，并在巷道内设置防水墙、防水门等设施，做到防水害于未然。

C　其他基岩矿床开采方法

其他基岩矿床开采方法还有潜水单斗挖掘机—管道提升开采法、潜水斗轮铲—管道提升开采法及核爆破—化学采矿法。下面简单介绍一下核爆破—化学采矿法。

对埋藏在海底深处的大型金属矿，条件允许（有合适的溶浸剂、矿床能渗透、集液没有困难等）时可用核爆破—化学采矿法进行开采。

对核爆破的要求是：既能破碎矿体，其围岩又不遭受破坏，维持不透水性，保持溶液不流失。

核弹在矿体中爆炸威力是巨大的。据测算，450g铀完全裂变产生的能量相当于9000t TNT 爆炸的威力；450g 氘完全反应时产生的能量相当于26000t TNT 爆炸的威力。爆破中心能产生数百万度高温和高能量的冲击波。热能将爆炸点附近的矿体气化，形成充满高热气体的空腔，其扩展时，使矿体产生裂隙、顶板塌陷，类似在矿房内崩落矿石；充满破碎矿石的矿硐很像水冶工厂中的溶浸大罐。然后通过钻孔将双套管的采矿装置通向已破碎矿体的底部。溶浸液经中心管与套管之间的空隙输送给已破碎的矿体并完成化学浸出反应。浸出富液汇集到集液坑，经中心管抽送至岸（或岛屿）上的工厂或停泊在开采船附近的船上进行金属提取加工（图 1 – 11）。

核爆破成本低，产生的放射性物质 90% 以上被熔融的矿石吸收，并沉入矿硐底部。核爆破后，有 70% 的矿石块度在 30mm 以下，基本满足溶浸法要求。

该方法特别适合海底埋藏深，品位较低而厚大的矿体开采。但该方法在技术层面来讲已没有问题，但在实际工程中的推广应用仍有许多问题需要解决。

1.4.3.2 浅海沉积矿床开采工艺

海滩、近海底矿的开采和露出水面的海滨砂矿，通常采用露天开采方法。陆地上使用的挖掘机械，如拉杆电铲、钢索电铲、推土机等都可用于海滨砂矿的开采作业。水面以下砂矿床的开采，目前作业水深大多在 30～40m 范围内，使用的采矿工具有四种：链斗式采矿船、吸扬式采矿船、抓斗式采矿船和空气提升式采矿船（图 1 – 12）。

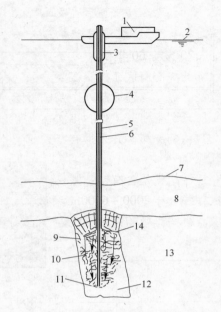

图 1 – 11　核爆破—化学采矿法

1—操作船；2—海平面；3—稳浮筒；
4—主浮筒；5—套管；6—中心管；
7—洋底；8—现代海洋沉积物；
9—核爆炸破碎带；10—流动溶剂；
11—集液坑；12—矿体；13—硬岩；
14—溶液扩散区

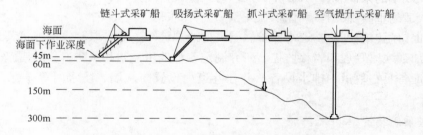

图 1 – 12　开采近海底沉积矿的四种采矿船示意图

前三种的构造和工作原理与挖泥船类似。空气提升式采矿装置由气管、气泵和吸砂管等部分组成，气管与吸砂管的中部或下端相连通，作业时将吸砂管下端靠近砂矿床，启动气泵，压缩空气使吸砂管内产生向上流动的掺气水柱，从而带进砂矿固体颗粒，连续压气就可达到采矿的目的。这种装置的缺点是作业水深增加时，压缩空气的成本呈指数倍增长。

此外，20 世纪 70 年代以来还发展了一种海底爬行式采掘机，可以载人潜到海底作业，所需空气和动力由海面船只供应。如意大利制造的 C – 23 型潜水挖砂机的作业水深达 70m，能在海底挖掘宽 5m、深 2.5m 的沟，每小时前进 140m，挖砂 230m³。

1.4.3.3　深海沉积矿床开采工艺

20 世纪 60 年代，一些工业发达国家开始调查深海海底矿产资源，并研究开采技术。已知的深海海底矿产资源主要是锰结核，有些海域发现含金、银、铜、铅、锌等的多金属软泥。近年已建立起八个跨国财团，约有一百多家公司在从事勘探与试采工作。中国近几年展开调查研究工作，多次在太平洋采集到锰结核。

目前深海矿开采最有开采前景的是深海底表层矿（沉积矿），如深海锰结核和多金属软泥。

锰结核是含有锰、铁、铜、镍、钴和其他 20 多种稀有元素的球形结核，广泛分布在世界各大洋 2000~6000m 深的洋底表层。太平洋中部的结核品位最高（表 1-4），储量最大。有些海域的锰结核中镍、钴、铜的品位高于陆地开采的矿床。

表 1-4　锰结核主要组成成分

元　素	品位波动范围 /%	平均品位/%		
		太平洋	大西洋	印度洋
Mn	7.9~50.1	24.2	16.3	15.4
Fe	2.4~26.6	14.0	17.5	14.5
Co	0.01~2.3	0.35	0.31	0.25
Ni	0.16~2.0	0.99	0.42	0.45
Cu	0.03~1.6	0.53	0.20	0.15
Pb	0.02~0.36	0.09	0.10	0.07

深海锰结核已被公认为是一种具有商业开采价值的矿产资源，近 20 年来主要在研制低成本、高效率的采矿装置。由于锰结核松散地分布于深海大洋底表层，关键问题是需要找到一种合适的垂直提升装置。目前公认最有希望的有 3 种：链斗式采矿装置、水泵式采矿装置和气压式采矿装置。

链斗式采矿装置是在高强度的聚丙二醇酯绳上每隔 25~50m 安装一个采矿戽斗，开采时船首的牵引机带动绳索，使戽斗不断在海底拖过，挖取锰结核并提升到船上。1970 年 8 月日本已在太平洋水深 4000m 处成功地进行了试验。

气压式采矿装置是将集矿头置于洋底，开动船上的高压气泵，高压空气沿输气管道向下，从输矿管的深、中、浅三个部分注入，在输矿管中产生高速上升的固-液-气三相混合流，将经过筛滤系统选择过的结核提升至采矿船内，提升效率约 30%~35%。

水泵式采矿装置是将高效的离心泵放在输送管道中间的浮筒内，浮筒内充以高压空气，支撑离心泵和管道浮在水中。由于高效离心泵的作用而产生高速上升的水流，使锰结核和水一起沿管道提升至采矿船内。

20 世纪 70 年代末在连续索斗采砂船上，由带有很多拖斗的无级绳连续转动，将锰结核自海底捞出（图 1-13）。采砂船横向慢速移动，能使若干拖斗同时在一定宽度上连续作业。70 年代曾用压气升液采砂船试采深 5000m 洋底的锰结核。压气在不大于 1000m 深处进入吸砂管。也曾用水力采砂船在 1800m 洋底进行了试采。深海采砂船都配有水深控

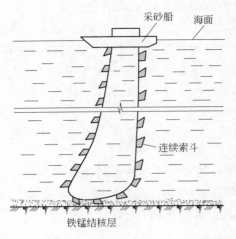

图 1 - 13　连续索斗采砂船
采取锰结核示意图

测、海底摄影和电视等设备和勘测仪器。目前都未投入工业生产。

1963 年英国"发现者"号调查船在红海发现多金属软泥，70 年代末在东太平洋发现含铜、锌、银等元素的多金属硫化物，都未进行工业开采。1965 年，美国海洋调查船"在西洋双生子－Ⅱ"号在红海作业。他们发现在 3 个 2000m 的深渊里水温高达 56℃，简直像是温泉。他们分析化验那里的海底泥土，结果竟令他们兴奋不已。原来在这些海底泥土中有大量的黄金，黄金的品位比陆地上的金矿高 40 倍，仅一个小小的"阿特兰蒂斯"深渊里，就有黄金 45t。

正当人们把目光投向红海时，1978 年，太平洋加利福尼亚湾附近的墨西哥海面又传来了海底冒烟的消息。经调查，海上的"烟"原来是海底裂缝中喷出来的金属硫化物在海洋里漂浮，看上去就好像是"烟"一样了。从海底喷泉出来的这些烟堆积在海底，就形成了金属硫化物矿，里面含有大量的有用金属。其中不仅有诱人的黄金，还有银、铅、铜、铁、锌等。

关于这些金属的来源，科学家各有各的说法，一种是蒸发说，一种是溶盐说，还有一种是火山说。各有各的道理。总之，多金属软泥是从热卤水中沉淀出来的，所以称为海底热液矿。

多金属软泥也是一种具有开采价值的深海底矿产资源。联邦德国已研制成功一种开采红海多金属软泥的装备，即在采矿船下拖曳一根 2000m 长的钢管柱，柱的末端有一个抽吸装置。装置内的电控摆筛能搅动像牙膏状的软泥，通过真空抽吸装置、吸矿管，把含有海水的金属软泥吸到采矿船上来，然后经过处理并除去水分，最后即可获得含有 32% 锌、5% 铜和 0.074% 银的浓缩金属混合物。当然，这种开采方法，还处于尝试阶段。可以预计在不久的将来，海洋上会掀起一个热液矿的开采热。这项举措一旦成功，那么，人类需要的黄金、白银以及其他的一些有用的金属的海底开采量就会成倍地增加。

1.4.3.4　海洋船开采系统

A　海洋船开采系统的基本构成

海洋船开采系统作为深海采矿的基本技术，由以下四个子系统所组成：

（1）集矿子系统。集矿子系统由自行式集矿机和水力集矿头组成，还包括结核破碎机、初选设备和各种测控传感器，用以采集海底结核。

（2）扬矿子系统。扬矿子系统是深海采矿工程中的提升运输通道。由长达 4000 ~ 5000m 的扬矿硬管、中间舱、长 300 ~ 500m 的扬矿软管和水力提升泵组成。扬矿硬管的上端与船相连接，在水下 400m 和 800m 处设二级水力提升泵；扬矿硬管的下端与中间舱连接。中间舱中设均匀给料机和结核储存舱。中间舱和集矿机通过扬矿软管连接。

（3）测控子系统。海洋采矿系统是一个高科技、自动化程度高的机械系统。测控子系统则是整个海洋采矿的指挥中心，是协调和控制各种作业的枢纽，如控制采矿作业和结核输送，监测管内的流量、压力和其他各种传感器信号的变化并做出相应的调整。

（4）水面支持船子系统。水面支持船子系统是采矿作业的工作平台，包括整个水下系统的布放、回收和悬挂，还包括管线和水下系统的储存。

深海作业时，自行式集矿机在海底来回行走，进行结核采集，水面船按照预定的采集路线作极低速的移动，为了克服风、浪、流等外力和采矿系统水下拖曳阻力、船舶必须提供足够的反推力。先进的导航和动力定位系统是确保这些工作有条不紊、准确无误的基本前提。

水下作业系统重量可达数百上千吨，其布放和回收都不是一件简单的事情，必须要有经过特殊设计的吊放装置。采矿水下作业系统在工作时悬挂在船上，为了减少船舶运动对水下作业系统的影响，需要考虑各种运动补偿装置。

动力定位系统和采矿作业系统均需要大量用电，总功率可能以兆瓦计，因此，应采用高压供电系统。

　　B　海洋船开采方法

常见的海洋船开采方法，根据集矿设备和方式以及矿石提升运输设备和方式的不同，可以为基岩矿床开采、沉积矿床开采。基岩矿床开采可分为潜水单斗挖掘机—管道提升开采法和潜水斗轮铲—管道提升开采法两种。沉积矿床开采可分为链斗式采矿船开采法、吸扬式采矿船开采、气升式采矿船开采、钢索式采矿船开采、拖斗采矿船开采、连续绳斗采矿船开采、流体提升式采矿船开采等。

其他海洋船开采方法包括潜水式采矿船海洋开采法、飞艇式采矿船开采法、梭车式采矿船开采法。

1.5　海底基岩矿床开发利用的意义、现状及关键技术

1.5.1　海底基岩矿床开发利用的意义

1.5.1.1　多数海洋矿产资源尚未形成规模化生产

海洋矿产资源以不同的形式存在于海洋中，如海水中的"液体矿床"、海底富集的固体矿床、从海底内部滚滚而来的油气资源等。在地球上已发现的百余种元素中，有 80 余种在海洋中存在，其中可提取的有 60 余种。

据估计海水中含有的黄金可达 550 万吨，银 5500 万吨，钡 27 亿吨，铀 40 亿吨，锌 70 亿吨，钼 137 亿吨，锂 2470 亿吨，钙 560 万亿吨，镁 1767 万亿吨等。

在水深不超过几十米的海滩和浅海中具有开采方便的由矿物富集而具有工业价值的海洋矿砂。从中可以淘出黄金、金刚石以及石英、独居石、钛铁矿、磷钇矿、金红石、磁铁矿等。

深海海底处，整个大洋底多金属结核的蕴藏量约 3 万亿吨。目前，锰多金属结核矿成为世界许多国家的开发热点。在海洋这一表层矿产中，还有许多沉积物软泥，也是一种非同小可的矿产，含有丰富的金属元素和浮游生物残骸。例如覆盖 1 亿多平方千米的海底红黏土中，富含铀、铁、锰、锌、钴、银、金等，具有较大的经济价值。

海底热液成矿作用形成的块状硫化物多金属软泥及沉积物，是另一种极有开发前途的大洋矿产资源。

全世界海底石油储量为1500多亿吨，天然气140万亿立方米，油气的价值占海洋中已知矿产总产值的70%以上。然而目前全世界已开采石油640亿吨，其中的绝大部分产自陆地。陆地石油的过快耗竭使得人们转而求助于海洋石油资源。

然而，基于当前经济和技术方面的原因，在世界范围内，绝大多数海洋矿产资源的开发至今未形成规模化的商业化生产规模。

1.5.1.2　我国海洋资源的开发利用情况

目前，我国海洋矿产资源的开发利用情况如下：

（1）滨海砂矿的开发起步早，但规模有限。我国滨海砂矿种类较多，已发现60多种矿种，估计地质储量达1.6万亿吨。开采规模较大的主要有钛铁矿、锆石、金红石、钛铁矿、铬铁矿、磷钇矿、砂金矿、石英砂、型砂、建筑用砂等10余种。

（2）海洋油气开发已成重点，但主要局限在浅水区。自20世纪60年代开始，我国已在近海发现了7个大型含油气盆地，估计石油资源总量约260亿吨，天然气资源量约14万亿立方米。海上油田的建设成本约为陆上的3~5倍，但由于海上油田储量一般比较大，单位成本并不算高；另一方面，国际原油价格中长期维持高位，使得海洋油气资源的勘探开发具有很现实的意义。

渤海是我国第一个开发的海底油田。渤海油田与陆上大港油田、胜利油田、辽河油田同属一个大油气区，是陆上油田的海底延伸。我国石油部门已开始在渤海进行开发，打出了一批高产油气井。1980年开始，中法、中日在渤海中部、西部和南部进行联合勘探开发，发现日产原油1000t、天然气600000m³的高产井，展示了渤海石油开发的乐观前景。

目前，我国共有16个海上油气田，其中产量位居前6名的海上油田，包括目前我国最大的海上油田在内，均在渤海。在渤海海域发现的蓬莱19-3油田是世界级的新发现。2004年，渤海海域油气产量首次突破1000万吨，成为我国北方重要能源生产基地。

另外，我国黄海海底、东海海底、南海海底区域也是油气田产区，各项勘探开发与发展生产工作正在加紧进行。

2005年，我国海上石油产量为2764万吨。据预测，到2020年将达到3700~4100万吨。

（3）天然气水合物的开发正处于初期研究阶段。天然气水合物埋藏于海底的岩石中，与石油、天然气相比，它不易开采和运输，世界上至今还没有完美的开采方案。

1.5.1.3　我国海洋矿产资源开发利用面临的主要问题

我国海洋矿产资源的开发起步较晚，从总体来看，技术仍然比较落后，与发达国家相比，存在着一定的差距。但在某些种类资源的开发方面，大有后来者居上的势头。目前我国海洋矿产资源开发利用所面临的主要问题如下：

（1）公民资源意识淡薄，资源开发使用不当，使资源浪费，环境遭到破坏。

（2）技术落后，生产效率低。

（3）周边国家抢采油气，引发与我国海域之争。

（4）国际海底资源研究尚处于初创阶段。

1.5.1.4　未来海洋矿产资源开发的趋势

占地球表面积71%的海洋是资源和能源的宝库，也是人类解决日趋严峻的陆地资源和能源危机威胁、实现可持续性发展的重要基地。事实上，越来越多的国家都把合理有序地开发利用海洋资源和能源，以及保护海洋环境作为求生存、求发展的基本国策。20世纪以来，各国科学家的积极努力使人类极大地增长了对海洋资源的认识，目前全球已兴起一个开发利用和保护海洋资源、攻克海洋开发高新技术的热潮，海洋经济已成为世界经济发展新的增长点。

（1）加强海洋资源的调查评价是实施海洋开发战略的前提条件。

（2）滨海砂矿的开发将从以岸上为主转变为水上、水下并举。

（3）深海油气资源开发迅速发展，已成趋势。

（4）海底多金属资源的勘查、开采和冶炼技术进一步提高。

（5）天然气水合物的研究进展显著，商业开发已经为期不远。

1.5.1.5 海底基岩矿床开采的现实意义

海底基岩矿是指存在于海底岩层和基岩中的矿产，如非固态的石油、天然气和固态的硫黄、岩盐、钾盐、煤、铁、铜、镍、锡、重晶石等。日本、英国的一些海底煤矿及我国的三山岛金矿都属于陆成海底基岩矿床。

作为海底基岩矿产资源的一部分——近海海底岩层中的矿产，在海洋开采相关论著和文献中并未被大量提及。事实上，由于地球表层的岩石圈是由两个巨大的地质体构成的，这就是大陆壳和海洋壳。两者在物质构成和演化历史方面都有差别。我们现在看到的大陆和大洋界线——海岸线，并不是大陆壳和海洋壳的界线，实际上，大陆向海洋延伸相当大一部分。这部分就是大陆架和大陆坡，两者合称"大陆边缘"。大陆边缘在地质性质上是大陆的一部分，所以大陆上有什么类型的矿产，在大陆边缘上也就应该有什么矿产，那么顺着其走向，在海底发现同一类型的矿产就很自然。

沿海岸线分布的近海海底岩层中的矿产资源数量惊人，因为世界上海岸线的总长度相当可观。海底基岩矿床在世界很多地方都可以找到，特别是在沿海大陆架位置，许多陆成矿床清晰可见，大力开发利用近海海底岩层中的矿产在经济发展中的重要地位和现实意义不言而喻。

1.5.2 海底基岩矿床开发利用的现状

海底基岩采矿已有一段历史，如英国从1620年起就开始了海底采煤，但20世纪60年代以前，海底采矿的规模小、范围窄、离岸近，20世纪60年代以后，受到了人们的重视，特别是海底石油和天然气的开发有了较快发展，深海锰结核和热液矿床的开发也有迅速发展的趋势。目前，全世界从海底开采出来的矿物产值以石油和天然气占首位，达总产值的90%以上；其次是煤，占3%~5%，砂砾和重砂矿占2%左右。我国目前正在开采的海底矿物有建筑用的砂砾和钛铁矿、锆石、独居石、磷钇矿等重砂矿以及石油和天然气等，也已从太平洋底取得了一定数量的锰结核。

就海底基岩矿床开发利用而言，目前世界上有十几个国家，在100多个矿区，开采海底基岩中的层状和脉状矿藏。这些矿藏主要是储量比较大的煤和铁，或者是市场上比较紧缺、经济价值较大的金属矿产，如锡、镍、铜、汞、金、银、钨等。

海底煤矿是人类最早发现并进行开发的矿产，现在世界上有一些发达国家已在常年开采海底煤矿。它的开采量在已开采的海洋矿产中占第二位，仅次于石油。从海底采的煤有褐煤、烟煤和无烟煤。据统计，世界海滨有海底煤矿井100多口。

在海底采煤的国家和地区主要有英国、日本、智利、加拿大及我国台湾省。

英国是世界上最早在海底开采煤矿的国家，仅海底采出的煤，就占英国采煤总量的10%。从16世纪开始，英国人就在北海和北爱尔兰开采煤。这里的煤一般蕴藏在水下100余米深的海底。英国目前有14个海底煤矿，新近开辟的采煤海域主要在英格兰和爱尔兰之间的爱尔兰海。20世纪60年代，他们曾使用一种新型钻机，在这一海域打了18个钻孔，在孔深270～540m范围内发现了多层优质煤。据分析，采用开采新工艺，最大经济可采距离可达岸外35km。

日本也是海底采煤量较多的国家，占全国采煤总量的30%，从1880年，就在九州岛海底采煤。日本已建成4个海底煤矿，年产煤970万吨，占日本煤炭总产量的52%。日本海底煤炭储量约43亿吨，占全国煤炭储量的20%。

智利现有2个海底煤矿，年产量达120万吨，占全国煤炭总产量的83%。

澳大利亚东南部新南威尔士州的纽卡斯尔矿区共有22个井工开采的煤矿，其中的布尔乌德（Burwood）、兰普顿（Lambton）、约翰·达林（John Darling）等三个矿的部分井田伸入在南太平洋。另外，还有麦加利（Maequarie）、怀（Wyee）等煤矿的井田位于与南太平洋水相连通的麦加利（Maequarie）湖下面。很早以来，他们就在上述洋、湖等水体下采煤。采深一般200～300m，用房柱法开采，回收率40%～50%。澳大利亚纽卡斯尔矿区大多数煤层的上覆岩层为厚而坚硬的砾岩和砂岩。海水深约30m。已采区距海岸线最远约1km[7]。

加拿大在新苏格兰附近450～500m的海底采煤。

土耳其在科兹卢附近的黑海中采煤。

在中国采煤的历史悠久。早在700多年前，意大利人马可·波罗游历中国时，曾以惊奇的目光看待中国人使用煤炭做燃料这种"怪事"。可见，那时欧洲人还不知道煤炭是一种什么东西。但是后来，欧洲人的海底采矿技术却走到了我们的前头。今天，在台湾北部有个橙基煤矿，煤矿的巷道从陆地伸向了海底，作业面已远离海岸线2～3km。在山东省龙口煤田的西部莱州湾海底，也发现了一个大型煤田。除此之外，在渤海的其他海区、东海海底也发现了大量煤层。山东龙口煤田是我国发现的第一个滨海煤田，其主体在龙口市境内，一部分在蓬莱境内，东西长27km，南北宽14km，有煤矿区12处。该煤田探明含煤面积391.1km^2，探明总储量11.8亿吨。该区近岸海域还有煤矿储量11亿吨。油页岩总储量3亿吨。2004年首个海下采煤工作面在山东省龙口矿业集团北皂煤矿投入试运营。这标志着我国煤炭资源开采进入了一个全新的领域，中国成为世界上能从海底安全采煤的少数几个国家之一。

海底铁矿也是一种可大量开采的矿种，但目前世界上仅有少数国家进行了开采。加拿大的就塞普申湾铁矿是世界上最著名的海底铁矿，目前已探明储量达20亿吨，估计最大蕴藏量可达200亿吨。早在20世纪50年代，这一铁矿开采作业深度就已达到海底500m深处，但是由于矿石市场价格和开采成本的波动，该矿并没有持续开采下去。在法国诺曼底半岛岸外浅海区域，也有铁矿在开采。

从澳大利亚东南部金岛开凿的一个斜井一直伸到印度洋与塔斯曼海之间的巴斯海峡底部，利用这一斜井开采的白钨矿，矿石产量达2.7万吨。

　　位于我国山东的三山岛金矿是我国第一个进行海底采矿的硬岩矿山，矿山研究采用机械化上向水平分层全尾砂充填法开采[8]。通过无轨采准系统工程优化研究，确定分层高度为 3.3m，当矿房宽度采用 15m 左右时，分段高度采用 10 ~ 13.3m 比较合适。

　　除了上述矿产外，在近海海底岩层中，还有一些钾盐和硫黄等固体矿产。对这些矿产并不需要用矿井开采，可通过钻孔注入热水或蒸汽使其溶解或液化，再用高压泵便可以从岩层中将它们抽取上来。

1.5.3　海底基岩矿床开采面对的挑战

1.5.3.1　海底基岩开采与安全

　　进行海下矿床勘探及开采技术复杂、安全技术要求很高。在确定海底矿床开采方案时，首先要分析开采矿体上覆岩层的垮落带和导水断裂带的高度及其形态，最大高度的发育时间等，然后根据这些分析来确定矿体的开采上限，或者说是确定合理的安全开采深度。开采上限是指矿体的最高标高，安全采深是指矿体安全开采最大标高的深度。提到开采上限就要确定矿体的安全顶柱的留设厚度，一方面要保证水体下安全采矿，另一方面要尽可能地减少留矿柱所造成的资源损失。当然，海底地表的下沉值、矿井涌水量、上覆岩层移动观测钻孔布置及相关参数、观测方法等都是保障海底基岩矿床开采安全的重要因素。

　　为此，海底基岩采矿首先要通过研究覆岩破坏规律，特别是能够导水的冒落带和裂缝带的高度及其分布形态，分析开采引起的覆岩中的裂缝是否互相连通以及相互连通的裂缝是否波及水体。在许多情况下，尽管海底地表可能因基岩矿体开采产生较大的移动和变形、甚至出现裂缝，但只要这些裂缝在某个深度上是闭合的，而不构成井下涌水通道，就不会发生透水事故。

　　海底采矿时的保护对象主要是矿井本身，即保证在海水体下开采时矿井的安全。只有在必要时才考虑水体及其附属设施的保护。因此，在进行海底采矿时应着重研究如何防止水体和采区之间形成透水的通道、造成井下突水事故；在水体与采区之间构成水力联系无法避免时，则应研究如何使其引起的矿井涌水量小于矿井排水能力。

1.5.3.2　海下采煤的特殊困难、优点

　　世界上开展海底采煤较早的国家是英国、澳大利亚、智利、日本和加拿大。中国在近些年才加入该行列。同一般露天开采和地下开采相比，海下采煤，存在一些特殊的困难和问题：

　　（1）海下采煤以前，难以取得足够的地质资料，勘探费用过高。

　　（2）与其他地下开采相比，海下采煤不允许任何由于海床变形和破坏而造成的淹井事故；一旦淹井，将造成重大经济灾难和环境灾难，后果不堪设想。

　　（3）沿海煤田只能向海底延伸，除非在海上建立人工岛对海底煤炭就地气化和液化，否则井筒到工作面距离同一般井工开采井筒位于井田中央的煤矿相比显著增加，由此导致运输费用增加。

　　（4）海下采煤通风与排水同内陆煤矿相比，费用可能显著增加。

　　海下采煤又存在着一些突出优点：

　　（1）不会导致地表破坏，无需支付昂贵的搬迁费用及耕地损失费用，而这笔费用对

任何一个煤矿企业来讲，都是一个不小的负担。

（2）不会造成由于地表沉陷等开采损害而引起的农田损失和地下水资源的严重流失和环境污染。

（3）海底开采邻近地区没有老采空区和小窑的干扰，而其他煤田则要受到老采空区和小窑开采的影响。

（4）海底采煤可以在沿海煤田矿井的基础上实现，无需像内陆煤田一样，需另建矿井。

1.5.3.3　保证海底采煤时矿井安全的有利因素分析

（1）因为成矿原因，煤层位于沉积岩地区，就覆岩的隔水性而言，沉积岩无论是在岩性、岩相，还是结构面特性方面，都具有较有利的先天条件。

（2）由于煤层分布一般具有厚度相对较小，水平范围较大的特点。研究表明，在大面积开采的影响下，覆岩的天然隔水性遭到不同程度的破坏，破坏程度首先取决于隔水岩层与采空区的相对位置。隔水层与煤层紧贴或临近，且位于冒落带时，其隔水性被完全破坏。隔水层远离煤层，位于整体弯曲带内时，除了隔水层下部的隔水性会受到暂时的影响外，整个隔水层的隔水性基本上不受破坏。覆岩内水的渗透性是有规律变化的。这是因为煤层围岩的隔水性与采动程度和岩层变形性质有关。在水平拉伸区，岩层会发生竖向的张开裂缝，从而隔水性遭到破坏。在水平压缩区，其隔水性基本上不改变。在采动影响下，岩层本身的物理力学性质对隔水性的影响表现为刚性和脆性的岩层隔水性易遭到破坏，具有韧塑性的岩层隔水性不易被破坏，或者破坏后能够重新得到恢复。根据采动影响下，覆岩破坏变形规律及其导水性能，研究确定海底采煤时导水断裂带的分布形态和最大高度，就能保证矿井不发生突水事故。

（3）从覆岩破坏角度来说，垮落带高度达到最大值所需的开采面积比地表达到充分采动所需的临界面积要小得多。煤层开采后，垮落带高度随工作面的推进不断增高。当工作面推进一段距离后，垮落带高度达到该条件下的最大值。以后尽管开采面积继续扩大，但垮落带高度不再增加。这种情况与地表达到充分采动以后最大下沉值不再增加相类似。开采厚度对覆岩破坏的影响是直观的。开采缓倾斜煤层时，覆岩破坏主要出现在煤层顶板法线方向。垮落带和导水断裂带与初次采厚之间都表现出近似于直线的关系。煤层厚度增大，垮落带和导水断裂带高度也增大。煤层厚度相对较小有利于安全开采。

（4）在软弱岩层条件下，覆岩中因采动影响而出现的导水断裂带中的裂缝有可能随时间的推移而明显出现闭合，从而有利于减小渗透性或恢复其原有的隔水性能。因为，覆岩破坏一般落后回采，而垮落岩块的压实又滞后于垮落过程。覆岩破坏的发展可以分为两个阶段：在发展到最大高度之前，破坏高度随时间的推移（即工作面的推进）而增大。对于中硬岩层，在工作面回柱放顶后 1~2 个月内导水断裂带发展到最大值。对于坚硬岩层，这段时间就更长一些。然后，导水断裂带随着冒落带的压实而逐渐降低，降低的幅度与覆岩性质有关。覆岩坚硬，降低幅度小；覆岩软弱，降低幅度大。

1.5.3.4　海底基岩金属矿床开采的特殊性

与海底采煤一样，这种矿床的开采，主要采取从陆地上开凿竖井到相应深度，再朝海的方向打平巷通到海底的方式；或采取先在海中建个人工岛，再在岛上向海底开凿竖井的方式。海底基岩金属矿床开采涉及采矿、地质、岩石力学等多学科领域，研究覆岩受采动影响而发生破坏变形的规律，采取有效措施防止在覆岩中形成导水通道而引发突水事故等海底开采技术，是确保矿井生产安全是海底基岩金属矿床开采的首要任务。

与海底煤炭资源开采不同，海底基岩金属矿床开采具有以下特殊性：

（1）所处的围岩不再是隔水性相对较好的沉积相岩体。金属矿岩中地质结构复杂，节理裂隙等地质弱面发育，密水性差。

（2）矿体不利于减少覆岩因采动影响而发生破坏和变形的条带状分布，金属矿体通常在倾向方向具有较大延深大。对上覆岩层的破坏影响时间久，范围大（高）。

（3）金属矿岩通常较坚硬，生产中必须使用凿岩爆破施工作业，而不是大型割煤机式的切割作业，对围岩的整体性和稳定性具有更大的冲击力与破坏力。

（4）由于生产能力等限制，金属矿山服务年限往往持续的更长久，在时间上对矿井防水、防塌等安全要求更严。

1.5.4 海底基岩金属矿床开采技术难题

由于金属矿床赋存条件极其复杂，矿体形态多变，并受覆岩上部海水的影响，其开采特点既不同于海底煤矿开采，也不同于普通的陆地开采。

金属矿多为急倾斜厚大矿体，多年在同一区域开采，海底岩层移动规律不同于煤矿一个区域开采完毕即进入另一区域开采的特征。实践表明，海底硬岩矿床开采具有其自身的复杂性，开采难度相应也大得多。海底基岩矿床矿体与海水间仅靠数米厚的隔水带隔离，大量、快速、高强度海底采矿与井下大量爆破势必引起海床变形与沉降，这种沉降与变形因矿体倾角、矿体开采厚度、开采时间、矿岩特性与回采顺序等发生改变，导致上覆岩层与顶板的变形相对集中，在开采区域内出现不均匀沉降与变形，由此导致隔水层出现裂隙与错层，引起海水大量涌入井下，容易造成井毁人亡的人间惨剧，日本太平洋煤矿海底采煤就是前车之鉴，大规模海底开采存在的安全问题是矿山需要解决的首要问题。

1.5.5 海底基岩金属矿床开采关键技术

针对海底基岩金属矿床开采的特殊条件和安全要求，海底基岩金属矿床开采涉及的关键技术主要有以下几方面：

（1）在开采海底矿产之前，需查明所采矿床的分布范围、面积、埋深、储量、品位以及当地自然条件和海陆运输能力等技术特征。在此基础上，根据矿体赋存条件、矿体形态、矿山工程地质条件等选择合适的开采方法、工艺、装备和设施。

（2）展开矿区岩石力学性质研究。通过岩体节理裂隙的调查，岩石力学试验测试，现场地应力测量等，系统了解矿区岩体质量，掌握矿区岩体渗水性能、强度参数、整体稳定性等基本情况，为矿山井下工程布置、支护设计、采场稳定性分析及参数优化等提供可靠依据。

（3）结合岩石力学性质研究结果，在采矿方法设计和参数优化的过程中，充分考虑井下爆破方法和爆破工艺参数的优化研究工作，尽可能减少爆破震动对周边岩石的破坏影响，防止因上覆岩层中的节理裂隙贯通海底而引发海水溃井事故。

（4）根据地质采矿条件及开采方案设计，采取相似模拟试验、理论计算和数值分析等，进行综合计算、分析和评价，完成海底矿床开采方案的优选，论证海底采矿生产施工的安全性,对采场结构参数与开采顺序等进行优化分析,全面论证与陆地采矿不同,海底下采矿要先深后浅的科学性,合理确定海底矿床开采安全隔离层厚度,努力做到安全第一、技术可行、经济合理,为实现海底安全开采提供必要的技术保证。

(5)陆上采矿井巷等工程只要负担覆岩的压力,海底采矿则要承受海水和海底覆岩的双重压力。如何保证海底采矿的安全,不让海水意外溃涌渗入矿井,是所有海底基岩矿山要解决的首要问题。因此,必须采取措施,防止海水溃入矿井。为此,必须加强巷道承载能力的研究,寻找既能保证矿井安全又能减少矿井工程对围岩破坏的有效方法。也要开展隔水防渗的研究,研究在海水与地基之间以特殊材料增添加固层和防渗层的技术。研究有效的采用井上井下施工水位观测孔,并与地面水位孔进行水位和水质监测等技术,监测海水渗入,为防海水溃入提供预报。

(6)海水渗入与海底开采地表沉降之间存在必然联系,对海底开采引起的地表沉降规律进行研究分析十分必要。因矿体几何形态的差异,金属矿纵深大,而煤矿水平尺寸大,因而金属矿开采引起的地表沉降规律必定不同于煤矿开采的情形,将更不利于采场覆岩隔水性能的保护。

(7)矿山生产安全管理的总方针是"安全第一,预防为主",具体的做法是尽可能地采取技术措施,结合管理办法来实现矿山生产施工的本质安全。作为安全生产管理工作的重要内容之一,则是建立一套完善的海底矿床开采的安全监测技术体系,为矿山安全生产和运行保驾护航。因此,建立海底开采井上井下安全监测技术体系并使之有机地融入矿山安全生产地面自动化监控中心尤为重要。

参 考 文 献

[1] 刘爱华,李夕兵,赵国彦. 特殊矿产资源开采方法与技术 [M]. 长沙:中南大学出版社,2009.
[2] 文先保. 海洋开采 [M]. 北京:冶金工业出版社,1996.
[3] http://gongyi.ifeng.com/gundong/detail_2012_07/16/16062557_0.shtml 中国"蛟龙号"完成7000米级海试胜利凯旋.
[4] Bath A R. Deep Sea Mining Technology: Recent Developments and Future Projects [R]. 1991.
[5] Earney F C E. Technology and Economics of Deep Seabed Minerals [R]. 1990.
[6] Scott, Craven, John P. Alternatives in Deep Sea Mining [R]. University of Hawaii, 1979.
[7] 刘天泉,白矛,鲍海印. 澳大利亚海下采煤经验 [J]. 矿山测量,1982 (3):48~51.
[8] 韦华南,彭康,毕洪涛,等. 三山岛金矿海底采矿的采准工程优化 [J]. 矿业研究与开发,2011 (3):11~14.

2 三山岛金矿海底开采技术特征

2.1 三山岛金矿矿床地质概述

三山岛金矿是我国第一个海底开采硬岩矿山[1~4]，位于山东省莱州市三山岛特别工业区。该区为新建的莱州港所在地，南距莱州市区29km，东距招远市区45km。文（登）—三（山岛）公路（304省道）由矿区向东16km与烟（台）—潍（坊）公路（206国道）相接，再向东10km入刚修建的威（海）—乌（海）高速公路；正在建设的黄（骅）—烟（台）铁路从矿区东侧8km处通过。

三山岛矿区地处胶东半岛西北部的莱州湾畔，北、西两面濒临渤海，属滨海平原，地势低洼而平坦，地面海拔标高一般为1.2~4.5m，区内最高峰为三山，海拔为67.3m。据统计资料，海水最高潮位的海拔标高为+2.53m，最低潮位为-2.10m，平均海平面的标高为+0.04m。三山岛金矿设计阶段收集渤海湾百年一遇的海啸标高为+3.95m。

2.1.1 区域地质

2.1.1.1 区域地质概况

三山岛金矿区位于胶东半岛西北部莱州市境内，大地构造位置处于华北地台南缘胶北地体之胶北隆起区，西靠沂沭断裂带，南接胶北地体之胶莱拗陷，北邻龙口断陷盆地和渤海拗陷，东接牟平—即墨构造混杂带，如图2-1所示。其西侧与沂沭深大断裂相邻，东

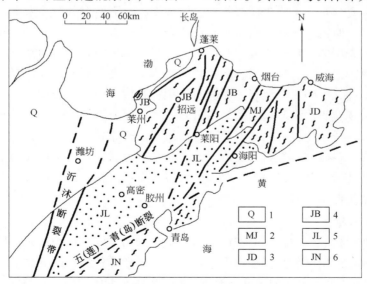

图2-1 大地构造位置示意图
1—第四系；2—牟平—即墨构造混杂带；3—胶东侵入岩变质岩区；
4—胶北隆起区；5—胶莱拗陷区；6—胶南隆起区

侧临近与金矿成矿有密切关系的玲珑复式岩体,是胶东地区金矿成矿极为有利的地段[5~7]。

2.1.1.2　地层

区域上分布的地层主要包括中太古代唐家庄岩群（Ar_3t）、新太古代胶东岩群（Ar_4j）、古元古代荆山群（Pt_1j）、粉子山群（Pt_1f）及第四纪沉积（Q）。

A　唐家庄岩群（Ar_3t）

唐家庄岩群主要分布于招远东南部,呈较小的包体分布于官地洼、栖霞超单元中。岩性为黑云（角闪）变粒岩、斜长角闪岩、磁铁石英岩、磁铁紫苏麻粒岩。其原岩为克拉通高级变质区的基性—中基性火山岩—碎屑岩—硅铁建造,属麻粒岩相。

B　胶东岩群（Ar_4j）

胶东岩群分布广泛,规模较小,多呈零散包体状、带状分布于栖霞、玲珑超单元内部及边缘。区内仅出露郭格庄岩组,主要由黑云变粒岩、磁铁角闪岩、石榴透辉含磁铁石英岩和斜长角闪岩。该岩组为大洋环境下的基性—中酸性火山碎屑岩建造夹含铁碧玉岩建造,属中压相系高角闪岩相。

C　荆山群（Pt_1j）

荆山群主要分布于招远南部地区,自下而上分为禄格庄组、野头组和陡崖组。禄格庄组由石榴黑云片岩组成,野头组由绿帘石化斜长角闪岩、透辉岩夹薄层浅粒岩、蛇纹石化方解大理岩、蛇纹大理岩组成;陡崖组由石墨黑云斜长片麻岩、石墨透辉变粒岩、石墨透闪岩。原岩为一套正常的陆源碎屑—碳酸盐岩沉积夹少量中基性火山岩,属低压相系高角闪岩相。

D　粉子山群（Pt_1f）

粉子山群主要分布于莱州市西部的粉子山地区,自下而上分为小宋组、祝家夼组、张格庄组、巨屯组、岗嵛组。小宋组由长石石英岩、浅粒岩、黑云变粒岩、透闪大理岩、角闪岩、斜长角闪岩、黑云片岩组成,其原岩为一套砂岩、粉砂岩类、基性火山碎屑岩、泥灰岩沉积;祝家夼组以黑云变粒岩、斜长角闪岩为主,夹大理岩、浅粒岩,其原岩为一套泥质粉砂岩、基性火山碎屑夹泥岩、泥灰岩沉积;张格庄组以白云大理岩、透闪岩、滑石片岩为主夹黑云变粒岩,其原岩为一套白云岩、富镁泥岩夹粉砂岩、高铝泥岩沉积;巨屯组由石墨透闪岩、透闪变粒岩、含石墨变粒岩组成,其原岩为一套含碳泥质粉砂岩;岗嵛组为一套黏土岩、粉砂岩、长石石英岩,是在海水较为稳定环境下形成的细碎屑建造。从粉子山群沉积特征看,基本代表了一个大的海侵—海退沉积旋回,从其岩石组合看,其变质程度为中压相系低角闪岩相。

E　第四系（Q）

区域内的新生代第四纪地层分布广泛,地层基岩出露较少,为古元古代荆山群。

新生代第四纪地层区域大面积出露主要为海积层和冲积层,由亚黏土、黏土、砾等组成,厚度 1~50m。古元古代荆山群（Pt_1j）主要为古元古代荆山群禄格庄组（Pt_1jL）,分布在区内东南部秦家一带有出露。岩性为石榴矽线黑云片岩、黑云变粒岩、斜长角闪岩及薄层大理岩等,局部见有沉积变质铁矿透镜体。属低角闪岩相—角闪二辉麻粒岩亚相。原岩为岛弧及边缘洋底的拉斑玄武岩和中酸性火山岩建造。主要分布在区域的东部，大部分被第四系覆盖。

2.1.1.3 构造

区内构造形式为褶皱构造和断裂构造，以近东西向、北东向—北北东向和北西向构造为主体。区内构造以断裂为主，而且极为发育，且以北东向为主，规模最大的为北东向的三山岛—仓上断裂和新城—焦家断裂，规模较小的有后邓、石虎嘴、后坡—西由、望儿山断裂等，其次有北西向的三山岛—三元断裂等[8,9]。

A　近东西向构造

近东西向构造主要表现形式是古老基底褶皱及与之伴生的断裂构造。近东西向褶皱主要为粉子山倒转向斜，出露于区域北部的粉子山地区，可见长 15km，宽 5.5km，整个构造均由粉子山群地层组成，核部由岗嵛组组成向两翼依次出现巨屯组、张格庄组、祝家夼组、小宋组。褶皱北翼为正常翼，南翼为倒转翼，轴向变化较大，由 70° ~ 50° ~ 90°，后期部分地段演化为断裂构造。

东西向断裂构造相对不发育，规模较小，主要分布于招远南部荆山群地层中，由韧性剪切带经后期构造活动叠加而成。有的形成较早，被北北东向断裂切割；有的形成较晚，切割北东向招平断裂，与萤石矿床的形成关系密切，区内典型的东西向断裂有西赵—下东庄断裂、毕郭断裂。

研究认为，东西向断裂具有多期活动的特点，前寒武纪已经形成，中生代及新生代第三纪仍有强烈活动。一些东西向断裂是继承性地再活动，有些则是中生代以来新形成的，主活动期在白垩纪至早第三纪之间。

东西向断裂大多为张性断裂，富水性好。

B　北东向断裂构造

北东向断裂构造较密集地分布于该地区，该区几乎所有的金矿（点）床都产于北东向断裂中，因此该组断裂是主要的控矿构造。根据该组断裂的规模及对成矿的影响可分为四级：一级断裂为三山岛—仓上断裂、龙口—莱州断裂、招远—平度断裂；二级断裂主要有灵北断裂、草沟头断裂、洼孙家断裂等；三级断裂是位于一、二级断裂之间的规模较小的断裂；四级断裂是规模更小的断裂和裂隙带。

北东向一级断裂在走向上延伸远，长度可达上百千米，断裂蚀变带宽数百米，垂向上切割深度大，破碎蚀变强烈，倾角缓，所控制的金矿床规模大，矿体厚度大，许多金矿床达到大型、特大型的规模。矿体一般赋存于主裂面的下盘，以蚀变岩型为主。如三山岛—仓上断裂下盘的仓上金矿床、三山岛金矿床；龙莱断裂下盘及其与之交汇的次级断裂构造带上的焦家金矿床、新城金矿床、河西金矿床、河东金矿床、望儿山金矿床；招平断裂下盘的台上金矿床、大尹格庄金矿床、夏甸金矿床。

三山岛—仓上断裂位于胶东金矿化集中区的西端，仅局部出露地表，大部分被第四系覆盖，北东起自三山岛镇，南西至潘家屋子，两端延入渤海，其南西端入海后在芙蓉岛有出露，与沂沭断裂带关系不明。陆地出露长 12km，宽 50 ~ 200m，平面上呈 S 形展布，总体走向 40°，局部走向 70° ~ 80°，倾向南东，倾角 45° ~ 75°。断裂主要沿玲珑超单元二长花岗岩与马连庄超单元变辉长岩的接触带展布，由糜棱岩、碎裂岩和碎裂状岩石组成，有连续而稳定的主裂面，呈舒缓波状，显压扭性特点。该断裂控制了三山岛、仓上、新立金矿床如图 2-2 所示。

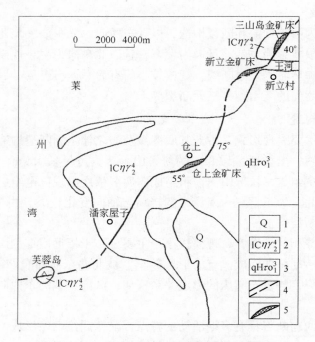

图 2-2 三山岛—仓上断裂带地质略图
1—第四系；2—玲珑超单元崔召单元；3—马连庄超单元栾家寨单元；
4—实测及推测断层；5—金矿体

北东向二级断裂一般长 10～30km，宽 50～100m，走向 45°左右，倾角较陡，一般大于 60°，主裂面比较平直，垂向上切割深度大，所控制矿床多数为中型。矿体赋存于断裂中及其上下盘，矿床矿石类型多为石英脉—蚀变岩混合型，一般上部多为含金石英脉型，下部多为网脉状含金硫化物蚀变岩型。在同一条断裂带上矿床具有等间距分布的规律。如灵北断裂上的石棚金矿床、马鞍石金矿床、北截金矿床、魏家沟金矿床、灵山沟金矿床、黄埠岭金矿床；洼孙家断裂上的洼孙家金矿床、前孙家金矿床、后孙家金矿床及山后冯家金矿床等。

在一、二级成矿断裂之间分布有数十条北东向三级成矿断裂构造，控制了上百个小型金矿床、金矿点的分布。三级成矿断裂一般规模较小，延长数千米，构造带宽 1～10m，倾角陡，一般 70°左右。所形成的矿床、矿点规模较小，矿化不均匀，矿体连续性差，其矿化类型既有石英脉型，又有蚀变岩型及两者的混合类型，品位较高。

北东向四级断裂是位于三级断裂之间并与其平行、斜交的密集小型断裂和裂隙带，常成群成带分布，延长数十米至数百米，宽几厘米至几米。多形成零星分散的小矿体、小矿脉，走向及倾向上延伸都不大。

C 北西向断裂

区内北西向断裂数量较少，规模较小，分两类：第一类是与北东向构造共轭的北西向断裂，即共轭 X 形构造，如河西金矿侯西矿段、金翅岭金矿原瞳矿区的北西向矿脉，这类北西向断裂在其有利部位可形成金矿体；第二类是形成于北东向断裂之后，切割北东向断裂的北西向断裂，对金矿有轻微的破坏作用，如发育于洼孙家金矿床、山后冯家金矿床内的北西向断裂。

D 北北东向断裂

北北东向断裂构造主要分布于招远的东部地区，规模较大的有玲珑断裂、梧桐夼断裂、栾家河断裂、丰仪断裂，属于金矿成矿后构造。

北北东向断裂从总体上看切割北东向断裂，形成于燕山晚期，多属于银矿化、多金属硫化物矿化期，如十里铺银矿床、南辛庄铅锌矿点等均受北北东向构造控制。规模大、围岩蚀变强烈的北北东向断裂带常可形成蚀变风化的高岭土矿床。在较小规模的北北东向断裂及次级断裂中往往充填多种脉岩，在酸性脉岩的断裂构造部位可形成伟晶岩型钾长石—石英矿床。

2.1.1.4 岩浆岩

胶东西北部位于环太平洋花岗岩带，岩浆活动强烈，侵入岩十分发育，从晚太古代、元古代到中生代均有不同程度的活动。据岩浆岩的演化、接触关系、岩性特征和形成时代可将其归并为 26 个单元，9 个超单元见表 2－1。在区域内分布最广且与金矿成生关系密切的超单元主要有：新太古代五台—阜平期栖霞超单元、新元古代震旦期玲珑超单元及中生代燕山早期的郭家岭超单元。

表 2－1 胶西北地区主要侵入岩特征

代	期	超单元	分布及产状	岩石类型	岩石化学特征	备 注
中生代	燕山晚期	伟德山 (w_5^3)	分布在莱州东部的驿道、胡埠、周家一带。形成规模不大的岩株，总体呈北东向展布	由辉石黑云闪长岩向石英二长岩、二长花岗岩演化	壳源重熔型花岗岩：轻稀土富集型，配分曲线右倾，具明显的铕负异常；微量元素含量较稳定，矿物组合属榍石—磷灰石组合。属 S—I 型花岗岩	壳源重熔型
	燕山早期	郭家岭 (g_5^2)	莱州北部三山岛、招远北部上庄、北截、丛家、曲家、郭家岭一带，呈近东西向展布。形态有不规则状、不规则椭圆状、半环状等，呈岩株、脉状产出	斑状中粒角闪石英二长岩—斑状粗中粒含角闪黑云花岗闪长岩—巨斑状中粒花岗闪长岩，暗色矿物由多到少，斑晶由小到大且含量增高；暗色幔源包体种类由多到少	同熔型花岗岩；轻稀土富集型，配分曲线右倾，δ_{Eu} = 1.09～0.96，铕总体上具轻微负异常；微量元素 Cr，Ni，Ba，Cu，Zn 含量大于 Rb，Nb，具有 I 型花岗岩特征。矿物组合类型为榍石—磷灰石—锆石（褐帘石）型	壳幔混合型
	印支期	文登 (W_5^1)	招远阜山—大秦家一带，呈近东西向展布，北依招平断裂带，南接栖霞超单元。形态有椭圆形、不规则状、不规则圆状等，呈岩株产出	二长花岗岩（细粒、含斑中粒、含斑粗中粒、含斑中粗粒）	岩浆成因的"S"型花岗岩；轻稀土富集型，配分曲线右倾，δ_{Eu} = 0.52，铕具明显负异常；微量元素变化规律不明显，副矿物组合类型为磷灰石—锆石—榍石型	壳源型

续表 2 - 1

代	期	超单元	分布及产状	岩石类型	岩石化学特征	备注
新元古代	震旦期	玲珑 (L_2^4)	招平断裂带以西大面积分布，形态有不规则的环状、不规则状、不规则圆形、椭圆形等，侵入栖霞超单元又被郭家岭超单元侵入，呈岩基、岩株、脉状产出	弱片麻状（细粒、细中粒、中细粒）含石榴二长花岗岩（弱片麻状中粒、含斑粗中粒、中粗粒）二长花岗岩	岩浆成因的"S"型花岗岩，属于钙碱性到碱钙性的酸性岩类；轻稀土富集型，配分曲线右倾，$\delta_{Eu} = 0.65 \sim 1.735$；微量元素含量比较稳定，呈同熔花岗岩特征。副矿物组合类型为榍石—磷灰石—锆石型	壳源型
古元古代	吕梁期	双顶 (S_2^1)	招远东北部及龙口南部，形态多为椭圆形及不规则圆形，在玲珑超单元内呈包体产出，多为岩株状	片麻状细粒花岗闪长岩，片麻状细粒二长花岗岩	岩浆成因的"I"型花岗岩，铝过饱和岩石类型；轻稀土富集型，$\delta_{Eu} = 1.53$，铕具正异常；副矿物组合类型为磷灰石型、锆石—磷灰石型	幔源型
古元古代	吕梁期	莱州 (L_2^1)	招远大秦家南部，形态多为椭圆形、不规则椭圆形及不规则圆形，在玲珑超单元内呈包体产出，一般为岩株状	变橄榄岩、斜长角闪岩（变基性岩）、角闪闪长岩	一套基性—超基性岩，原岩为橄榄岩、辉绿岩、辉长岩；轻稀土富集型，$\delta_{Eu} = 1.14$，铕具正异常；富矿物组合类型为磷灰石型、磁铁矿—磷灰石型	幔源型
新太古代	五台—阜平期	栖霞 (q_1^4)	莱州西南部、招远东南部，龙莱、招平断裂上盘为主，呈椭圆形岩基产出	典型的太古宙 TTG 岩系，主要岩性为片麻状的英云闪长岩→奥长花岗岩→花岗闪长岩	从早到晚 SiO_2 升高，Al_2O_3、TiO_2、MgO、$Fe_2O_3 + FeO$、P_2O_5 降低，基性程度降低，酸性程度增高；轻稀土富集型，配分曲线右倾，$\delta_{Eu} = 0.61 \sim 1.18$，铕具负异常为主。副矿物组合类型为锆石—磷灰石型	幔源型
新太古代	五台—阜平期	马连庄 (mL_1^4)	招远南部齐山—夏甸一带，形态为透镜状、不规则状，呈脉状或包体分布于栖霞超单元中。莱州北部三山岛—仓上断裂带上盘呈岩基分布	蛇纹石化变辉橄岩、变角闪岩、中细粒变辉长岩（斜长角闪岩）	岩石由高镁、铁向高铝、硅方向演化；轻稀土富集型，配分曲线右倾，$\delta_{Eu} = 0.67 \sim 1.11$，铕多具负异常；副矿物组合类型为磷灰石—磁铁矿型	幔源型
中太古代	迁西期	官地洼 (g_1^3)	招远毕郭南部，形态呈透镜状、椭圆形及不规则状，以包体形式分布于栖霞超单元中	辉橄岩、变辉长岩、二辉麻粒岩	基性—超基性岩；轻稀土富集型，配分曲线右倾；副矿物组合为磁铁矿—磷灰石型	幔源型

A 栖霞超单元

栖霞超单元呈岩基状分布于区域东部，由回龙夼、新庄单元组成。为一套中酸性变质深成侵入基岩，属变质变形岩体。岩石变质变形十分强烈，片麻理是最显著的面状构造。该超单元在新太古代陆核横向扩展拉伸减薄，热流值升高，地幔物质发生部分熔融，在剪切机制下强力侵位而成，主要岩性为英云闪长岩和奥长花岗岩。

B 玲珑超单元

玲珑超单元大面积分布于焦家主干断裂上下盘并为郭家岭超单元侵入，主要为崔召单元和九曲单元。

崔召单元出露规模较大，分布于北起招远辛庄镇，南至莱州梁郭镇，上庄岩体和北截岩体之间及以南地区。主要岩性为弱片麻状中粒二长花岗岩，中粒结构，弱片麻状构造。主要矿物有斜长石（43.60%）、钾长石（20.45%）、石英（32%）、黑云母（3.66%）。副矿物组合类型属于磷灰石—榍石—锆石型。该单元含以包体形式存在的细粒黑云斜长片麻岩、斜长角闪岩、石榴矽线黑云片岩等。包体规模较小，多呈透镜状、长条状，长轴方向与围岩片麻理方向一致。

九曲单元主要分布于北截岩体的北东地区，主要岩性为弱片麻状细中粒含石榴石二长花岗岩，内有细粒黑云变粒岩及斜长角闪岩包体，包体一般呈透镜状、长条状，与围岩片麻理一致。岩石呈细中粒二长花岗结构，弱片麻状构造，偶含钾长石斑晶，石英拉长呈虫状，与定向的黑云母构成弱片麻理。主要组成矿物有斜长石（25%～30%）、钾长石（30%～35%）、石英（25%～30%）、黑云母（小于5%），主要矿物粒度2～4mm。副矿物属榍石—磷灰石—锆石型组合。

C 郭家岭超单元

郭家岭超单元主要分布于焦家主干断裂的下盘，包括典型的上庄单元和大草屋单元、赵家单元。

上庄单元主要分布于焦家断裂带的下盘，以上庄侵入岩体为特征，侵入玲珑超单元和胶东岩群地层。主要岩性为巨斑状中粒花岗闪长岩，似斑状结构，基质为半自形粒状结构，块状构造，主要矿物有钾长石（20%）、斜长石（45%）、石英（25%）、角闪石（3%）、黑云母（5%）。副矿物类型属于榍石—磷灰石—褐帘石型。

大草屋单元分布于黄山馆东部、招远张星镇和宋家镇一带，以北截侵入岩体规模最大。单元内暗色包体主要包括闪长质包体、角闪闪长质包体及黑云母条带、角闪石条带，包体岩石多为细粒结构，呈透镜状及不规则状，长轴走向与围岩片麻理基本一致。暗色矿物条带多分布于单元边部，平行接触面。该单元岩性为斑状粗中粒含角闪黑云花岗闪长岩，似斑状结构，基质为粗中粒花岗结构，弱片麻状构造，斑晶为浅肉红色钾长石。主要组成矿物有斜长石（46.69%）、钾长石（7.46%）、石英（27.18%）、角闪石（3.69%）、黑云母（5.28%）。副矿物类型为榍石—磷灰石型。

赵家单元出露面积较小，主要分布于区域北部。单元内暗色矿物包体较多，主要为闪长质、角闪（黑云）闪长质、角闪正长质、角闪石析离体等，多呈规模较小的透镜状、不规则状、条带状等。该单元岩性为斑状中粒角闪石英二长岩，似斑状结构，基质为中粒花岗结构，片麻状构造。斑晶为板状钾长石。主要组成矿物有斜长石（41.18%）、钾长石（29.14%）、石英（12.0%）、角闪石（12.60%）、黑云母少量。副矿物类型属于榍石—磷灰石—锆石型。

D 脉岩

预测区内脉岩比较发育，常见闪长玢岩、煌斑岩、辉绿岩、辉绿玢岩等，以闪长玢岩最为发育。脉岩走向多为近南北向，少数为北北东向和北东东向，倾向北西或南东，倾角比较陡。

由于脉岩与金矿体在空间上常常相伴产出，根据其穿插关系分为成矿前脉岩、成矿期脉岩和成矿后脉岩。成矿前脉岩，被矿体或其他脉岩穿插，主要岩性为中基性岩类，如闪长玢岩、煌斑岩等；成矿期脉岩，既穿插矿体又被后期脉岩穿插，主要为煌斑岩类；成矿后脉岩，切穿矿体或脉岩，主要为各种煌斑岩、闪长玢岩等。这类脉岩与金矿赋存关系密切，反映了金矿成矿过程中金矿成矿物质与某些脉岩同源。

2.1.1.5 矿产概况

区内矿产丰富，以金矿为主，银矿次之。其他矿产有产于粉山群小宋组的沉积变质铁矿床，张格庄组的菱镁矿、滑石矿和水泥用大理岩及饰面石材等。

截至目前，已发现和评价的金矿床（点）200余处，其中包括三山岛—仓上断裂下盘的仓上金矿床、三山岛金矿床；龙莱断裂下盘及其与之交汇的次级断裂构造带上的焦家金矿床、新城金矿床、河西金矿床、河东金矿床、望儿山金矿床；招平断裂下盘的台上金矿床、大尹格庄金矿床、夏甸金矿床。以及上述断裂之间的灵山沟、北截金矿床、黄埠岭、洼孙家、前孙家、后孙家等数十处大中型金矿床和十里堡银矿床等。

2.1.2 矿区地质

矿区位于三山岛—仓上断裂带的北东段，与三山岛金矿区仅有王河之隔。区内未见岩石露头，全部被第四系及海水覆盖[10,11]。

2.1.2.1 地层

区内地层仅见新生界第四系（Q），以临沂组为主，广泛分布，旭口组沿矿区西北部边缘分布，沂河组沿河流分布。

临沂组分布于矿区东南部，厚10~20m，由南向北逐渐变厚，主要为冲积物，下部为黄褐色的亚砂土，并夹有小砾石、粗砂，上部为土黄色的亚砂土和砂质黏土。旭口组分布于矿区的西部和北部，沿海岸线呈带状展布，厚35~45m，最厚可达60m，为海堆积物。主要成分为灰黄色含砾细砂和含砾中砂，并夹杂有一些海生动物的贝壳，组成平缓的海滩。沂河组主要沿王河呈带状展布，为冲积堆积物，主要由砾石及中粗砂组成。

2.1.2.2 构造

区内构造主要为断裂构造，根据它们的生成关系可分为控矿断裂及矿后断裂，前者为新立断裂带，后者有北东向和北西向断裂，但仅在局部工程中见到。

新立断裂带是矿区控矿断裂构造，它位于三山岛—仓上断裂带的北东段，由新立主干断裂及上下盘伴生的羽支断裂和下盘派生平行断裂组成。

A 主干断裂（F_1）地质特征

主干断裂带北东起自32线，南西至63线，陆上长度为700m，自23线入海，工程控制至63线。矿区范围内控制长度为1300m，宽70~185m，发育于新元古代震旦期玲珑超单元与新太古代五台—阜平期马连庄超单元接触带内带的二长花岗岩内，其上盘距接触带0~125m。

断裂带以0线为界，以西平均走向62°，以东平均走向38°，即0线以东明显地向北偏转，大角度地段控制了新立金矿床。断裂带倾向南东，倾角33°~67°，多在40°~50°

之间，平均倾角 46°，由北东向南西倾角有逐渐变陡趋势。沿走向、倾向特别是走向呈舒缓波状延展，走向上的变化明显大于倾向，断裂带在北部的 12 线处与北东走向（20°）的三山岛断裂呈 Y 形交汇，并以 50°走向继续延伸至 32 线尖灭。

以灰白—灰黑色断层泥为标志的主裂面连续发育，厚 0.05 ~ 0.5m，主裂面上下发育有 70 ~ 185m 宽的破碎带，带内构造岩发育。以主裂面为界，上盘构造岩依次为花岗质碎裂岩、碎裂状花岗岩；下盘依次为糜棱岩、碎裂岩、花岗质碎裂岩、碎裂状花岗岩。其中碎裂岩带和碎裂状花岗岩带呈连续带状展布，其他破碎岩带呈不连续带状展布。从构造面阶步，擦痕及构造透镜体分析，断裂属左行压扭性。

B 北西向断裂

北西向断裂对矿床而言是成矿后断裂，矿区内较大规模的仅发现一条，由 5 个钻孔控制，位于矿区北部，在 0—7 线穿切含矿蚀变带，将其编号为 F_2，断裂走向北西 290°，倾向北东或南西，倾角 80° ~ 90°。16ZK644 控制最深达 270m，推测长度约 300m。

北西向断裂带由 3 ~ 5m 的碎裂岩组成，在其中部发育 1 ~ 10cm 的深灰色断层泥。由于该断裂均为钻孔控制，对含矿蚀变带的错移情况尚不清楚。

北部的三山岛矿区北西向构造较发育，其代表性断裂为 F_3，是一区域性构造，切割含矿蚀变带，并向北西延伸入海。该断裂位于 32—36 线间，其延深已达 –600m 标高，走向 300° ~ 310°，倾向北东或南西，倾角 80° ~ 90°，破碎带由角砾岩、碎裂岩组成，其内见煌斑岩脉充填并已被破碎。断裂具多期活动特点，右行平移运动，将含矿蚀变带错移 20m 左右。

矿区 F_2 断裂是三山岛矿区 F_3 断裂的次级或平行断裂，其特征基本一致，向北西基本已延伸入海。在生产勘探和采矿过程中，应首先查清其特征和对矿体的破坏程度及其与海水的水力联系情况，确保矿山安全生产。

C 断裂带构造活动

断裂带的生成发展，受区域构造活动的制约，据构造活动与矿化的时间关系，可将其分为三个阶段，即成矿前、成矿期和成矿后构造活动。

a 成矿前的左行压扭性活动

断裂生成初期，区内受北西—南东向挤压应力作用，沿新老岩体的接触部位形成塑性变形的韧性变形带，随着应力作用的加强，逐渐由韧性变形转变为脆性变形，出现了压性结构面，构造岩由塑性变形系列向脆性变形系列演化，并在空间上造成了构造岩的叠加分布。

成矿前断裂构造形迹经多次构造活动的改造叠加，现已不易确定，但宽大的含矿构造蚀变岩带证明了成矿前断裂构造的存在。带内塑性变形的糜棱岩，脆性变形的碎裂岩、碎斑岩反映了以压扭为主的构造活动。蚀变的匹配形式及总体形态和蚀变岩组分析表明，成矿前断裂为左行压扭。

b 成矿期的右行压扭活动

成矿期区域应力场发生了变化，在南西—北东向主压应力作用下，新立断裂发生右行压扭活动，0 线以西北东东向地段为引张地段图，为矿液的聚集、充填、交代成矿创造了有利空间。该段含矿裂隙主要有三组：一组走向 20° ~ 40°，倾向南东或北西，倾角 40° ~ 89°；二组走向 50° ~ 60°，倾向南东，倾角 40° ~ 68°；个别西北倾向，倾角 80°；三组走向 65°~70°，倾角南东，倾角 40°~50°。三组裂隙以后者最为发育如图 2-3 所示，其产状与断裂主裂面基本一致，也是主要控矿裂隙。三组裂隙均属张扭性质，相互穿切，其充填物既有早期的乳白色石英脉，也有晚期的多金属硫化物石英脉，反映了成矿期构造活动的多次性和继承性发育的特点。

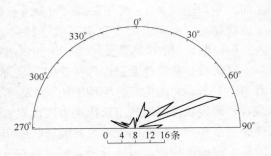

图 2-3　矿床含矿节理走向玫瑰花图

　　c　成矿后的左行压扭活动

断裂经成矿期右行压扭后，主压应力方向转变为成矿前相似的北西—南东方向，继续其左行压扭特点，且强度大，持续时间长。成矿前、成矿期形成的结构面被强烈改造，主裂面成为压扭性构造面，并形成连续稳定的断层泥。

2.1.2.3　岩浆岩

区内岩浆岩广布，主要为新太古代五台—阜平期马连庄超单元、栖霞超单元和新元古代震旦期玲珑超单元。

　　A　新太古代马连庄超单元

新太古代马连庄超单元主要分布于三山岛—仓上断裂带上盘，呈岩基状大面积侵入。矿区内主要为栾家寨单元（$mL\nu_1^4$）。

岩性为中细粒变辉长岩（斜长角闪岩）。岩石呈灰—灰绿—暗绿色，鳞片纤状变晶结构、鳞片柱粒状变晶结构；块状构造—条带状构造。由斜长石（30%）、角闪石（65%）、石英及少量钾长石、黑云母、磷灰石、榍石、绿泥石、磁铁矿、锆石等副矿物组成。斜长石呈粒状、板状，钠长石聚片双晶发育。斜长石排号 39—43。粒径一般为 0.5~1.2mm。角闪石他形柱状，粒径 0.4~0.9mm，石英为他形细粒状，多沿裂隙分布，可能是硅化产物。磁铁矿有被褐铁矿交代蚀变现象。

　　B　新太古代栖霞超单元

新太古代栖霞超单元主要分布于新立断裂带上盘，呈脉状或岩枝状侵入于马连庄超单元中，区内分布的为新庄单元。

岩性为片麻状中细粒含角闪黑云英云闪长岩，岩石呈深灰—灰色，中细粒花岗结构，片麻状构造。矿物由斜长石（38%）、石英（38%）、绢云母（21%）、黑云母（2%）及少量褐铁矿、磷灰石及微量绿帘石组成。矿物粒度 0.5~1.5mm。其中，斜长石他形板状，具清晰的钠长石聚片双晶和明显的绢云母化。白云母呈片状，微带黑色，系交代黑云母的产物。

　　C　新元古代玲珑超单元

新元古代玲珑超单元主要分布于三山岛—仓上断裂带下盘，呈岩基状大面积出露，矿区内主要出露为崔召单元。沿三山岛村东、新立、向阳岭、仓上、潘家屋子一线分布。

岩性为弱片麻状中粒二长花岗岩。岩石浅肉红色，中粒花岗结构，交代结构，块状构造。矿物由斜长石（40%）、钾长石（23%）、石英（28%）、黑云母（5%）及少量绿帘石、绿泥石、磁铁矿、磷灰石、榍石、绢云母和白云母组成。矿物粒度 2~4mm。

2.1.3　矿床地质

2.1.3.1　断裂蚀变带地质特征

断裂蚀变带受控于三山岛—仓上主干断裂带，其形态、规模、产状与断裂带一致。蚀变带发育于新元古代震旦期玲珑超单元崔召单元与新太古代五台—阜平期马连庄超单元栾家寨单元接触带内带的二长花岗岩内，其上盘距接触带 0～125m（图 2-4）。

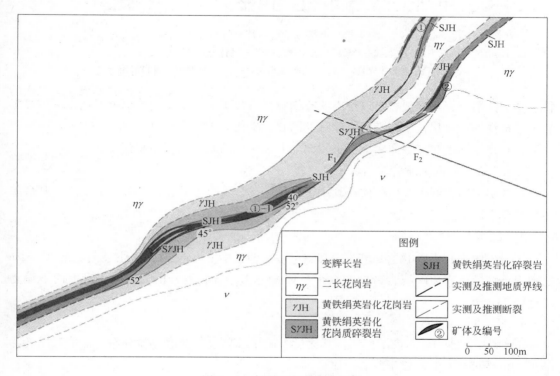

图例

符号	名称	符号	名称
ν	变辉长岩	SJH	黄铁绢英岩化碎裂岩
ηγ	二长花岗岩		实测及推测地质界线
γJH	黄铁绢英岩化花岗岩		实测及推测断裂
SγJH	黄铁绢英岩化花岗质碎裂岩	②	矿体及编号

0　50　100m

图 2-4　断裂蚀变带地质略图

矿床范围内蚀变带走向长 1300m，宽在 70～185m 范围内变化，控制最大斜深 1000m。总体走向 62°，倾向南东，倾角 33°～67°，平均倾角 46°，多在 40°～50°之间变化。由北向南矿体倾角有逐渐变陡趋势，蚀变带形态总体较稳定，呈舒缓波状延伸，局部走向变化较大，沿走向较沿倾向变化大。断裂蚀变带在 12 线与三山岛断裂蚀变带呈 Y 形交汇，并以 50°方向继续延伸至 32 线尖灭。

以灰白—灰黑色断层泥为标志的主裂面，沿蚀变带近顶板处连续发育。蚀变岩分带明显，沿走向、倾向呈带状展布，由上盘至下盘依次为黄铁绢英岩化花岗岩、黄铁绢英岩化花岗质碎裂岩、断层泥（主裂面）、黄铁绢英岩化碎裂岩、黄铁绢英岩化花岗质碎裂岩、黄铁绢英岩化花岗岩。主裂面之下有薄层的黄铁绢英岩化糜棱岩和黄铁绢英岩断续分布。其中的黄铁绢英岩化花岗质碎裂岩带呈不连续分布，局部缺失。各蚀变岩带之间界线呈渐变过渡接触，分带情况如图 2-5 所示。

主裂面之下 0～35m 范围内为黄铁绢英岩化碎裂岩带，蚀变与金矿化最强，也是主矿体的赋存部位。主裂面以下，随着距离的由近到远，蚀变带的蚀变矿化逐渐减弱。其矿化

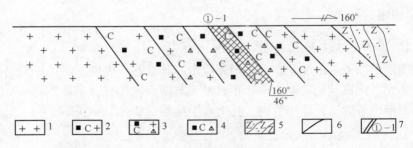

图 2 - 5　断裂蚀变带岩性分带示意图

1—二长花岗岩；2—黄铁绢英岩化花岗岩；3—黄铁绢英岩化花岗质碎裂岩；
4—黄铁绢英岩化碎裂岩；5—中细粒变辉长岩；6—主裂面；7—矿体及编号

特点是黄铁绢英岩化碎裂岩带以浸染状或细脉浸染状矿化为主，黄铁绢英岩化花岗质碎裂岩带及黄铁绢英岩化花岗岩带以细脉状、网脉状矿化为主。

金矿化均发生在主裂面之下，主裂面之上金矿化甚微，无矿体赋存。

2.1.3.2　矿体地质特征

在核实范围内圈出 5 个矿体，其中①号矿体又分 6 个支矿体，②号矿体次之，其余矿体规模较小。

A　①号矿体地质特征

①号矿体为矿床内的主要矿体，其储量占总储量的 91%。赋存于主裂面之下 0～35m 范围内黄铁绢英岩化碎裂岩带中的 6 个矿体编为①号，其编号由北向南、自上而下编为 ①—1～①—6。

a　①—1 号矿体

①—1 号矿体为矿床内主矿体，其储量占矿床总储量的 90%。由 85 个见矿工程（穿脉 47 条、钻孔 37 个、竖井 1 个）控制。

矿体大部分紧靠主裂面分布，展布于 71—20 线、-30～-710m 标高范围内，沿走向最大长度 1145m，沿倾斜最大长度 900m，沿倾斜已基本尖灭，沿走向其北东侧基本尖灭，南西侧尚未封闭。矿体不同位置走向、倾斜长度统计见表 2-2。

表 2 - 2　矿体不同位置走向、倾斜长度统计

走　向		倾　斜	
标高/m	长度/m	勘探线号	长度/m
-100	780	16	225
-200	810	8	135
		0	450
-300	1060	7	410
		15	325
-400	875	23	500
		31	690

走　　向		倾　　斜	
标高/m	长度/m	勘探线号	长度/m
-500	520	39	900
		47	860
-600	305	55	835
		63	580

矿体总体走向62°，倾向南东，倾角33°~67°，多在40°~50°之间变化，平均46°，由北向南倾角有逐渐变陡趋势。

矿体形态整体呈大脉状，局部呈似层状和透镜状。沿走向、倾向呈舒缓波状展布，变化程度沿走向比倾向大。矿体具膨胀收缩、分枝复合现象。

矿体厚0.48~28.96m，平均7.42m，厚度分级频率以2~10m居多，占22%，14~16m占10%，8~10m占9%（图2-6）厚度变化系数78.27%，属厚度较稳定矿体。从厚度变化等值线图（图2-7）可以看出，厚度大于2m的等值线域基本可分为两个大的区域，上部（或东部）区域从55线-200m标高以上向东延至24线-400m标高以上地段，基本呈一大的囊状体展布；下部（或西部）区域位于63—31线-250~-700m标高范围内，呈不规则圆状体展布。厚度大于10m的等值线域大致可分三个区域，一是分布于53—35线-200m标高以上范围内；二是分布于27—20线-125~-400m标高范围内，呈长舌状以20°角向北东倾斜；三是分布于63—37线-260~-580m标高范围内，呈一不规则椭圆体展布。厚度大于20m的等值线区域1处，呈椭圆状分布于57—51线-310~-430m标高范围内。

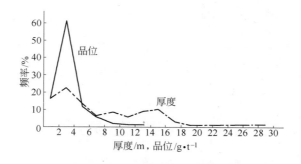

图2-6　①—1号矿品位、厚度频率变化曲线

矿体单工程品位1.52~12.53g/t，平均3.26g/t，品位分级频率以2~4g/t居多，占60%。品位变化系数156.09%，属有用组分分布不均匀矿体。从品位等值线图（图2-8）可以看出，大于1.50g/t等值线域以连续稳定的区域展布于63—24线-680m以上标高范围内。大于3g/t等值线域，在13线以西呈9个孤岛状区域展布；13—20线-100~-380m标高范围内呈一较大的囊状体展布，并以30°角向北东倾斜。大于6g/t等值线域可分四个区域，一是在47线浅部呈不规则圆状展布；二是在23线浅部呈不规则圆状展

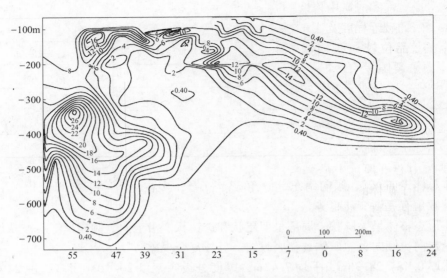

图 2 - 7　①—1 号矿体厚度等值线图（单位：m）

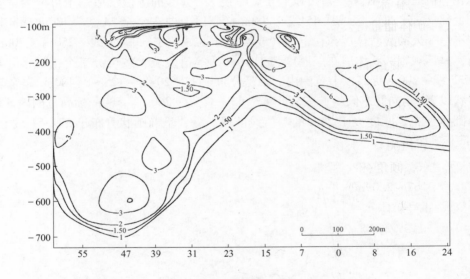

图 2 - 8　①—1 号矿体品位等值线图（单位：g/t）

布；三是位于 15 线 -200m 标高，呈椭圆体展布；四是位于 7—2 线 -200 ~ -300m 标高
范围内，呈长舌状展布。大于 10g/t 的等值线域仅一个域区，位于 15 线 -200m 标高，呈
一个较小规模的圆状体展布。

从矿体厚度、品位等值线图及品位厚度变化曲线图上（图 2 - 9）可以看出，品位与
厚度总体变化趋势是一致的，局部相反（39 线以西、-300m 标高以下地段），但品位比
厚度变化更大；在 31—39 线无矿天窗附近或上下，存在着一个较大的品位、厚度低值区，
可明显地将①—1 号矿体分隔为上下（或东西）两个矿体。从矿体品位、厚度高值区和低
值区分布特征还可以看出，矿体似有向北东方向侧伏的趋势。

矿体受成矿前和成矿中构造控制，矿化强度与蚀变岩的破碎程度及成矿裂隙发育程度密切相关，品位较高部位及矿体厚大部分，均是成矿裂隙发育，岩石破碎强烈地段，①—1号矿体分布于紧靠主裂面之下的蚀变岩破碎强烈、成矿裂隙发育的黄铁绢英岩化碎裂岩带内。从矿体中的特高品位样品大部分布于厚大矿体内、且多位于成矿裂隙发育的矿体中心（厚度方向）部位这一现象看，也说明了矿体的上述特征。

矿体的复杂程度，除矿体厚度变化系数外，还与其含矿率（KP）、边界模数（uK）

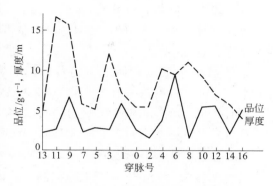

图2-9　-135m中段①—1号矿体
走向品位-厚度变化曲线图

及矿体形态复杂程度综合指标（ϕ）有密切关系，其计算结果分别为：$KP = 0.98$；$uK = 0.65$；$\phi = 122.87$。其结果表明，该矿体工业矿化的连续性具有微间断特征，矿体边界形态较规则，矿体形态复杂程度综合指标偏大，但总体看仍属形态完整矿体。

b　①—2号矿体

①—2号矿体储量占矿床总储量的0.6%，由0线的3个钻孔控制。分布于①—1号之下，3—4线-210~-420m标高范围内，沿走向长100m，沿倾斜长310m。矿体走向52°，倾向南东，倾角44°，呈脉状展布。

矿体厚0.87~2.31m，平均1.52m。单工程品位2.53~4.56g/t，平均3.27g/t。

c　①—3号矿体

①—3号矿体储量占矿床总储量的0.06%，由5个穿脉工程控制。分布于①—1号之下，27—17线-100~-180m标高范围内，沿走向长120m，沿倾斜长110m。矿体走向71°，倾向南东，倾角47°，呈脉状展布。

矿体厚0.67~2.09m，平均0.98m。单工程品位1.77~3.84g/t，平均2.56g/t。

d　①—4号矿体

①—4号由39ZK602一个工程控制。分布于①—1号之下，43—35线-473~-532m标高范围内，沿走向长100m，沿倾斜长88m。矿体走向80°，倾向南东，倾角45°，呈脉状展布。

矿体厚0.70m，品位1.87g/t。

e　①—5号矿体

①—5号由3个工程控制。分布于①—1号之下，49—35线-267~-438m标高范围内，沿走向长190m，沿倾斜长220m。矿体走向78°，倾向南东，倾角50°，呈脉状展布。

矿体厚0.70~5.13m，平均2.20m，单工程品位1.80~2.48g/t，平均2.36g/t。

f　①—6号矿体

①—6号矿体储量占矿床总储量的0.06%，由47ZK604一个工程控制。分布于①—1号之下，45—41线-575~-660m标高范围内，沿走向长100m，沿倾斜长100m。矿体走向76°，倾向南东，倾角52°，呈脉状展布。

矿体厚1.80m，品位2.88g/t。

B ②号矿体地质特征

②号矿体规模仅次于①—1号，其储量占矿床总储量的9%。由13个工程控制，其中穿脉2条，钻孔11个。

矿体赋存于①号矿体之下的黄铁绢英岩化花岗质碎裂岩带内。展布于19—28线 -140 ~ -500m标高范围内，沿走向长600m，沿倾斜长560m。

矿体走向56°，倾向南东，倾角39° ~ 54°，平均42°，呈脉状展布。

矿体厚0.63 ~ 6.76m，平均3.43m。单工程品位1.86 ~ 13.96g/t，平均3.74g/t。

C ③号矿体地质特征

③号矿体由63ZK635一个工程控制，矿体赋存于①号矿体之下的黄铁绢英岩化花岗质碎裂岩带内，分布于67—59线 -327 ~ -398m标高范围内，沿走向长100m，沿倾斜长100m。矿体走向80°，倾向南东，倾角40°，呈脉状展布。

矿体厚0.84m，品位2.16g/t。

D ④号矿体地质特征

④号矿体由16ZK644一个工程控制，矿体赋存于蚀变带下盘外带（黄铁绢英岩化花岗岩带）内，分布于10—18线 -323 ~ -383m标高范围内，沿走向长100m，沿倾斜长100m。矿体走向52°，倾向南东，倾角38°，呈脉状展布。

矿体厚0.78m，品位1.79g/t。

E ⑤号矿体地质特征

⑤号矿体储量占矿床总储量的0.06%。由15ZK120和15ZK620两个工程控制。矿体赋存于蚀变带下盘外带（黄铁绢英岩化花岗岩带）内。分布于19—11线 -85 ~ -280m标高范围内，沿走向长100m，沿倾斜长287m。矿体走向69°，倾向南东，倾角45°，呈脉状展布。

矿体厚1.19 ~ 1.73m，平均1.46m。单工程品位2.37 ~ 2.54g/t，平均2.47g/t。

2.1.3.3 矿体赋存特点

三山岛金矿矿体主要赋存在黄铁绢英岩化碎裂岩和黄铁绢英岩化花岗质碎裂岩等蚀变岩内，裂隙不发育，岩石一般较完整[12,13]。主断裂 F_1 下盘为矿体，F_1 断层面上断层泥一般厚5 ~ 10cm，靠近 F_1 断层的岩石破碎，节理、裂理较发育，工程揭露后易坍塌。矿体直接上盘围岩为绢英化碎裂岩、绢英岩化花岗质碎裂岩，矿体下盘为黄铁绢英岩化花岗质碎裂岩或黄铁绢英岩化碎裂岩。

矿体呈不规则板状、透镜状、不规则脉状，赋存于黄铁绢英岩化碎裂岩和黄铁绢英岩化花岗质碎裂岩，沿走向及倾向膨胀变化大，局部有分枝复合现象。部分块段有夹石。矿体顶底板岩石均为构造蚀变岩，为软弱—半坚硬岩，工程地质条件差—较好。影响岩体稳定性的主要因素为各种地质结构面，特别是 F_3、F_1 断层等大型软弱结构面，坑道位于 F_1 断裂的下盘，北西向构造发育，断裂带及附近岩石受挤压而破碎。

采场上盘围岩由于接近 F_1 断层，顶板围岩的稳定性受 F_1 断层影响显著，开采时在采场内易发生较大规模的冒顶。F_3 断裂走向北西，产状近直立，断裂带内岩石破碎，主要由碎石、泥石、高岭土、砂砾石及黏土组成。在地下水的长期浸泡下，处于饱和状态，物质颗粒之间摩擦力减小，巷道掘进至 F_3 断裂时，易引发坑道泥石流灾害[14-16]。

该矿区为近海岸地下开采的矿山，矿体倾角缓，断裂构造发育，近矿围岩多不稳定。矿岩参数为：矿岩密度：$2.8t/m^3$；松散系数：1.6；矿岩硬度系数 $f = 6 \sim 14$（靠近 F_1 断层的矿岩硬度系数 $f = 4 \sim 6$）。

2.1.3.4 矿石质量特征

A 矿石矿物成分

通过岩矿测试及电子探针分析，按不同类型及相对含量，现将矿区所见矿物见表 2-3。

表 2-3 矿石矿物成分统计

类 型		金 属 矿 物			非金属矿物
		自然金属	金属硫化物	金属氧化物	
相对含量	主要	银金矿	黄铁矿	褐铁矿	石英、绢云母
	次要	自然金	黄铜矿、方铅矿、闪锌矿	赤铁矿	方解石、长石
	少量	金银矿	磁黄铁矿、银黝铜矿、砷硫锑铜银矿、锌铜矿、碲锑铜硫银矿	磁铁矿、针铁矿、铜蓝、铅矾、金红石	绿泥石、绿帘石、褪色云母、磷灰石、锆石、褐帘石、高岭土

矿石的主要金属矿物为黄铁矿，次要的有闪锌矿、方铅矿、黄铜矿、磁黄铁矿、褐铁矿、磁铁矿等。主要非金属矿物为石英、绢云母、残余长石，次之为碳酸盐类矿物（方解石、白云石、菱铁矿等）。金矿物主要为银金矿、次要的为自然金。其中黄铁矿为主要载金矿物，次为毒砂和石英。

矿石主要化学成分为 SiO_2（74.21%）。主要有益组分为 Au，伴生有益组分为 Ag，其他有益、有害组分含量均很低，见表 2-4。

表 2-4 矿石主要化学成分结果　　　　　　　　　　　（%）

名称	Au	Ag	S	Cu	Pb	Zn	Bi	As
含量	3.85×10^{-4}	21.38×10^{-4}	3.92	0.03	0.32	0.01	6.44×10^{-4}	0.05
名称	TiO_2	K_2O	Na_2O	SiO_2	Al_2O_3	CaO	MgO	TFe
含量	69.62	3.83	0.08	69.62	10.74	0.51	0.44	7.63

资料来源：2002 年科研报告。

B 矿石结构构造

矿石结构种类繁多，以晶粒状结构，压碎结构最常见，其次有填隙结构，熔蚀结构、乳滴结构、包含结构及交代残余结构、假象结构等；构造以浸染状构造、斑点状构造为主，次为脉状构造、网脉状构造、角砾构造等，见表 2-5。

表 2-5 矿石结构、构造种类及相对含量统计表

组 构		结 构	构 造
相对含量	主要	晶粒状结构、压碎结构	浸染状构造、斑点状构造
	次要	填隙结构、熔蚀结构	脉状构造、网脉状构造、斑杂状构造、块状构造
	少量	乳滴结构、包含结构、交代残余及交代假象结构	交错脉状构造、角砾状构造、蜂窝状构造

2.1.3.5 矿石类型

A 矿石自然类型

根据系统的物相分析资料，计算铁的氧化率，参照《金属非金属矿产地质普查勘探采样规定及方法》，氧化物中金属含量与总金属含量之比小于10%，该矿床矿石的类型均为原生矿石[17~20]。

B 矿石成因类型

a 细脉浸染状黄铁绢英岩化碎裂岩（糜棱岩）型

矿石呈灰—深灰色，具压碎结构、晶粒结构、填隙结构、包含结构；浸染状、细脉浸染状、块状、斑点状构造。金矿物主要为银金矿、自然金，含银矿物主要为银黝铜矿、锑硫砷铜银矿、碲锑铜硫银铋矿；金属硫化物以黄铁矿为主，次为黄铜矿、方铅矿、闪锌矿，脉石矿物有石英、绢云母。为①号主矿体的主要矿石类型。

b 脉状、网脉状黄铁绢英岩化花岗质碎裂岩型

矿石呈浅灰—浅肉红色，具压碎结构、晶粒结构、填隙结构；脉状、网脉状、团块状构造。金矿物主要为银金矿，含银矿物主要为银黝铜矿；金属硫化物以黄铁矿为主，次为方铅矿、黄铜矿、闪锌矿，脉石矿物有石英、长石、绢云母。为②、③号矿体的主要矿石类型。

c 脉状、网脉状黄铁绢英岩化花岗岩型

矿石呈浅肉红色，具自形晶、半自形晶粒状结构；脉状、网脉状构造。金矿物主要为银金矿，含银矿物主要为银黝铜矿；金属硫化物主要为黄铁矿，脉石矿物有石英、长石及少量绢云母。为④、⑤号矿体的主要矿石类型。

C 矿石工业类型

矿石中金主要以银金矿、自然金独立矿物形式赋存于金属硫化物及脉石矿物中，通过矿石组合分析，矿石平均含硫量为2.5%，矿石工业类型属低硫型矿石。

2.1.3.6 矿体围岩及夹石地质特征

A 矿体围岩地质特征

①号主矿体赋存于主裂面下盘黄铁绢英岩化碎裂岩带内，紧靠主裂面或在主裂面之下30m内，下盘近矿围岩主要为黄铁绢英岩化碎裂岩，其结构、构造及矿物组合与矿体无明显差异，唯其金矿物、金属硫化物含量低微，与矿体呈渐变过渡关系；上盘近矿围岩主要为黄铁绢英岩化花岗质碎裂岩及黄铁绢英岩化花岗岩，与矿体基本呈断裂接触。

②号、③号矿体赋存于下盘的黄铁绢英岩化花岗质碎裂岩带内，矿体上下盘的围岩均为黄铁绢英岩化花岗质碎裂岩，与矿体呈渐变过渡关系。

④号、⑤号矿体赋存于下盘的黄铁绢英岩化花岗岩带内，矿体上下盘的围岩均为黄铁绢英岩化花岗岩，与矿体呈渐变过渡关系。

B 夹石地质特征

矿体夹石产于①—1号主矿体，其产状与矿体基本一致，矿物成分、结构、构造与矿石相近，金品位一般为0.57~1.45g/t。据其空间赋存可分为两种，一是产于矿体内部，呈透镜状，规模小；二是夹于矿体间且与围岩连通，呈似层状、长板状及舌状，规模变化大，长数十米至200m，厚几米至十余米，延深数十米至200m。前者金品位明显高于后者，其产出空间、规模等地质特征见表2-6。

表2-6 ①—1号主矿体夹石地质特征

序号	产出空间		规模/m			形态	金品位/g·t⁻¹	与围岩或矿体关系
	勘探线	标高/m	长	厚	斜深			
1	19～21	-26～-118	39	3.50	135	似层状	0.78	上部与围岩连通
2	11～27	-148～-235	200	4.00	92	长舌状	1.18	
3	27～35	-138～-187	96	4.00	68	透镜状	0.81	产于矿体中
4	39	-154～-176	42	4.10	32		1.45	
5	43～51	-26～-168	110	13.0	201	似层状	0.67	上部、下部与围岩连通
6	53～59	-173～288	84	6.60	142	长舌状	0.92	产于矿体内
7	51～59	-207～-300	84	4.60	114		0.58	
8	51～59	-560～-716	100	7.00	178	似层状	0.57	下部与围岩连通
9	27～43	-250～-400	220		85	无矿天窗	1.32	

2.2 矿区水文地质与环境地质条件

2.2.1 水文地质

2.2.1.1 区域水文地质

该区域属暖温带季风区大陆性半湿润气候，四季分明，因为北靠莱州湾，距离海洋较近，兼具海洋与内陆气候特点。年平均气温 12.5℃，降水量 612.1mm。区域上地势为东南高，西北低。东南部是由燕山期花岗岩体与胶东群地层组成的低缓丘陵区，地形起伏较大，地面标高一般为 50～90m，望儿山为区内最高点，标高 177.39m；西北部地形平坦，为王河和朱桥河冲洪积及海积平原，地面标高 2～50m。区内主要发育剥蚀堆积及堆积地貌类型[27,28]。

区内水系主要发育有王河、朱桥河两条。王河发源于东南部的大泽山，全长 48km，流域面积 376km²，经矿区南侧注入渤海，为一间歇性河流，河流干枯期较长，夏季连续水流不超过 10 天。朱桥河位于矿区东侧，距矿区 8km，发源于东部山，自南向北流入莱州湾，属季节性河流。

A 地下水的分类

依据区内地下水的赋存条件、水理性质、水力特征等特征，地下水的类型划分为松散岩类孔隙水、块状岩类裂隙水两类[29~31]。

a 松散岩类孔隙水

坡洪积（QD）孔隙水主要分布在区域东部城子一带，岩性为含泥质砂砾石，厚度 8.00m 左右，水位埋深 1.8～3.7m，单井涌水量一般小于 500m³/d，为潜水，水质较好，矿化度小于 1g/L，水化学类型以 $HCO_3 - Ca$ 型为主。

冲积、冲洪积（QY、QL）孔隙水沿河流及两侧分布，为冲积、冲洪积形成，岩性在河床地段为中粗砂及砾卵石，河流两侧为双元结构，上部为黏性砂土，下部为中粗砂及砾石，局部夹砂质黏土透镜体，厚度 5.00 ~ 30.00m，属潜水，局部微承压，单井涌水量500 ~ 1000m³/d，水质较好，矿化度小于 1g/L，水化学类型以 $HCO_3 - Ca$ 型为主。

海积（QXk）孔隙水分布于北部及西部沿海地带，岩性为含泥质粉细砂、中砂、底部为砾石及卵石，局部夹砂质黏土透镜体，厚度 20 ~ 40m，最厚达 60m。水位埋深 0.2 ~ 3.5m，单井涌水量一般小于 500m³/d。水质差，矿化度最高达 153.7g/L，水化学类型以 $Cl - Na$ 型为主。

b 块状岩类裂隙水

块状岩类裂隙水主要分布于东部的丘陵区，岩性为燕山早期花岗岩、花岗闪长岩等。地下水主要赋存在风化裂隙和构造裂隙中，风化带厚度一般 20.0m，单井涌水量一般小于 100m³/d。局部地段受构造影响，裂隙发育，富水性有所增强。

B 地下水的补给、径流和排泄

地下水的补给、径流和排泄条件受地形、地貌、岩性、气象、水文、地质等因素影响，运动方向与地表水系基本一致。大气降水为区内地下水的主要补给来源。丘陵地区因地形起伏较大、切割较深，降水大部分转为地表径流，少部分渗入地下补给地下水。平原地区地下水除接受大气降水补给外，还接受基岩裂隙水和地表水体渗透补给，补给条件较好。地下水流向与地表水流向基本一致，即由东南向西北方向运动，径流排泄于渤海。排泄方式以径流排泄为主，部分在地形低洼处以泉水形式排泄。冲洪积孔隙水为该区工农业及居民生活用水的主要来源，人工开采亦是其重要排泄方式。海积孔隙水，除接受大气降水就地补给外，潮汐海水亦为主要补给来源，蒸发是它的主要排泄途径。

2.2.1.2 矿区水文地质

矿区位于区域水文地质单元地下水的径流排泄区。矿区三面濒临渤海，仅东南方向与陆地相连。靠海有三个小山包，海拔标高最高 67.14m；其余地区地势平坦，海拔标高 1 ~ 6m，为海沙覆盖。矿区南侧的地面标高 2 ~ 3.5m；最高点高出渤海最高潮水面不足 1m。矿区大部分位于渤海的潮间带及海水之下，矿床不具备自然排水的条件，矿山计划首期开采的标高为 - 400m，水泵房设在 - 600m，排水扬程约 605m。储量估算的底界标高为 - 680m，排水扬程 685m。从矿体与海水的相对位置可见，海水对矿床开采、矿山的安全生产构成了很大的威胁。

A 含水层和含水带

三山岛金矿的直接充水含水层为储矿岩体及其顶板中的基岩裂隙含水带或含水体，矿区内广泛分布的第四系含水层对矿床充水影响不大。由于控矿构造 F_1 具有隔水性质，故按与 F_1 的空间关系，对矿坑充水有直接影响的基岩裂隙含水带（体）划分为：F_3 断裂含水带、F_1 上盘裂隙含水岩体和 F_1 下盘构造裂隙含水带。

a 第四系含水层（QH）与隔水层

矿区第四系广泛分布。岩性大体分为四层，由上往下第一、三层为含水层，第二、四层为相对隔水层或隔水层。

第一含水层（QH_1）主要由中、粗砂组成，局部地段出现细砂及砾石。近地表 0 ~ 2m 范围内，砂为黄棕色，粒度均匀，纯净；向下有机物增多，含大量贝壳、海螺及灰黑色泥质物。厚度最小 3.50m，最大 17.29m，平均 9.93m。含孔隙潜水，富水性因含泥质物的多少而有较大差异，渗透系数 5.3499 ~ 15.27m/d。富水性因含泥质物的多少而有较大差异；该含水层主要接受大气降水和海水补给。矿化度为 0.21 ~ 25.95g/L，水化学类型 $Cl-HCO_3-Na-Ca$、$Cl-Na-Mg$ 型、$Cl-Na$ 型。

第一隔水层位于第一含水层之下，埋深 5.5 ~ 9.0m，岩性主要为砂质黏土、含钙质结核砂质黏土及黏质砂土等，局部夹有砂及砂砾石含水透镜体。厚度变化不大，一般 7 ~ 8m。该层黏性小，隔水性相对较差。

第二含水层（QH_2）位于第一隔水层之下，该层不连续，主要分布于 32 线以东、40 线 ZK7 孔以南和 20 线 ZK16 孔西南。岩性主要为中、粗砂，砾石。厚度由北向南逐渐变大，一般 3 ~ 4m，最大 11.90m。含孔隙承压水，可接受第一含水层及海水补给。

第二隔水层位于基岩风化壳之上，埋深 7.8 ~ 25.5m。该层稳定，全矿区仅在 64 线 ZK56 孔、观 5 孔有缺失、岩性主要为黄棕色含砾石的砂质黏土和红棕色黏土。厚度一般 3 ~ 5m，最厚 19.60m，黏度大，隔水性能较好。

b　F_1 上盘裂隙含水岩带（岩体）（Ⅱ）

在 F_1 上盘的花岗岩和变质岩内发育的风化裂隙和构造裂隙，含弱承压水。根据各钻孔含水段所连成的含水带的形状极不规则，总体上向南东倾斜，倾角 10° ~ 45°，F_3 断裂以北 54 线倾角大，两端倾角较小。底界一般距离 F_1 断裂 10m 以上，只在 36 线、48 线的局部地段与 F_1 主断面重合。顶板为花岗岩和变质岩，最西部为第四系黏土层。最小铅直厚度 20m，最大铅直厚度 185m。富水性除 54 线左右一段极弱外，其他地段较均匀，钻孔单位涌水量 0.001 ~ 0.041L/(s·m)。天然水头标高 0.06 ~ 3.50m，矿床开采后水头标高有一定幅度的下降，近 F_3 处相对较低。矿化度 39.1 ~ 92.7g/L。

该含水带顶、底板为斑状黑云母花岗岩和胶东群变质岩，底板局部为黄铁绢英岩或少量的黄铁绢英岩化花岗岩，岩石致密坚硬，相对隔水。其下部的 F_1 断层泥和糜棱岩带，对该含水带内的地下水进入矿坑有很好的阻隔作用。

c　F_3 断裂构造含水带（Ⅰ）

F_3 断裂带从矿区中部通过，横切 F_1 断裂和Ⅰ号主矿体。目前已有大斜坡道、-510m 及其以上的众多平巷揭露了该断裂。该断裂具有多期活动的特征，早期形成的破碎带已被中—基性岩脉充填，后期活动又形成了 1 ~ 2 条破碎带，未胶结。后期破碎带的宽度变化很大，最窄处仅 0.1m，最宽可达 12m。在目前的开拓范围内，后期破碎带的规模有从西往东、从上往下有逐渐增大的趋势。

由于 F_3 断裂是一条区域性大断裂，经过了多次的构造运动，特别是后期的活动，使得带内岩石极为破碎，产生的断层角砾又未被胶结，这就为地下水的存储及运移提供了较好的空间，储存有丰富的地下水，同时接受海水的弱渗透补给。由于断裂带宽度较大，因此极易发生各种水文地质和工程地质灾害。F_3 断裂带主要的涌水及危害见表 2 - 7。

表 2 - 7　F_3 断裂带主要的涌水及危害

时　间	开拓工程位置图	涌水量/$m^3 \cdot h^{-1}$	主　要　危　害
1985.8.2 ~ 16	斜坡道 -135	43.35	冒落高度 5m，停产 1 个月
1985.10.31	-105 平巷	12.33	

时　间	开拓工程位置图	涌水量/$m^3 \cdot h^{-1}$	主　要　危　害
1986. 7. 2	-150 平巷	24.8	
1986. 7. 29	-240 平巷	24	
1986. 8. 7	-240 平巷	34	
1986. 9. 2	斜坡道 -245m	140	淹坑、改道、停产 3 个月
1986. 10. 6	-240 平巷	160.65	造成排水紧张
1986. 10. 16	-195 平巷	36.6	涌泥 1985m^3,停产 1 年
1997. 10	-243 运输平巷	12	冒落高度 8m
1998. 5. 6	-330 平巷	240	冒落高度 5m,造成排水紧张

注: -250m、-375m、-420m、-435m 平巷采取预注浆堵水,均未发生地质灾害。

d F_1 下盘构造裂隙含水带(Ⅲ)

在矿区 F_1 下盘发育有多条断裂构造,成为地下水活动的主要空间。F_1 下盘构造裂隙含水带的分布范围较广,南至 1540 线,北至②号矿体分布区,东以 F_1 为界,西部逐渐终止于 F_2。由于不同区间的构造发育特征和地下水的补给条件不同,因而水文地质特征也有所差异。

在南部的 1540 线至 F_3 之间,含水构造以几条 NW 走向的裂隙为主,规模中等,走向延伸几十米至上百米,其间有 NE 向裂隙沟通。由于这些 NW 向裂隙在南东延伸方向逐渐向 F_3 收敛,因此,含水带的宽度向东南逐渐变窄。-280m 中段以上巷道在该区的涌水量很小,稳定流量仅 6.6m^3/h。随着深部开拓工程的进展,此区域裂隙开度变大,故涌水量显著增大。井巷内单处涌水点的最大涌水量达 250m^3/h。涌水点的水质最初都为高矿化度卤水,随排水时间延续有淡化趋势,但淡化速度较慢,如 -375—1580 探矿孔,从 1997 年 8 月至 2000 年 6 月,历时近三年,矿化度仅从 63.90g/L 降至 49.87g/L。此区域地下水水温较高,目前 -555m 中段最高水温达 38℃。

在 F_3 以北至 2100 线,由于有多条 NW 向导水构造发育,富水性较 F_3 南部明显增强。该区内的几条主干导水构造规模较大,延伸较远,产状较稳定,巷道最大涌水点的流量为 195m^3/h。该区间的涌水最初均为高矿化度卤水,此后水质的变化速度和趋势依涌水点的分布区间而异,水温也有所不同。主竖井处于靠海一侧,其附近涌水点的水质在出水后不到一年的时间内就已转化为海水,十多年来一直稳定;水温为 18~21℃。而靠陆地一侧的沿、穿脉巷内,经过 1~3 年持续排水之后,除少数处于东南侧边沿的水点水质无明显变化外,大部分涌水点的水质逐渐接近于海水;水温为 21~31℃,在宏观上呈现出离 F_3 越近水温越高的态势[31,32]。

F_3 北部 NW 向含水裂隙的密度和规模是随着远离 F_3 而逐渐变小。2100 线以北及②号矿体分布区,这种变化已经非常明显,致使含水带的富水性明显变弱。目前②号矿体分布区开拓了众多的井巷工程,矿坑涌水主要是受一、两条构造控制,涌水量基本上是一个定值，约为 $60 \sim 70 m^3/h$，没有随开采深度的加大而增加的趋势。水压也随开采深度的加大而逐渐下降，残余水头一般小于20m（如1991年元月 -150 -2240 -1 孔的水头约为15m，1998 年 3 月 -285AC2 孔的水头约为12m）。该区域与南部的含水构造有一定的水力联系，但联系程度较弱。区内涌水点的水质最初仍然咸于海水，由于距海较近，水质淡化至海水的速度较快（如 -330 平巷 2220 线涌水点，从 2000 年 9 ~ 12 月，矿化度便从 50.54 g/L 降至 33.19g/L）。其水温明显低于南部，为 18 ~ 23℃。

B　隔水岩体

隔水岩体分布于1540线以南区域，及 F_3 以北、F_2 以西区域，该区域裂隙不发育。钻孔单位涌水量为 $0.00037 \sim 0.011 L/(s \cdot m)$，物探结果显示，1540 线以南不存在明显的含水通道，坑道揭露时无涌水现象，F_2 以西、F_3 以北范围仅存在四条规模较小的北东向裂隙，位于该区的观测孔水位高于 F_2 以东的观测孔水位 100 多米，故两区的花岗岩可作为相对隔水岩体或隔水岩体看待。

综上所述，三山岛金矿床是水文地质条件中等复杂的构造裂隙充水矿床。

2.2.2　环境地质

2.2.2.1　区域环境地质

矿区所处的区域地质环境比较稳定，属胶东隆起的西北缘，构造活动不甚强烈。从有记载的地震资料看，区域内未发生过强烈的地震，只在附近地区发生过几次破坏性较小或有感地震。震中多发生在区域东北部的龙口、蓬莱、庙岛群岛附近。渤海 1969 年 7 月 18 日（$M = 7.4$）、1963 年（$M = 5.0 \sim 5.9$）及蓬莱附近 1548 年（$M = 6.0 \sim 6.9$）、1046 年（$M = 4.0 \sim 4.9$）的地震对区域均有不同程度的破坏作用。区域位于 6 ~ 8 度地震强度区。

区域的环境水文地质问题是海水入侵，由于区域内的农业生产比较发达。对浅层地下水的开采强度较大，开采引起了地下水位的大面积下降，形成了区域性的降落漏斗，使地下水位普遍低于海平面，引起了大范围的海水入侵。地下水矿化度明显升高，矿区及其附近地下水已均为咸水和盐水。

2.2.2.2　矿区环境地质条件

矿山坑下排水量极大，因基岩风化面之上有一良好的隔水层，未对第四系地下水产生影响，矿山排水为矿化度较高的卤水，排水过程中应注意对农业生产的影响，更重要的是应确保第四系孔隙水的环境质量，以免造成这一带地下水资源的污染；矿山废石与尾矿中铁和硫化物等组分含量低，不易分解出有害组分，对地质环境影响不大。

矿山由于采取了点柱式机械化充填采矿法，经中国科学院地质所数值模拟研究，沉降量及沉降差均极小，不至于对地表建筑物的稳定及安全产生明显影响。

2.2.2.3　矿床开采对矿区地质产生的影响

A　矿坑排水对矿区水文地质条件的影响

矿床开采过程中的矿坑排水，对矿区内地下水有一定的影响。矿坑排水主要是疏干其直接充水岩层（下盘含水带）中地下水，由于下盘含水带为裂隙含水层，富水性较弱且不均匀，地下水接受上覆第四系的越流补给，因此，矿坑排水不会引起矿区地下水位大面积下降，只是在矿区附近下盘含水带内形成小范围的降落漏斗。对上盘含水带和第四系含水层不会产生明显的影响。含水层间的补给、径流、排泄条件不会发生明显的改变。

矿坑水的水质较差，属卤水。水化学类型为 Cl – Na 型，与海水的相同，矿坑排水量也不大。排水对附近海水水质的影响可以忽略。因此，矿坑排水对水质环境没有影响。

B　矿床开采可能引起的地质灾害

矿床疏干排水对矿区地质环境不会造成明显的影响。矿床的直接充水岩层，富水性弱，岩石强度高，排水不会引起明显变形、出现地面沉降、塌陷等地质灾害。

矿床开采形成的采空区将对矿区的附近产生明显的影响；根据储量估算所圈定矿体范围，开采可能形成斜深几百米、长度上千米的采空区，即使采用充填法开采，由于充填物的密度和强度低于原岩，对顶板和侧面岩石的支撑力降低，必然导致其岩石的变形，使顶板出现冒落或移动变形。为了解决顶板变形可能引发地质环境问题。矿山开采采用充填法开采，且上部留有保安矿柱，–165m 以上不开采，所以开采引起的变形区会相应的缩小或不产生明显变形区。

C　矿床开采形成的三废对地质环境的影响

由于矿床不单独设立选矿厂。矿区内不产生选矿废水和尾矿，不会对矿床附近环境产生污染。矿床开采基本不产生废气，对矿区附近的大气环境没有影响。

矿床开采对矿区环境可能产生影响的主要是废石，但由于矿区附近裸露基岩较少，石料比较短缺，开采形成的废渣已全部加工成建筑石子运走，矿区内没有废渣堆积。

从目前矿山附近及矿山的开采资料看，矿区内没有地温异常。

在地质勘探过程中，进行了系统放射性测量，钻孔岩芯放射性强度 18～21uc/n，平均 19 uc/n。坑道放射性强度 22～32 uc/n，平均 28 uc/n。由测量结果可知，井下平巷因受围岩岩石影响，放射性强度略高于钻孔岩芯强度。据放射性测量规范确定异常的原则（高于正常 1 倍为异常），矿区井下平巷及钻孔岩心放射性变化范围均在正常范围之内，无异常现象，即矿床内无放射性元素富集体，对人体不形成危害。

2.3　矿山工程地质条件与矿岩力学性质测试

2.3.1　矿山工程地质

2.3.1.1　工程地质条件

根据钻孔、坑道水文地质编录，岩石物理力学性能测试等结果综合分析，矿床的工程地质条件大致可分为四个区：第四系松散软弱岩层工程地质条件不良区（Ⅰ）、基岩风化带及主断裂中间部位工程地质条件较差区（Ⅱ）、断裂带上盘工程地质条件中等区（Ⅲ）、断裂带下盘工程地质条件良好区（Ⅳ）。

（1）第四系松散软弱岩层工程地质条件不良区（Ⅰ）位于矿区的浅层，分布在整个矿区范围内。厚度变化较大，东南侧相对较大，一般在 40m 左右；西北侧的断裂带下盘附近，厚度相对较薄，一般 20m 左右。岩性比较复杂，主要有砾砂、砂、亚黏土、淤泥等，层序变化杂乱。岩石呈松散结构，强度较低，含有大量地下水。属软弱层。工程地质条件不良，施工中易出现流沙、流变、坍塌、涌水等不良工程地质现象，易采用施工前先固结等手段施工。

（2）基岩风化带及主断裂中间部位工程地质条件较差区（Ⅱ）位于Ⅰ区之下及主断

裂两侧10m范围内，基岩风化带呈水平沿Ⅰ区底部分布。基岩风化带的厚度20～30m，深度大多小于60m，主断裂中间部位的厚度一般小于20m。岩性以中细粒变辉长岩、二长花岗岩、黄铁绢英岩化碎裂岩、绢英岩化花岗质碎裂岩、断层泥等为主。岩石受强烈的风化及构造蚀变作用，裂隙十分发育，强度降低（无法采力学样）、岩石质量等属劣的或极劣的，岩体破碎属碎裂结构，施工中易出现坍塌、掉块、冒落等不良工程地质现象。工程地质条件较差。

（3）断裂带上盘工程地质条件中等区（Ⅲ）位于主断裂的上盘，分布在矿区东南部的广大地区，岩层的厚度较大，钻孔揭露厚度大于500m。岩性以中细粒变辉长岩，绢英岩化花岗岩为主。岩石的年代较早，经历的构造变动次数多，裂隙发育，频率3～6条/m，RQD值一般在50%左右，节理、劈理也相对发育，岩石质量以中等为主，少量好的和劣的。岩体中等完整，属块状结构。施工中可能出现掉块等不良工程地质现象，工程地质条件中等。

（4）断裂带下盘工程地质条件良好区（Ⅳ）位于主断裂带的下盘，分布在矿区西北侧的海水之下，岩层的厚度较大钻孔揭露厚度大于600m，岩性以二长花岗岩、绢英岩化花岗岩、黄铁绢英岩化碎裂岩为主，在主干断裂附近，岩石受构造作用的影响，构造裂隙比较发育，裂隙频率一般低于4条，RQD值一般大于75%在远离主断裂的底板，岩石完整，裂隙不发育，RQD值一般大于90%，岩石的硬度较大，岩石质量为好的和极好的。岩体完整或较完整，属整体结构，工程地质条件良好，施工中一般不会出现不良工程地质现象。

2.3.1.2 结构面特征

矿区内的岩石多为岩浆岩及其变质岩，岩石间多呈蚀变过渡接触，各种岩性间及岩石自身没有明显的结构面，矿区内的主要结构面为断裂构造结构面。

断裂构造带不仅控制着矿体及岩带的分布，还是矿区附近规模最大的断裂结构面，延伸达数十千米，为区域断裂带，属Ⅰ级结构面。断裂带的主要标志层是由断层泥构成的断层面，断层泥厚1～20cm，深灰至黑色，断层泥的质地均匀，呈软塑状，强度极低，是矿区内的主要软弱面，且分布范围大，对岩体稳定的影响作用很大。两侧的绢英岩化花岗质碎裂岩及糜棱岩，受其影响，强度明显降低，并有一定的似层状特点。岩石质量和岩体完整性均较差。新立断裂带的断层面是矿区内主要的软弱面，沿此面极易产生岩体滑动，坑道开采时在该部位易出现冒顶、坍塌、掉块、片帮等不良工程地质现象。

矿区内很少见规模稍小的Ⅱ、Ⅲ级结构面。在西北侧主断裂带拐弯处，海上浅震资料显示有一近东西走向的断裂结构面。由于位于海水之下，无法进一步了解其产状和延伸等详细情况。在矿床南端的8线、16线附近见一晚期的断裂结构面，由于断裂走向与矿体近垂直，对矿床岩体稳定性的影响不十分明显。

从钻孔和坑道编录资料可以看，矿区内有多组Ⅳ、Ⅴ级结构面，结构面的规模均较小，延伸不明显，一般只有几米。这些结构面多与主断裂同期，属次生结构面。在主断裂下盘，产状变化较大，总体规律是走向与主断裂走向交角较大的，多呈扭性特点，面平直，无充填；走向与主断裂走向交角较小（一般小于50°）的多呈压扭性特点，面上多有泥质物附着，厚度一般1～2mm。在沿、穿脉交会部位，坑道的跨度较大，倾角较缓的结构面可引起局部岩块失稳，产生掉块等现象。在主断裂上盘的主裂面附近，有一组与主断裂走向相近的小结构面，倾角较缓，对岩体稳定性的影响明显，易产生坍塌、掉块等现象。但由于巷道主要施工在下盘中，只有几个中段的石门由此通过，对矿床开采的影响作用不大。

2.3.1.3　围岩稳定性评价

矿体顶底板岩石均为构造蚀变岩，为软弱～半坚硬岩，工程地质条件差～较好，在顶板的主断裂附近岩石受主断裂影响，强度有所降低，特别是断层泥及其上下的部分岩石强度较低，稳固性较差。矿体底板岩石强度高，属坚硬岩石，岩石中小结构面和裂隙均不发育，稳定性良好。

坑道位于 F_1 断裂的下盘，北西向构造发育，断裂带及附近岩石受挤压而破碎，掘进时易产生掉块和塌方。

采场上盘围岩的稳定性是采场安全的关键因素，由于矿体上盘接近 F_1 断层，因此，顶板围岩的稳定性受 F_1 断层影响显著，开采时在采场内易发生较大规模的冒顶。所以，在开采时应采取有效的支护措施。

F_3 断裂走向北西，产状近直立，断裂带内岩石破碎，主要由碎石、泥石、高岭土、砂砾石及黏土组成。在地下水的长期浸泡下，处于饱和状态，物质颗粒之间摩擦力减少，巷道掘进至 F_3 断裂时，易引发坑道泥石流灾害。

综上所述，该矿区为近海岸地下开采的矿山，矿体倾角缓，断裂构造发育，近矿围岩多不稳定，局部地段易发生矿山工程地质问题，工程地质条件复杂程度为中等～复杂。

2.3.2　矿岩物理力学性质测试

金属矿开采岩层变形和移动受开采时间、空区的影响较大，采矿引起的变形和移动对海下开采构成重大安全隐患，因此，海下金属矿开采难度更大，其技术要求与安全要求更高，稍有不慎，有可能导致海床隔水层破坏，任何细微的海水渗漏，都将导致海水渗透，造成井毁人亡的重大安全事故[33]。尤其是海床下矿体的快速、高强度回采及井下大爆破，都会引起海床的不均匀变形与沉降，这种不均匀变形与沉降与矿体倾角、开采厚度、开采时间、矿岩特性及回采顺序等有关，各种不利因素的叠加可能导致上覆岩层与顶板的变形相对集中，在开采区域内出现较大沉降与变形，超出安全允许范围。因此，研究上覆岩体的变形和移动规律成为大规模海底开采需要解决的首要问题，而岩石力学特性研究是海底开采安全及岩层变形的基础[34]，其参数正确与否将直接影响数值模拟与分析结果，因此进行矿岩力学参数测试意义重大[35]。

2.3.2.1　矿岩物理力学性质试验

为了获得三山岛金矿海下开采区域有矿岩的物理力学特性，对其开采区域矿体及上下盘有代表性的矿岩进行了现场取样，相关试验在中南大学测试中心完成。

A　岩性类型

在矿区的井下废石堆中选取具有代表性的块石样，主要岩石类型为：

（1）上盘：绢英岩化花岗质碎裂岩（SγJ）；

（2）矿体：黄铁绢英岩化花岗质碎裂岩（SγJH）；

（3）下盘：花岗岩（ηr）。

B 岩石试件的数量及编号

根据岩石力学试验相关理论与方法，在查阅了相关岩石力学试验方法的基础上[36~38]，对采自矿山的岩样进行岩石标准试件制作（表2-8），共获得标准实验试件96个，其中剪切试样60个，抗压试样18个，抗拉试样18个，三轴围压渗透试件8个。试件分自然风干和饱和水状态两种，饱水试件是通过将风干试件浸泡在常温水中48h以上所得。

表2-8 试件规格

试验类别	试样规格/mm×mm	试验类别	试样规格/mm×mm（×mm）
抗压试验	$\phi50\times100$；$\phi60\times120$	抗剪试验	$50\times50\times50$
抗拉试验	$\phi50\times50$；$\phi60\times60$	渗透试验	$\phi50\times100$

a 剪切试样

剪切试样分为三组：黄铁绢英岩化花岗质碎裂岩（SγJH）、绢英岩化花岗质碎裂岩（SγJ）、花岗岩（ηr）。其中黄铁绢英岩化花岗质碎裂岩试样20个，编号分别为1-1~1-20；绢英岩化花岗质碎裂岩试样20个，编号分别为3-1~3-20；花岗岩试样20个，编号分别2-1~2-20。其中每种试样分自然风干和饱和水两小组，每小组10个，分别进行抗剪实验。

b 抗压试样

抗压试样分为三组：黄铁绢英岩化花岗质碎裂岩、绢英岩化花岗质碎裂岩、花岗岩。其中黄铁绢英岩化花岗质碎裂岩试样6个，编号分别为C1-1~C1-6；绢英岩化花岗质碎裂岩试样6个，编号分别为C3-1~C3-6；花岗岩试样6个，编号分别C2-1~C2-6。其中每种试样分自然风干和饱和水两小组，每小组3个，分别进行抗压实验。

c 抗拉试样

抗拉试样分为三组：黄铁绢英岩化花岗质碎裂岩、绢英岩化花岗质碎裂岩、花岗岩。其中黄铁绢英岩化花岗质碎裂岩试样6个，编号分别为T1-1~T1-6；绢英岩化花岗质碎裂岩试样6个，编号分别为T3-1~T3-6；花岗岩试样6个，编号分别T2-1~T2-6。其中每种试样分自然风干和饱和水两小组，每组3个，分别进行抗拉实验。

C 岩石基本物理参数的测定

测定试件的基本物理参数，如尺寸大小、试件天然质量等，并计算其自然风干密度和饱和水状态下的密度。其试验内容与试验结果详见表2-9~表2-14。

表2-9 黄铁绢英岩化花岗质碎裂岩自然风干密度计算

岩石编号	长/mm	宽/mm	高/mm	风干质量/kg	密度/g·cm⁻³
1-1	52.00	51.60	51.06	0.374	2.730
1-2	52.36	53.74	53.54	0.410	2.721
1-3	53.40	53.90	53.80	0.419	2.706
1-4	54.90	52.10	54.00	0.418	2.706
1-5	53.10	53.20	54.80	0.417	2.694
1-6	53.50	54.12	53.48	0.418	2.699
平　均					2.709

表 2 - 10　黄铁绢英岩化花岗质碎裂岩饱和水密度计算

岩石编号	长/mm	宽/mm	高/mm	水饱和质量/kg	密度/g·cm^{-3}
1 - 11	52.58	53.40	53.32	0.400	2.672
1 - 12	54.92	54.90	53.00	0.429	2.685
1 - 13	54.10	54.60	51.58	0.413	2.711
1 - 14	53.34	53.80	54.56	0.423	2.702
1 - 15	50.00	53.00	53.66	0.393	2.764
1 - 16	54.92	53.38	53.00	0.424	2.729
平　均					2.710

表 2 - 11　花岗岩自然风干密度计算

岩石编号	长/mm	宽/mm	高/mm	风干质量/kg	密度/g·cm^{-3}
2 - 1	51.00	51.40	52.46	0.362	2.632
2 - 2	52.56	54.32	50.84	0.380	2.618
2 - 3	52.46	49.82	49.72	0.341	2.624
2 - 4	52.00	51.58	48.54	0.348	2.673
2 - 5	55.18	52.30	52.58	0.398	2.623
2 - 6	51.00	52.28	51.00	0.359	2.640
平　均					2.635

表 2 - 12　花岗岩饱和水密度计算

岩石编号	长/mm	宽/mm	高/mm	水饱和质量/kg	密度/g·cm^{-3}
2 - 11	54.24	53.78	53.54	0.412	2.638
2 - 12	52.76	51.20	51.40	0.365	2.629
2 - 13	51.66	51.38	51.66	0.360	2.625
2 - 14	51.78	51.28	53.00	0.369	2.622
2 - 15	53.54	51.00	50.20	0.359	2.619
2 - 16	48.62	52.16	52.88	0.353	2.632
平　均					2.628

表 2 - 13　绢英岩化花岗质碎裂岩自然风干密度计算

岩石编号	长/mm	宽/mm	高/mm	风干质量/kg	密度/g·cm^{-3}
3 - 1	52.36	53.20	55.30	0.414	2.688
3 - 2	52.50	55.90	54.30	0.420	2.636
3 - 3	52.60	56.10	52.70	0.444	2.855
3 - 4	50.90	53.80	52.10	0.381	2.670
3 - 5	52.26	55.50	53.20	0.417	2.702
3 - 6	52.90	55.90	54.00	0.429	2.687
平　均					2.706

表2-14 绢英岩化花岗质碎裂岩饱和水密度计算

岩石编号	长/mm	宽/mm	高/mm	水饱和质量/kg	密度/g·cm⁻³
3-11	54.72	52.90	53.58	0.415	2.676
3-12	50.60	56.68	50.58	0.380	2.620
3-13	56.28	54.82	52.16	0.430	2.672
3-14	52.50	55.20	55.42	0.434	2.702
3-15	60.00	55.20	55.50	0.492	2.677
3-16	52.10	52.00	51.16	0.372	2.684
平　均					2.677

D 剪切试验

实验目的：测量岩石的抗剪强度、黏聚力和内摩擦角。

规格：长×宽×高为50mm×50mm×50mm。

实验设备：英国INSTRON公司的电液伺服材料控制机1346型，最大载荷为2000kN。

加载速度：5mm/50s。

载荷参数：5kN/格。

E 抗压试验

实验目的：测量岩石的抗压强度、弹性模量和泊松比。

规格：直径×高度为50mm×100mm、60mm×120mm。

实验设备：英国INSTRON公司的电液伺服材料控制机1346型，最大载荷为2000kN。

加载速度：4mm/800s。

载荷参数：5kN/格。

位移参数：0.02mm/格。

F 劈裂拉伸试验

实验目的：测量岩石的抗拉强度。

规格：直径×高度为50mm×50mm、60mm×60mm。

实验设备：英国INSTRON公司的电液伺服材料控制机1342型，最大载荷为250kN。

加载速度：5mm/50s。

2.3.2.2 试验结果

A 岩石剪切试验

室内的岩石剪切强度测定，最常用的是测定岩石的抗剪断强度。试验剪切角度分别为45°、60°和70°。

a 实验原理

按下式可求得作用于剪切面上总法向荷载 N 和总剪切荷载 Q：

$$\left. \begin{array}{l} N = P(\cos\alpha + f\sin\alpha) \\ Q = P(\sin\alpha - f\cos\alpha) \end{array} \right\} \qquad (2-1)$$

式中　P——剪切破坏最大荷载；

α——剪切角度;

f——圆柱形滚子与上下压板的摩擦系数。

由下列公式可以求得作用于剪切面上的法向应力 σ 和剪应力 τ:

$$\left.\begin{array}{l}\sigma = \dfrac{N}{S} = \dfrac{P}{S}(\cos\alpha + f\sin\alpha) \\[2mm] \tau = \dfrac{Q}{S} = \dfrac{P}{S}(\sin\alpha - f\cos\alpha)\end{array}\right\}\qquad(2-2)$$

试验中摩擦系数 f 可忽略不计,根据式(2-1)、式(2-2)计算可得到试件在不同剪切角度作用下的剪应力 τ 值和法向应力 σ 值。然后根据莫尔 - 库仑定律(τ = c + σtanφ)作图,利用 OriginProv7.5 自动线性回归求出岩块的黏聚力 c 和内摩擦角 φ(图 2 - 10 ~ 图 2 - 12)。

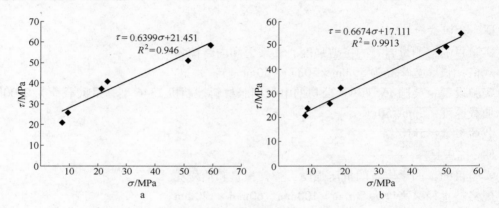

图 2 - 10　黄铁绢英岩化花岗质碎裂岩 τ - σ 关系
a—自然风干岩石试件;b—饱水岩石试件

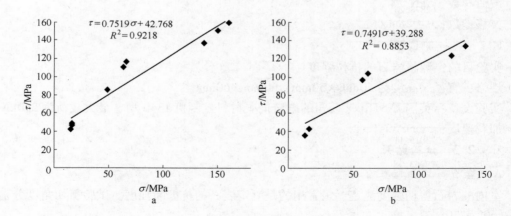

图 2 - 11　花岗岩 τ - σ 关系
a—自然风干岩石试件;b—饱水岩石试件

b　实验结果

试验计算结果见表 2 - 15 ~ 表 2 - 20。由于试件节理比较发育,试件大部分沿节理破坏,故将离散度大的数据剔除。

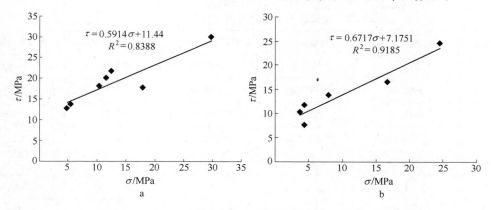

图 2-12　绢英岩化花岗质碎裂岩 $\tau - \sigma$ 关系

a—自然风干岩石试件；b—饱水岩石试件

表 2-15　黄铁绢英岩化花岗质碎裂岩剪切试验结果（自然风干岩石试件）

试件编号	剪切面面积/mm²	峰值载荷/kN	剪切角度/(°)	法向应力/MPa	剪应力/MPa
1-2	2683.2	234.49	45	58.918	58.918
1-3	2813.83	240.51	45	59.085	59.085
1-4	2860.29	134.69	60	23.547	40.784
1-5	2824.92	131.18	60	23.218	40.216
1-6	2895.42	123.35	60	21.3	36.893
1-8	2970.25	74.02	70	9.494	26.085
1-9	2827.19	67.07	70	7.723	21.217
1-10	2878.26	205.15	45	51.313	51.313

黄铁绢英岩化花岗质碎裂岩剪切强度参数为：黏聚力为 21.45MPa，内摩擦角为 32.6°

表 2-16　黄铁绢英岩化花岗质碎裂岩剪切试验结果（饱水岩石试件）

试件编号	剪切面面积/mm²	剪切角度/(°)	峰值载荷/kN	法向应力/MPa	剪应力/MPa
1-11	2807.94	70	71.08	8.658	23.786
1-12	3015.11	70	68.38	7.756	21.311
1-13	2953.92	70	67.63	7.83	21.513
1-15	2650.19	60	80.72	15.23	26.378
1-16	2931.14	60	107.63	18.359	31.799
1-17	2855.83	45	193.41	47.889	47.889
1-18	2823.86	45	217.49	54.461	54.461
1-20	2678.06	45	189.64	50.073	50.073

黄铁绢英岩化花岗质碎裂岩剪切强度参数为：黏聚力为 17.11MPa，内摩擦角为 33.72°

表 2 - 17　花岗岩剪切试验结果（自然风干岩石试件）

试件编号	剪切面面积/mm²	峰值载荷/kN	剪切角度/(°)	法向应力/MPa	剪应力/MPa
2 - 1	2621.4	593.1	45	159.982	159.982
2 - 2	2855.06	553.48	45	137.093	137.093
2 - 3	2613.56	555.54	45	150.319	150.319
2 - 5	2885.91	380.83	60	65.93	114.285
2 - 6	2666.28	341.59	60	64.047	110.933
2 - 7	2931.92	268.79	60	49.398	85.56
2 - 8	2826.86	145.4	70	16.96	46.598
2 - 9	2757.06	129.19	70	15.63	42.942
2 - 10	2720.67	133.11	70	16.512	45.366

花岗岩剪切强度参数为：黏聚力为 42.77MPa，内摩擦角为 36.94°

表 2 - 18　花岗岩剪切试验结果（饱水岩石试件）

试件编号	剪切面面积/mm²	剪切角度/(°)	峰值载荷/kN	法向应力/MPa	剪应力/MPa
2 - 12	2700.88	45	474.34	124.186	124.186
2 - 13	2654.31	45	503.42	134.11	134.11
2 - 15	2730.06	60	306.91	56.21	97.358
2 - 16	2729.02	60	326.88	59.89	103.732
2 - 17	3014.01	70	115.93	13.155	36.143
2 - 19	2702.96	70	120.62	15.263	41.935

花岗岩剪切强度参数为：黏聚力为 39.29MPa，内摩擦角为 36.84°

表 2 - 19　绢英岩化花岗质碎裂岩剪切试验结果（自然风干岩石试件）

试件编号	剪切面面积/mm²	峰值载荷/kN	剪切角度/(°)	法向应力/MPa	剪应力/MPa
3 - 1	2785.55	70.62	45	17.926	17.926
3 - 3	2950.86	124.39	45	29.808	29.808
3 - 4	2738.42	68.12	60	12.438	21.544
3 - 5	2900.43	60.5	60	10.428	18.062
3 - 6	2957.11	68.48	60	11.579	20.056
3 - 8	3222.13	44.77	70	4.753	13.059
3 - 9	2942.86	44.01	70	5.117	14.058

绢英岩化花岗质碎裂岩剪切强度参数为：黏聚力为 11.44MPa，内摩擦角为 30.6°

注：由于试件 3 - 2、3 - 7、3 - 10 测得的数据相差较大，故不用于计算抗剪强度。

表 2-20 绢英岩化花岗质碎裂岩剪切试验结果（饱水岩石试件）

试件编号	剪切面面积/mm²	剪切角度/(°)	峰值载荷/kN	法向应力/MPa	剪应力/MPa
3-11	2894.44	45	68.48	16.731	16.731
3-12	2867.6	45	99.26	24.476	24.476
3-14	2897.67	60	25.37	4.378	7.583
3-15	3312	60	51.97	7.846	13.589
3-17	2886.91	70	36.24	4.293	11.796
3-18	2625.54	70	28.29	3.685	10.124

绢英岩化花岗质碎裂岩剪切强度参数为：黏聚力为 7.175MPa，内摩擦角为 33.89°

B 岩石单轴压缩变形试验

a 实验原理

由岩石的单轴压缩变形试验可以测得岩石的单轴抗压强度、弹模和泊松比。当试样在轴向压力作用下出现压缩破坏时，单位面积上所承受的荷载称为岩石的单轴抗压强度，即试样破坏时的最大荷载与垂直于加载方向的截面积之比。

抗压强度 σ_c 计算公式如下：

$$\sigma_c = \frac{P}{A} \tag{2-3}$$

式中 P——试件的破坏荷载；

A——试件截面积。

由试验可得到应力与纵向应变及横向应变关系曲线，而后按式（2-4）、式（2-5）计算岩石的平均弹性模量 $\overline{E}$ 和平均泊松比 $\overline{\mu}$：

$$\overline{E} = \frac{\sigma_b - \sigma_a}{\varepsilon_{lb} - \varepsilon_{la}} \tag{2-4}$$

$$\overline{\mu} = \frac{\varepsilon_{db} - \varepsilon_{da}}{\varepsilon_{lb} - \varepsilon_{la}} \tag{2-5}$$

式中 σ_a——应力与纵向应变关系曲线上直线段始点的应力值，MPa；

σ_b——应力与纵向应变关系曲线上直线段终点的应力值，MPa；

ε_{la}——应力为 σ_a 时的纵向应变值；

ε_{lb}——应力为 σ_b 时的纵向应变值；

ε_{da}——应力为 σ_a 时的横向应变值；

ε_{db}——应力为 σ_b 时的横向应变值。

b 实验结果

试验结果见表 2-21～表 2-23。

表 2 - 21　黄铁绢英岩化花岗质碎裂岩单轴压缩变形试验结果

试件编号	试件类型	直径/mm	高/mm	峰值载荷/kN	抗压强度/MPa	弹性模量/GPa	泊松比	备注
C1 - 1		49.06	100.00	178.46	94.4	16.44	0.23	
C1 - 2	风干试件	49.46	99.08	125.66	65.4	12.73	0.21	
C1 - 3		49.40	96.60	158.70	82.8	15.02	0.19	
平均值				154.27	80.87	14.73	0.21	
C1 - 4		49.00	100.00	155.26	82.34			
C1 - 5	饱水试件	48.96	100.00	108.26	57.51	10.4		
C1 - 6		49.16	100.00	88.05	46.39	12.85		
平均值				117.19	62.08			

表 2 - 22　花岗岩单轴压缩变形试验结果

试件编号	试件类型	直径/mm	高/mm	峰值载荷/kN	抗压强度/MPa	弹性模量/GPa	泊松比	备注
C2 - 1		49.00	95.16	283.46	150.11	20.62	0.27	
C2 - 2	风干试件	49.40	100.20	198.90	103.78	17.17	0.26	
C2 - 3		49.10	97.50	104.07	103.78	13.52	0.18	
平均值				195.48	126.95	17.10	0.24	
C2 - 4		48.70	99.20	119.56	64.18	14.34		沿裂纹破坏
C2 - 5	饱水试件	48.96	101.18	195.24	103.71	18.81		
C2 - 6		49.08	100.24	133.74	70.70	14.04		
平均值				149.41	79.53	15.73		

表 2 - 23　绢英岩化花岗质碎裂岩单轴压缩变形试验结果

试件编号	试件类型	直径/mm	高/mm	峰值载荷/kN	抗压强度/MPa	弹性模量/GPa	泊松比	备注
C3 - 1		62.00	120.90	233.31	76.78	17.61	0.17	
C3 - 2	风干试件	62.50	121.54	155.80	50.78	9.89	0.24	
C3 - 3		62.20	119.12	262.00	86.23	12.83	0.18	
平均值				217.04	71.26	13.44	0.20	
C3 - 4		62.16	117.16	193.79	63.86	11.25		沿节理面破坏
C3 - 5	饱水试件	62.10	117.30	25.94	8.57	2.29		节理发育
C3 - 6		62.50	115.14	57.30	18.68	7.19		
平均值				125.55	41.27	9.22		

　C　岩石抗拉试验

　　测定岩石抗拉强度的方法较多，有直接拉伸法，劈裂法、弯曲试验法、离心机法、圆柱体或球体的径向压裂法等。其中以劈裂拉伸试验法最为简易，其试样制作简单。

　　a　实验原理

　　抗拉强度 σ_t 计算公式为：

$$\sigma_t = \frac{2P}{\pi Dh} \tag{2-6}$$

式中　P——试验加载最大荷载；

　　　D——试样的直径；

　　　h——试样的高度。

　　b　实验结果

　　实验结果见表 2 - 24 ~ 表 2 - 26。

表 2 - 24　黄铁绢英岩化花岗质碎裂岩抗拉试验结果

试件编号	试件类型	直径/mm	高/mm	峰值载荷/kN	抗拉强度/MPa	备注
T1 - 1		49.20	51.50	20.59	5.17	
T1 - 2	风干试件	49.58	51.20	18.49	4.64	
T1 - 3		49.22	51.38	19.51	4.91	
平均值				19.53	4.91	
T1 - 4		49.36	51.40	18.28	4.59	
T1 - 5	饱水试件	49.42	51.10	11.21	2.83	
T1 - 6		49.02	51.00	14.48	3.69	
平均值				14.66	3.70	

表 2 - 25　花岗岩抗拉试验结果

试件编号	试件类型	直径/mm	高/mm	峰值载荷/kN	抗拉强度/MPa	备注
T2 - 1		49.48	51.30	12.08	3.03	节理发育（剔除）
T2 - 2	风干试件	49.32	51.20	44.67	11.26	
T2 - 3		49.48	51.28	23.16	5.81	
平均值				33.92	8.54	
T2 - 4		49.40	51.50	43.08	10.78	
T2 - 5	饱水试件	49.00	51.30	38.02	9.63	
T2 - 6		49.10	51.90	39.49	9.86	
平均值				40.20	10.09	

表 2-26 绢英岩化花岗质碎裂岩抗拉试验结果

试件编号	试件类型	直径/mm	高/mm	峰值载荷/kN	抗拉强度/MPa	备注
T3-1		62.40	62.00	38.08	6.27	
T3-2	风干试件	62.00	62.36	24.49	4.03	
T3-3		61.60	62.30	50.67	8.41	
平均值				37.75	6.24	
T3-4		62.10	61.60	59.92	9.97	
T3-5	饱水试件	62.40	61.78	33.52	5.53	
T3-6		61.70	62.84	55.79	9.16	
平均值				49.74	8.22	

图 2-13~图 2-17 是几个典型试件在试验过程中的载荷-位移曲线或应力-应变曲线。

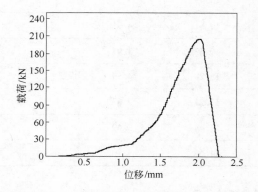

图 2-13 风干试件 1-10 载荷-位移曲线

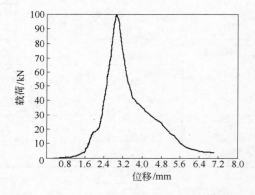

图 2-14 饱水试件 3-12 载荷-位移曲线

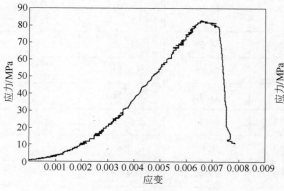

图 2-15 风干试件 C1-3 应力-应变曲线

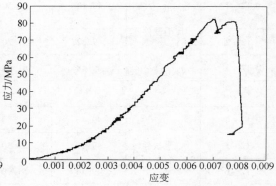

图 2-16 饱水试件 C1-4 应力-应变曲线

2.3.2.3 试验结论

A 抗压、抗拉试验结论

黄铁绢英岩化花岗质碎裂岩为灰白色、灰黑色，由绢英岩化斜长角闪质碎裂岩、混合化斜长角闪岩等组成，岩石的硬度较大，岩体中裂隙不太发育。岩石风干密度为2709kg/m³，饱和密度为2710kg/m³，风干试件单轴抗压强度为80.87MPa，弹性模量为5.02GPa，泊松比为0.19，抗拉强度为4.91MPa；饱和样抗压强度为62.08MPa，弹性模量为11.625GPa，抗拉强度为3.70MPa。

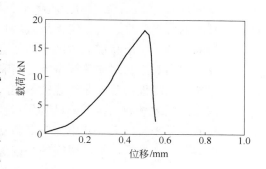

图2-17 试件T1-4劈裂拉伸
载荷-位移曲线

花岗岩为浅褐色，中粒花岗变晶结构，少量节理裂隙发育；岩石干密度为2635kg/m³，饱和密度为2638kg/m³，风干样单轴抗压强度为126.95MPa，弹性模量为17.1GPa，泊松比为0.24，抗拉强度为8.54MPa；饱和样抗压强度为79.53MPa，弹性模量为15.73GPa，抗拉强度为10.09MPa；通过观察风干抗压试件比饱水抗压试件的节理更多，造成风干试件抗压强度比实际的要小。

绢英岩化花岗质碎裂岩为灰绿色，细晶质结构，层状构造，节理裂隙发育比较明显；岩石干密度为2706kg/m³，饱和密度为2677kg/m³，风干样单轴抗压强度为71.26MPa，弹性模量为13.44GPa，泊松比为0.20，抗拉强度为6.24MPa；饱和样抗压强度为41.27MPa，弹性模量为9.22GPa，抗拉强度为8.22MPa。

B 剪切试验结论

黄铁绢英岩化花岗质碎裂岩岩石干样黏聚力为21.45MPa，内摩擦角为32.6°；饱和样黏聚力为17.11MPa，内摩擦角为33.72°。

花岗岩岩石干样黏聚力为42.77MPa，内摩擦角为36.94°；饱和样黏聚力为39.29MPa，内摩擦角为36.84°。

绢英岩化花岗质碎裂岩岩石干样黏聚力为11.44MPa，内摩擦角为30.6°；饱和样黏聚力为7.175MPa，内摩擦角为33.89°。

水对黄铁绢英岩化花岗质碎裂岩和绢英岩化花岗质碎裂岩的抗剪强度减弱作用较花岗岩大很多，特别是上盘绢英岩化花岗质碎裂岩遇水后强度降低很大。

2.4 海底黏性土微观结构及渗透性能参数

2.4.1 黏性土环境条件与取样位置

矿区内地层新生界第四系（Q），以临沂组为主，广泛分布，旭口组沿矿区西北部边缘分布，沂河组沿河流分布。临沂组分布于矿区东南部，厚10～20m，由南向北逐渐变厚，主要为冲积物，下部为黄褐色的亚砂土，并夹有小砾石、粗砂，上部为土黄色的亚砂土和砂质黏土。旭口组分布于矿区的西部和北部，沿海岸线呈带状展布，厚35～45m。沂河组主要沿王河呈带状展布，为冲积堆积物。

位于第四系与基岩的接触部位，从目前施工的钻孔资料看，该层分布连续，遍布整个矿区。厚度 0.8~10m，岩性由砂质黏土、粉质黏土组成。该层的结构相对致密，岩芯呈柱状。黏粒的含量较高，且稳定，属残坡积物经后期风化形成，沿基岩面近水平分布，具有良好的隔水性。该层将矿区内的第四系含水层地下水与基岩裂隙含水层地下水分隔开，使其不发生水力联系，对矿床开采十分有利，但因受自然条件勘探程度的限制，该层在海水中及远离矿区的地段分布是否连续，隔水性是否稳定，还未能彻底查清，为此有必要研究第四系黏土层的微观结构并测试其隔水性能。

取样的样品来自图 2－18 中三山岛新立混合井东侧 22 号测井的工程钻芯采样，钻孔柱状图如图 2－19 所示。本次研究的关键层是灰黑色的淤泥质土和黄色的粉质黏土两种黏性土。

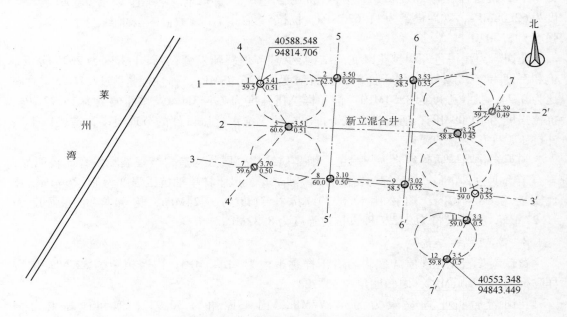

图 2－18   新立混合井勘探点平面布置

2.4.2   黏性土微观结构及成分含量 SEM 分析

2.4.2.1   扫描电子显微镜（SEM）工作原理

SEM 是用聚焦得很细的电子束照射被检测的试样表面，并可以用二次电子或背散射电子等进行形貌观察，是研究固态材料微区形貌和结构分析最重要的仪器之一[39,40]。SEM 由电子光学系统、样品室、信号收集、处理和显示系统三大部分组成。电子光学系统包括电子枪、电磁透镜和扫描线圈三部分。电子枪的热阴极发射的电子受阳极电压加速并形成笔尖状电子束，其最小直径为 10~50μm，经过 2~3 个磁透镜的汇聚作用，在样品表面汇聚成一个直径可到 1~10nm 的细束流。在扫描线圈的作用下，细电子束在样品表面作光栅状扫描，显像管中的电子束作同步扫描，在荧光屏上显示出样品表面的微观形貌。二次电子是入射电子使试样原子电离、较外层电子克服逸出功回到入射空间的电子。二次电子能量较低（小于 50eV），仅在试样表面状态非常敏感；二次电子的产额与加速电压、试样组成等有关。当样品中存在凸起颗粒或尖角时对二

工程名称	新立主混合井、充填搅拌站工程地质勘察			工程编号		09059		
孔　号	22		坐	X=39758.159m	钻孔直径		110m	
孔口标高	3.72m		标	Y=94558.240m	初见水位		稳定水位 3.20m	
						测量日期		

层号	层底标高/m	层底深度/m	分层厚度/m	柱状图 1:200	岩　性　描　述	标贯中点深度/m	标贯实测击数	附注
1	-2.58	6.30	6.30		素填土:以褐黄色为主,稍湿~饱和,主要以风化砂及碎石为主,局部为淤泥浸染呈现灰褐色,见少量生活垃圾及建筑垃圾			
3	-6.78	10.50	4.20		淤泥质土:灰褐色~灰黑色,饱和,稍有臭味,松散,流塑,可见腐殖质,以淤泥质粉土为主,局部为淤泥质粉质黏土和淤泥质砂			
4	-9.18	12.90	2.40		粉质黏土:灰黄色~黄褐色,饱和,软塑~硬塑,刀切面较光滑,韧性中等,干强度中等,可见铁、锰质氧化物,顶部淤泥浸染呈现灰黑色,局部混中粗砂颗粒,渐变为粉土	12.15	13.0	
5	-11.38	15.10	2.20		粉土:黄褐色 浅灰色、浅黄色,很湿,摇震反应迅速,中密~密实,切面粗糙,韧性低、干强度低,局部为粉质黏土或粉土	14.15	15.0	
5-I	-12.18	15.90	0.80	zc	中细砂:黄褐色,饱和,磨圆度稍好,级配较差,成分为石英、长石			
6	-16.78	20.50	4.60		粉质黏土:黄褐色~浅黄色,饱和,可塑~硬塑,刀切面较光滑,韧性中等,干强度中等,可见铁、锰质氧化物,局部为粉土、混少量砂粒,局部渐变为粉土	16.35　18.15	12.0　16.0	
7	-19.28	23.00	2.50	zc	中粗砂:黄褐色、浅黄色,饱和,中密~密实,主要成分为石英、长石,磨圆度较差,级配稍好,局部为砾砂	20.65	20.0	
8	-23.68	27.40	4.40		粉质黏土:黄褐色~浅黄色,很湿~饱和,可塑~硬塑,刀切面较光滑,韧性中等、干强度中等,可见铁、锰质氧化物,局部为粉土、黏土、混少量砂粒	22.65　24.65	30.0　17.0	
9	-26.88	30.60	3.20	zc	中粗砂:黄褐色、浅黄色,很湿,密实,主要成分为石英、长石,磨圆度较好,级配稍好,局部为粉砂或砾砂	26.95　28.15	21.0　39.0	
10	-31.18	34.90	4.30		粉质黏土:浅黄色~暗红色,可塑~硬塑,刀切面较光滑,韧性中等、干强度中等,可见铁、锰质氧化物,局部为粉土、混少量砂粒,底部薄层有少量砾石粒径小于4cm	30.15　32.15　34.15	48.0　22.0　31.0	
12-I-I	-32.98	36.70	1.80		强风化辉绿岩上亚带:黄褐色~灰绿色,饱和,密实,岩芯呈砂状,结构大部分已破坏,交代残留结构,块状结构,块状构造,矿物成分为斜长石、绿帘石,岩石完整程度为破碎,岩石坚硬程度为较软岩,岩体基本质量等级为V级	36.15	88.0	
12-I-II	-35.28	39.00	2.30		强风化辉绿岩中亚带:灰绿色,饱和,密实,岩芯呈砂状,结构大部分已破坏,交代残留结构,块状结构,块状构造,矿物成分为斜长石、绿帘石,岩石完整程度为破碎,岩石坚硬程度为较软岩,岩体基本质量等级为V级	38.15	137.0	
12-I-III	-45.28	49.00	10.00		强风化辉绿岩下亚带:灰绿色,饱和,密实,岩芯呈砂状~碎石状,结构大部分已破坏,交代残留结构,块状结构,块状构造,矿物成分为斜长石、绿帘石,岩石完整程度为破碎,岩石坚硬程度为较软岩,岩体基本质量等级为V级	40.15　43.15　45.15　48.85	155.0　162.0　173.0　188.0	
13-I	-49.78	53.50	4.50		中风化辉绿岩:灰绿色,饱和,岩芯呈碎石状,交代残留结构、块状结构、块状构造,矿物成分为斜长石、绿帘石,风化节理、裂隙较发育,岩体完整程度为破碎,岩石坚硬程度为较硬岩,岩体基本质量等级为IV级			
14-I	-58.48	62.20	8.70		微风化辉绿岩:灰绿色,饱和,岩芯呈块状、柱状,交代残留结构、块状结构、块状构造,矿物成分为斜长石(20%)、绿帘石(80%),风化节理、裂隙较发育,岩体完整程度为较破碎,岩石坚硬程度为坚硬岩,岩体基本质量等级为III级			

图 2-19　22 号钻孔柱状图

次电子像衬度有很大的影响。在这些部位电子离开表层的机会增加，在电子束作用下产生比其余部位高的二次电子信号强度，在扫描图像上有异常亮的衬度，所以二次电子主要用于观察表面形貌等。散射电子是指入射电子与试样原子的卢瑟福散射之后，再次逸出试样表面的高能电子，其能量接近于入射电子能量。背散射电子的产额随试样的原子序数增加而增加，所以背散射电子信号的强度与试样的化学组成有关，与组成试样的各元素平均原子序数有关，用于元素成分含量分析。中南大学扫描电子显微镜（SEM）的型号为 HITACHX－650，选用加速电压为 20kV，能谱仪的型号为 EDAX－9100，分辨率为 160eV。

2.4.2.2　SEM 试验过程

试验在中南大学 SEM 试验室完成。将采集的海底黏性土样品放置于烘箱中，在 100℃下烘烤 6 ~ 8h 进行试样干燥。然后将样品剪成合适大小（约 5mm × 5mm）的样品，从而完成 SEM 样品制备。从晶体学角度分析，一般蒙脱石和伊利石晶体结构变化的热处理标准温度是 500℃，烘干温度为 100℃不会导致体积膨胀和结构破坏。

用导电胶粘接到样品台上，直接在扫描电镜下进行形态观察，同时配以能谱仪，对颗粒进行成分分析[41,42]。图 2－20 为 22 号钻芯黏性土钻孔试样。图 2－21 为黑色的淤泥质土和黄色的粉质黏土两种黏性土的微观试验样品图。图 2－21 中 1 号和 4 号为灰黑色淤泥质土，2 号和 3 号为黄色的粉质黏土。

图 2－20　22 号钻芯黏性土钻孔试样

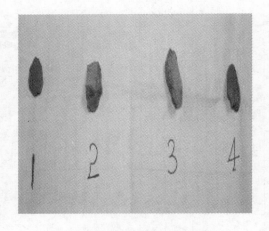

图 2－21　干燥后黏性土 SEM 样品

2.4.2.3　SEM 试验微观结构分析

图 2－22 ~ 图 2－25 是三山岛海底黏性土 SEM 试验图像，放大倍数分别为 100 倍、300 倍、1000 倍、2000 倍、5000 倍和 10000 倍。SEM 图像表明三山岛海底黏土微观颗粒为薄片状颗粒，颗粒之间的接触关系多为边－面接触和面－面接触。微观结构为多孔絮状结构，孔隙为粒团孔隙，多呈不规则的长条状，孔隙直径大小约为 1μm，连通性较差。决定了其渗透性较小，在不扰动的情况下，可作为海底开采较好的隔水层。其微观结构图像特征和伊利石、蒙脱石（图 2－26）比较相似，可初步推测其主要矿物成分可能为蒙脱石和伊利石。

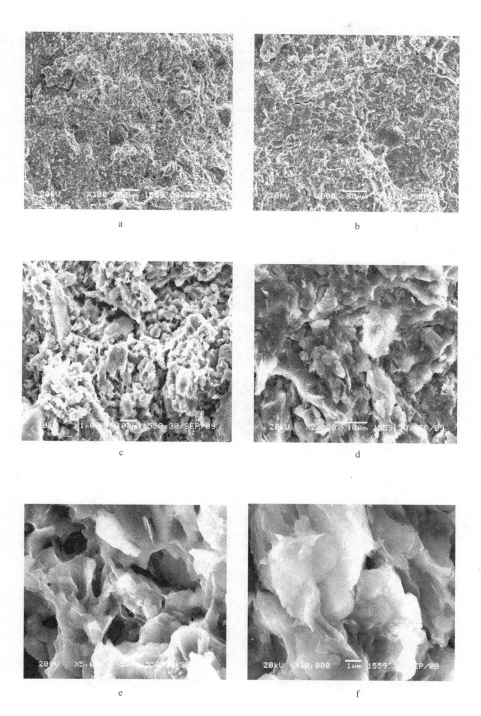

图 2 - 22　试样 1 SEM 电镜微观结构
a—放大 100 倍；b—放大 300 倍；c—放大 1000 倍；
d—放大 2000 倍；e—放大 5000 倍；f—放大 10000 倍

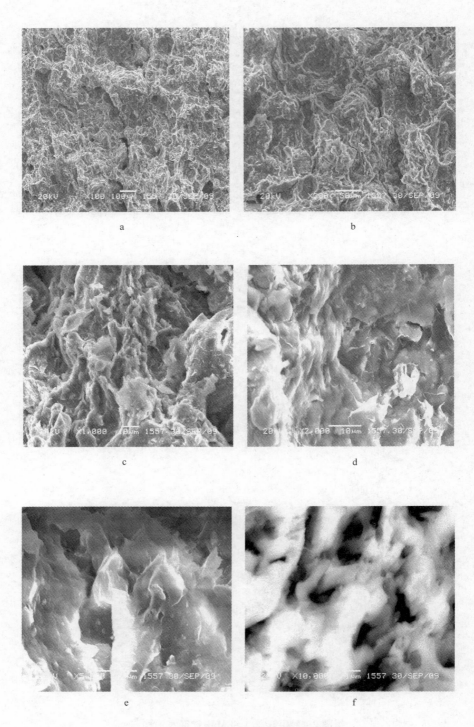

图 2 - 23　试样 2 SEM 电镜微观结构

a—放大 100 倍；b—放大 300 倍；c—放大 1000 倍；d—放大 2000 倍；
e—放大 5000 倍；f—放大 10000 倍

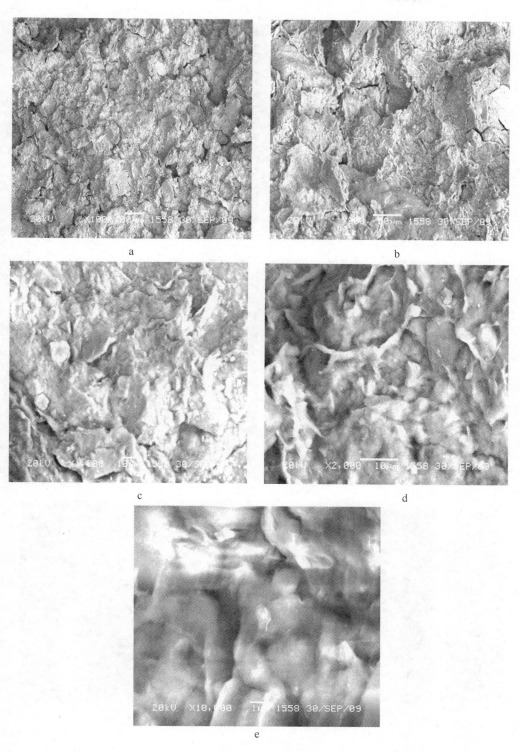

图 2-24　试样 3 SEM 电镜微观结构
a—放大 100 倍；b—放大 300 倍；c—放大 1000 倍；d—放大 2000 倍；e—放大 5000 倍

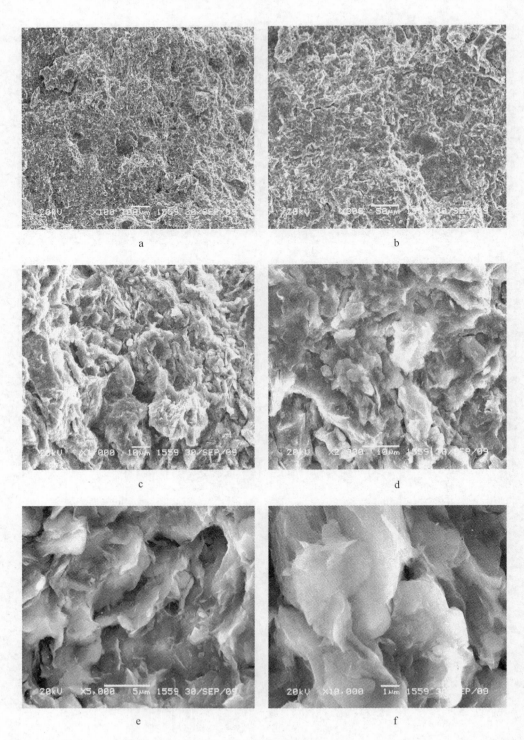

图 2-25　试样 4 SEM 电镜微观结构

a—放大 100 倍；b—放大 300 倍；c—放大 1000 倍；d—放大 2000 倍；
e—放大 5000 倍；f—放大 10000 倍

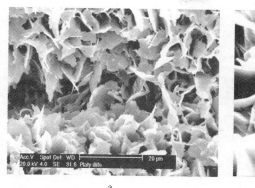

图 2 - 26　伊利石和蒙脱石微观结构

a—伊利石；b—蒙脱石

2.4.2.4　SEM 试验成分分析

美国通用电器公司生产 Phoenix 能谱仪（EDAX）作为扫描电子显微镜的附件配置在扫描电子显微镜中使用，主要用于元素的定性和定量分析。海底黏性土试样中各元素含量见图 2 - 27 ～ 图 2 - 30 及表 2 - 27、表 2 - 28。质量百分比中前四位为氧、硅、铝和铁。最

图 2 - 27　试样 1 元素分析取样区

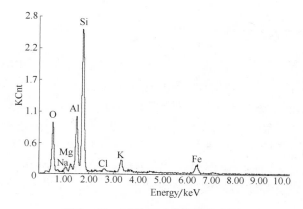

图 2 - 28　试样 1 元素能量分布图

图 2 – 29　试样 2 元素分析取样区　　　　　　图 2 – 30　试样 2 元素能量分布

多的是氧元素，为 34.00% ~ 34.72%，次之是硅元素，为 36.15% ~ 36.28%，其次是铝元素，为 11.43% ~ 12.57%，然后是铁元素，为 7.99% ~ 9.51%。总的来说铝硅酸盐黏土矿物相对富集，可以进一步推测其主要矿物为蒙脱石。

表 2 – 27　试样 1 中各元素含量

元素名称	氧（O）	硅（Si）	铝（Al）	铁（Fe）	钾（K）	镁（Mg）	钠（Na）	氯（Cl）	合计
含量/%	34.72	36.15	12.57	7.99	4.25	1.69	1.64	1.00	100.0
原子/%	49.96	29.63	10.73	3.29	2.50	1.60	1.64	0.65	100.0

表 2 – 28　试样 2 中各元素含量

元素名称	氧(O)	硅(Si)	铝(Al)	铁(Fe)	钾(K)	镁(Mg)	钠(Na)	氯(Cl)	钙(Ca)	钛(Ti)	合计
含量/%	34.00	36.28	11.43	9.51	3.15	1.34	1.57	1.15	0.82	0.48	99.99
原子/%	49.62	30.16	09.89	3.98	1.88	1.29	1.59	0.76	0.74	0.36	100.01

2.4.3　三山岛黏性土基本力学性能

按照《土工试验方法标准》（GB/T 50123—1999）要求进行三山岛黏性土基本力学性能系列试验。常规室内力学试验表明三山岛黏性土的密度为 1.770g/cm³，含水量为 25.03%，饱和不排水内摩擦角 3.58°，黏聚力 4.89kPa（图 2 – 31 所示为饱和不排水土工三轴试验完成后的试样照片），渗透系数为 5.13×10^{-8} cm/s。三山岛黏性土低渗透性能是其微观结构的在宏观力学性能上必然表现，是其较好防水作用的内在因素。三山岛黏性土低渗透性能是由其微观结构特征决定，但是外力荷载和作用的改变，比如海底开挖、爆破震动的影响，将可能导致其特有的原始微观结构发生改变，从而引起其渗透性能发生改变，有可能失去防水和隔水作用。

图2-31　饱和不排水土工三轴试验完成后的试样照片

2.4.4　黏性土隔水性能宏观研究

　　灰黑色的淤泥质土和黄色的粉质黏土具有较好的防水和隔水性能，三山岛海下采矿的矿区顶部较为广泛的分布着这种灰黑色的淤泥质土和黄色的粉质黏土，以及性质相类似的黏性土，且其覆盖厚度达2~3m，为三山岛海下安全采矿提供重要的保障，同时该覆盖层的力学性能变化可成为海下开采突水等安全事故的前兆。

　　三山岛海底黏性土是防止海水突入井巷的重要保障，该黏性土层变化是海底开采突水的前兆特征。海底黏性土的絮状微观结构，1~2μm粒团孔隙，多呈不规则的长条状，连通性较差的孔隙是决定海底黏性土的渗透性能很小的内在本质原因。三山岛海底黏性土的广泛分布于矿区，是其具有防水和隔水作用重要的条件。海下开采过程中要注意保护该黏性土层，加强对该黏性土层变形和孔隙水压力、渗透系数的监测，防止发生突水引发灾难性工程事故。

参 考 文 献

[1] 姜晓辉，范宏瑞，胡芳芳，等. 胶东三山岛金矿中深部成矿流体对比及矿床成因 [J]. 岩石学报，2011，27（5）：1327~1340.

[2] 杨清泉，李威，陶晓杰. 三山岛海底金矿地质特征及矿床成因探讨 [J]. 黄金科学技术，2010，18（3）：5~8.

[3] 迟伟华. 三山岛金矿 F_3 断裂带地质灾害的防治经验 [J]. 大观周刊，2012，23（583）：283.

[4] 李威，郭彬，王振军. 三山岛金矿床控矿构造特征及下盘找矿实践 [J]. 黄金科学技术，2008，16（4）：38~40.

[5] 徐九华，谢玉玲，韩屹，等. 三山岛金矿床载金硫化物特征及其地质意义 [J]. 华南地质与矿产，2004（1）.

[6] 曲永新，杨俊峰，徐晓岚，等. 三山岛金矿的软弱岩石及其对地质灾害的控制作用 [C] //面向21世纪的岩石力学与工程：中国岩石力学与工程学会第四次学术大会论文集，419~431.

[7] 邵明明，曲伟勋，陈兵宇，等. 三山岛金矿构造特征及找矿意义 [J]. 矿业工程，2011，9（4）：14~15.

[8] 谭红军. 三山岛金矿水文地质条件的研究 [J]. 矿业研究与开发, 1993, 5 (2): 71 ~ 84.

[9] 禹斌, 李惠, 李德亮, 等. 山东莱州三山岛金矿床的构造叠加晕模式研究与深部预测 [J]. 地质找矿论丛, 2010, 9 (3): 260 ~ 263.

[10] 周国发, 吕古贤, 申玉科. 山东三山岛金矿床地质特征及找矿预测 [J]. 黄金科学技术, 2011, 8 (4).

[11] 周国发, 吕古贤, 邓军. 山东三山岛金矿床流体包裹体特征及其地质意义 [J]. 现代地质, 2008, 2 (1): 24 ~ 32.

[12] 李兆麟, 黄兰英. 山东三山岛金矿床形成物理化学条件研究 [J]. 矿床地质, 1985, 4 (4): 35 ~ 46.

[13] 李晓明. 山东三山岛金矿床氧、氢、碳稳定同位素的研究及其应用 [J]. 地质找矿论丛, 1988, 3 (3): 62 ~ 71.

[14] 曹春国, 于义文, 郭国强. 综合物探技术在三山岛断裂带与焦家断裂带深部成矿模式中的应用 [J]. 山东国土资源, 2012, 4 (4): 19 ~ 24.

[15] 邓军, 杨立强, 葛良胜, 等. 胶东矿集区形成的构造体制研究进展 [J]. 自然科学进展, 2006, 16 (5): 513 ~ 518.

[16] 邓军, 王庆飞, 杨立强, 等. 胶西北金矿集区成矿作用发生的地质背景 [J]. 地学前缘, 2004, 11 (4): 527 ~ 533.

[17] 高帮飞. 山东招平金矿带构造 - 流体耦合成矿动力学 [D]. 北京: 中国地质大学 (北京), 2008.

[18] 李厚民, 沈远超, 毛景文, 等. 石英、黄铁矿及其包裹体的稀土元素特征—以胶东焦家式金矿为例 [J]. 岩石学报, 2003, 19 (2): 267 ~ 274.

[19] 李兆龙, 杨敏之, 李治平, 等. 胶东金矿床地质地球化学 [M]. 天津: 天津科学技术出版社, 1993.

[20] 刘日富, 蔡小宁. 三山岛—仓上、新城—焦家成矿带深部找矿理论与实践 [J]. 黄金科学技术, 2008, 16 (4): 29 ~ 32.

[21] 王世称, 刘玉强, 伊丕厚, 等. 山东省金矿床及金矿床密集区综合信息成矿预测 [M]. 北京: 地质出版社, 2003.

[22] 张理刚, 陈振胜, 刘敬秀, 等. 焦家式金矿水 - 岩交换作用—成矿流体氢氧同位素组成研究 [J]. 矿床地质, 1994, 13 (03): 193 ~ 200.

[23] 中国冶金地质总局物勘院物探中心. 山东三山岛—新立—仓上金矿床的构造叠加晕研究及成矿预测 [R]. 中国冶金地质总局地球物理勘查院, 2008.

[24] 山东省莱州市三山岛金矿资源储量核实报告 [R]. 山东黄金集团有限公司, 2006.

[25] 山东正元地质资源勘查有限责任公司. 山东省莱州市三山岛矿区深部金矿普查报告 [R]. 山东黄金集团有限公司, 2006.

[26] 苗胜军, 万林海, 来兴平, 等. 三山岛金矿地应力场与地质构造关系分析 [J]. 岩石力学与工程学报, 2004, 23: 3996 ~ 3999.

[27] 吕古贤, 孔庆存. 胶东玲珑 - 焦家式金矿地质 [M]. 北京: 科学出版社, 1993.

[28] 罗镇宽, 苗来成. 胶东招莱地区花岗岩和金矿床 [M]. 北京: 冶金工业出版社, 2002.

[29] 毛景文, 李晓峰, 张作衡, 等. 中国东部中生代浅成热液金矿类型、特征及其地球动力学背景 [J]. 高校地质学报, 2003a, 9 (4): 620 ~ 637.

[30] 裘有守, 王孔海, 杨文华, 等. 山东招远 - 掖县地区金矿区域成矿条件 [M]. 沈阳: 辽宁科学技术出版社, 1988.

[31] 山东省地质矿产局. 山东省区域地质志 [M]. 北京: 地质出版社, 1991.

[32] 王君亭, 孙宗锋, 朱兆庆, 等. 山东省莱州市新立金矿床成矿规律研究及成矿预测 [M]. 北京:

地质出版社，2005.

[33] 宋子安，常颖. 龙口海下综放开采关键技术研究 [J]. 煤矿开采，2009，14 (1)：48～51.

[34] 孙洪星. 中国海下采煤展望 [J]. 中国煤炭，1999，25 (8)：34～36.

[35] 李夕兵，刘志祥，彭康，等. 金属矿滨海基岩开采岩石力学理论与实践 [J]. 岩石力学与工程学报，2010，29 (10)：1945～1953.

[36] Ulusay R，Hudson J A. The complete ISRM suggested methods for rock characterization，testing and monitoring：1974—2006 [M]. Iskitler Ankara：Kozan Ofset，2007.

[37] Ulusay R. 2007—2008 annual report of the commission on testing methods [R]. Tehran：International Society for Rock Mechanics，2008.

[38] Fairhurst C E，Hudson J A. 单轴压缩试验测定完整岩石应力 - 应变全曲线 ISRM 建议方法草案 [J]. 岩石力学与工程学报，2000，19 (6)：802～808.

[39] 高本辉，等. 真空物理 [M]. 北京：科学出版社，1983，490～530.

[40] 陈长琦，干蜀毅，朱武，等. 扫描电子显微镜成像信号分析 [J]. 真空，2001 (6)：42～44.

[41] 施斌，姜洪涛. 黏性土微观结构分析技术研究 [J]. 岩石力学与工程学报，2001，20 (6)：864～870.

[42] 熊承仁，唐辉明，刘宝琛，等. 利用 SEM 照片获取土的孔隙结构参数 [J]. 地球科学，32 (3)：415～419.

3 海底矿床地应力测量方法与分布规律

3.1 地应力测量在矿山开采中的作用

3.1.1 地应力测量在采矿与岩土工程中的作用

地应力是引起采矿、水利水电、土木建筑、道路和各种地下岩土开挖工程变形和破坏的根本作用力,科学准确的地应力测量是确定工程岩体力学属性,进行围岩稳定性分析,实现岩土工程决策、设计和开挖科学化的必要前提[1~5]。尤其在地下采矿工程中,无论是区域稳定性还是井巷、采场的稳定性问题都与地应力场(包括构造应力场和自重应力场)及其衍生物——各种构造密切相关,因此地应力的研究具有重要的理论和实用价值。

传统的采矿及岩土工程设计和施工常常是根据经验来进行的,当开挖活动在小规模范围内和接近地表的深度内进行的时候,经验类比法往往是有效的。但是,随着开挖规模的不断扩大和不断向深部发展,特别是数百万吨级的大型地下矿山、大型地下电站、大坝、大断面的地下隧道、地下硐室以及高陡边坡的出现,经验类比法就越来越不适用。根据经验进行开挖施工往往会造成各种岩体工程的失稳、坍塌或破坏,使采矿或其他地下作业无法进行,并可能导致严重的工程事故,造成人员伤亡和巨额财产损失。

三维地应力对采矿、水利和地下岩土工程的设计、施工和生产具有十分重要的意义,特别是在岩爆、岩溶涌突水的预测与防治方面更具有重要影响[6~8]。为了对各种岩土工程进行科学合理的开挖设计和施工,就必须对影响工程稳定性最重要、最根本的因素之一——地应力状态进行充分的调查,只有详细了解具体工程区域的地应力状态,才可能做出既经济又安全实用的工程设计[9~12]。对矿山设计来说,只有掌握了矿区的地应力变化规律,才能合理确定矿山总体布置,选择适当的采矿方法,确定巷道和采场的最佳走向、断面形状、断面尺寸、开挖步骤、支护方式、支护结构参数、支护时间等,从而在保证围岩稳定的前提下,最大限度地回收矿石资源,提高矿山经济效益。

因此,地应力测量在国内外矿山得到了广泛应用,如在瑞典的北部矿山,南非金矿,美国、俄罗斯和澳大利亚地下深部矿山等。我国山西中条山、云南会泽铅锌矿、大红山铁矿和羊拉铜矿、甘肃金川镍矿、贵州开阳磷矿等大型地下矿山都曾对矿山三维地应力场进行了成功测量,其科研成果对这些矿山的设计和安全生产起到了重要作用,产生了巨大经济效益[13~15]。

3.1.2 地应力测量在海底安全高效开采中的重要意义

山东黄金集团有限公司三山岛金矿是山东黄金集团主体矿山之一,2005 年进行资源整合,下设三山岛金矿直属矿区和新立矿区。新立矿区于 2005 年底建成投产,设计生产能力 1500t/d。目前主要生产中段有 -200m、-240m、-360m 和 -400m 四个中段。其中新立矿区地质储量大，紧邻渤海，且矿区主要可采矿体均赋存于海底下部岩体中。投产前期未对该矿区的地应力场分布规律展开专项研究，为避免采矿生产设计和施工的盲目性，防止恶性安全事故的发生，需对新立矿区目前已开拓部分进行系统的三维地应力场测量，进而为矿山海底开采安全技术研究提供基础数据。其研究的现实意义主要体现在以下几个方面：

（1）新立矿区的矿体大部分位于海底，矿体与海水间仅靠数米厚的隔水层隔离，高强度海底采矿与井下大量爆破条件下隔水层安全问题的研究必须在准确的地应力测量的基础上进行。

（2）新立矿区为保证海底开采安全，预留了约160m厚的护顶层，其中存在有数十米厚的矿体，含有黄金多达数十吨，这些资源若不开采，会严重降低企业经济效益，导致资源大量损失，而资源安全综合回收所涉及的护顶层安全厚度的确定也必须以真实的地应力场边界条件为依据。

（3）三山岛金矿生产能力从原来的3000t/d扩大至8000t/d（其中新立矿区6000t/d；三山岛直属矿区2000t/d），由此所要进行的强化采矿方法与技术研究也必须对地应力场的因素进行综合考虑，才可能提出真正高效、安全的采矿方法和技术，以大幅度提高采场生产能力，满足公司对矿区生产能力快速扩张的要求。

（4）由于采矿工程的复杂性和形状多样性，利用理论解析的方法进行工程稳定性的分析和计算几乎是不可能的。近20年来随着大型电子计算机的应用和各种数值分析方法的不断发展，使采矿工程成为一门可以进行定量设计计算和分析的工程科学，但所有的计算和分析都必须在已知地应力场的前提下进行，如果对工程区域的实际原始应力状态一无所知，那么任何计算和分析都将缺少真实的边界条件，导致计算结果偏离实际情况。重力作用和构造运动是引起地应力的主要原因，其中尤以水平方向的构造运动对地应力场的形成影响最大，当前的应力状态主要由最近一次的构造运动所控制，但也与历史上的构造运动有关。亿万年来，地球经历了无数次大大小小的构造运动，造成了地应力状态的复杂性和多变性。因此，要了解一个地区的地应力状态，唯一的方法就是进行现场地应力测量。

3.2 国内外地应力测量的研究现状

地应力是地质环境和地壳稳定性评价、地质工程设计和施工的重要基础资料之一，人类对地应力的认识已有百余年历史。自1912年瑞士地质学家海姆（A. Helm）在阿尔卑斯山大型越岭隧洞的施工过程中，通过观察和分析围岩的工作状态，首次提出地应力概念以来，地应力研究已在全世界范围内广泛展开，并不断取得新进展。

海姆假定地应力是一种静水应力状态，即地壳中任意一点的应力在各个方向上均相等，且等于单位面积上覆岩层的重量，即：

$$\sigma_{h} = \sigma_{v} = \gamma h \tag{3-1}$$

式中　σ_{h}——水平应力；

σ_{v}——垂直应力；

γ——上覆岩层容重；

h——深度。

20世纪30年代将其应用于鲍尔德水坝设计中。

1926 年，苏联学者金尼克（A. H. Gennik）修正了海姆的静水压力假设，认为地壳中各点的垂直应力等于上覆岩层的重量，而侧向应力（水平应力）是泊松效应的结果，其值应为 γh 乘以一个修正系数。他根据弹性力学理论，认为这个系数等于 $\mu/(1-\mu)$，即：

$$\sigma_v = \gamma h \qquad\qquad (3-2)$$

$$\sigma_h = \gamma h \frac{\mu}{1-\mu} \qquad\qquad (3-3)$$

式中　μ——上覆岩层的泊松比。

同期其他一些学者主要关心的也是如何用一些数学公式来定量地计算地应力的大小，并且也都认为地应力只与重力有关，即以垂直应力为主。他们的不同点只在于侧压系数的不同。然而，许多地质现象，如断裂、褶皱等均表明地壳中存在水平应力。早在 20 世纪 20 年代，我国地质学家李四光就指出："在构造应力的作用仅影响地壳上层一定厚度的情况下，水平应力分量的重要性远远超过垂直应力分量。"

20 世纪 50 年代，瑞典科学家哈斯特（N. Hast）博士发明了测试地应力的仪器和方法，并首先在斯堪的纳维亚半岛进行了地应力测量的工作，测得了岩石中的绝对地应力值及方向。哈斯特对大量实验数据进行分析，发现存在于地壳上部岩石中的地应力大多呈水平状或近水平状，且水平应力值高出垂直应力值，甚至高出几倍、十几倍。他的这一发现，从根本上动摇了持续了很长时间的地应力是重力引起的垂直应力的观点，而认为构造运动是形成地应力的一个重要因素。在此后的大约十年的时间里，许多地应力研究者用不同测量仪器在世界上不同地区进行了数万次实地测量，结果都表明在地壳岩体中普遍存在着水平方向的构造应力。同时，通过对比分析发现，构造应力的分布是不均匀的，也不是在各个地方都存在的。1975 年，盖伊（N. C. Gay）等人又建立了临界深度的概念：即自临界深度以下，水平应力不再大于垂直应力。随着实测资料的积累，现已知道临界深度值依地区而异：美国、南非约为 1000m，日本约 600m，德国中部及西部约为 400m，冰岛仅 200m 左右。由此而认为重力作用和构造运动是引起地应力的主要原因，其中尤以水平方向的构造运动对地应力的形成影响最大，当前的应力状态主要由最近一次的构造运动所控制，但也与历史上的构造运动有关。

3.2.1　影响地应力的主要因素

地壳深层岩体地应力分布复杂多变，造成这种现象的根本原因在于地应力的多来源性并受多种因素影响。

（1）岩体自重的影响。岩体应力的大小等于其上覆岩体自重，研究表明，在地球深部的岩体（如距地表千米以上的深度）的地应力分布基本一致，呈现出静水压力状态。

（2）构造运动对地应力的影响。在地壳深层岩体中，其地应力分布要复杂很多，此时由于构造运动和板块运动引起的地应力对地应力的大小起决定性的控制作用。研究表明，就岩体的应力状态而言，其垂直应力分量是由其上覆岩体自重产生的，而水平应力分量则主要由构造应力所控制，其大小比垂直应力要大得多。

（3）地形地貌和剥蚀作用对地应力的影响。地形地貌对地应力的影响是复杂的，剥蚀作用对地应力也有显著的影响。剥蚀前，岩体内存在一定数量的垂直应力和水平应力；剥蚀后，垂直应力降低较多，但有一部分来不及释放，仍保留一部分应力数量，而水平应力却释放很少，基本上保留为原来的应力数量，这就导致了岩体内部存在着比现有地层厚度所引起的自重应力还要大很多的应力数值。

（4）岩体的物理力学性质的影响。从能量的角度看，地应力其实是一个能量的积聚和释放的过程，因为岩石中地应力的大小必然受到岩石强度的限制。可以说，在相同的地质构造中，地应力的大小是岩性因素的函数，强度较大的岩体有利于地应力的积累，所以地震和岩爆容易发生在这些部位；低强度岩体、塑性岩体因容易破坏或变形，使部分应力得以释放，因而不利于应力的积累。

（5）水对地应力的影响。地下水对岩体地应力的大小具有显著的影响，岩体中包含有节理、裂隙等不连通层面，这些裂隙面里又往往含有水，地下水的存在使岩石孔隙中产生孔隙水压力，这些孔隙水压力与岩石骨架的应力共同组成岩体地应力。

（6）温度对地应力的影响。温度对地应力的影响主要体现在地温梯度和岩体局部受温度的影响两个方面。岩体的温度应力场为静压力场，可以与自重应力场进行代数叠加。此外，如果岩体局部寒热不均，就会产生收缩和膨胀，导致岩体内部产生应力。

综上所述，岩体中的地应力场是一个具有三维空间的复杂应力场，它的大小和分布规律受到多种因素的影响和控制。地应力测量的主要任务是测量出地应力量值和方向，目的是研究并确定地应力的活动规律、强度与分布、主应力方向、随深度变化特征等，用来解决采矿工程、地下建筑、工程地质、大地构造成因和其他一些领域内的岩石力学问题。此外，地应力测量在大型工程稳定性评价和工程合理设计施工，在地球动力学、地震预报、油气田工程、水电工程、地热开发、地质找矿、城市建设规划以及核废料处理等方面都得到广泛应用。目前，地应力测量方法有几十种，测量仪器达上百种，取得较多成果的国家主要有中国、日本、俄罗斯、美国、印度、加拿大、澳大利亚等。

3.2.2　地应力测量的基本原则

测量原始地应力就是确定存在于拟开挖岩体及其周围区域的未受扰动状态下的三维应力状态。这种测量通常是通过一点一点地量测来完成的。岩体中一点的三维应力状态可由选定坐标系中的六个分量（σ_x，σ_y，σ_z，τ_{xy}，τ_{yz}，τ_{zx}）来表示，如图 3-1 所示。这种坐标系是可以据需要和方便任意选择的，但一般取地球坐标系作为测量坐标系。通过应力分析，可由六个应力分量求得该点的三个主应力的大小和方向。在实际测量中，每一测点所涉及的岩石可能从几立方厘米到几千立方米，这取决于采用何种测试方法。但不管是几立方厘米还是几千立方米，对于整个岩体而言，仍可视为一点。虽然也有一些测定大范围岩体内的平均应力的方法，如超声波等地球物理方法，但这些方法很不准确，因而远没有"点"测量方法普及。由于地应力状态的复杂性和多变性，要比较准确地测定某一地区的地应力，就必须进行充足数量的"点"测量。在此基础上，才能借助数值分析和数理统计的方法，进一步描绘出该地区的较为全面的地应力场状态。

为了进行地应力测量，通常需要预先开挖一些硐

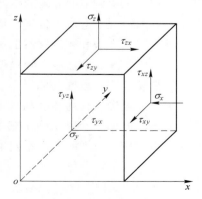

图 3-1　单元体三维应力状态图

室，以便人和设备进入测点。然而，只要硐室一开挖，硐室周围岩体中的应力状态就受到了扰动。有一类方法，如早期的扁千斤顶法等，就是在硐室表面进行应力测量，然后在计算原始应力状态时，再把硐室开挖引起的扰动作用考虑进去。由于在通常情况下，靠近硐室表面的岩体都会受到程度不同的破坏，使它们与未受扰动的岩体的物理力学性质大不相同，同时硐室开挖对原始应力场的扰动也是极其复杂的，不可能进行精确的分析和计算。所以这类方法得出的原岩应力状态往往是不准确的，甚至是完全错误的。为了克服这类方法的缺点，另一类方法是从硐室表面向岩体中打小孔，深度需超过开挖的应力扰动区，直至原岩应力区。地应力测量是在小孔中进行的。由于小孔对原岩应力状态的扰动是可以忽略不计的，这就保证了测量是在原岩应力区中进行，从而也保证了所测地应力反映的是未经扰动的原岩应力场。目前，普遍采用的应力解除法和水压致裂法均属此类方法。

　　由于地应力状态的复杂性和多变性，不但不同地区的地应力状态是大不相同的，即使在同一工程区域，相距数十米的两点的地应力状态也是完全不同的，要获得一个工程区域比较详细和准确的地应力资料，就必须进行充足数量的点测量。地应力测量一般来说是费钱费时的，为了使地应力测量能够在尽可能多的点进行，就必须力争降低每一点的测量成本，提高每一点的测量效率。如果测量结果大大高于实际应力值，那么工程设计将非常保守和笨拙，并增大开挖和支护成本，从而降低了工程经济效益；如果测量值大大低于实际应力值，则将导致危险的工程设计，并将由此引起灾难性的工程事故。测量结果的可靠性和准确性在很大程度上取决于测量仪器的精度，而高精度的测试仪器必然是复杂的和昂贵的。所以，必须在可接受的测量仪器精度和成本之间作出最佳的平衡选择。如果一种测量方法和仪器精度非常高，但由于成本昂贵，在一个工程区域只允许测一个、两个点，那么这种方法和仪器并不可取，由一个、两个点得到的地应力无法反映空间区域的地应力分布规律，因而也是无意义的，通常情况下，为获得可靠的地应力分布规律至少应测四个以上的测点。由于应力测量是在复杂的工程地质环境和岩石条件下进行的，其测量精度除受仪器本身的精度影响外，还受工程地质环境、岩石条件、测试人员的经验和技术等其他一些因素的影响，克服这些影响对提高地应力测量的精度和效率具有重要的意义。

3.2.3　地应力测量方法的分类

　　地应力测量无论在构造地质学、地震预报和地球动力学等学科的研究中，还是在矿山开采、地下工程和能源开发的生产实践中均有着广泛的应用，因而日益受到国内外学术界和工程界的重视。近半个世纪，特别是近 30 年来，随着地应力研究和测量工作的不断开展，各种测量方法和测量仪器也不断发展起来[16~19]。从国际地应力研究来看，目前已有二十几个国家开展了地应力测量工作，测量方法有十余类，数十种之多。我国的地应力测量工作是在李四光教授的倡导下于 20 世纪 60 年代初期开展起来的，目前已在地震、地质、冶金、煤炭、石油和水利等部门得到了广泛的应用。例如金川矿区的三维地应力测定，为该矿的地下巷道设计和施工提供了重要的科学依据，又如举世瞩目的三峡工程坝区的地应力测量，对坝区内一系列重大岩体工程的稳定性分析与处理，对电站枢纽布局方案的选择都发挥了重要作用。

　　对测量方法的分类并没有统一的标准，国际上有人根据测量手段的不同，将在实际测量中使用过的测量方法分为五大类，即构造法、变形法、电磁法、地震法、放射性法。也有人根据测量原理的不同分为应力恢复法、应变解除法、水压致裂法、声发射法、X射线法、重力法等。从仪器安装的形式又可分为钻孔法和非钻孔法。国内外大多数专家学者倾向于依据测量基本原理的不同，将测量方法分为直接法和间接法两大类。

直接测量法是由测量仪器直接测量和记录各种应力量，如补偿应力、恢复应力、平衡应力，并根据这些应力量与原岩应力的相互关系，通过计算获得原岩应力值。在计算过程中并不涉及不同物理量的相互换算，不需要知道岩石的物理力学性质和应力应变关系。扁千斤顶法、水压致裂法、刚性包体应力计法和声发射法是实际测量中较为常用的四种直接测量法。

间接测量法则是借助某些传感元件或某些媒介，测量和记录岩体中某些与应力有关的间接物理量的变化，如岩体中的变形或应变，岩体的密度、渗透性、吸水性、电磁、电阻、电容的变化，弹性波传播速度的变化等，然后由测得的间接物理量的变化，通过已知的公式计算出岩体中的应力值。因此，在间接测量法中，为了计算应力值，首先必须确定岩体的某些物理力学性质以及所测物理量与应力之间的相互关系等。套孔应力解除法和其他的应力或应变解除法，以及地球物理法等是间接法中较为常用的，其中套孔应力解除法是目前国内外普遍采用、技术发展最成熟、测量结果最准确，也是成本最高的一种地应力测量技术。

应力解除法又称套芯法，它是目前应用最广的一种应力测量方法。这一方法是在岩石中先钻一测量孔，将测量传感器安装在测孔中并观测读数，然后在测量孔外同心套钻钻取岩芯，使岩芯与围岩脱离。岩芯上的应力因被解除而产生弹性恢复。根据应力解除前后仪器所测得的差值，计算出应力值的大小和方向。应力解除法测量结果比较准确，而且有些方法采用一个钻孔就可获得三维应力。但是，在深部矿井，由于地应力高，钻孔变形严重，岩芯破裂，导致取芯困难，限制了测量深度与范围，测量成功率较低，测量结果的可信度受到影响。

20世纪60年代末，美国人费尔赫斯特和海姆森提出了用水压裂法测量地应力的理论。到80年代，该方法已在全世界范围内得到较为广泛的应用。该方法的突出优点是能够测量深部的地应力值，目前测得的最大深度已超过5000m，这是应力解除法所无法达到的，但从本质上讲，该方法只是一种二维应力测量方法，若要测一点的三维应力状态，则需要进行三个互不平行的钻孔的水压致裂测量。同时该方法在确定地应力的方向和大小时，还有许多假设，因此其测量结果的可靠性和准确性尚达不到应力解除法的水平。但是在许多实际工程条件下，应力解除测量将无法实施或者其成本将非常高，在此情况下，水压致裂法仍然是最佳的选择。一般来说，在工程前期，可以使用水压致裂法大致测出一个工程区域的地应力状态，而在工程施工过程中或施工结束后则使用应力解除法能比较准确地测定工程区域所需各点的地应力大小和方向。特别是对地下矿山，由于有一系列开拓和采准巷道、硐室可以利用，能够非常方便地接近地下所需测定应力的各点，所以使用应力解除法不但能够获得最准确、可靠的地应力数据，而且在经济上也是合理的。

水压致裂法对环境的要求比较宽松，能测量较深处的绝对应力状态，是最直接的测量方法，无需了解和测定岩石的弹性模量，测量应力的空间范围较大，受局部因素的影响较小，不需要套芯等复杂工序，成功率较高。这种方法在水利水电工程、金属矿山、隧道工程等方面已得到广泛应用。但是，水压致裂法主要用于地面深井测量，所用设备庞大，钻孔孔径大，钻孔工程量大，测量仪器昂贵，测试费用极高，只能适用于地面大型工程，无法用于井下地应力的快速测量。

3.2.4　世界各国地应力测量与研究的进展

近几十年来地应力测量获得了快速发展，无论在构造地质学、地震预报和地球运动学等学科的研究中，还是在矿山开采、地下工程和能源开发的生产实践中均有着广泛的应用，因而日益受到国内外学术界和工程界的重视。

目前已有三十几个国家开展了地应力测量工作，测量方法有十余类，测量仪器近百种。一些著名的研究单位都以自己研制的仪器进行着实地测量和研究，如瑞典岩石应力测量实验室（RSM），美国矿务局（USBM），美国卡内基研究所，南非科学和工业研究委员会（CSIR），前苏联矿山地质力学与矿山测量科学研究所，葡萄牙土木工程研究所（LNEC），日本气象厅等单位都进行了大量的地应力测量工作。

我国研究地应力起步比较晚，李四光在《地质力学概论》（1962）中提出应将地应力作为一个重要的研究方向，在此后土木工程的实践和应用中初见成效。近年来，地应力研究在理论上日臻完善，在技术和途径上趋于多样化，从而为某些土木工程的规划与选址、稳定与抗震设计以及灾害预测与治理等提供了越来越多的依据。

3.2.4.1　美国

美国是世界上最早进行地应力测量的国家之一。世界上首次运用应力解除法而进行的岩石应力测量是在美国完成的。美国的许多学者在地应力测量理论和技术的发展方面做出了重大贡献，研制出多种新的地应力测量仪器。美国矿业局研制出 USBM 孔径变形计因结构合理、使用方便，在世界范围内得到广泛的普及。20 世纪 60 年代末，费尔赫斯特和海姆森提出了水压致裂法，并在 70 年代末和 80 年代得到较广泛的普及。目前应力解除法已成为与套芯应力解除法并驾齐驱的两种最主要的地应力测量方法。此外，钢弦应力计、圆柱光弹应变计、微应变曲线分析仪、钻孔张裂测量法和非弹性恢复应变测量法等也是美国学者首先提出来的，并在实际测量中得到应用。

几十年来，美国在 200 多个矿山、水利水电、地下建筑、油气田、热能开发、核废料储存、地矿调查等工程开展了地应力测量工作，每一工程区域完成的最多测点数超过 29 个，获得了大量的地应力实测资料。在所有实测资料中有 70% 是由套孔应力解除法获得的，20% 是由水压致裂法获得的。根据实测资料，佐巴克等人绘制出了美国大陆的地壳应力。他们将美国境内地应力分为若干个应力区，每一区内的线性范围从 100km 到 2000km。在每一区内地应力的大小和方向都是比较均匀的，但不同地区之间出现应力突变现象。测量结果表明，美国西部地区为地质构造活动带，地应力状态比较复杂。在美国中部和东部地区，没有明显的地质构造活动。在大西洋沿岸和美洲大陆中部之间，地应力的方向发生显著的变化，东部地区为压性构造，而南部平原以西地区却以张性构造为主。佐巴克等人目前正在积极收集资料，准备描绘世界范围的地壳应力图。

3.2.4.2　南非

南非是开展地应力测量试验和研究最早最有成效的另一个国家。南非学者利曼（E. R. Leeman）及其所在的南非科学和工业研究委员会（CSIR）力学工程研究所岩石力学部为地应力测量理论和技术的发展完善做出了巨大的贡献。20 世纪 50 年代末 60 年代初，他们研制出 Mark 1 和 Mark 2 两种型号的孔径变形计，并将它们应用于矿山，以监测岩爆采场周围的应力状态。由于产金业一直是南非的支柱产业，南非的黄金矿山的采深已超过千米，地压现象十分突出，所以南非金矿部门十分重视地应力测量。南非地应力测量研究的发展始终是与采矿业紧密联系在一起的，这是南非地应力测量研究和发展的一个显著特点。60 年代中期，南非科学和工业研究委员会又研制出著名的 CSIR "门塞式"孔底应变计，并在 60 年代末和 70 年代在世界范围内得到了广泛的应用。1966 年，利曼根据弹性力学理论提出了一个无限体中的小孔在受到无限远处三维应力场作用情况下，通过测量孔壁应变计算三维应力场大小和方向的公式，并据此研制出著名的 CSIR 三轴孔壁应变计，为套孔应力解除法在全世界的推广发挥了重要作用。

3.2.4.3　澳大利亚

澳大利亚大陆开展地应力测量工作也较早，其首次地应力测量是 1957 年由亚历山大、沃罗特尼基在新南威尔士的雪山水电站采用扁千斤顶法进行的。从那时起，为配合采矿、地下建筑工程和地震研究已在全国进行了数百次的地应力测量。1963 年以后，钻孔应变计，如美国矿业局孔径变形计、CSIR "门塞式"孔底应变计和三轴孔壁应变计，得到普遍应用。澳大利亚联邦科学和工业研究组织资源开发研究所岩石力学部是澳大利亚从事地应力测量研究和应用的中心，该中心的沃罗特尼基和沃尔顿于 1976 年研制出 CSIRO 空心包体应变计，由于其许多独特的优点，目前已成为世界上最广泛采用的地应力测量仪器之一。此外，该中心以埃尼佛为首的一批人对水压致裂法的发展和完善也做了大量的工作。1990 年，布朗和温泽汇集了全国 300 多个测点的地应力数据，得出了澳洲大陆地应力分布的一些基本规律，其中包括垂直主应力、最大水平主应力、最小水平主应力随深度变化的规律，最大水平主应力与垂直主应力的比值，最小水平主应力与垂直主应力的比值以及平均水平主应力与垂直主应力的比值随深度变化的规律，以及各地最大水平主应力的方向图。测量结果表明澳洲大陆地应力模型与其他大陆或次大陆有所不同。在其他大陆，地应力是与作用在静岩板块边界上构造应力有关的，而澳洲大陆的地应力则与大陆岩层和克拉通化有关。整个大陆可由断层或主结构面为边界划分成若干个应力区，在每一应力区内，地应力状态将随地质构造而改变。从应力值来看，澳洲大陆的平均水平主应力比斯堪的纳维亚半岛、加拿大和前苏联要低一些，而比美国和南非要高一些。

3.2.4.4　瑞典

哈斯特在 1951 年研制出一种铝合金制成的利用磁场伸缩效应测定应力变化的钻孔应力计。他将这种应力计和套孔应力解除法结合起来，最先在瑞典中部的格兰耶斯贝里铁矿和瑞典北部的莱斯瓦尔铅矿进行了地应力测量，接着又在瑞典和斯堪的纳维亚半岛的另一个国家挪威以及南部非洲和欧洲其他地区进行了一系列的地应力测量工作。他的地应力测量主要是在矿山完成的，在每一矿山都在顶板、底板和侧壁围岩以及矿体中进行多点的测量，以了解围岩中的应力分布状态，为采场和巷道的地压控制和稳定性维护提供可靠依据。同时为了确定地壳上层的地应力状态，哈斯特也进行了一系列研究和测量工作，发现地壳浅层中水平应力的存在，且几乎所有测点的最大主应力均是水平方向的。他认为斯堪的纳维亚半岛的地应力形成与该地区长期的缓慢运动有关。哈斯特对地壳浅层地应力分布规律的研究，为大规模开展岩土工程地应力实测做出了重要贡献。

　　瑞典科学和工程界在哈斯特之后，始终坚持地应力测量的试验和研究工作。20 世纪 60 年代，瑞典国家电力局研制出二维孔底应变计，70 年代初又研制出适用于深钻孔的水下三维孔壁应变解除应力测量的仪器，测深可超过 500m。为了解决应变计导线电缆所造成的问题，VAMenN 有限公司于 90 年代初研制出无电缆遥控自动记录深孔钻孔应变计。80 年代初，多伊等人将水压致裂法和几种应力解除法相结合，完成了 STRIPA 试验矿山的地应力测量工作。这是世界上首次在同一深度同时进行水压致裂和应力解除试验。此后，律勒欧大学岩石力学小组研制出自己的野外水压致裂测量系统。根据从哈斯特时代所积累起来的瑞典、挪威和芬兰 100 多个测点 500 多次地应力测量的资料，斯蒂文森等人建立了芬诺斯堪的亚古陆的地应力数据库，并描绘出该地区地应力随深度的变化规律，在 500m 深的基岩地层中显示出较大的应力梯度特征。

3.2.4.5　葡萄牙

　　葡萄牙开展地应力测量的试验和研究也比较早，由罗恰领导的国家土木工程实验室是葡萄牙从事地应力测量及其研究的中心。早期他们主要采用扁千斤顶法，为了提高扁千斤顶的测量效果，他们对哈比和丁斯林的方法进行了改进。后来，南非的 CSIR "门塞式" 孔底应变测量法也在葡萄牙得到应用。20 世纪 60 年代中期，罗恰等人研制出一种实心包体应变计，它和三轴孔壁应变计一样，通过一个单孔的测量即可确定测点的三维应力状态。此种实心包体应变计在葡萄牙用了近十年之久。后来由于在使用过程中出现了问题，特别是在软岩和煤层中使用时，应变计和钻孔的胶结层中经常出现开裂，造成测量失败，最后停止使用这种实心包体应变计。由于罗恰等人在岩石力学和地应力测量研究方面所作的出色工作，第一届国际岩石力学大会和第一次国际地应力测量研讨会都分别于 1966 年和 1969 年在里斯本召开的。

3.2.4.6　前苏联

　　20 世纪 50 年代末，苏联学者在矿山开采中发现，某一深度的应力大小与上覆岩层的重量不符。在矿山地下工程施工和地质钻探中，经常遇到很高的矿山压力，在离地表不太深的情况下，有时也会发生岩爆现象。譬如，科拉半岛的某地下矿山在深度 100 ~ 150m 的巷道掘进中，却发生了岩爆现象，表明了高应力的存在。为了弄清应力的分布情况，在矿山进行了应力测量。苏联的第一批地应力测量资料正是在该矿中获得的。1959 年，几加卢什等人在顿巴斯煤田 600 ~ 900m 深的矿井中用套孔应力解除法进行了原岩应力测量。60 年代初，苏联黑色冶金工业部矿业研究所比比弗洛赫采用全应力解除法和半应力解除法在乌拉尔矿区进行了地应力测量。测量发现，在离地表不太深的地方也存在着较大的水平应力。岩爆的发生正是相当大的水平挤压引起的结果。在矿山所获得的地应力测量资料中，绝大多数是由孔底应力解除法获得的。为了进行大地构造和地球动力学的研究等，前苏联学者还广泛采用了地球物理方法，如弹性波法、超声波法、地震法等。这些方法成本低，能大范围地探测地壳深部乃至上地幔的应力状态，但不能用来准确测定一个小的工程区域的地应力分布情况，因此对矿山等工程是不适用的。

　　1973 年，苏联科学院地球物理所出版了《地壳应力状态》一书，汇集了当时苏联矿山和水电工程地区的大量地应力实测资料。测量结果表明，苏联各地的主应力方向是不一致的，主应力轴与构造带走向的相互关系也是不同的。在一些地区，如高加索、伏尔加等，最大主应力的方向垂直于构造带的走向。而在另一些地区如贝加尔湖，则几乎平行于构造带的走向。根据地应力测量资料和地震震源机制分析,地球物理学家格佐夫斯基编制了全苏构造应力场。

3.2.4.7 英国

英国的地应力测量和研究始于 20 世纪 50 年代。当时的研究和试验工作主要集中在几所大学,如帝国理工学院、纽卡索大学等,采用的主要方法是扁千斤顶法和应力解除法,在应力解除法中使用的主要仪器是刚性圆柱应力计。波茨和威尔逊研制的应力计在当时是很著名的。70 年代以后,在应力解除法中普遍采用了 USBM 孔径变形计和 CSIRO 空心包体应变计。70 年代后期,水压致裂法也被一些部门采用。派因等人在卡恩梅内斯花岗岩中同时使用 USBM 孔径变形计、CSIRO 空心包体应变计以及水压致裂法进行应力测量,其中应力解除法在 790m 深的水巷中进行,而水压致裂的测量深度达到 2000m,几种不同方法所获得的结果显示了较好的一致性。赫德森等人根据国家已有的地应力实测资料,对英国的地应力分布规律得出了如下的初步结论:最大主应力和最小主应力位于水平方向,中间主应力位于垂直方向,最大主应力的方向大约为 NW – SE。

3.2.4.8 加拿大

加拿大也是开展地应力测量较早的国家之一。早在 20 世纪 50 年代,梅(A. N. May)等人就研制出刚性圆柱应力计,并采用应力解除法在煤矿和铁矿中进行了地应力测量。60 年代以后,在应力解除法中主要使用 USBM 孔径变形计、CSIR 三轴孔壁应变计、CSIRO 空心包体应变计,并在一系列矿山和地下工程坑道中进行了大量地应力测量。70 年代以后,测量工作者也采用水压致裂法在地下水电站和科学研究的钻孔中进行地应力测。测量主要在安大略、马尼托巴和魁北克等省进行,大多数测点位于加拿大地壳之上和以南的构造区内,其中包括由太古代和元古代的火山岩、变质沉积岩以及花岗岩组成的岩系。赫格特根据全国的实测资料,分析了加拿大地壳上的地应力分布规律,结果表明在加拿大的浅层地壳中存在着相当大的水平应力,在 0 ~ 800m 的深度范围内,平均水平主应力随深度的增长梯度为 0.0581MPa/m,而超过 800m 后,应力增长梯度急剧减小,变为 0.0111MPa/m。根据他的公式计算,超过 1450m 深度后,平均水平主应力将小于垂直主应力。

3.2.4.9 中国

从 20 世纪 60 年代后期开始,中国科学院武汉岩土力学研究所,长沙矿冶研究所,地质研究所,地质矿产部地质力学研究所、地震地质大队等单位,使用自行研制的压磁式钻孔应力计,"门塞式"孔底应变计、孔径变形计、利曼三轴孔壁应变计等测试仪器在地震研究和矿山钻孔中进行了一系列的应力解除测量试验,其中使用最多的是压磁式应力计。70 年代中期以后,地应力测量在水利水电部门也得到广泛开展,水电部长江科学院、中南勘测设计院、华东勘测设计院、东北勘测设计院、西北勘测设计院、成都勘测设计院、昆明勘测设计院等都建立了自己的地应力测量队伍。普遍使用的仪器和方法为三轴孔壁应变计、空心包体应变计和水压致裂法。空心包体应变计于 80 年代以后进入我国,中南工业大学、地质力学研究所、长沙矿冶研究所、长江科学院等单位都制出了自己的空心包体应变计,并在现场测量中得到应用。自空心包体应变计得到较广泛应用后,压磁式应力计被逐步淘汰,因为从原理上讲,压磁式应力计较适合于监测应力变化,而不太适合于应力解除法测量绝对原岩应力。水压致裂法于 80 年代初由地壳应力所从美国引入我国,首次水压致裂应力测量试验于 1980 年 10 月在河北易县进行,以后又在华北、西南等地进行了多次的现场实测。

我国的地应力测量广泛分布在地震研究、水利水电、采矿、油田、铁道、公路、土木建筑等工程领域,但 90% 以上的测量是在前三个领域完成的。从事地应力测量试验和研究的除上述工程领域的科研院所外,还包括许多大专院校,如中南大学、同济大学、天津大学、北京科技大学、中国矿业大学、重庆建筑工程学院、武汉工业大学等,目前,中南大学地应力科研组仍活跃在全国各大矿山,取得了一系列测试成果。为地震研究目的而进行的地应力测量遍布全国各地,测点近百个。在大型水利水电工程中,如龙羊峡、青铜峡、李家峡、龙滩、三峡、鲁布革、拉西瓦、天生桥、大厂坝、小湾等水电坝址以及趋家口水库、团山水库都进行了较详细的地应力测量工作。矿山进行的地应力测量涉及有色金属、黑色金属、化工、建材、煤矿、盐矿等各种类型的矿山。丰富的地应力实测资料不仅为上述工程设计提供了可靠的依据,而且对中国大陆浅层地壳应力的分布规律有了初步的认识。测量结果表明,中国大陆地应力状态有下列明显的分区特点:华北地区以太行山为界,东西两个区域有较大差别:太行山以东的华北平原及其周边地区,其最大主应力的方向为近东西向,而太行山以西最大主应力方向则为近南北向;秦岭构造带以南的华南地区,最大主应力的方向为北西西至北西向;东北地区主压应力方向以北东东向为主;西部地区测得的最大主应力以北北东向为主,个别为近南北向。在滇西南北构造带上,小江断裂带最大主应力的方向为近东西向,从此断裂带向西,包括澜沧江断裂以北、鲜水河断裂以南地区,最大主应力的方向逐渐转为北西向或北北西向。地应力值的大小在我国东西部地区也是不同的,一般西部地区的地应力值大于东部地区。

3.3 矿区地应力测点的选择

3.3.1 地应力测点选择的基本原则

原岩地应力场的测量一般要遵循以下几个原则:

(1) 较好的岩体的质量。测点周围岩体力求均质完整,钻孔定位于该类岩石中,以保证取芯的完整性及地应力测量结果的可信度。

(2) 靠近研究对象。对矿山而言,矿体通常是研究对象,因此测点要布置在矿体内或其周边区域。测点应尽量靠近设计巷道,根据采区地质构造资料,测点对于设计巷道所处地应力场应具有代表性。

(3) 避开附近正在施工的巷硐工程,避开应力畸变区、不稳定区及干扰源,保证原岩应力的真实性。

(4) 避免断层对测量值的影响。实测结果表明,在大断层附近,不但水平应力值偏低,而且还可能干扰主应力的方向。因此,测点要布置在尽量远离断层和破碎带的区域内。

(5) 考虑测试条件。例如是否具备水、电等条件,是否与正常生产、施工相冲突,是否具备测试必要的空间(钻机支撑空间,布置仪器设备的空间等)。

(6) 钻孔至少有 3°~5° 的仰角,以便排水。

3.3.2 地应力测点的确定

在工程地质调查的基础上,结合现场施工条件,确定在新立矿区 −165m、−240m 和

-400m 三个中段选择 6 个测点对矿区的地应力场的变化及分布规律进行测试研究,其中以主要开采中段 -240 中段作为研究重点,布置了 3 个测点,在较深的 -400m 中段布置了 2 个测点,浅部的 -165 中段布置 1 个测点。6 个测点均布置在新鲜的岩体和矿体中。测点的选择基本上避开了巷道和采场的弯、岔、拐等应力集中区以及断层、岩石破碎带、断裂发育带,同时尽量远离大的采空区和硐室。测点的布置情况及测点位置的岩性见表 3-1。

表 3-1　测点布置情况及所在位置的岩性

钻孔编号	所在矿段	测点具体位置	岩　性
-165m-1	-165m 中段	55 线下盘溜井巷道	钾化花岗岩裂隙发育
-400m-2	-400m 中段	55 线下盘溜井调车场头附件	钾化花岗岩裂隙发育
-400m-3	-400m 中段	95 线以西,33 号穿脉中刚见矿处	矿石完整性好
-240m-4	-240m 中段	47 线—55 线间的 7 号穿脉中刚见矿处	矿石较完整
-240m-5	-240m 中段	21 线—23 线间的 4 号穿脉中	矿石较完整
-240m-6	-240m 中段	79 线附近的 21 号穿脉巷道中	矿石完整性好

测量结束后,每个测点的钻孔孔口中心点的空间几何坐标列于表 3-2 中 (测点坐标采用大地地理坐标系),空间坐标及钻孔方位角等参数由三山岛金矿新立矿区生产车间下属的专业测量队实测提供,钻孔参数列于表 3-2。

表 3-2　新立矿区地应力测点坐标及相关参数

钻孔编号	钻孔仰角/(°)	钻孔方位角/(°)	钻孔孔口中心点坐标		
			X	Y	Z
-165m-1	6	285	40533.639	94478.780	165
-400m-2	5	88	40399.550	94521.310	400
-400m-3	2	147	40202.270	94007.900	400
-240m-4	6	317	40489.115	94599.208	240
-240m-5	6	268	40600.971	94879.519	240
-240m-6	7.5	24	40358.086	94221.421	240

将 6 个测点的坐标水平投影到同一水平布置图中,6 个测点的相对位置如图 3-2 所示。

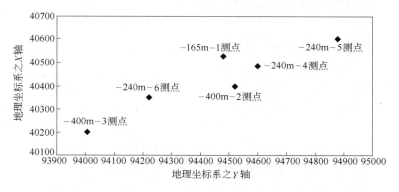

图 3-2　测点位置水平布置图

3.4 地应力测量过程

3.4.1 测量原理及方法

利用瑞典 LUT 地应力测定仪测定岩体应力的方法，实质就是孔壁应变解除法。其基本原理是假定孔壁围岩的变形是线弹性变形，并且加载与卸载曲线重合。从钻孔围岩中次生应力与原岩应力的关系和孔壁应变与钻孔围岩次生应力的关系，导出孔壁应变与岩体应力的关系。因此，如果测出孔壁弹性应变，则可根据应力应变关系和实测的岩石弹性常数求解岩体应力。

其方法是打钻孔深入到岩体中，并在孔壁粘贴足够的应变片，再将这些应变片的初始应变调零，然后套孔解除钻孔围岩应力，使岩芯的变形发生弹性恢复，并测出岩芯管的弹性恢复应变，根据这些弹性恢复应变和岩石弹性常数，计算岩体应力。它是基于弹性力学理论，先通过测量粘贴在岩体小孔壁上 12 个应变片中的弹性恢复应变来计算该点的六个原岩应力分量，再由这六个应力分量计算原岩中的主应力。由于柱坐标系中的应力分量 σ_r、σ_θ、σ_z、$\tau_{r\theta}$、$\tau_{\theta z}$、τ_{zr} 与笛卡儿坐标系中的应力分量具有以下关系：

$$
\begin{aligned}
\sigma_r &= \frac{\sigma_x + \sigma_y}{2}\Big[1 - \Big(\frac{a}{r}\Big)^2\Big] + \frac{\sigma_x - \sigma_y}{2}\Big[\Big(1 + 4\Big(\frac{a}{r}\Big)^2 + 3\Big(\frac{a}{r}\Big)^4\Big)\Big]\cos2\theta + \\
&\quad \tau_{xy}\Big[1 - 4\Big(\frac{a}{r}\Big)^2 + 3\Big(\frac{a}{r}\Big)^4\Big]\sin2\theta \\
\sigma_\theta &= \frac{\sigma_x + \sigma_y}{2}\Big[1 + \Big(\frac{a}{r}\Big)^2\Big] + \frac{\sigma_x - \sigma_y}{2}\Big[1 + 3\Big(\frac{a}{r}\Big)^4\Big]\cos2\theta - \tau_{xy}\Big[1 + 3\Big(\frac{a}{r}\Big)^4\Big]\sin2\theta \\
\tau_{r\theta} &= \frac{\sigma_x - \sigma_y}{2}\Big[1 + 2\Big(\frac{a}{r}\Big)^2 - 3\Big(\frac{a}{r}\Big)^4\Big]\sin2\theta + \tau_{xy}\Big[1 + 2\Big(\frac{a}{r}\Big)^2 - 3\Big(\frac{a}{r}\Big)^4\Big]\sin2\theta \\
\tau_{z'} &= -\mu\Big[2(\sigma_x - \sigma_y)\Big(\frac{a}{r}\Big)^2\cos2\theta + 4\tau_{xy}\Big(\frac{a}{r}\Big)^2\sin2\theta\Big] + \sigma_z \\
\tau_{\theta z'} &= (-\tau_{zx}\sin\theta + \tau_{yz}\cos\theta)\Big[1 + \Big(\frac{a}{r}\Big)^2\Big] \\
\tau_{rz'} &= (\tau_{zx}\cos\theta + \tau_{yz}\sin\theta)\Big[1 - \Big(\frac{a}{r}\Big)^2\Big]
\end{aligned}
\right\}
\tag{3-4}
$$

式中　r, θ, z'——柱坐标系；

　　　x, y, z——笛卡儿直角坐标系；

　　　a——钻孔半径；

　　　r——计算点到钻孔中心的距离；

　　　θ——计算点幅角；

　　　μ——泊松比。

由于在孔壁处，即 $r = a$ 时，上式变为：

$$
\left.
\begin{aligned}
\sigma_r &= \tau_{r\theta} = \tau_{rz'} = 0 \\
\sigma_\theta &= (\sigma_x + \sigma_y) - 2(\sigma_x - \sigma_y)\cos2\theta - \tau_{xy}\sin2\theta \\
\sigma_{z'} &= -\mu[2(\sigma_x - \sigma_y)\cos2\theta + 4\tau_{xy}\sin2\theta] + \sigma_z \\
\sigma_{\theta z'} &= 2\tau_{yz}\cos\theta - 2\tau_{zx}\sin\theta
\end{aligned}
\right\}
\tag{3-5}
$$

从式（3-5）可以看出，方程右边包含直角坐标系中6个未知的应力分量。方程左侧则可以通过应变解除法实测得到。但由三个方程无法确定6个未知应力。因此，测量应变时，每点应测定足够的应变（大于或等于6个），方能确定直角坐标下的六个应力分量。

瑞典律勒欧大学LUT岩石三轴应变地应力测量仪的探头装有3个应变片活塞，每个活塞表面粘贴有4个应变片，组成一个应变花，故一次能测出12个应变值。

三个应变花沿 Z 轴成 $270°$、$30°$ 和 $150°$ 分布（α 角），每个活塞上的四个应变花与 Z 轴夹角（β）分别为 $90°$、$45°$、$0°$ 和 $135°$，在这种布置方式下，孔壁应变与岩体应力的关系为：

$$\left.\begin{aligned}
\varepsilon_1 &= a_1\sigma_y + a_2\sigma_z + a_3\sigma_x \\
\varepsilon_2 &= a_5\sigma_y + a_6\sigma_z + a_7\sigma_x - 4a_8\tau_{yz} \\
\varepsilon_3 &= a_2\sigma_y + a_4\sigma_z + a_2\sigma_x \\
\varepsilon_4 &= a_5\sigma_y + a_6\sigma_z + a_7\sigma_x + 4a_8\tau_{yz} \\
\varepsilon_5 &= \frac{1}{4}(a_1 + 3a_3)\sigma_y + a_2\sigma_z + \frac{1}{4}(3a_1 + a_3)\sigma_x + \frac{\sqrt{3}}{2}(a_3 - a_1)\tau_{xy} \\
\varepsilon_6 &= \frac{1}{4}(a_5 + 3a_7)\sigma_y + a_6\sigma_z + \frac{1}{4}(3a_5 + a_7)\sigma_x + \frac{\sqrt{3}}{2}(a_7 - a_5)\tau_{xy} + 2a_8\tau_{yz} - 2\sqrt{3}a_8\tau_{zx} \\
\varepsilon_7 &= a_2\sigma_y + a_4\sigma_z + a_2\sigma_x \\
\varepsilon_8 &= \frac{1}{4}(a_5 + a_7)\sigma_y + a_6\sigma_z + \frac{1}{4}(3a_5 + a_7)\sigma_x + \frac{\sqrt{3}}{2}(a_7 - a_5)\tau_{xy} - 2a_8\tau_{yz} + 2\sqrt{3}a_8\tau_{zx} \\
\varepsilon_9 &= \frac{1}{4}(a_1 + 3a_3)\sigma_y + a_2\sigma_z + \frac{1}{4}(3a_1 + a_3)\sigma_x + \frac{\sqrt{3}}{2}(a_1 - a_7)\tau_{xy} \\
\varepsilon_{10} &= \frac{1}{4}(a_5 + 3a_7)\sigma_y + a_6\sigma_z + \frac{1}{4}(3a_5 + a_7)\sigma_x + \frac{\sqrt{3}}{2}(a_5 - a_7)\tau_{xy} + 2a_8\tau_{yz} + 2\sqrt{3}a_8\tau_{zx} \\
\varepsilon_{11} &= a_2\sigma_y + a_4\sigma_z + a_2\sigma_x \\
\varepsilon_{12} &= \frac{1}{4}(a_5 + 3a_7)\sigma_y + a_6\sigma_z + \frac{1}{4}(3a_5 + a_7)\sigma_x + \frac{\sqrt{3}}{2}(a_5 - a_7)\tau_{xy} - 2a_8\tau_{yz} - 2\sqrt{3}a_8\tau_{zx}
\end{aligned}\right\}$$

$$(3-6)$$

式中8个常数 a_1，a_2，a_3，…，a_8 由下式给出：

$$\left.\begin{aligned}
a_1 &= (3 - 2\mu^2)/E & a_2 &= -\mu/E \\
a_3 &= (1 - 2\mu^2)/E & a_4 &= 1/E \\
a_5 &= (1 - \mu)(3 + 2\mu)/2E & a_6 &= (1 - \mu)/2E \\
a_7 &= (1 - \mu)(1 + 2\mu)/2E & a_8 &= (1 + \mu)/2E
\end{aligned}\right\}$$

$$(3-7)$$

可看出（3-6）式中 ε_3、ε_7 和 ε_{11} 是相同的，独立的方程只有10个，利用10个孔壁应变值求解6个应力分量，产生了多余的方程，故可用最小二乘法的多元回归求解岩体应力分量的最优值。式（3-7）中的弹性模量 E 和泊松比 μ 值可利用双轴试验装置现场测取。

3.4.2　地应力测量主要设备

所采用的三维地应力测量主要设备是采用瑞典律勒欧大学专利技术并由德国生产的高精度地应力测量仪——UPM40 岩石三轴应变地应力测定仪（图 3 - 3）。

该仪器是国内唯一一台从瑞典引进的高精度地应力测量系统，它具有 20 个通道，可同步自动记录和打印 20 个测点的解除应变值。

可选择桥路：1/4 桥、半桥或全桥。

温漂小于 $3\mu\varepsilon/℃$，由于其特殊的补偿电路设计，即使选择 1/4 桥路连接时，使用 200m 以内电缆连接时，仍能保证误差很小。

仪器还带有一个应变计自动定位检测装置，确保每个应变计精确安装到位。

图 3 - 3　UPM40 岩石三轴地应力测定仪

基于以下四大核心技术的支撑，该仪器与国内同类测试仪器相比较，在测试精度、准确性和效率上具有明显的优越性：

（1）精确的探头自动定位系统。LUT 三轴应变计探头上装有 12 个应变计，在岩体内部的空间上严格按规定的角度排列，其安装角度的准确度直接影响到所测原岩主应力的方向，而这一参数是开拓与开采方法设计中最重要参数之一。

（2）数据的智能采集系统。该系统可自动识别并排除采集到的可疑数据，从而确保原岩地应力场中最大主应力的可靠性与精确性，比国内其他单位自制仪器的更先进。

（3）独特的温度补偿系统。温度变化对应变数据具有重要影响，改进的系统采用独特的补偿电路，可以有效地消除环境温度对测量精度的影响，应变片黏结剂直接从德国进口，除具有快速黏结特性外，还具有与岩石同时变形的特点，从而保证了原始数据的准确性。

（4）应变计的粘贴采用独创的瞬间同时弹射、快速固化技术。使测试系统在几分钟之内即进入正常的测试状态，而国产的同类仪器则需要 24h 以上，因而极大地提高了测试的效率，使在短时间内完成对矿区原岩应力规律的测量研究成为可能。

3.4.3　现场测量

3.4.3.1　现场测量前的准备工作

A　人员培训

由于套孔应力解除法对成孔技术要求很高，不但要求大小孔同心、平直，而且对装探头的小孔有严格的尺寸要求。因此，对相关司钻人员进行二次技术培训，并且在试钻过程中，对全体钻孔人员进行一次全面地讲解和操作训练，从而保证了造孔的质量。

B　钻机选择

要求钻机振动小，钻进平稳。最好是液压钻机，如果没有液压钻机，也可用立柱式坑

道钻机。本次测量采用的是黄金矿山常用的
青岛产 46210 型水平液压钻机（图 3-4）。

C　配套钻具的加工

大孔钻具由金刚石环形孕镶钻头、扩孔
器、岩芯管（内径 81mm，外径 89mm 的国
标无缝钢管，长 2m 以上）和异径接头组成。
环形钻头外径 91mm，内径 68mm，扩孔器外
径 91.5mm，大钻孔直径 92mm 左右，配外
径 91~92mm 稳杆器。大孔孔底磨平钻头直
径 91mm。

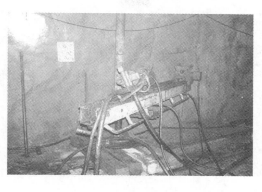

图 3-4　46210 型液压水平坑道钻机

小孔钻具由金刚石环孕镶形钻头、扩孔
器、岩芯管（内径 29mm，外径 35mm 的无缝钢管，长 45cm）和异径接头组成（图 3-
5）。钻头外径 37.5mm，内径 24mm，扩孔器外径 38mm，钻孔直径 38.2~38.5mm（因岩
石而异）。

图 3-5　小孔钻具

解套钻具为环形金刚石钻头，外径 91mm，内径 74.5mm。

钻头加工：根据岩石物理机械性质，选取与之相适应的胎体，才能获得良好的技术指
标。因此，加工钻头前，最好了解一下现场使用的金刚石钻头的技术参数或者了解现场岩
石情况，告知加工人员。本次测量中，课题组对矿区岩石性质做了先期调研，通过对新立
矿区的调研对矿区岩石强度、弹性常数、研磨性等物理力学性质有了一个基本了解，这对
制造合适的钻具提供了可靠的依据。

图 3-6 由左至右分别为大金刚石钻头、小孔金刚石钻头及磨平钻具，图 3-7 所示为
委托加工的各类钻具。三套钻具分别为：（1）大孔钻具。钻杆、异径接头、大孔岩芯管、
大孔钻头。（2）磨平钻具。钻杆、异径接头、大孔岩芯管、磨平钻头。（3）小孔钻具。

图 3-6　大、小孔金刚石钻头及磨平钻具

图 3-7　各类钻具

开孔时，为避免钻头摆动，先开孔 2cm；开孔后，取下钻头，另接小孔岩芯管，再接小孔钻头，继续打小孔。钻杆可取 43 钻杆，直径大振动小。钻杆上始终套上导正器（橡胶筒），减小振动。

3.4.3.2　现场测点选择

在正式测试之前，要根据地应力测量选点基本原则，并结合大构造和工程需要确定测点个数和位置。测点处最好保证岩石完整性好、岩性单一、非泥质岩。但新立矿区某些矿段的巷道岩体节理裂隙发育，岩石极为破碎，很难找到完整性好、岩性均一的岩体，只能从巷道出露处选择岩体外观较好的位置，其内部岩石完整情况不得而知，这也为下一步正式测量增加了难度。另外还要考虑测点应选在钻机、仪器易于搬运、靠近风、水管路，有足够工作空间，不受井下运输和其他作业的影响和干扰、通风良好的区段。

3.4.3.3　钻具试验

在第一个孔测定前，按测定要求打大孔、孔底磨平、打小孔。钻孔仰角 3°~10°，小孔深度 35cm，要求钻孔平直、光滑、大小孔同心度好。在达到规定的技术精度和孔深后，再作正式测量。为了保证钻孔质量，由企业单位挑选经验丰富的钻工和技术人员作业。需要注意的是，当大孔打到一定程度时，即当大岩芯管完全进入大孔一定长度后，钻杆套上多个导正器，以保证大孔的平直、光滑和精度。小孔开口时将小钻头直接接到异径接头上，开孔 2cm 再换接小岩芯管。

3.4.3.4　解除应变测量

A　确定应变片粘贴最佳位置

通过检查小孔岩芯，确定能否测定，并确定应变花粘贴位置。应变花位置应定在小孔岩芯的完整段，避开微裂隙和岩石交界面。因此，打小孔的岩芯要妥善保留，按断口拼接好，并用胶布缠结，然后根据应变计探头上应变花至探头尾部尺寸加上小孔孔口栓塞所需长度和岩芯完整程度确定应变片最佳粘贴位置。图 3-8 所示为 1 号钻孔中的一段小孔岩芯。

图 3-8　小孔岩芯

B 尺寸计算

清洗导向孔及安装探头时，尺寸计算如下（图3-9）：

（1）大孔深度 $L_大$：

$$L_大 = 102n + 3 - L_外$$

式中 $L_外$——最后一根安装杆外露长度（含尾部接头）；

n——安装杆根数。

（2）应变片粘贴位置 L：

$$L = L_外 + L_大 + L_应$$

式中 $L_应$——应变片在小孔中的深度，最佳值为20cm，实际中可取17~22cm。

（3）安装探头时安装杆长度计算：

$$L_安 = L_大 - 81 + L_应$$

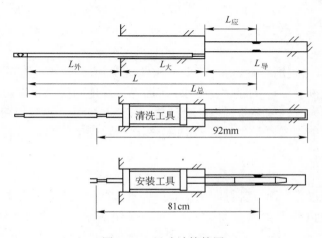

图3-9 尺寸计算简图

C 清洗导向孔

确定应变计位置后，将导向孔钻具再次插入钻孔，打开水冲洗孔，直至出清水为止，目的是冲洗出钻孔中的岩屑和岩粉。

（1）确定清洗导向孔时安装杆伸缩范围：

$$L_大 - 92 + L_导 \longrightarrow L_大 - 92 + L_应 \longrightarrow L_大 - 92$$

小孔底 $\longleftarrow$ 测点:重点 $\longleftarrow$ 孔口

（2）用胶布在安装杆上标记安装杆伸缩范围及应变计位置。

（3）检查压缩空气质量，直至不出现雾气。

（4）将丙酮装入清洗工具，接上安装杆和压缩空气管，送入钻孔底部，再打开压缩空气阀门，同时来回拖动清洗工具，按预定范围进行清洗，在测点处反复拖动几次，对钻孔进行进一步清洗，彻底清除小钻孔中的油污和水分。

D 试安装并检查清洗情况

试安装即将应变计探头安上安装工具，并且按照 $L_安$ 在安装工具处绑木片固定孔口位置，以便准确送达预定位置。先不涂黏结剂，插入导向孔，通过检查探头导向套上的干净程度，确定是否清洗干净，如果导向套上还有泥污，说明没有清洗干净，再进行第二次清洗。注意接探头后还要用胶布将探头与安装工具绑扎在一起，以免探头脱落，留在小孔内。如果大小钻孔不同心，则探头可能插不进小孔，或达不到预定位置。

E　安装探头

（1）将棉签蘸去污剂清洗探头，特别是应变花活塞。接上压缩空气管和记录仪，然后调制黏结剂，用棉签将黏结剂涂在应变花活塞上。

（2）将探头上的红线转到上方，在 2min 之内将探头送至应变花安装位置，反时针拧动安装杆，直至数据记录仪第二次亮红灯短亮状态（这时探头上的红线正好在上方，12个应变片的空间方向准确）。

（3）打开压缩空气阀门，将油水分离器压力表调压至 0.45MPa。

（4）数据记录仪间隔打印数据，数据经上升、下降至稳定，说明黏结剂已固结。

（5）拔出安装工具，用导向孔栓塞堵塞导向孔，以免解套时水侵入导向孔。

（6）撕下数据纸，数据记录仪调零。

F　套孔解除

将套孔钻具送入钻孔，进行等速解除。解除孔深 40cm，打至解除深度后，停钻、停水（如果岩芯中途断裂，马上停钻，停水），将岩芯（连同探头）取出，如果断裂在应变计附近，此次试验失败，如果断裂在应变计前方接近导向套，再看应变花是否仍然黏结牢固（如果进水，可能引起黏结失效），如果断裂在预定深度，当然很好，如果到预定深度还不断，则需取出岩芯管。

G　测量解除应变

接上数据记录仪，每两分钟打印一次数据，直至数据稳定。如果解除出的岩芯管温度高于空气温度，可以等到温度下降再接数据记录仪测定。测定时不能再动数据记录仪（以免丢失数据），定时打印，观察数据变化，数据稳定后打印最终读数。检查记录数据，观察其变化规律，判定各应变片的应变值的可靠性。保存好数据，用以计算原岩应力。图3-10 所示为部分测点所取出的岩芯管（内装有 LUT 探头）。

图 3-10　装有 LUT 探头的岩芯管

3.4.3.5　岩芯筒弹性参数测定与计算

A　双轴试验原理与步骤

（1）在双轴腔内装上耐油聚乙烯套，倒入液压油，将解出的岩芯管插入双轴腔，使应变花居中；

（2）用手摇泵进行分级加压（按1MPa、2MPa、4MPa、6MPa、……级序）和分级卸压的循环加卸载试验，用数据记录仪打印应变值。

（3）做围压 – 应变曲线。

（4）用卸载曲线或测定应变计算弹性参数。应变计算弹性参数，采用式（3 – 8）计算。分别用各级压力下的三个环向和纵向应变值计算出三组弹性参数，每组取平均值，然后三组再取平均值。

$$\left.\begin{array}{l} E = \dfrac{p}{\varepsilon_\theta} \cdot \dfrac{2}{1 - \left(\dfrac{D_i}{D_y}\right)^2} \\[4ex] \mu = \dfrac{\varepsilon_l}{\varepsilon_\theta} \end{array}\right\} \qquad (3 - 8)$$

式中 p——围压，MPa；

ε_θ，ε_l——环向和纵向应变，‰；

D_i，D_y——筒状岩芯内外直径，mm。

B   双轴试验弹性常数计算结果及加卸载围压 – 应变全过程曲线

图3 – 11所示为1号测点的围压 – 应变加卸载全过程曲线，弹性常数采用相应测段卸载时的数据进行计算，结果见表3 – 3。

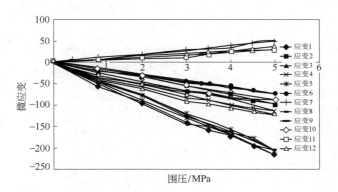

图3 – 11   – 165m – 1 – 1 围压 – 应变加卸载全过程曲线

表3 – 3   – 165m – 1 – 1 弹性常数数据结果

卸载围压 p /MPa	应变花 I		应变花 II		应变花 III	
	ε_3	ε_1	ε_7	ε_5	ε_{11}	ε_9
5	38	– 216	50	– 208	29	– 205
4.5	32	– 195	46	– 178	28	– 192
4	27	– 171	34	– 165	26	– 168
3.5	24	– 159	31	– 151	18	– 151
3	16	– 141	29	– 131	10	– 144
2	11	– 94	17	– 88	8	– 97

卸载围压 p /MPa	应变花 I		应变花 II		应变花 III	
	ε_3	ε_1	ε_7	ε_5	ε_{11}	ε_9
1	6	-56	5	-48	5	-50
每组平均弹性参数	E/MPa	μ	E/MPa	μ	E/MPa	μ
	60140	0.14	64555	0.20	61987	0.12
三组平均	平均弹性模量为 62227.73MPa，平均泊松比为 0.15					

注：第 1 钻孔，第 1 段；岩芯管外径为 74.20mm，内径为 39.10mm。

按上述方法测试和计算，可以得到每个测点的弹性参数，并列于表 3 - 4 中，这些数据将在下面的地应力主应力计算中用到。

表 3 - 4　测点弹性数计算结果

测点编号	内外径比	E_1	E_2	E_3	μ_1	μ_2	μ_3	$\overline{E}$	$\overline{\mu}$
- 165m - 1 - 1	74.2/39.1	60140	64555	61987	0.14	0.2	0.12	62227.73	0.15
- 165m - 1 - 2	74.05/39.0	58146	63937	55096	0.17	0.18	0.12	59059.67	0.16
- 165m - 1	该孔弹性参数平均值							60644	0.16
- 400m - 2 - 1	74.1/38.85	57603	64256	57480	0.14	0.19	0.17	59779.67	0.17
- 400m - 2 - 2	74.1/38.9	59112	64813	59608	0.15	0.22	0.20	61177.67	0.19
- 400m - 2	该孔弹性参数平均值							60419	0.18
- 400m - 3 - 1	73.45/38.8	20942	32681	25853	0.17	0.18	0.16	26442	0.16
- 400m - 3 - 2	73.5/38.75	19798	32473	24850	0.16	0.18	0.12	25727	0.15
- 400m - 3	该孔弹性参数平均值							26100	0.16
- 240m - 4 - 1	74.12/38.84	48715	42188	42843	0.23	0.14	0.15	44582	0.17
- 240m - 4 - 2	74.08/38.08	48963	42547	42771	0.24	0.13	0.16	44760.33	0.18
- 240m - 4	该孔弹性参数平均值							44671	0.18
- 240m - 5 - 1	73.7/38.8	43023	34619	19144	0.28	0.10	0.12	32262	0.17
- 240m - 5 - 2	73.8/38.75	41965	34570	18989	0.17	0.12	0.14	31841	0.18
- 240m - 5	该孔弹性参数平均值							32052	0.18
- 240m - 6 - 1	74.21/39.2	29947	30230	30090	0.17	0.24	0.17	30089	0.19
- 240m - 6 - 2	74.21/38.6	29969	29350	29394	0.18	0.21	0.19	29571	0.19
- 240m - 6	该孔弹性参数平均值							29830	0.19

3.5　三维地应力测量结果及数据处理

3.5.1　专用三维地应力计算程序

LUT - str 专用岩体应力计算程序（原名为 MIMSI），是由美国科罗拉多矿业大学 William Hustruld 教授编写，后经四次升级后，引入中南大学。后又经中南大学现代分析测试中心矿岩强度与地压研究所组织力学、采矿、地质和计算机四个专业的专家进行了重新编写，形成目前的最终的地下矿山原岩应力场计算专用程序，其界面如图3-12所示。该程序在输入钻孔方位角、倾角、弹性参数和解除应变后，进行三次迭代计算，可通过屏幕显示观察记录数据或借助宽行打印机打印数据。数据显示为岩体应力的六个分量及其标准差和主应力大小及其方位角、倾角。

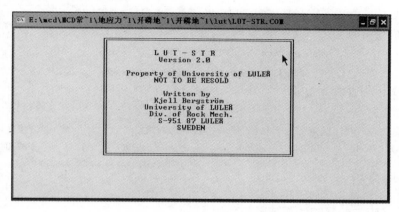

图3-12 地下矿山原岩应力场计算专用程序界面

3.5.2 输入数据

（1）Job name：六个字符以下，表示试验孔号和试验号；

（2）File name：矿山、水平、测孔号、试验号、日期；

（3）钻孔方位角：地理方位角，度；

（4）仰角为负，俯角为正；

（5）弹性参数，MPa；

（6）解除应变。

3.5.3 三维地应力的计算

地应力计算一般有两种计算方法，一种是用每段岩芯解除应变进行地应力计算；另一种方法是先将同一测孔的不同测段的同方向应变进行平均，以应变值的平均值作为该测点的最终解除应变，然后再进行计算。下面我们先采用第一种方法对每一测段进行计算，然后再利用第二种方法计算该测点的地应力，两种结果可以作一比对。地应力计算结果按测点编号顺序列于相应的表中。因篇幅所限，下面仅以在新立矿区-165m中段的1号测点为例，对地应力结果的演算过程进行一下演示，其余测点的地应力演算过程省略，直接将计算结果列出。

1号测点的地应力计算结果如下：

位置：新立矿区-165m中段55线下盘溜井巷道。

钻孔口中心点坐标：（40533.639，94478.78，-165）。

钻孔方位角：285°，仰角：6°。

在-165m中段的1号测点的第一测段。

编号： $-165\mathrm{m}-1-1$ 。

弹性模量： $E=62228\mathrm{MPa}$ 。

泊松比： $\mu=0.15$ 。

现场实测的该段最终解除应变为：

ε_1	ε_2	ε_3	ε_4	ε_5	ε_6	ε_7	ε_8	ε_9	ε_{10}	ε_{11}	ε_{12}
61	87	187	-4	112	48	33	78	153	56	21	179

该测段应力分量为：

σ_x/MPa	σ_y/MPa	σ_z/MPa	τ_{xy}/MPa	τ_{yz}/MPa	τ_{zx}/MPa
4.252	2.348	3.305	0.293	1.045	-0.725

该测段主应力计算结果为：

最大主应力			中间主应力			最小主应力		
大小/MPa	方位/(°)	倾角/(°)	大小/MPa	方位/(°)	倾角/(°)	大小/MPa	方位/(°)	倾角/(°)
4.61	173.13	28.24	3.59	56.39	39.96	1.43	287.08	37.09

3.6   结果与分析

3.6.1   各测点应力分量的计算结果与分析

经过综合计算，新立矿区 6 个地应力测点的六个应力分量的计算结果见表 3 - 5 中。

表 3 - 5   各测点应力分量计算结果

测点编号	σ_x	σ_y	σ_z	τ_{xy}	τ_{yz}	τ_{zx}
$-165\mathrm{m}-1$	4.287	2.293	3.103	0.314	1.043	0.806
$-400\mathrm{m}-2$	21.778	7.74	15.394	-7.686	-5.88	11.604
$-400\mathrm{m}-3$	22.77	17.502	18.647	-3.926	-1.033	6.073
$-240\mathrm{m}-4$	9.322	0.923	2.938	-3.546	2.056	-1.508
$-240\mathrm{m}-5$	1.04	8.408	5.092	-1.025	2.319	-2.875
$-240\mathrm{m}-6$	8.196	8.251	1.877	-3.483	2.117	1.961

根据这些应力分量及应力状态分析与计算，很容易求出每个测点的水平最大主应力 σ_{hmax} 和水平最小主应力 σ_{hmin} ，以及它们与垂直应力 σ_z 间的比例关系，即侧压系数。

由表 3 - 6 可知，在新立矿区水平应力分量在不同方向上存在较大差异，这与本区较复杂的地质构造有关。计算结果还显示，该测区的水平主应力与垂直应力之比（称为侧压系数）在 0.13 ~ 6.24 之间，这与我国大陆区域地压分布规律基本相一致。

表 3 - 6   不同方向应力分量比值变化情况

测点编号	σ_{hmax}	σ_{hmin}	σ_z	$\sigma_{\mathrm{hmax}}/\sigma_{\mathrm{hmin}}$	$\sigma_{\mathrm{hmax}}/\sigma_z$	$\sigma_{\mathrm{hmin}}/\sigma_z$
$-165\mathrm{m}-1$	4.335	2.244	3.103	1.93	1.40	0.72
$-400\mathrm{m}-2$	25.398	4.120	15.394	6.16	1.65	0.27
$-400\mathrm{m}-3$	24.864	15.408	18.647	1.61	1.33	0.83

测点编号	σ_{hmax}	σ_{hmin}	σ_z	$\sigma_{hmax}/\sigma_{hmin}$	σ_{hmax}/σ_z	σ_{hmin}/σ_z
–240m – 4	10.619	0.374	2.938	28.39	3.61	0.13
–240m – 5	8.548	0.90	5.092	9.50	1.68	0.18
–240m – 6	11.707	4.740	1.877	2.47	6.24	2.53

3.6.2　各测点主应力计算结果与分析

将各测点的主应力计算结果按埋深由浅到深的顺序（非测量顺序）列于表 3 – 7 中。

表 3 – 7　各测点地应力测量结果

测点编号	最大主应力			中间主应力			最小主应力		
	大小 /MPa	方位 /(°)	倾角 /(°)	大小 /MPa	方位 /(°)	倾角 /(°)	大小 /MPa	方位 /(°)	倾角 /(°)
– 165m – 1	4.71	173.22	29.81	3.57	54.85	39.67	1.40	287.81	35.99
– 240m – 4	11.18	158.07	14.73	2.95	36.84	63.11	– 0.95	254.15	21.96
– 240m – 5	10.19	107.23	31.04	4.81	235.68	45.94	– 0.45	358.72	27.82
– 240m – 6	11.71	134.44	0.81	6.53	43.94	31.78	0.09	225.74	58.21
– 400m – 2	34.17	335.27	34.70	6.55	180.62	52.31	4.20	74.01	12.36
– 400m – 3	28.45	337.17	31.45	16.90	91.27	33.78	13.57	215.84	40.36

现将表 3 – 7 中的三维地应力测量结果，在吴氏经纬网上做整个矿区 6 个测点的主应力的赤平投影图（图 3 – 13）。

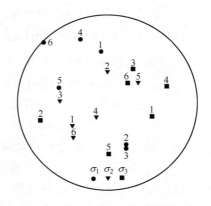

图 3 – 13　矿区 6 个测点的主应力方向赤平极射投影图

3.7　海底地应力分布规律与开采建议

3.7.1　矿区地应力场分布规律

3.7.1.1　矿区地应力场分布的一般规律

通过对山东黄金集团新立矿区三个中段 6 个测点的地应力数据的计算与分析，结合矿区工程地质调查，可得到如下几点关于新立矿区地应力场分布的一般规律：

（1）新立矿区最大主应力的倾角（与水平面的夹角）介于 0.81°~34.70°，平均 23.76°，位于近水平方向，说明矿区的地应力以水平构造应力为主。

（2）矿区 6 个测点的最大主应力的方向表现出较好的一致性都为北偏西向，按编号顺序分别为 N 6.78°W，N 24.73°W，N 22.83°W，N 21.93°W，N 72.77°W，N 45.56°W 平均为 N 32.43°W，所以可以判定新立矿区最大主应力的走向为北北西向。

（3）最大水平主应力、最小水平主应力和垂直主应力均随着深度的增加而增加，并且成近似线性的增长关系。

（4）从 –240m 中段的三个测点的地应力情况可以看出，在同一平面内，虽然中间主应力和最小主应力的大小和方向有一定的变化，但起主要作用的最大主应力却表现出较好的一致性，没有出现突变现象，说明矿区地应力场还是比较均匀的。

（5）6 个测点中，最大水平主应力均大于垂直主应力，其比值最小为 1.33，最高达到 6.24，平均为 2.65 倍，这也说明新立矿区地应力场是以水平构造应力为主导的，而不是以自重应力为主导的。

（6）从地应力应力分量计算结果中可以看到，在埋深较大的 –400m 中段，测点的应力分量中存在较大的剪应力，按照莫尔–库仑理论，岩体的破坏通常是由于剪切破坏引起的，所以在深部开采设计中必须引起足够的重视。

3.7.1.2　矿区地应力值随深度变化的规律

为了更好地分析地应力场随深度的变化规律，以及方便以后的数值模拟地应力边界条件的计算，采用最小二乘法对所测 6 个点的最大水平主应力、最小水平主应力和垂直主应力值进行线性回归，得出了各个主应力值随埋深变化的规律。最大水平主应力、最小水平主应力和垂直主应力值随埋深变化的回归曲线绘于图 3–14 中，它们的回归特性方程如下：

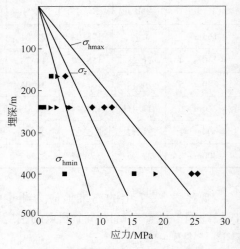

图 3–14　σ_{hmax}、σ_{hmin} 和 σ_z 值随深度的回归曲线

$$\left. \begin{array}{l} \sigma_{hmax} = 0.11 + 0.0539H \\ \sigma_{hmin} = 0.13 + 0.0181H \\ \sigma_z = 0.08 + 0.0315H \end{array} \right\} \qquad (3-9)$$

式中　　σ_{hmax}——最大水平主应力，MPa；

σ_{hmin}——最小水平主应力，MPa；

σ_z——垂直应力，MPa；

H——测点埋深，m。

3.7.1.3　矿区地应力场对断裂蚀变带导水性的影响

新立矿区大部分位于海底，断裂蚀变带的导水性问题对矿山安全具有十分重要的影响。通过现场实地测量和计算分析，得出了新立矿区的最大主应力的走向为北北西向，且均为近水平向的压应力的结论。区域地应力与新立矿区的以北东东走向为主的主控断裂蚀变带形成较大的交角，且呈压扭性，对主控断裂蚀变带的导水性起一定的抑制作用。这说明了与相邻较近的三山岛矿区相比，新立矿区主断裂带的涌水量较小的主要原因，各中段的涌水量的实测资料印证了本次地应力测量结果的准确与可靠。

另外，需要说明的是，受矿区局部构造的影响，有两个测点的最小主应力出现负值，即有张应力产生，但这些张应力的数值都较小，且由于岩体中常存在微裂隙、裂纹、节理及断层，除非岩体特别坚硬完整，张应力的影响一般不会传递到远处，只会影响到测点附近的局部地区。因此，在深部开采中不必特别考虑局部拉应力的影响。

3.7.2　几点建议

（1）由测量结果可知，新立矿区的地应力场以水平构造应力为主，大致呈水平分布。但由于矿区内存在规模较大的断层构造，矿区内不同区域的最大主应力的大小和方向并非完全一致，因此，在非涉及全矿区大范围的地下开拓、开采等工程时，宜分别采用各个中段的地应力测试分析结果，这样处理将更符合实际工程情况。

（2）矿区内上盘围岩含有较多裂隙和节理，巷道掘进后矿岩比较破碎且易风化，易发生片帮等灾害现象，所以开挖后应及时支护。特别是当矿山进入大规模开采，并形成较大采空区后，由于环境动力对应力的扰动和能量的释放，更易诱发上述地质灾害，应特别注意防护。

（3）在未来构建新立矿区测点附近的硐室、巷道及其他地下结构时，应使巷道走向、硐室轴向尽可能与最大主应力方向一致或尽可能接近最大主应力方向。对于无法满足这一条件的地下结构，应加强对不同物理力学性质矿岩的监测与支护。

（4）矿区地应力以水平构造应力为主，它是造成某些软岩巷道发生地鼓、片帮和冒落的重要原因，当巷道开挖走向垂直于最大主应力时，开挖后应及时支护；对硬岩巷道，在高地应力作用下，极易诱发岩爆，应特别注意防护。

（5）位于大变形的破碎岩层处的巷道，应采取更可靠的支护形式，特别是当巷道走向与最大主应力方向大致垂直时。建议当进入大规模开采，并出现较大采空区时，应加强对关键部位的中长期地压监测，以掌握采空区对地应力变化规律的影响，并对可能出现的地质灾害及时进行预报，为矿区安全、高效生产提供可靠保障。

（6）由于受到开拓及生产进度等方面的限制，所选的部分测点均无法设在深部，因此不排除矿区深部的地应力存在大小、方向和倾角上有较大改变的可能，如有可能，建议在深部开拓工程完毕之后，在重点区域补测几个点，以便更全面地掌握整个矿区的地应力变化规律，为矿区地应力空间变化规律的研究提供更精确的数据，从而为新立矿区的开拓和安全、高效开采工作提供更准确、更全面的基础研究数据。同时，由于新立矿区处于海底之下，地下水矿化度极高，它对矿岩的强度的弱化作用也不容忽视，在设计支护时需将这一因素也考虑进去。

参 考 文 献

[1] 蔡美峰. 地应力测量原理和技术 [M]. 北京：科学技术出版社，2002.

[2] 马春德，徐纪成，陈枫，等. 大红山铁矿三维地应力场的测量及分布规律研究 [J]. 金属矿山，2007，8（1）：42~46.

[3] 贺跃光，颜荣贵，曾卓乔. 急倾斜矿体开采地表沉陷与概化地应力研究 [J]. 中南工业大学学报（自然科学版），2001，32（2）：122~126.

[4] 方建勤，彭振斌，颜荣贵. 构造应力型开采地表沉陷规律及其工程处理方法 [J]. 中南大学学报（自然科学版），2004，35（3）：506~510.

[5] 吴满路，廖椿庭，张春山，等. 红透山铜矿地应力测量及其分布规律研究 [J]. 岩石力学与工程学报，2004，23（23）：3943~3947.

[6] 张镜剑，傅冰骏. 岩爆及其判据和防治 [J]. 岩石力学与工程学报，2008，27（10）：2034~2042.

[7] 李满洲，余强，郭启良，等. 地应力测量在矿床突水防治中的应用——以河南夹沟铝土矿床突水防治工程为例 [J]. 地球学报，2006，27（4）：373~378.

[8] 马春德，徐纪成，陈枫，罗一忠. 海下矿区三维地应力测量及分布规律研究 [J]. 矿冶工程，2011，31（5）：9~12，17.

[9] 张百红，韩立军，韩贵雷，等. 深部三维地应力实测与巷道稳定性研究 [J]. 岩土力学，2008，29（9）：2547~2555.

[10] 陈晓祥，韦四江. 初始地应力场对煤矿巷道围岩稳定性的影响 [J]. 矿冶工程，2008，28（6）：1~4.

[11] 蔡美峰，乔兰，余波，等. 金川二矿区深部地应力测量及其分布规律研究 [J]. 岩石力学与工程学报，1999，18（4）：414~418.

[12] 董诚，王连捷，杨小聪，等. 安庆铜矿地应力测量 [J]. 地质力学学报，2001，7（3）：259~263.

[13] 马春德，李夕兵，陈枫，等. 自然崩落法矿山深部地应力场分布规律的测试研究 [J]. 矿冶工程，2010，30（6）：10~14.

[14] 马春德，徐纪成，陈枫，等. 大红山铁矿三维地应力场的测量及分布规律研究 [J]. 金属矿山，2007，374（8）：42~46.

[15] 李文成，马春德，等. 贵州开阳磷矿三维地应力场测量及分布规律研究 [J]. 采矿技术. 2010，10（5）：31~33.

[16] 葛修润，侯明勋. 一种测定深部岩体地应力的新方法：钻孔局部壁面应力全解除法 [J]. 岩石力学与工程学报，2004，23（23）：3923~3927.

[17] 侯明勋. 深部岩体三维地应力测量新方法、新原理及其相关问题研究 [J]. 岩石力学与工程学报，2004，23（24）：4258.

[18] 田治友. 矿区原岩应力场的测定与研究 [J]. 有色矿山，1994，3（5）：21~26.

[19] 王连捷，潘立宙，廖椿庭，等. 地应力测量及其在工程中的应用 [M]. 北京：地质出版社，1991.

4　海底矿床岩体质量分级与评价

4.1　岩体质量分级理论与方法

在海底大型金属矿床的开采中，随着开采深度的增加，地应力明显增大，矿岩的破碎程度也随之增大，使得矿床岩体质量和稳定性越来越差，甚至出现岩爆现象。因此必须对岩体质量加以定性和定量的认识和掌握，对矿区岩体的稳定性展开调查，依据矿区不同断层分布、岩层节理裂隙发育及采场允许的暴露面积等现场情况，借助现代岩石力学、计算机数值模拟等方法，再根据采矿方法对岩体稳定性的要求，科学地确定不同地段采矿方法的种类及合理的采场结构参数，以实现海底大型金矿安全、高效、经济开采[1]。

4.1.1　岩体质量分级理论的发展

岩体质量分级是工程地质分析中一种重要的综合评价方法，是岩体工程地质的一项主要研究内容，在一定程度上反映了岩体的稳定程度，同时也是对岩体工程性质优劣程度的一种反映。岩体质量分级是根据岩石的工程特性和岩体的完整程度、岩体工程特性的优劣程度而进行的分类。随着人类工程实践的不断深入，对于工程地质的不断重视，对工程岩体质量的分级方法在不断增多和更新当中，对于不同的工程类型也有着不同的岩体质量分级方法。经历了近一个世纪的发展，地下工程岩体质量评价研究较其他工程开展得更早更完善。岩体分类从早期的较为简单的岩石分类，发展到多参数的分类，从定性的分类到定量半定量的分类，经过了一个发展过程。早期主要的分类方法见表 4-1。进入 20 世纪 70 年代以后，岩体质量分类由定性向定量，由单因素向多因素方向发展，70~90 年代主要的分类方法分别见表 4-2。

表 4-1　早期的岩体分类方法

年份	国家	人　名	分类名称	级数	备　注
1926	苏联	普罗脱亚克诺夫	普氏系数 f 分类	10	按岩石坚固系数进行分类
1936	苏联	Ф. М. Садренский（萨瓦连斯）	岩石单轴抗压强度分类	4	按岩石单轴抗压强度进行分类
1941	苏联	Н. Н. Маспов（马斯洛夫）	岩石地质技术分类	5	对岩石强度、可溶性、坝基变形性质、透水特性进行定性描述
1946	苏联	Terzaghi（太沙基）	以岩石种类描述和岩石载荷相结合的分级方法	10	按岩石坚硬程度对原状岩石到膨胀岩石进行分类
1958	奥地利	Lauffer（劳弗尔）	Lauffer 分类	7	按照岩石自稳时间进行定性描述
1959	美国	Deere（迪尔）	RQD 分级方法	5	按岩石强度和岩体完整性分类
1960	日本	田中	电研式岩体分类	6	对岩石风化程度、节理结合状态作定性描述

年份	国家	人 名	分类名称	级数	备 注
1969	日本		土质土工学会的岩体分类	6	对岩石强度、节理间距、弹性波速进行定性描述
			土研式岩体分类	4	对岩石强度和节理性状进行定性描述

表 4 - 2 20 世纪 70 ~ 90 年代主要的岩体分类方法

年份	国家	人 名	分类名称	级数	备 注
1973	南非	Bieniawski	RMR 分类[2]	5	以岩石单轴抗压强度、RQD、不连续面方向和间距、不连续面性状以及地下水条件为参数
1974	美国	Wickham	岩石结构评价（RSR）分类	5	以岩石强度、岩体结构、地质构造影响、节理发育程度、节理产状与工程轴线之间的关系、地下水影响为参数
1974	挪威	Barton	巴顿岩体质量分类（Q 类）	9	以岩石质量指标、节理组数、节理粗糙度系数、节理蚀变影响系数、节理水折减系数、应力折减系数为参数，计算岩体质量指标 Q 值
1978	中国	杨子文	岩体质量指标 M 分类	5	以岩石质量、岩体完整性、岩石风化及含水性作为分级因子，通过各因子组合进行分类
1979	中国	谷德振、黄鼎成	岩体质量系数 Z 分类	5	用岩体完整性系数、结构面抗剪强度特性和岩石坚硬性计算岩体质量系数 Z
		陈德基	块度模数分类（Mk）	4	用各级块度所占百分数和裂隙性状系数计算，表征不同尺寸块体组合及其出现的概率
1980	中国	国际岩石力学协会	岩体地质力学分类（ISRM）	7	用结构面的迹长来描述和评价结构面的连续性
		王思敬等	弹性波指标 Za 分类法	5	以岩体完整性系数、岩石变形模量和岩体弹性波速为参数，用积商法对岩体进行分类
		关宝树	围岩质量 Q 分类	6	以结构面产状、岩体完整性系数、地应力影响系数、地下水影响系数和岩石单轴抗压强度为参数，用求积法对岩体进行分类
1981	中国	孙广忠	岩体力学介质分类	4	
1982	西班牙	A. F. Macos、C. Tommillo	不均匀岩体分级系统的改进	6	对基库奇提出的方法的改进，以岩石单轴抗压强度、纵波波速、弹性模量和水力断裂为参数
1984	美国	Williamson（威廉姆逊）	岩石分类系统（VRCS）		
1984	中国	孙万和、孔令誉	工程岩体分类及评价方法		以岩体结构为指导思想
1985		Romana	SMR 法	6	对 RMR 体系进行修改
1990	中国	王思敬	质量系数 Q 分类		以岩体力学性能为参数

年份	国家	人　名	分类名称	级数	备　注
1994	中国	水利部	《工程岩体分级标准》（GB 50218—1994）	5	用岩体基本质量作为初步分类指标，根据地下水情况、结构面产状和初始应力状态对岩体质量进行修正
1997	中国	曹永成、杜伯辉	CSMR 法	5	对 RMR-SMR 体系进行修改
1999	中国	水利部	HC 分类法	5	以岩石强度、岩体完整性、结构面状态、地下水和主要结构面产状五项因素之和的总评分为基本判据

岩体质量分级传统方法既有简单的单因素分级法，如 RQD 分类法、弹性波速法、岩石抗压强度分级法等，又有工程界应用广泛的多因素分级法，如 Q 系统分类法、RMR 分类法、Z 分类法等。多因素分级法考虑的因素较多，比单因素分级法更接近实际，因而在具体工程中应用较广。

随着科学技术的方法，诸如分形理论、神经网络[3]、模糊理论、可拓理论[4]等一些非线性理论也被引入到地下岩体工程稳定性评价中，并得到了广泛的应用，大大提高了岩体质量分级研究的数值化和智能化水平，促进了岩土工程学科的发展[5,6]。

岩体质量分级方法发展到现在已经有十多种，分级趋势已由定性向定量及定性和定量相结合，由单因素向多因素方向发展。由于地质体的复杂性，在岩体质量分级中存在一些问题，主要是：在各类的岩体分级中，有很多目的性不明确，属于一种单纯的"聚类"，没有提出适合设计、施工使用的参数，缺乏实用性；岩体分级因素的选择，在众多的分级指标中，应考虑一些适合本工程的分级指标因素；分级指标因素选定后，还应考虑指标因素权重的分配，对于不同质量的岩体，各种指标因素的影响是不一样的[7~9]。

4.1.2　岩体质量和稳定性评价一般步骤

岩体质量和稳定性评价一般步骤如下：

（1）进行工程地质条件的调查，包括对工程沿线的气象、水文，地形地貌，地层岩性，地质构造，地震及新构造运动，植被及生态环境，进行详细分析。

（2）工程现场岩体采样，进行岩石力学试验，分析其物理力学特性参数；分析岩体质量的影响因素，包括岩性、结构面条件、岩体结构、地震及爆破、地质构造、地下水的影响等。

（3）全面展开区域工程岩体节理裂隙（节理间距、节理倾向、节理倾角等）、断层、地下水等情况的调查，取完成岩体质量与稳定性评价的基础数据。

（4）开展区域工程钻孔岩芯取样，进行 RQD 值计算；同时进行岩体弹性波测定，获取岩体波速数据。

（5）调研国内外岩体质量分级体系，并对各种分级方法进行对比分析，根据区域工程现场实际情况，在采用数理统计理论的基础上，对工程原始数据进行合理统计计算，结合经验判断，将现有体系分级结果与经验判断作对比分析，提出适用于该工程的岩体质量分级的新系统。

（6）依据新系统评价结果进行工程岩体稳定性分析，选取典型样本对新系统进行检查校验，使分级系统更具实用性，并提出与新体系相对应的防护措施，以此指导工程设计、应用。

一般岩体工程质量和稳定性评价流程如图4-1所示。

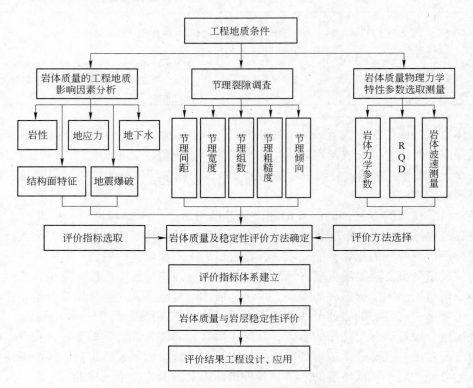

图 4-1　一般岩体工程质量和稳定性评价流程

4.1.3　岩体工程质量分级方法

目前，在国内地下岩体工程中应用较多的岩体分级方法主要有：巴顿岩体质量 Q 系统分类、岩体的岩土力学分类（RMR 分类）、我国《工程岩体分级标准》（GB 50218—1994）和水利水电工程地质勘察规范地下硐室围岩 HC 分类[10~13]。各评价方法考虑因素见表4-3。

表 4-3　地下岩体质量分级方法所考虑的因素

分级方法	结构面节理特征					岩体结构完整性			地质因素			岩体强度指标		工程因素		
	节理间距	节理宽度	节理组数	节理粗糙度	节理走向	岩石质量指标 RQD	岩体完整性系数 K_V	结构面状态	地应力	地下水	风化蚀变系数	单轴抗压强度	点载荷强度	结构面产状	施工方法	工程尺寸
Q 分级	★		★			★			★	★	★					

续表4-3

分级方法	结构面节理特征					岩体结构完整性			地质因素			岩体强度指标		工程因素		
	节理间距	节理宽度	节理组数	节理粗糙度	节理走向	岩石质量指标RQD	岩体完整性系数K_V	结构面状态	地应力	地下水	风化蚀变系数	单轴抗压强度	点载荷强度	结构面产状	施工方法	工程尺寸
RMR分级	★	★		★	★	★				★		★	★			
HC分级							★	★		★		★		★		
BQ分级							★		★	★		★		★		

注:★表示该方法所考虑的因素。

4.2 三山岛金矿现场节理裂隙调查分析

4.2.1 现场节理裂隙调查思路

节理裂隙调查分析是评价岩体质量及稳定性的重要因素之一,节理裂隙发育的方位、数量、大小以及形态的不同,控制了矿体及其围岩的稳定性、破坏模式和破坏程度。同时,节理裂隙作为一种构造行迹,可以反映出本区主要构造的轮廓与构造运动的特点。节理裂隙大都与构造应力保持着一定的内在联系,通过节理裂隙可以推断节理裂隙形成时的构造应力场和构造运动方式,为区域构造应力场及构造体系的力学分析提供基础资料。所以,节理裂隙的调查、统计和分析在海底矿床岩体质量评价中显得尤为重要[14]。

图4-2、图4-3所示为三山岛直属矿区现场的干燥、潮湿节理裂隙。

图4-2 干燥节理裂隙

图4-3 潮湿节理裂隙

在现场工作中,需要调查矿区节理、裂隙的产状、规模、密度、形态,除对单个节理、裂隙的形态进行描述外,主要对它们的组合关系进行统计研究。调查项目包括:

(1)节理方位,即节理面在空间上的分布状态,用倾向和倾角表示。其统计结果用玫瑰花图和极点等密度图表示。

(2)节理间距,是反映岩体完整程度和岩石块体大小的重要指标,用线裂隙率K_s

（条/m）或（m/条）表示。

（3）节理张开度、充填情况、节理交切关系及节理的力学性质。

（4）节理分布密度，确定节理、裂隙的优势方位及其状况。

在矿山采掘工作中需要注意：

（1）在节理发育的岩石中钻孔时，要注意钻孔的位置，不要沿节理面钻孔，尤其是张节理面，否则容易卡钎；不要沿节理面布孔，由于裂隙易漏气，影响爆破效果。因此要注意节理的走向、发育程度及延伸情况。

（2）节理面的方向有时会影响巷道掘进方向，使其偏离中线。例如，在掘进过程中，由于有一组张节理斜交中线方向，按正规布置炮孔，爆破后巷道总是偏离中线方向；若改变炮孔排列，有意识地使其稍微倾斜，反而使掘进方向能按中线方向前进。

（3）在露天开采中，在节理发育地段，要特别注意边坡角的选择，以防止滑坡、塌方等事故。边坡的稳定性与岩性、岩层产状、节理发育的程度、节理的产状等关系密切，要综合考虑。

（4）节理密度大，且多组节理发育地段，岩石就比较破碎，容易冒落，要加强支护工作。但在支护中必须注意节理的产状，有时可根据节理的方向来选择适当的支护方式而减小工作量及材料消耗。

（5）地下水发育地区，节理也是地下水的良好通道，尤其是张节理。规模大的张节理若与采矿巷道贯通，有发生突水事故的危险。为此，在考虑矿山防排水措施时，要对节理的发育和分布规律予以重视。

（6）节理影响采矿方法的选择，在节理特别发育的区段，某些采矿法选择要慎重，如不适于采用空场法。另外，在某些壁式崩落法采场，在节理很发育地段，需适当缩小放顶距。

4.2.2 现场节理裂隙调查一般方法

在实际现场节理裂隙调查中有测线测量法和窗口测量法两种测量方法（图4-4）。

图4-4 测线法与窗口法原理

测线测量法的基本思想是：在岩体天然或人工露头上布置一定方向的测线，测量那些与测线相交的裂隙的隙宽、产状及裂隙在测线的位置等参数。

窗口测量法的基本思想是：在岩体天然或人工露头布置一定方向的测线，在测线上每隔10~20m选一测点，围绕测点取一定面积的测量面，测量那些测量面上的节理裂隙隙宽、产状及位置，然后把测面上的所有裂隙按产状进行裂隙分组，把每组的裂隙隙宽、隙间距平均值作为裂隙的隙宽和隙间距。

4.2.3 现场测线位置确定与测线布置原则

为了能全面反映三山岛深部岩体的稳定性状况，选择用测线法对三山岛金矿深部岩体节理裂隙进行调查，图4-5、图4-6所示为工作人员现场布置节理测线和节理裂隙测量。

图4-5 现场布置节理测线   图4-6 节理裂隙测量

现场测线位置与布置应尽可能达到以下要求：

（1）测线位置的选择，应使测线内的地层岩性尽可能单一，且处于同一构造位置上。为使结果更具有代表性，测线应尽量避开断层带和卸荷带的影响范围。

（2）在野外测量中，未受风化和扰动的测线是不存在的，但通过仔细分析和观察仍可选出那些受到风化和最小扰动的部位作为测量场地。本次研究的裂隙测量设计主要在采场与联络道中进行，避开了天然的风化影响。但是，人工开挖对裂隙的扰动是不可避免的。

（3）在测线布置中，测线离地的高度一方面要考虑测量时工作的可行性，另一方面测线应尽可能反映暴露面的整体情况。测线的离地高度一般选取离地高度1.3~1.5m。每条调查线有足够的取样数（均需超过60条），以确保节理统计结果的代表性与可靠程度。在实际测量中，测线的位置、长度和方位都应记录，以便于计算裂隙间距和密度。

（4）节理裂隙测量的首要问题是裂隙的识别。由于节理裂隙测线常选在坑道、探槽等人工开挖过的地方，因而天然节理裂隙与人工裂隙的区分是测量中经常遇到的问题。天然节理裂隙较平直，延伸较长，方位具定向性，隙面上一般有铁质、黏土及方解石沉淀物；人工裂隙的隙面往往呈贝壳状，延伸不长，方向不定，隙面则是新鲜岩石面。据这些特征一般都可将这两类裂隙区分开，使测量数据更客观的反映实际情况。

与产状测量相比，裂隙的宽度测量是一个较为困难的问题，到目前为止仍没有理想的方法。事实上，要获得绝对的裂隙宽度是不可能的，这是因为任何能够测量裂隙的地方都经受过应力释放的影响。目前认为较好的方法是钻孔法，以及套钻和大口径钻孔的孔壁测量，尽管这些方法把人工扰动的影响降到了最低限度，但价格昂贵，难以作为大量统计的手段，而大量统计正是裂隙测量法的优点之一，所以测量重点还是应放在节理裂隙产状测量。

4.2.4   现场节理裂隙调查网布置

根据以上调查工作的遵循原则,岩体构造现场调查主要是调查基建工程的巷道内断层和节理。为此选取了8个采场区域进行了岩体结构的调查,特别是进行了深入的节理产状测量工作。

根据计划实施方案,对直属矿区 $-465m$ 中段、 $-510m$ 中段、 $-555m$ 中段、 $-600m$ 中段各中段及分段的深部开采的8个采场节理层状明显的矿体,上、下盘围岩,巷道进行了工程地质与水文地质现场调查,测量时舍去了微节理裂隙。研究内容包括了现场断层、节理、裂隙、裂隙的大小、方向、宽度、产状、性质、有无充填物、裂隙面的形态特征、各组裂隙切割关系、裂隙的透水性及地下水情况调查等。各工程地段调查情况见表 4 – 4,各调查测点纵投影如图 4 – 7 所示。

表 4 – 4   节理测点分布

采场号	采矿方法	标 高	测点位置	起点坐标		
				x	y	z
601	点柱	600 中段	601 采场矿体	5836. 905	959. 718	– 596. 793
			601 采场下盘	5823. 349	975. 912	– 596. 793
553	盘区	555 中段	分段平巷	5776. 640	1282. 906	– 549. 536
			8 号采联矿体	5850. 638	1383. 332	– 546. 975
			7 号采联下盘	5806. 784	1043. 576	– 548. 487
			5 号采联下盘 + 矿体	5795. 456	1386. 565	– 548. 717
		540 分段	8 号 ~ 6 号分段平巷	5807. 842	1420. 444	– 536. 731
			8 号采联下盘	5807. 842	1420. 444	– 536. 731
			4 号采联下盘	5783. 757	1383. 757	– 537. 306
			4 号矿体	5825. 756	1426. 265	– 537. 458
552	进路	525 分段	552 采场下盘	5710. 167	1109. 061	– 519. 708
			552 采场矿体	1107. 853	5715. 746	– 519. 708
516	点柱	510 中段	516 采场下盘	5756. 278	1179. 097	– 506. 067
			516 采场矿体夹石节理	5781. 161	1182. 079	– 506. 343
			516 采场矿体	5786. 734	1179. 036	– 505. 539
			516 采场上盘	5789. 594	1173. 380	– 505. 539
512	进路	480 分段	512 采场下盘	5738. 224	1421. 136	– 479. 586
			512 采场矿体	5708. 546	1391. 893	– 479. 491
511S	进路		511S 采场矿体	5698. 154	978. 562	– 476. 674
			511S 采场下盘	5682. 153	998. 356	– 476. 674
463	进路	450 分段	463 号矿体	5642. 374	1165. 404	– 447. 791
461N	进路	435 分段	461N 采场下盘	5643. 104	1138. 035	– 433. 338
			461N 采场矿体	5643. 449	1103. 465	– 433. 108

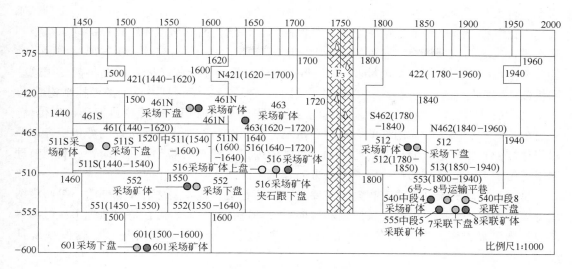

图4-7 各调查测点纵投影图

4.2.5 节理裂隙调查数据与统计分析

4.2.5.1 节理裂隙统计理论依据

研究岩体的关键在于研究岩体的结构，其重点在于结构面。结构面是指断层、节理和层面等各种不连续面。结构面的各项参数包括：结构面的形态、结构面的接合状态及充填物、结构面的两侧岩性及其差异、结构面的延展性及其规模、结构面的密集程度、结构面的产状和组数，是岩体稳定性极其重要的影响因素。

岩体结构面的空间分布及自然特性一般由结构面的产状、形态、间距、密度、隙度、粗糙度、充填物等几何要素来表征。在以往的调查、统计和分析中，一般都是在某一特定的尺度下进行，对更大或更小尺度范围的研究甚少，至今还给不出可信的结构面几何特征随尺度变化的规律性，研究结构面分布的规律性对研究细观和宏观的岩石力学问题具有十分重要的理论价值和实际意义。

结构面分布的密集程度一般采用迹长、密度、隙宽等指标来衡量。迹长可由全迹长、半迹长、删节半迹长或统计窗方法统计获得。密度分为线密度、面密度和体密度，通常由单位面积或体积内结构面发育的条数来表征。在采用线测法或窗法测量出结构面的间距后，结构面的面密度可由此换算求得。隙宽是反映结构面两壁张开程度的指标，可由塞尺或直尺量测获得。如果量测的范围或尺度不同，则统计得出的结构面几何要素数据就会因尺度和测量精度的不同而有显著的差别，一般地，量测尺度越大或比例尺度越小，则量测精度越差，获得的结构面几何特征只是一个骨架，能被抽样统计的只是那些Ⅰ级或Ⅱ级结构面和结构体，规模大且数量较少。量测尺度越小或比例尺越大，则量测精度越高，它能反映结构面几何特征微观分布，被抽样统计的包括Ⅴ级或更次级结构面和结构体，其规模小而数量多。这种量测方法及抽样分布情况与 Cantor 集的形成极其相似，可视为一个Cantor 集。因此，岩石结构面几何特征及其组成的网络系统是一个典型的分形结构。

岩体结构面网络一般采用实测素描和计算机模拟两类方法。实测描绘岩体的结构面网络在进行大量的现场结构面调查后，根据结构面的走向、倾向、倾角、间距、迹长等基础数据，逐一描绘在结构面网络图中。计算机模拟岩体结构面网络岩体结构面的计算机模拟是在进行现场结构面调查和测量的基础上，应用统计概率模型，统计分析得出结构面参数的分布函数。采用蒙特卡罗（Monte – Carlo）方法产生一系列概率分布的随机数，用这些随机数代替结构面的几何参数（如倾向、间距、迹长等），便得到一系列的模拟结构面。

结构面网络的模拟对矿山开采和其他岩土工程的应用有很大的理论价值和实用价值。它更为直观地反映了岩体内部的裂隙分布情况，从而有利于岩体破坏机理的分析研究以及对岩体加固和支护措施的研究。同时，在对岩体进行锚杆或锚索支护设计时，可利用节理网络结构图形选择最佳锚杆或锚索布置方向和密度。

目前，节理的统计方法有很多，主要有：玫瑰花法、直方图法、极点图法、等密度图法等概率统计法，其目的都是按倾角和倾向对节理进行分组，然后在每组节理中，做出各参数的概率直方图，拟合出各参数最佳的概率密度分布函数，得出各参数的概率统计模型。

根据国内外的大量统计分析，一般认为，节理的倾向和倾角属于正态分布，节理的间距和迹长（三维空间可称之为半径）则为负指数分布。

（1）结构面的形态假定。由于结构面形态的形成机理至今还不很清楚，所以，在结构面的模拟中，大多数学者都把结构面简化为圆形。许继先等认为，在块状岩体中裂隙面形态可采用圆形，在层状岩体中宜采用长方形。

（2）结构面的产状。所谓产状是指结构面在空间的分布状态，它包括走向、倾向和倾角等基本要素。在三维岩体结构模拟中，在产状概率模型确立时，应分别按倾向和倾角进行统计，求出倾角和倾向的密度分布函数形式和平均值及方差。国内外的现场勘探和统计分析表明，倾向和倾角的密度函数一般按正态分布。

由中心极限定理，令：

$$x_i = \left(\sum_{j=1}^{n} r_j - \frac{n}{2} \right) \Big/ \sqrt{\frac{n}{12}} \qquad (4-1)$$

则 x_i 渐进逼近标准正态分布 $N(0, 1)$，令：

$$y_i = \mu + \sigma \left(\sum_{i=1}^{n} r_i - \frac{n}{2} \right) \Big/ \sqrt{\frac{n}{12}} \qquad (4-2)$$

则 y_i 渐近逼近正态分布 $N(\mu, \sigma)$，输入 μ，σ。

（1）结构面半径。结构面半径是指结构面被看作圆盘时的半径。在三维岩体裂隙模拟中，裂隙面规模用它的半径来表示，它描述了结构面的规模及其延展性。结构面半径的分布有多种，应用较多的有负指数分布、均匀分布和正态分布。

（2）结构面间距和密度。结构面间距是指同一组结构面法线方向两相邻结构面之间的面间距。结构面的密度是单位长度结构面的条数，在数值上等于间距的倒数。根据国内外一些学者的有关研究，结构面间距和密度均服从负指数分布或对数正态分布。

（3）结构面的张开度。结构面的张开度也称为结构面隙宽。结构面的张开度可以用塞尺在其露头面上进行测量统计，然后分别整理出张开度的密度分布直方图和分布函数模拟曲线，求出其平均值和方差。根据 Snow 等人的资料，结构面张开度服从正态分布。但在岩体裂隙模拟中，该参数不是必要的。

4.2.5.2 节理裂隙调查数据统计

根据三山岛金矿原始节理裂隙调查成果,对其进行科学统计分析,得到各工程位置节理裂隙调查结果,见表4-5。

表4-5 节理裂隙调查结果统计

阶段高度	采场名称	调查长度/m	节理条数	平均间距/cm	有充填物节理条数		地下水状况
					硬质	软质	
-435	461N 采场矿体	19.0	53	36.1	0	5	较潮湿
	461N 采场下盘	28.5	67	41.9	2	5	较潮湿
-450	463 采场矿体	17.3	60	28.9	2	0	干燥
-465 中段（-465~-420m）统计值		64.8	180	35.63	4	10	
-480	512 采场矿体	20.5	83	25.6	3	4	渗水严重
	512 采场下盘	19.8	52	38.0	2	0	渗水比较严重
	511S 采场矿体	21.0	70	30.1	0	9	干燥
	511S 采场下盘	25.0	63	39.5	3	3	较潮湿
-510	516 采场矿体	27.0	89	30.0	6	0	干燥
	516 采场上盘	13.2	61	21.4	1	12	渗水非常严重
	516 采场夹石	21.4	52	41.7	3	0	干燥
	516 采场下盘	22.0	77	28.9	5	0	较潮湿
-510 中段（-510~-465m）统计值		169.9	547	31.95	23	28	
-525	552 采场矿体	19.0	71	26.6	0	4	非常潮湿
	552 采场下盘	18.8	63	29.6	0	0	比较潮湿
-540	553 盘区 4 号下盘	25.0	81	32.4	8	6	非常潮湿
	553 盘区 4 号矿体	24.7	67	35.8	0	0	较潮湿
	553 盘区分段平巷	16.0	65	25.5	3	6	非常潮湿
	553 盘区 8 号下盘	23.4	86	27.3	9	5	比较潮湿
-555	553 盘区 8 号矿体	19.2	64	30.0	6	0	干燥
	553 盘区 5 号矿体	30.0	76	39.9	17	0	干燥
	553 盘区 7 号下盘	26.5	91	29.2	6	2	非常潮湿
	553 分段平巷	30.0	82	36.8	6	3	渗水非常严重
-555 中段（-555~-510m）统计值		232.6	746	31.31	55	26	
-600	601 采场矿体	18.0	58	31.0	11	0	渗水比较严重
	601 采场下盘	23.0	63	36.5	7	4	渗水比较严重
-600 中段（-600~-555m）统计值		41.0	123	33.8	18	4	

阶段高度	采场名称	调查长度/m	节理条数	平均间距/cm	有充填物节理条数		地下水状况
					硬质	软质	
	总和	508.3	1592	32.31	100	68	
	上盘		61	21.4	1	12	
	矿体		741	31.44	48	22	
	下盘		790	33.94	51	34	

4.2.5.3　矿体与上、下盘节理裂隙调查数据与统计分析

调查测线总长 508.3m，共测得节理 1592 条。其中上盘测得节理 61 条，节理间距为 21.4cm；矿体测得节理 741 条，节理密度为 31.44cm；下盘测得节理 790 条，节理密度为 33.94cm。

从上盘、矿体、下盘的节理裂隙统计数据及节理玫瑰图得出，矿区节理裂隙分布比较离散，优势走向有一组集中在 300° 左右，矿体和下盘的优势走向有两组接近，都在 30°、300° 左右；优势倾向大多在 30°、200°、300°，倾角主要范围在 40° ~ 90° 之间，矿体和下盘的优势倾向、倾角基本一致。总体优势倾向都是 3 ~ 4 组。上盘节理密度分布比较广，矿体和下盘等密度图差不多。从节理裂隙平均间距来看，上盘节理分布比较密，平均每隔 21.4cm 就有一条节理，依次为矿体、下盘，分别为平均每隔 31.44cm、33.94cm 就有一条裂隙，说明岩体完整性依次由下盘、矿体、上盘递减。统计总表见表 4 - 6。

表 4 - 6　上盘、矿体、下盘节理优势走向、倾向统计

工程地点	节理优势走向	节理优势倾向	倾角主要范围
上盘	75°、275°、315°	22.08°∠47.5°；191.8°∠64.3° 337.2°∠68.3°	40° ~ 90°
矿体	5°、30°、300°	32.46°∠61.16°；128.03°∠60.47° 228.94°∠65.14°；285.4°∠55.42°	50° ~ 90°
下盘	30°、280°	28.16°∠63.81°；126.21°∠57.76° 209.79°∠61.28°；303.42°∠24.43°	40° ~ 90°

4.2.5.4　各中段节理裂隙调查数据与统计分析

从各中段节理裂隙统计数据及节理玫瑰图得出，每个中段节理裂隙分布比较离散，优势走向集中在 30° ~ 50°、280° ~ 330° 之间；优势倾向大多在 100° ~ 130°、200° ~ 230°、300° ~ 330° 之间，局部优势倾向集中在 25° ~ 35° 之间，倾角主要范围在 40° ~ 90° 之间，每个中段的优势倾向、倾角基本一致。总体节理裂隙优势倾向都是 3 ~ 4 组，节理密度差不多，约为 3 条/m，但从总的趋势上看，465 中段平均每隔 35.63cm 一个节理，510 中段平均每隔 31.95cm 一个节理，依次减小，即随着深度的增加，节理的分布密度呈增大的趋

势，岩体越不稳定。节理裂隙统计，见表 4 – 7。

表 4 – 7 节理裂隙统计

工程地点	节理优势走向	节理优势倾向	倾角主要范围
–465 中段	10°、30°、330°	95.26°∠69.74°；123.04°∠63.76°；276.31°∠63.24°	50°~90°
–510 中段	40°、80°、285°	27.48°∠57.51°；132.56°∠58.12°；199.09°∠63.3°；333.6°∠62.2°	40°~90°
–555 中段	30°、280°	127.09°∠57.16°；233.96°∠60.6°；305.71°∠57.04°	40°~90°
–600 中段	45°、65°、310°	34.63°∠65.89°；134.49°∠64.57°；218.53°∠56.6°；330.25°∠70.5°	40°~90°

4.2.6 节理裂隙分布对岩体质量与稳定性的影响分析

岩体是地质过程中形成的由许多规则不一、性质各异的岩块和结构面网络组成的裂隙体。其强度及变形受分布裂隙的控制，力学性质也在很大程度上依赖于节理裂隙的力学特性、几何特性及分布规律。因此节理裂隙是影响岩体质量与岩体稳定性的一个重要因素[15]。不同地段节理裂隙的分布不同，对采矿工程施工程度及安全性带来很大的影响，包括爆破参数要依据节理裂隙的分布进行设计。

在节理裂隙调查中，每个中段采场中有些压扭性节理交错形成 X 形破碎带，节理延伸较大，在整个采联巷道断面可见。绝大部分节理面比较粗糙，少数存在充填物，即使最大的充填物厚度也不超过 5mm。绝大多数节理的延展性较好，但也有少数就在调查基线向上或向下发生尖灭现象。在每个中段采场采联内，节理面和破碎带均发现有淋水现象，大部分节理面潮湿，局部区域渗水现象比较严重。

不同地段节理裂隙的发育不同，为了从整体上反映节理裂隙的分布密度，对上、下盘围岩与矿体，不同水平上各个中段进行统计比较，上盘围岩靠近 F_1 断层、节理较发育，使得附近围岩破碎，开挖后岩体稳定性差。下盘围岩与矿体节理整体相对不发育，只在局部矿体内节理裂隙较发育，大多数节理产状呈随机分布，整体优势方位不太明显，但主要集中于 3~4 个优势方向，因为节理发育方向与该区断层发育方向有一定的联系，所以断层也呈现多组方向发育。从各中段统计结果对比可知，各个中段节理裂隙分布密度总体变化不大，约为 3 条/m，但越往深部节理裂隙总体分布呈增大趋势，使得深部中段岩体质量与稳定性降低。节理中不同程度地含有裂隙水，且 Cl^- 含量较高，对岩体的质量及稳定性有一定的影响。另外，调查发现裂隙在穿脉巷道与沿脉中的发育有较明显的区别，表明热液作用形成的矿床，其成矿后的矿体中的节理发育模式与其围岩中的节理发育模式不同。

4.2.7 节理裂隙调查小结

三山岛金矿整个调查区域共用测线法调查节理 1592 条，得到了节理倾角范围主要为

$40° \sim 90°$。分析统计的数据得到上盘围岩靠近 F_1 断层，节理较发育，下盘围岩与矿体节理整体相对不发育，大多数巷道节理产状呈随机分布，整体优势方位不太明显。从上、下盘及矿体优势方位对比可知，共同的节理整体优势走向为 $30°$、$300°$ 左右，优势倾向为 $30°$、$200°$、$300°$ 之间。

从各中段统计结果对比可知，节理裂隙总体上有越往深部越发育的趋势，4 个中段共同的节理整体优势走向范围为 $30° \sim 50°$、$280° \sim 330°$，优势倾向范围为 $100° \sim 130°$、$200° \sim 300°$、$300° \sim 330°$。总体节理裂隙优势倾向都是 $3 \sim 4$ 组，节理密度相差不大，约为 $3 \sim 4$ 条/m。优势节理组倾向分布及组合关系几乎相同的特征表明，结构面的空间分布与调查的位置无关，调查的结果可靠。同时也表明这些节理在整个矿区采场区域是贯通的，结构面延展性良好，为岩体质量及稳定性评价提供了重要的依据。

4.3 三山岛金矿岩体质量评价

三山岛金矿随着矿床开采深度的增加，矿体所受的地应力越来越大，矿岩的破碎程度也越来越严重，矿岩的稳固性越来越差，对开采带来了严重的影响。在矿山实际开采时，若继续沿用原来的技术参数进行开采，采场顶板不稳固，时常发生岩石冒落与片帮现象，生产安全成为特别担忧的问题。

现场工作的主要目标是完成对采区岩体质量与岩层稳定性评价和分类，为三山岛金矿深部采场跨度稳定性研究与应用奠定基础。通过现场调研、调查、量测等手段，全面了解和收集矿山区域地质和工程地质资料，矿山现行采矿方法和工艺及其应用情况，矿区控制型地质结构与构造分布，矿区地质构造应力分布，采区岩体节理、裂隙分布、采场允许的暴露面积、暴露时间等情况。根据三山岛矿山的实际情况，建立三山岛工程岩体质量及稳定性评价体系。通过三山岛矿区岩体工程质量的稳定性评价，为采场跨度参数的选取、采矿方法的选择及优化提供科学的依据，解决好开采过程中岩体稳定情况，保证开采的安全。

4.3.1 岩体质量与稳定性的影响因素分析

4.3.1.1 岩性

地层岩性的差异是影响地下工程岩体质量的基本因素。通过矿山地质钻孔质料，三山岛金矿主要岩石为斑状黑云母花岗岩、黄铁绢英岩化花岗岩、黄铁绢英岩。矿体的上下盘近矿围岩为绢英岩，间接围岩为黑云角闪英云闪长岩或黑云斜长片麻岩、黑云变粒岩等，下盘岩石较完整，上盘部位较破碎。矿体主要为黄铁绢英岩。

不同岩性岩体其物理力学性质有差异，根据岩性及工程地质条件划分为：松散软弱岩组、风化及构造蚀变岩组、块状岩组。

（1）松散软弱岩组。松散软弱岩组覆盖于基岩之上，岩性为中粗砂、砾砂、粉细砂、砂质黏土，厚度 $30 \sim 50m$，含有丰富的地下水，为第四系堆积物，砂类土松散，黏性土硬且可塑。力学强度低，工程地质条件差。

（2）风化及构造蚀变岩组。基岩风化厚度一般 $10 \sim 20m$。岩石裂隙发育，完整性差，抗压强度一般小于 $20MPa$，为软弱岩，工程地质条件差。构造蚀变岩岩石裂隙发育，完整性差，因蚀变作用，原岩结构发生改变，抗压强度 $14.9 \sim 50.8MPa$，为软弱 $\sim$ 半坚硬岩，工程地质条件差~较好。

（3）构造蚀变岩岩组。下盘黄铁绢英岩岩组沿 F_1 断层下盘分布，蚀变程度高，矿化后即为矿体。岩石强度相对较低，RQD 值一般在 45% 左右，单轴抗压强度为 80MPa 左右。下盘黄铁绢英岩化花岗岩岩组蚀变程度低于黄铁绢英岩岩组，岩石坚硬完整性好，RQD 值大于 50%，单轴抗压强度为 80~120MPa。上盘岩组位于 F_1 断层上盘，岩石较碎。从钻孔资料看，破碎带附近岩芯采取率很低，RQD 值低于 25%，工程地质条件差。

（4）块状岩组。块状岩组矿区大面积分布，岩性为二长花岗岩和黑云角闪英云闪长岩，块状结构，岩体完整，RQD 值大于 50%，单轴抗压强度大于 100MPa，为坚硬岩。地质条件良好。

4.3.1.2 地质构造

地质构造主轴线方向对线路走向不同的地下工程岩体稳定性具有一定的控制作用。在某一构造区域内，地下工程岩体的稳定性与构造特征密切相关[16]，一般褶皱比较强烈、新构造运动比较活跃的地区，岩体稳定性较差。

三山岛矿区构造特征表现为四条断裂带，其中 F_1、F_3 规模较大，超越三山岛矿区，分别为北东向的区域性三山岛断裂的北东端和北西向三元—成家断裂的北西端，F_2、F_4 规模相对较小，仅在矿区内发育，矿区各断裂的主要特征见表 4-8。

表 4-8 矿区各断裂的主要特征

编号	走向/(°)	倾向	倾角/(°)	长度/km	深度/m	破碎带宽/m	充填情况	力学性质	水文性质
F_1	40	SE	35~41	>9	>600	>10	胶结完好	压扭	隔水
F_2	10	NW	85	0.5±				扭性	导水
F_3	300~310	上部 NE 下部 SE	80~90	70±	>600	17~36	岩脉角砾充填	张扭	导水
F_4	15	SE	40~45	0.3±	300±	1±	泥质充填	压扭	不导水

F_1 断裂为纵贯全区的控矿构造，为多期活动产物，成矿前形成宽 50~200m 的断裂带，控制了 1 号蚀变带和矿化范围，使主矿体产状基本与其一致，主裂面位于矿体上盘 1~10m 厚的碎裂岩带，F_1 的发育深度很大，为压性断层，断层泥和碎裂带有较好的隔水性，F_1 上盘的地下水一般难以进入矿坑。F_2 断裂面初露地表，为一上盘北移，下盘南移的扭性断裂，从地表观察，F_2 两侧的含黄铁矿石英脉错距达 30m，两侧的裂隙发育特性也有明显差异，F_2 断层本身具有较好的导水性。F_3 断裂为一条横贯矿区的区域性大断裂，为张扭性断裂，具有多期活动特征，F_3 均以数条煌斑岩脉及 1~2 条破碎带的形式出现，F_3 具有随深度增加而变宽，有在 -300m 以下而开始变窄的特征，发育深度很大，F_3 规模较大，为后期形成的破碎带未胶结，内部裂隙间充填胶结不好，较宽的约 1m，泥质物充填完好，该裂隙面是不导水的。

4.3.1.3 结构面条件

结构面是具有一定方向、延展较大而厚度较小的二维面状地质界面。它在岩体中的变化非常复杂。结构面的存在，使岩体显示构造上的不连续性和不均质性。结构面是岩体结构的重要组成部分，其自然特性主要有结构面的发育密度、形态特征、结合状况、充填等几个方面。相对而言，结构面越发育，越不利于岩体稳定[17]。

A　结构面的发育密度

当结构面受多组结构面切割时，整个岩体自由变形破坏的可能性就大一些，切割面、临空面和滑移面越多，组成可能滑动的块体机会就越多，同时也给地下水的活动提供了良好的条件。另外，结构面的数量直接影响到被切割岩块的大小，它不仅影响到岩体的稳定性，还影响到岩体变形破坏的形式。结构面的发育密度不同，其岩体结构类型也不同。

B　结构面的形态特征

谷德振教授（1979）把结构面的几何形态归纳为以下三种：

（1）平直的，包括一般层理、片理、原生节理以及剪切破裂面等。

（2）波浪起伏状态，如具波痕的层理，轻度扭曲的片理，沿走向和倾向方向均呈舒缓波状的压性、压扭性结构面等。

（3）曲折型，可以是张性、张扭性结构面，具交错层理和龟裂纹层面、缝合线，也包括一般迁就已有裂隙而发育的次生结构面以及沉积间断面等。

C　结构面的结合状况

结构面的结合状况，分为闭合、张开两种。

结构面闭合时，岩块间表现为刚性接触，其结构面的抗剪强度取决于结构面的形态、起伏差、粗糙度以及两侧岩块的性质。

结构面张开时，岩块间不能充分接触，结构面的抗剪强度没有得到充分发挥，岩体的力学性能大大减弱，从而降低地下工程岩体的自稳能力。

D　结构面的充填

有充填的结构面，其力学强度差别很大，主要取决于充填物质的成分和充填厚度，一般来讲，软质充填，例如黏土充填，特别是充填物中有片状矿物时，其力学性能较差，当充填物为石英和方解石等，其强度较高。

结构面的充填物主要有以下几种：

（1）薄膜充填。充填物厚度一般小于2mm，多为次生蚀变矿物组成，也常见方解石、石膏和黏土矿物。这种薄膜一般使结构面强度降低，特别是含水的蚀变矿物和黏土矿物更为显著。夹泥层充填物厚度一般小于结构面的起伏差，它对结构面强度有明显减弱作用，但结构面强度还受上下盘岩石及结构面形态控制。

（2）薄层夹层充填。充填厚度略大于起伏差，结构面的强度主要取决于充填物强度。但在正压力作用下塑性挤出量很小，岩体破坏的主要方式为岩块沿结构面滑移。

（3）厚层夹层充填。充填物厚度为几十厘米至几米的断层泥，远远大于结构面的起伏差，岩体的破坏方式不仅沿结构面滑移，并且伴有断层泥塑性挤出，结构面夹泥厚度对结构面的力学性质有很大影响。

4.3.1.4　地下水作用

水对地下工程岩体的稳定性影响非常显著，水的影响主要体现在以下几个方面：

（1）静水压力。静水压力主要体现为裂隙静水压力。当地下工程岩体发育有张性裂隙时，由于地下水渗流，裂隙充水，裂隙面承受静水压力的作用。当相邻裂隙地下水位不同时，地下水位的静水压力差促使地下工程岩体进一步变形破坏。

（2）动水压力。地下水在渗流过程中施加给地下工程岩体的动水压力，其作用方向与地下水渗流方向平行。

（3）水的软化作用。首先是化学作用，岩石矿物吸收或失去水分子使岩体宏观上表现为体积膨胀或收缩，并使岩石改变其化学成分。其次是促使岩体中裂隙张开度增大，使得风化作用向岩体深部扩散和发展，最后导致岩体失稳或破坏。

三山岛金矿的直接充水含水层为储矿岩体及其顶板中的基岩裂隙含水带或含水体，矿区内广泛分布的第四系含水层对矿床充水影响不大。由于控矿构造 F_1 具有隔水性质，故按与 F_1 的空间关系，对与矿坑充水有直接影响的基岩裂隙含水带（体）划分为：F_3 断裂含水带、F_1 上盘裂隙含水岩体和 F_1 下盘构造裂隙含水带。

4.3.1.5 地应力作用

地应力是赋存于岩体中的天然力，又称初始应力或原应力。地应力大小对岩体质量分级结果有很重要的影响，因此查明岩体地应力分布特征是进行岩体质量分级的必要条件[18]。已有越来越多的证据表明[19,20]，在岩体高应力区内，岩体开挖可引起一系列与应力释放相联系的变形与破坏现象，其后果不但会恶化岩体工程地质条件，极高地应力区还有可能出现岩爆现象。

三山岛金矿矿区在中生代或成矿以来，经受多期构造应力场的作用，造成了局部的应力集中，直属矿区 −555m 中段 553 盘区的 5 号采联变形特别严重，两帮围岩直接剥落，−420m 水平探矿靠近 F_1 断层的岩芯饼化现象证明了这一点。先期构造应力表现为形成各种构造行迹诸如断裂、节理及各种裂隙构造结构面，具有相应的稳定性，对矿区或岩体的稳定性影响是间接的，而现代构造应力场则是决定或影响矿区稳定性的力学条件，对矿区或岩体（局部）的稳定性影响是直接的。由于构造应力的影响，地应力的大小必须通过原岩应力的实地量测来确定。

4.3.1.6 采矿工程因素

采矿工程因素是指采场结构、开采方法与爆破工艺、安全与支护三个方面的因素，如采场的方位、采场的布置、规模（暴露面积）、形态、使用性质（永久性或短暂性）、施工方法、开采工艺、支护形式与时间等。

开采方法和爆破工艺对采场岩体稳定性的控制很重要。对于有岩爆倾向性的岩石，在软硬交接处进行开采，如果开拓方向是从软岩向硬岩方向掘进，则在交接处可能会由于高应力集中而发生岩爆；由于采场开采中要使用爆破等施工工艺，爆破的动力作用使原有结构面状态发生变化，有时也可形成一定新的破坏裂隙。部分岩体还会存在松动现象，由于结构面间的松动，其咬合作用丧失或部分丧失，导致结构面的抗剪强度降低，不利于地下工程岩体的稳定。由于爆破的频繁发生，地下工程岩体容易产生疲劳破坏，岩体在遭受疲劳破坏作用时，其强度是极限强度的 60%，且随着岩体的软弱程度而降低。对于潜在不稳定岩体而言，爆破使岩体产生一定的加速度。支护因素主要是指岩体在人为施加外力作用下，使得岩体变得稳定。在许多情况下，采取有效的支护形式与选择合理支护时间，可以充分及时地给围岩以有效的加固补强，制止或大大减缓了围岩松弛恶化的过程，增强岩体质量的稳定性。由于受到生产的影响，工程岩体质量也会随着时间的推移产生变化，有些原本稳定的岩体，由于受到震动，应力集中的作用而变得不稳定，因此地下工程岩体质量的影响因素复杂而且具有动态性[21]。

4.3.2　岩体质量与稳定性评价体系建立

4.3.2.1　岩体质量与稳定性评价指标的确定

通过调研国内外岩体质量评价方法，对三山岛金矿进行综合系统地对比分析，结合实际工程情况，选取 RMR 法[2] 作为三山岛金矿深部岩体质量评价的基础，在此基础上进行对 RMR 分类法修正改进，考虑地应力对岩体稳定性影响，建立 IRMR 分类法。再参考工程岩体分级标准和综合采矿工程的因素，建立适合三山岛金矿工程实际的岩体质量与稳定性评价体系，并用新建立的 M-IRMR 岩体评价体系对三山岛金矿深部岩体质量与稳定性进行评价，为采场结构参数及采矿工艺优化提供科学依据。

M-IRMR 评价体系包含 9 个评价指标：R_1 为岩石抗压强度、R_2 为岩石质量指标 RQD、R_3 为节理间距、R_4 为节理状态、R_5 为地下水状态、R_6 为节理方向对工程影响的修正参数、R_7 为地应力修正参数（岩体损伤系数 Z）、R_8 为爆破震动影响系数 η、R_9 为岩体暴露面积。

4.3.2.2　RMR 分类法修正

RMR 法是国内外比较通用的一种岩体质量分类方法，岩体的 RMR 值取决于五个通用参数和一个修正参数，五个通用参数分别为：岩石抗压强度 R_1、岩石质量指标 R_2、节理间距 R_3、节理状态 R_4 和地下水状态 R_5，修正参数 R_6 则取决于节理方向对工程的影响。把上述各个参数的岩体评分值相加起来就得到岩体的 RMR 值：

$$RMR = R_1 + R_2 + R_3 + R_4 + R_5 + R_6 \qquad (4-3)$$

它的 6 个基本指标及其评分标准见表 4-9。按总 RMR 评分值确定的岩体级别及岩体质量评价见表 4-10。

表 4-9　RMR 法分类指标及其评分值

分类参数		参　数　范　围						
R_1	完整岩石强度	点载荷	>10	10 ~ 4	4 ~ 2	2 ~ 1	对强度较低的岩石宜采用单轴抗压强度		
		单轴抗压强度	>250	250 ~ 100	100 ~ 50	50 ~ 25	25 ~ 5	5 ~ 1	<1
	评分值		15	12	7	4	2	1	0
R_2	RQD/%		100 ~ 90	90 ~ 75	75 ~ 50	50 ~ 25	<25		
	评分值		20	17	13	8	3		
R_3	节理间距/cm		>200	200 ~ 60	60 ~ 20	20 ~ 6	<6		
	评分值		20	15	10	8	5		

分类参数		参 数 范 围				
节理条件		节理面很粗糙，节理不连续，节理宽度为0，节理面岩石坚硬	节理面稍粗糙，宽度小于1mm，节理面岩石坚硬	节理面稍粗糙，宽度小于1mm，节理面岩石软弱	节理面光滑或含厚度小于5mm的软弱夹层，张开度1~5mm，节理连续	含厚度大于5mm的软弱夹层，张开度大于5mm，节理连续
评分值		30	25	20	10	0
R_4 具体结构面分类指标	结构面长度/m	<1	1~3	3~10	10~20	>20
	评分值之一	6	4	2	1	0
	张开度/mm	无	<0.1	0.1~1	1~5	>5
	评分值之二	6	5	4	1	0
	粗糙程度	很粗糙	粗糙	微粗糙	光滑	擦痕
	评分值之三	6	5	3	1	0
	充填物情况	无	硬充填物	硬充填物	软充填物	软充填物
	评分值之四	6	4	2	2	0
	风化程度	未风化	微风化	中风化	高风化	崩解
	评分值之五	6	5	3	1	0
R_5 地下水条件	每10m长的隧道涌水量/L·min^{-1}	0	<10	10~25	25~125	>125
	节理水压力与最大主应力之比	0	<0.1	0.1~0.2	0.2~0.5	>0.5
	总条件	干燥	潮湿	只有湿气（裂隙水）	中等水压	水的问题严重
评分值		15	10	7	4	0

R_6 裂隙走向影响评分值	走向与隧道轴垂直				走向与隧道轴平行		与走向无关
	沿倾向掘进		反倾向掘进		倾角 45°~20°	倾角 90°~45°	倾角 20°~0°
	倾角 90°~45°	倾角 45°~20°	倾角 90°~45°	倾角 45°~20°			
	非常有利	有利	一般	不利	一般	非常不利	不利
	0	-2	-5	-10	-5	-12	-10

表4-10 按总 RMR 评分值确定的岩体级别及岩体质量评价

评分值	100~81	80~61	60~41	40~21	<20
分级	I	II	III	IV	V
质量描述	非常好的岩体	好岩体	一般岩体	较差岩体	非常差的岩体
平均稳定时间	15m 跨度 20 年	10m 跨度 1 年	5m 跨度 1 周	2.5m 跨度 10h	1m 跨度 30min
岩体黏聚力/kPa	>400	300~400	200~300	100~200	<100
岩体内摩擦角/(°)	>45	35~45	25~35	15~25	<15

A　单轴抗压强度 R_1 项的修正

RMR 分类的 R_1 项是根据抗压强度（或点荷载强度指标）对岩体进行评分，把岩体的抗压强度（MPa）分为 <1、1~5、5~25、25~50、50~100、100~250、>250 七个区间，对每个区间给予不同的评分值。这种"跳跃式"评分方法虽然简单，但会造成分值的"突变"。当室内岩石单轴抗压强度 $\sigma_{ucs} = 251\,\mathrm{MPa}$ 时，按表 4-9，其分值 $R_1 = 15$；当 $\sigma_{ucs} = 249\,\mathrm{MPa}$ 时，其分值 $R_1 = 12$。但实质上两种岩石的抗压强度并无大差别，两权值却相差 3 分。再如 $\sigma_{ucs} = 249\,\mathrm{MPa}$ 和 $\sigma_{ucs} = 101\,\mathrm{MPa}$，按表 4-9 的评分值，两者得分均为 12，这显然不合理。

因此，通过对岩体抗压强度和评分值进行分析，对其进行细化修正，使指标的评价边界值由一范围值转变成一个具体点值，从而消除了原评价标准的模糊性。为了进一步避免 RMR 评分值发生突变，即通过连续评分的方式对岩体抗压强度进行评价，细化修正表见表 4-11。根据细化修正表，采用多项式拟合回归方法，得到评价指标与其评分值之间的连续性方程，其函数关系见式（4-4），单轴抗压强度连续性修正曲线如图 4-8 所示。

表 4-11　单轴抗压强度细化修正表

R_1	σ_{ucs}/MPa	>250	175	100	75	50	37.5	25	15	1	<1
	评分值	15	13.5	12	9.5	7	5.5	4	2.5	1	0

$$R_1 = -0.0003\sigma_{ucs}^2 + 0.135\sigma_{ucs} + 0.9023 \qquad (4-4)$$

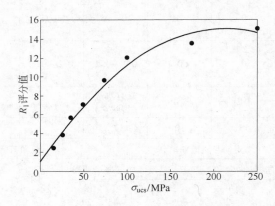

图 4-8　单轴抗压强度连续性修正曲线

考虑到三山岛矿区处于深部开采，矿区内渗水比较严重，地下水及地热弱化对岩体存在影响，传统的 RMR 法考虑了地下水对岩体结构面的影响，但没有考虑地下水对完整岩块力学性质的弱化效应。在深部工程中，高地下水压增强了地下水对岩块的软化和泥化、离子交换、溶解、水化和水解、溶蚀以及孔隙动、静水压等水岩相互作用，故实际工程中的岩块强度往往低于常规室内试验所确定的岩块强度。因此，必须对 RMR 法中完整岩石强度指标进行地下水弱化修正。定义岩石强度水弱化系数 K_W 为：

$$K_W = \frac{\sigma_{ucsw}}{\sigma_{ucs}} \qquad (4-5)$$

式中　σ_{ucs}——室内岩石单轴抗压强度；

　　　σ_{ucsw}——水弱化后的岩石单轴抗压强度。

有关文献报告，随岩石含水率的变化，岩石强度不断变化，故 K_{W} 是岩石含水率函数。

三山岛矿区越往深部开采，地温越来越高，由于岩石是由不同矿物所组成的非均质体，各种矿物在高温条件下的热膨胀系数各不相同，故岩体在高温环境下其内部常存在结构热应力，一般温度每变化1℃，应力可产生 $0.4 \sim 0.5\text{MPa}$ 的变化，此时，岩体往往会产生热胀冷缩破碎，从而恶化了工程围岩的质量，故必须对 RMR 法中完整岩块强度进行热弱化修正。定义岩石热弱化系数 K_{T} 为：

$$K_{\text{T}} = \frac{\sigma_{\text{ucst}}}{\sigma_{\text{ucs}}} \qquad (4-6)$$

式中　σ_{ucst}——热弱化后的岩石单轴抗压强度。

综合式（4-4）~式（4-6），可得考虑地下水和地热弱化作用时完整岩石强度的 RMR 分值计算式：

$$R_1 = -0.0003(K_{\text{W}}K_{\text{T}})\sigma_{\text{ucs}}^2 + 0.135K_{\text{W}}K_{\text{T}}\sigma_{\text{ucs}} + 0.9023 \qquad (4-7)$$

B　RQD 的评分 R_2 项的修正

RMR 分类对于 RQD 同样采取的是"跳跃式"的评分方式，即把 RQD 分为5个区间，对每个区间给予不同的权值，故对其进行修正，采用连续的评分方式将 RQD 指标和评分值联系起来，见表4-12。根据 RQD 细化修正表，采用多项式拟合，得到 RQD 评价指标与其评分值之间的连续性方程，其函数关系见式（4-8），RQD 连续性修正曲线如图4-9所示。

表4-12　RQD 细化修正表

R_2	$I_{\text{RQD}}/\%$	100	95	90	82.5	75	62.5	50	37.5	25	0
	评分值	20	18.5	17	15	13	10.5	8	5.5	3	1.5

$$R_2 = 0.0012I_{\text{RQD}}^2 + 0.0692I_{\text{RQD}} + 1.23 \qquad (4-8)$$

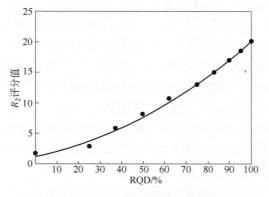

图4-9　RQD 连续性修正曲线

C 节理间距评分值 R_3 的修正

节理间距分为 <6、6~20、20~60、60~200、>200 五段，采用"跳跃式"评分，同样造成评分的不合理，故对其进行修正，采用连续的评分方式将节理间距指标和评分值联系起来，见表 4-13。根据修正细化表，采用自动拟合回归曲线，得到 R_3 项与其评分值之间的连续评分方程，其函数关系式见式（4-9）。节理间距连续性修正曲线如图 4-10 所示。

表 4-13 R_3 细化修正表

R_3	节理间距 J_V/m	>2	1.3	0.6	0.4	0.2	0.13	0.06	0.045	0.03	<0.03
	评分值	20	17.5	15	12.5	10	9	8	6	4	3

$$R_3 = 3.5411\ln J_V + 16.6617 \qquad (4-9)$$

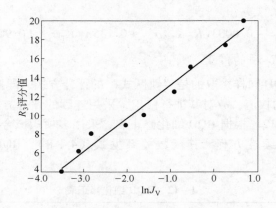

图 4-10 节理间距连续性修正曲线

D 地应力值评分 R_7 的修正

深部岩体最显著的特点之一是存在高地应力，这是深部岩体工程围岩产生破坏失稳的一个主要原因。三山岛金矿 -555m 巷道开挖后地应力集中导致两帮岩体崩落，严重地带甚至可能出现岩爆现象。实验结果表明，深部工程中原岩压力明显增大，在 1600m 深度处压力可达 40MPa 以上，地应力中构造应力的作用显著增强，两水平地应力普遍大于垂直地应力。高地应力的存在使深部岩体的力学性质发生了重要变化。在不同地应力的水平对具有同样强度的岩体给出相同的分值使评价的结果具有不合理性。因此，对深部岩体工程围岩进行稳定性评价时，必须考虑地应力的影响，而这一点正是 RMR 法所欠缺的。针对三山岛金矿处于深部开采的情况，必须根据工程实际情况考虑地应力因素，并对其进行修正，为此根据岩石强度特征与岩体中地应力的比值定义为岩体损伤系数 Z，探求岩体损伤系数与岩体评分值之间的修正关系。

对于地应力的修正可参照我国在 1997 年提出的地下硐室的岩体分类《工程岩体分级标准》中对地应力的修正见表 4-14。

表 4 – 14　地应力影响修正系数

R_7	地应力状态	极高地应力	高地应力	低地应力
		$R_c/\sigma_{max} < 4$	$4 < R_c/\sigma_{max} < 7$	$R_c/\sigma_{max} > 7$
	评分值	– 15	– 10	0

注：σ_{max} 为垂直硐轴线方向平面内的最大天然应力。

鉴于对地应力修正的评分值也采用"跳跃式"的标准，故对表 4 – 14 中地应力修正，即采用连续的评分方式对岩体损伤系数 Z 与评分值联系起来进行修正，见表 4 – 15。

表 4 – 15　考虑地应力影响对岩体质量评分值的修正

R_7	Z	1 ~ 2	2 ~ 3	3 ~ 4	4 ~ 5	5 ~ 6	6 ~ 7	> 7
	评分值	– 15	– 12	– 9	– 7	– 5	– 3	0

根据地应力影响细化修正表，采用自动回归拟合，得到 R_7 项与其评分值之间的连续评分方程，其函数关系见式（4 – 10）。地应力连续性修正曲线如图 4 – 11 所示。

$$R_7 = 3Z - 18 \tag{4 – 10}$$

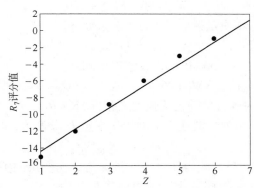

图 4 – 11　地应力连续性修正曲线

4.3.2.3　采矿工程因素指标修正及评分确定

A　爆破震动影响系数 η（R_8）评分值确定及修正

地下采场均采用爆破方法进行开采，频繁的爆破会对采场的稳定性造成很大影响，其对采场岩体稳定性的影响主要体现在两方面：一是使岩石的力学性能劣化，造成岩石的强度和弹性模量降低；二是在围岩内产生裂纹或使围岩中原有裂纹扩展等，从而影响岩体的完整性。以上两个方面都将降低岩体基本质量指标值，从而影响采场岩体的稳定性。因此，对于地下岩石工程进行工程岩体的详细定级时，有必要考虑爆破对岩体基本质量指标值即 BQ 值的修正因素以及爆破对工程岩体的影响范围，为围岩稳定性评价提供依据。

为了定量说明爆破对岩体质量的影响，下面借鉴 BQ 指标的计算公式来确定爆破对岩体质量的影响程度。

在《工程岩体分级标准》中 BQ 计算公式为：

$$BQ = 90 + 3R_c + 25K_V \tag{4 – 11}$$

式中 R_{C}——岩石的单轴抗压强度，MPa；

K_{V}——岩体完整性指数：

$$K_{\mathrm{V}} = \left(\frac{V_{\mathrm{Pm}}}{V_{\mathrm{Pr}}}\right)^2 \qquad (4-12)$$

式中 V_{Pm}，V_{Pr}——分别为岩体及岩石弹性纵波速度。

借鉴岩体完整性指数的计算公式，定义爆破影响岩体完整性指标 K_{VB} 为：

$$K_{\mathrm{VB}} = \left(\frac{V_{\mathrm{PB}}}{V_{\mathrm{P0}}}\right)^2 \qquad (4-13)$$

式中 V_{P0}，V_{PB}——分别为爆破前后岩体的弹性纵波波速。

因此，由 BQ 计算公式对爆破影响岩体基本质量指标 BQ_{B} 定义为：

$$BQ_{\mathrm{B}} = 90 + 3R_{\mathrm{CB}} + 250K_{\mathrm{VB}} \qquad (4-14)$$

式中 R_{CB}——爆破损伤岩石的单轴抗压强度。

对于未受爆破影响的岩体，根据以上的定义有 $K_{\mathrm{VB}} = 1$，$R_{\mathrm{CB}} = R_{\mathrm{C0}}$，$R_{\mathrm{C0}}$ 为未受爆破影响岩石的单轴抗压强度。

则岩体爆破前的 BQ 指标 BQ_0 为：

$$BQ_0 = 90 + 3R_{\mathrm{C0}} + 250 \qquad (4-15)$$

从而，爆破对岩体基本质量指标 BQ 的影响系数 η 定义为：

$$\eta = BQ_{\mathrm{B}}/BQ_0 \qquad (4-16)$$

将式（4-14）、式（4-15）代入，并整理得到：

$$\eta = 1 - [3\Delta R + 250(1 - K_{\mathrm{VB}})]/BQ_0 \quad 0 \leqslant \eta \leqslant 1 \qquad (4-17)$$

式中 ΔR——爆破前后的岩石单轴抗压强度之差，$\Delta R = R_{\mathrm{C0}} - R_{\mathrm{CB}}$。

爆破对岩体的损伤可由弹性波速定义的损伤变量 D 来表达，其关系式为：

$$D = 1 - K_{\mathrm{VB}} \qquad (4-18)$$

式（4-18）建立了爆破影响岩体完整性指标与损伤变量的关系，说明爆破对岩体的损伤作用越大、岩体完整性指标越小，当岩体未损伤时，即 $D = 0$，岩体完整，$K_{\mathrm{VB}} = 1$；当岩体发生破坏时，$D = 1$，$K_{\mathrm{VB}} = 0$。将式（4-18）代入式（4-17）有：

$$\eta = 1 - (3\Delta R + 250D)/BQ_0 \qquad (4-19)$$

式（4-17）和式（4-19）定量地反映了爆破对岩体基本质量指标的影响程度。对于爆破影响的工程岩体，可按照式（4-11）计算其未考虑爆破损伤影响的 BQ 指标。

当无条件取得实测值时，也可用岩体体积节理数 J_{V}，按表4-16确定对应的 K_{V} 值。J_{V} 可以由式（4-20）求得：

$$J_{\mathrm{V}} = (110.4 - RQD)/3.68 \qquad (4-20)$$

表4-16 J_{V} 与 K_{V} 对照

J_{V}/条·m^{-3}	<3	3~10	10~20	20~35	>35
K_{V}	>0.75	0.75~0.55	0.55~0.35	0.35~0.15	<0.15

根据表4-16的数据，对 J_{V} 与 K_{V} 的关系进行自动回归线性拟合，得到 J_{V} 与 K_{V} 的连续性方程，其函数见式（4-21）。J_{V} 与 K_{V} 连续性修正曲线如图4-12所示。

$$K_{\mathrm{V}} = -0.0195J_{\mathrm{V}} + 0.7934 \qquad (4-21)$$

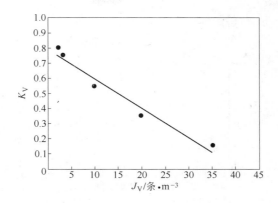

图 4-12 J_V 与 K_V 连续性修正曲线

在矿山井下岩体的掘进爆破试验结果表明：爆破对岩体质量的影响范围超过了 25 倍比例距离，在该范围内的影响系数 $\eta = 0.7 \sim 0.9$ 左右，即岩体基本质量指标 BQ 减小了 $10\% \sim 30\%$。随着装药不耦合系数和距爆破点距离的增加，爆破对围岩的影响程度明显减弱。因此，考虑爆破对围岩质量的影响是完全必要的。将爆破影响区分为 3 个区域：爆破近区、爆破中区和爆破远区。其中，爆破近区为爆破时岩石的粉碎区，中区为爆破对岩体的损伤影响区域，远区为无爆破影响的区域。以往研究经验表明，近区影响程度下降的较快，而远区趋于平缓；近区影响程度较大，而远区影响程度较小。

爆破震动是在开采活动中影响采场稳定性的关键因素，因此，在参考了以往爆破对岩体质量影响的经验，总结出爆破对岩体质量影响及损伤程度的定量公式，并根据岩体距离爆破点的位置，设定爆破震动影响系数 η 和岩体质量评分值之间的修正对应关系，见表 4-17。根据表 4-17 的数据，采用线性拟合得到两者之间的连续性方程，函数关系见式（4-22），爆破影响系数与岩体质量评分值连续性修正曲线如图 4-13 所示。

$$R_8 = -38.0952\eta + 6.667 \tag{4-22}$$

表 4-17 爆破震动影响系数 η 对岩体质量评分修正

η	$0 \sim 0.15$	$0.15 \sim 0.3$	$0.3 \sim 0.45$	$0.45 \sim 0.6$	$0.6 \sim 0.75$	$0.75 \sim 0.9$	$0.9 \sim 1$
评分值	0	-5	-10	-15	-20	-25	-30
得分值	$100 \sim 81$		$80 \sim 61$	$60 \sim 41$	$40 \sim 21$	< 20	
级别	I		II	III	IV	V	

B 暴露面积（R_9）评分值确定

对于采矿工程来讲，采场的暴露面积成为影响采场岩体稳定的一个重要因素。采场暴露面积越大越不利于岩体的稳定。通过研究，采场断面宽度对采场稳定性影响大于采场开采高度对采场稳定性的影响，因而采取控制开采断面宽度来有效控制采场稳定性，同时还可以适当提高采场的开采高度。

根据采场暴露面积大小，将评分等级分为五类，见表 4-18。

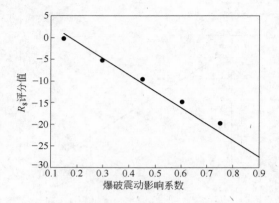

图4-13 爆破震动影响系数与岩体质量评分值连续性修正曲线

表4-18 采场暴露面积评分值

评分值	100~81	80~61	60~41	40~21	<20
顶板暴露面积/m²	<50	50~200	200~500	500~800	>800
级别	Ⅰ	Ⅱ	Ⅲ	Ⅳ	Ⅴ

经过层次分析法 AHP 计算，岩体质量、爆破震动、采场暴露面积大小与对采场岩体稳定性的权重分别为 0.5、0.15、0.35。即岩体质量评分值乘 0.5 加上爆破震动得分值乘以 0.15 和采场暴露面积大小评分值乘 0.35 后相加得到的分值即为岩体稳定性分值。

4.3.2.4 M-IRMR 评价体系建立

三山岛 M-IRMR 评价体系构建流程如图 4-14 所示。

4.3.3 岩体质量与稳定性 M-IRMR 评价体系应用

通过分析影响三山岛岩体质量与稳定性的因素，选取 9 个评价指标，并建立适合三山岛岩体质量与稳定性的评价体系，即 M-IRMR 岩体评价体系，为了对岩体进行评判，为此需要对各评价指标进行分值确定。

4.3.3.1 直属矿区岩体等级评价及预测

A 直属矿区岩体评价指标评分值确定

a 岩石抗压强度

为了能对深部采场的矿体及岩体做出科学、合理地评价，对三山岛金矿直属矿区具有代表性的矿岩进行取样，矿区深部下盘主要矿岩为灰白色绢英岩化花岗岩，变余花岗结构，块状构造。主要矿物成分为石英、长石、绢云母等；矿体主要赋存在绢英岩、煌斑岩中，绢英岩以灰绿色为主，中细粒变晶结构，块状构造；煌斑岩呈灰黑色，主要矿物成分为石英、绢云母、黄铁矿等；上盘主要矿岩为绢英岩化花岗岩、绢英岩化碎裂岩，绢英岩化花岗岩为灰白色，变余花岗结构，块状构造，还有绢英岩化碎裂岩，灰白色，破碎。取样分别在 -465 中段、-555 中段、与 -600 中段，并进行各种岩石力学实验测试，得出岩石基本物理力学参数，见表 4-19。

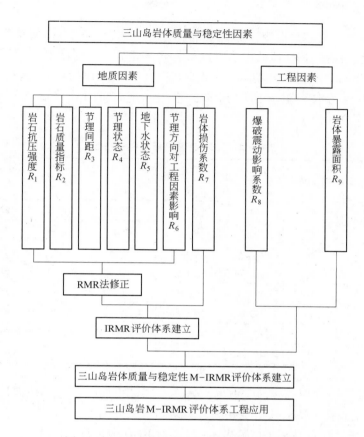

图 4-14 三山岛 M-IRMR 评价体系构建流程

表 4-19 各中段岩石物理力学参数

取样位置	岩石名称	抗压强度/MPa	抗拉强度/MPa	弹性模量/GPa	泊松比	黏聚力/MPa	内摩擦角/(°)
-465 中段	矿体黄铁绢英岩	106.46	3.849	69.12	0.242	19.41	36.7
-555 中段	矿体黄铁绢英岩	72.30		49.88	0.223	19.40	36.7
	矿体煌斑岩	118.05	4.192	85.93	0.262		
	下盘花岗岩	93.46	3.900	42.57	0.246	15.63	41.4
-600 中段	矿体黄铁绢英岩化碎裂岩	79.83	2.672	43.89	0.217	7.48	40.4

通过前文中单轴抗压强度的修正，对岩石进行室内浸润和加热试验，根据式 (4-10)、式 (4-11) 得到岩石的水弱化系数和热弱化系数，再由式 (4-12) 得到岩石单轴抗压强度 R_1 的 M-IRMR 评分值见表 4-20。

表 4-20 岩石单轴抗压强度 R_1 的评分值

工程位置	N461	463	S511	512	516	552	553	601
R_1 得分值	11.8	11.8	11.0	11.0	11.0	7.1	7.1	7.9

b RQD 值

用岩芯复原率（岩芯采取率）来表征岩体质量，岩芯采取率即所采岩芯总长度与取芯进尺的百分比，根据 RQD 值的大小可进行岩体质量分类。对于 RQD 值，一般不采用 0 值，最小等于 10%。即计算 Q 值时，对于 RQD < 10，包括 RQD = 0，是用 RQD = 10 代替的。本次调查地点选取相对应的钻孔的岩芯来确定 RQD 值。553 盘区采场钻孔分布见表 4 – 21。

表 4 – 21 553 盘区采场钻孔分布表

工程位置	勘探线	钻孔编号	孔口坐标			孔深/m	岩芯长度/%	RQD 值/%
			x	y	z			
–555 中段 553 盘区 采场	1840	47	1364.58	5786.92	–549.78	64.80	62.50	96.45
		48	1364.33	5787.23	–550.40	71.40	70.60	98.87
	1860	52	1382.77	5795.94	–550.87	60.50	58.5	96.69
		50	1382.74	5795.99	–549.63	61.70	61.50	99.67
	1880	47	1399.85	5805.19	–550.80	81.40	81.20	99.75
		46	1399.91	5805.86	–550.35	68.30	67.60	98.97
	1900	47	1417.86	5815.07	–550.01	64.30	63.10	98.13
		48	1417.86	5815.15	–550.51	72.00	65.80	91.38

RQD 值明显受主构造迹线、应力场、岩性、测量方向、钻孔方位等因素的影响，为使 RQD 值具有代表性，选取八个钻孔的岩芯来确定 RQD 值。

553 盘区采场钻孔及其相关值见表 4 – 21，对 RQD 值进行平均处理，得到采场区域总的 RQD 值为 97.5%，表明岩体条件非常好，按 8% 微小间距效应折减，得到设计 RQD 为 89.5%。

通过对各中段勘探线相关钻孔资料的统计分析，得到各工程位置 RQD 值，并根据式（4 – 8）得出 RQD 的 M-IRMR 评分值，得分值见表 4 – 22。

表 4 – 22 RQD 值得分

工程位置	N461	463	S511	512	516	552	553	601
RQD/%	82.8	75.4	88.6	79.8	85.6	90.1	89.5	82.6
得分值	15.0	13.0	16.8	14.0	15.8	17.0	17.0	15.0

c 节理间距

节理间距取的是节理调查的平均间距，通过对矿区节理裂隙调查，并统计分析得测量地点节理间距，代入式（4 – 9）得出节理间距 R_3 的 M-IRMR 评分值，得分见表 4 – 23。

表 4 – 23 节理间距得分

工程位置	N461	463	S511	512	516	552	553	601
节理间距/cm	39.0	26.9	34.8	31.8	30.6	28.1	34.1	33.8
得分值	12.5	10.0	11.8	11.4	11.3	11.0	12.0	11.7

d 结构面条件

通过调查三山岛矿区的节理裂隙等地质工程的实际情况，综合参比结构面条件的评分标准，得到结构面条件的 M-IRMR 得分值。见表 4-24。

表4-24 节理面条件得分

工程位置	节理面条件	评分值
N461	岩体节理面光滑，含有厚度为 1~3mm 的泥质软弱夹层，有充填物节理条数占调查节理总数的 10.0%，张开度为 1~5mm，多为软质充填，节理较连续	15
463	节理面光滑，含有少量厚度为 1~3mm 的泥质软弱夹层及硬质充填夹层，有充填物节理条数占总数的 3.33%，节理较连续，节理面岩石较坚硬	10
S511	节理面总体稍粗糙，含有厚度为多条 0.5~3mm 的泥质软弱夹层及硬质充填夹层，有充填物节理条数占总数的 11.3%，节理较连续，节理面岩石坚硬	18
512	节理面总体稍粗糙，含有厚度为多条 0.5~3mm 的泥质软弱夹层及硬质充填夹层，有充填物节理条数占总数的 6.67%，张开度为 1~5mm，节理较连续，节理面岩石较坚硬	12
516	节理面总体稍粗糙，含有厚度为多条 0.5~5mm 的泥质软弱夹层及硬质充填夹层，有充填物节理条数占总数的 11.3%，张开度为 1~5mm，节理较连续，节理面岩石坚硬	20
552	节理面总体稍粗糙，闭合性较好，节理裂隙几乎无充填物，节理裂隙张开度为 0.5~3mm，节理较连续，节理面岩石坚硬	20
553	节理面总体稍粗糙，含有厚度为多条 0.5~3mm 硬质充填夹层，有充填物节理条数占总数的 11.6%，张开度为 1~3mm，节理较连续，节理面岩石较坚硬，中风化	22
601	节理面总体较粗糙，含有厚度为多条 0.5~3mm 硬质充填夹层，有充填物节理条数占总数的 18.2%，节理较连续，节理面岩石较坚硬	17

e 地下水

通过对三山岛矿区的地下水调查，查明了矿区各中段及巷道的地下水情况，得到地下水的 M-IRMR 评分值，见表 4-25[22]。

表4-25 地下水情况得分

工程位置	N461	463	S511	512	516	552	553	601
地下水条件	较潮湿	较潮湿	干燥	潮湿渗水	潮湿渗水	较潮湿	渗水滴水	渗水滴水
得分值	10	5	15	7	7	12	11	6

f 节理裂隙走向的修正

RMR 分类法节理裂隙走向对工程影响的修正评分见表 4-26。

表4-26 节理走向与倾角对隧道开挖的影响

节理裂隙走向	与隧道轴垂直				与隧道轴平行		与走向无关
	沿倾向掘进		反倾向掘进				
倾角/(°)	90~45	45~20	90~45	45~20	20~45	45~90	0~20
评分值	非常有利	有利	一般	不利	一般	非常不利	不利
	0	-2	-5	-10	-5	-12	-10

三山岛金矿矿体总体走向40°，局部走向70°~80°，倾向南东，倾角45°~75°，采场长轴沿走向或垂直走向布置，联络道的开挖方向为124°。根据上、下盘岩体，矿体及各个中段的主要节理裂隙走向与倾角可得到 R_6 的 M-IRMR 的修正得分值，见表4-27。

表4-27   节理裂隙走向修正得分

工程位置	N461	463	S511	512	516	552	553	601
节理裂隙走向	一般	不利	一般	不利	不利	一般	非常有利	一般
评分值	-5	-10	-5	-10	-10	-5	0	-5

g   地应力的修正（岩体损伤系数 Z）

2002 年北京科技大学对三山岛直属矿区三个中段 4 个测点原岩地应力测量结果见表4-28。

表4-28   三山岛直属矿区原岩地应力测量结果

深度/m	最大主应力			中间主应力			最小主应力		
	大小/MPa	方位/(°)	倾角/(°)	大小/MPa	方位/(°)	倾角/(°)	大小/MPa	方位/(°)	倾角/(°)
-75	6.01	288.5	-6.3	3.81	198	-4.9	2.56	250.4	82.0
-420	19.27	284.1	-21.3	11.05	18.5	-11.1	10.88	134.4	-65.7
-420	19.69	120.4	-14.9	10.92	169.2	68.1	9.44	34.7	15.8
-150	7.73	280.9	-5.2	5.48	9.4	16.6	4.5	27.7	-72.5

为了更好地分析地应力场随深度的变化规律，以及方便以后的数值模拟地应力边界条件的计算，采用最小二乘法对所测 4 个点的最大水平主应力、最小水平主应力和垂直主应力值进行线性回归，得出了各个主应力值随埋深变化的规律。最大水平主应力、最小水平主应力和垂直主应力值随埋深变化的回归曲线绘于图4-15 中，它们的回归特性方程如下：

$$\sigma_{hmax} = 0.0402H + 2.4226 \tag{4-23}$$
$$\sigma_z = 0.0207H + 2.3103 \tag{4-24}$$
$$\sigma_{hmin} = 0.0217H + 1.0649 \tag{4-25}$$

式中 σ_{hmax}，σ_{hmin}，σ_z——分别为最大水平主应力、最小水平主应力和垂直应力，MPa；

H——测点埋深，m。

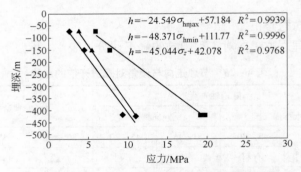

图4-15 σ_{hmax}、σ_{hmin} 和 σ_z 值随深度的回归曲线

通过回归方程可分别推算出 -465 以下中段的地应力值（表 4 - 29）。

表 4 - 29 各中段地应力值 （MPa）

工程位置	最大水平主应力 σ_{hmax}	垂直主应力 σ_z	最小水平主应力 σ_{hmin}
-465 中段	21.1156	11.9358	11.1554
-510 中段	22.9246	12.8673	12.1319
-555 中段	24.7336	13.7988	13.1084
-600 中段	26.5426	14.7303	14.0849

从地应力测量的数据分析得出，直属矿区最大主应力的倾角（与水平面的夹角）介于 -21.3° ~ -5.2°，平均 11.925°，位于近水平方向，说明矿区的地应力以水平构造应力为主。最大水平主应力的走向位于北西西向，基本与区域构造应力场最大主应力的方向相一致。定义岩体损伤系数 Z 为岩石抗压强度与最大水平主应力的比值，各工程位置岩体损伤系数 Z 值见表 4 - 30，再根据式（4 - 10），得到岩体损伤系数 R_7 对 M-IRMR 的修正评分值。

表 4 - 30 岩体损伤系数 Z 值

工程位置	N461	463	S511	512	516	552	553	601
岩体损伤系数 Z	5.3	5.0	4.8	4.8	4.6	3.0	2.9	3.0
评分值	-4	-5	-5.5	-5.5	-6	-9	-9	-9

B 直属矿区岩体质量分级评价结果

根据 4.3 节中 M-IRMR 评价体系中各评价指标的评分值和修正值，对三山岛八个采场岩体进行了计算，得到三山岛金矿岩体质量 IRMR 结果，见表 4 - 31。评价结果与目前井下岩体稳定性情况相符，并且为将来开采深部岩体提供稳定性的科学依据。

表 4 - 31 三山岛岩体质量 IRMR 评价结果

工程位置	R_1	R_2	R_3	R_4	R_5	R_6	R_7	总分	岩体等级
N461	11.8	15.0	12.5	15	10	-5	-4	55.3	III
463	11.8	13	10	10	5	-10	-4	35.8	IV
S511	11.0	16.8	11.8	18	15	-5	-5.5	62.1	II
512	11.0	14.0	11.4	14	7	-5	-5.5	36.9	IV
516	11.0	15.8	11.3	20	7	-10	-6	49.1	III
552	7.1	17.0	11.0	20	12	-5	-9	53.1	III
553	7.1	17.0	12.0	22	11		-9	60.1	II（接近III级）
601	7.9	15.0	11.7	15	6	-5	-9	43.6	III

C 直属矿区岩体质量分级预测

由于岩体质量在空间上具有一定的连续性，故可根据相邻地段及更深部的岩体质量等级进行预测分析，得到各中段平面分级结果（图4-16）。

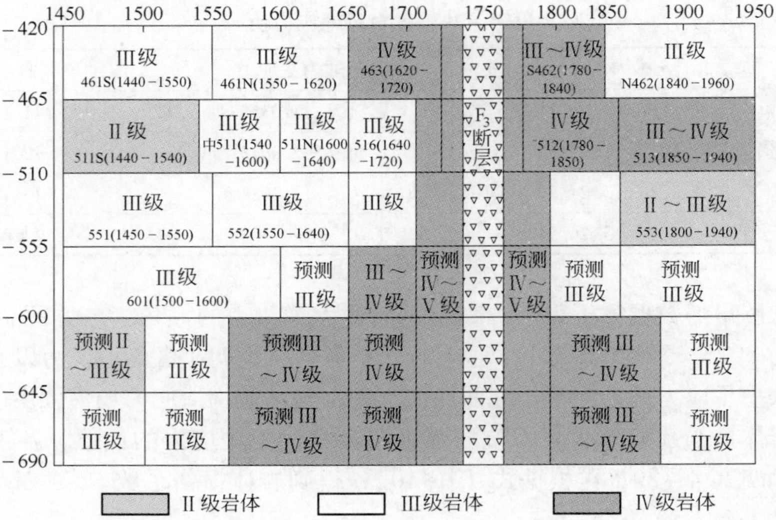

图4-16   三山岛直属矿区岩体质量分级预测

4.3.3.2   新立矿区岩体等级评价及预测

A   新立矿区岩体评价指标值确定

中南大学、中国科学院地质与地球物理研究所对三山岛新立矿区的岩石力学性质、地下水、节理裂隙情况进行了大量的实验与调查，新立矿区岩体评价工作借鉴了其中的部分成果。

a   岩石抗压强度

新立矿区矿体由黄铁绢英岩化碎裂岩等组成，岩层的倾角较陡，矿体中裂隙不太发育。矿体下盘由绢英岩化花岗质碎裂岩、绢英岩化花岗岩等组成。岩石的硬度较大，岩体中裂隙不发育。

b   RQD值

新立矿区在-200m以下采用的是坑探，无钻孔资料，不能由此推导RQD，由地质资料得到新立矿体为绢英岩化花岗岩、黄铁绢英岩化碎裂岩为主，RQD值一般为75%~95%，考虑8%微小间距效应折减，得到矿区RQD计算值为68%~87%之间。

c   节理间距

中国科学院地质与地球物理研究所对三山岛新立矿区进行了详细的节理裂隙调查，采用的是测窗法，由于只考虑窗口内的节理间距，此方法得到的节理间距偏小，间距平均值小于10cm，故可以通过窗口长度除以节理条数得到节理间距。窗口边长为1m，得到节理间距=1/n，n为窗口内节理条数。通过对中国科学院地质与地球物理研究所测量的数据统计，得到新立矿区矿体穿脉内节理平均间距在20~50cm之间。

d   结构面条件

通过中国科学院地质与地球物理研究所对三山岛新立矿区的节理裂隙调查与地质工程的实际情况，综合参比结构面条件的评分标准，得到结构面条件的IRMR得分值。

e　地下水

中国科学院地质与地球物理研究所对三山岛新立矿区的地下水进行了详细的调查，得到了矿区各中段穿脉内地下水情况，新立整个矿区渗水较为严重。

f　节理裂隙走向影响

新立矿区主矿体赋存于主断裂面之下 0～30m 范围内。走向 50°～70°，倾向南东，倾角 40°～50°，采场长轴沿走向或垂直走向布置。

根据中国科学院地质与地球物理研究所调查得：－200m 中段结构面产状较离散，优势方位按走向大体可分 4 组：24°、70°～90°、290°～320°、345°；按倾向有 5 组：75°∠60°、114°∠61°、132°∠64°、172°∠64°、343°∠56°。当采场长轴沿走向布置时，主要走向优势节理组 70°～90°与开挖方向平行，倾角在 45°～90°之间，是非常不利的，评分值为 －12，当采场长轴垂直走向布置时，主要走向优势节理组 70°～90°与开挖方向垂直，倾角在 45°～90°之间，节理裂隙走向影响为非常有利、一般，评分值为 0、－5。

－240m 中段优势方位按走向大体有两组 10°～60°、280°～310°，倾角在 50°～90°之间。节理裂隙走向影响为非常有利、一般，评分值为 0、－5。

－320m 中段优势方位按走向大体可分 4 组：33°、273°、293°、353°，倾角在 50°～80°之间。优势走向节理与矿体开挖方向无关，得到节理裂隙走向影响为一般，评分值为 －5。

－360m 中段优势方位按走向大体可分 4 组：33°、74°、273°、283°，倾角在 50°～80°之间，与 －200m 中段一样，主要走向优势节理方向 74°与开挖方向平行或垂直，得到节理裂隙走向影响为非常有利、一般、非常不利，评分值为 0、－5、－12。

－400m 中段优势方位按走向大体可分 3 组：10°～30°、70°～90°、344°；倾角在 50°～90°之间，主要走向优势节理方向 70°～90°，与开挖方向平行或垂直，得到节理裂隙走向影响为非常有利、一般、非常不利，评分值为 0、－5、－12。

B　新立矿区岩体质量分级评价结果

根据各指标测量值与评分修正曲线关系，得出新立矿区各中段各穿脉评价指标的得分值及岩体评价等级。

C　新立矿区岩体质量分级预测

因部分穿脉无调查数据，由于岩体质量在空间上具有一定连续性，故根据相邻地段的岩体质量等级进行预测分析，得到各中段分级结果。

通过 IRMR 法得到的分级结果可知道新立矿区岩体质量等级大部分为Ⅲ级，少数为Ⅱ、Ⅳ级，无Ⅰ、Ⅴ级岩体。各中段岩体质量分级结果比例如下：

（1）－200m 中段Ⅱ级岩体占 26.09%，Ⅲ级岩体占 60.87%，Ⅳ级岩体占 13.04%；

（2）－240m 中段Ⅱ级岩体占 17.39%，Ⅲ级岩体占 63.21%，Ⅳ级岩体占 17.40%；

（3）－320m 中段Ⅱ级岩体占 13.04%，Ⅲ级岩体占 65.22%，Ⅳ级岩体占 21.74%；

（4）－360m 中段Ⅱ级岩体占 13.67%，Ⅲ级岩体占 63.60%，Ⅳ级岩体占 22.73%；

（5）－400m 中段Ⅱ级岩体占 9.52%，Ⅲ级岩体占 61.91%，Ⅳ级岩体占 28.57%。

从 －200～－400m 中段的岩体质量分级结果可知：大部分区域岩体质量等级为一般岩体即Ⅲ级岩体；Ⅱ级较差岩体主要分布在西南巷勘探线 91—103 线之间；Ⅳ级较差岩体主要分布在勘探线 63—83 线之间；随着开采深度的增加，地应力将会越来越大，Ⅳ级较差岩体区域将会扩大，由于岩体质量在空间上具有一定的连续性，从而预测 -400 ~ -600m 中段Ⅳ级岩体区域在勘探线 63—83 线之间，其他区域大多为Ⅲ级岩体。-440m 中段矿体质量分级预测平面图如图 4-17 所示。

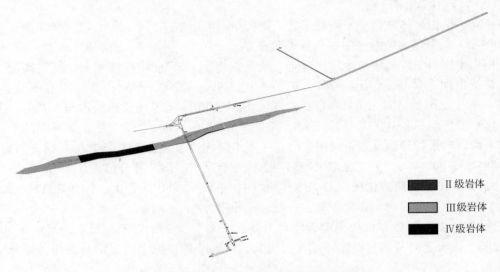

Ⅱ级岩体
Ⅲ级岩体
Ⅳ级岩体

图 4-17 -440m 中段矿体质量分级预测平面图

4.3.3.3 采场岩体稳定性评价

A 采场岩体稳定性评价方法

对采场岩体稳定性评价，除了岩体本身的质量外，还需考虑采矿工程因素中爆破震动与暴露面积对采场岩体稳定性的影响，为了定量说明爆破对岩体稳定性的影响，借鉴 BQ 指标的计算公式来确定爆破对岩体质量的影响程度。根据岩体的 RQD 值，代入式 (4-20) 得到岩体的 J_V，将 J_V 代入式 (4-21) 得到 K_V，由式 (4-18) 得到岩体的损伤变量 D。岩体爆破前的 BQ 指标 BQ_0 由公式 (4-15) 得出，将式 (4-15) 和式 (4-18) 一并代入式 (4-19) 得到爆破震动影响系数 η (R_8)，再根据式 (4-22) 得到 R_8 的 M-IRMR 评分值。

根据爆破震动对采场稳定性的影响大小，将评分等级分为五类，见表 4-32。

表 4-32 爆破震动影响评分值

评分值	100 ~ 81	80 ~ 61	60 ~ 41	40 ~ 21	< 20
爆破震动影响系数	0 ~ 0.3	0.3 ~ 0.45	0.45 ~ 0.6	0.6 ~ 0.75	0.75 ~ 1
级别	Ⅰ	Ⅱ	Ⅲ	Ⅳ	Ⅴ

对于采矿工程，采场的暴露面积成为影响采场岩体稳定的一个重要因素，将其作为 M-IRMR 评价体系的一个评价指标 R_9。采场暴露面积越大越不利于岩体的稳定。通过研究，采场断面宽度及跨度对采场岩体稳定性影响大于采场开采高度对采场岩体稳定性的影响，因而采取控制开采跨度来有效控制采场岩体稳定性，同时还可以适当提高采场的开采高度。

根据采场的暴露面积大小，将评分等级分为五类，见表4-33。

表4-33 采场暴露面积评分值

评分值	100~81	81~61	60~41	40~21	<20
顶板暴露面积/m²	<50	50~200	200~500	500~800	>800
级别	I	II	III	IV	V

经过层次分析法AHP计算，岩体质量、爆破震动、采场暴露面积大小与对采场岩体稳定性的权重分别为0.6、0.15、0.25。即岩体质量评分值乘0.6加上爆破震动得分值乘以0.15和采场暴露面积大小评分值乘0.25后相加得到的分值即为岩体稳定性分值。采场岩体稳定性等级分为五级（表4-34）。

表4-34 采场岩体稳定性分级

评分值	100~81	80~61	60~41	40~21	<20
稳固性描述	极稳固	稳固	中等稳固	不稳固	极不稳固
稳定性等级	I	II	III	IV	V

B 直属矿区采场岩体稳定性评价

利用M-IRMR评价体系对三山岛金矿直属矿区深部各个采场岩体进行安全评价，得到各个采场岩体的稳定性评价等级，用于指导开采工艺及开采安全。点柱式机械化上向水平分层充填采矿法，其采场暴露面积的计算为考虑点柱后的折减面积；机械化上向分层进路充填法采场顶板暴露面积小，暴露面积计算为单条最大进路的暴露面积；机械化盘区房柱交替分层充填采矿法为单个矿房或矿柱所暴露的最大面积。

a 461采场岩体稳定性评价

采场名称：461采场。

采场位置：-435m水平。

采矿方法：机械化上向分层进路充填法。

采场岩体质量：采场岩体完整性较好，节理裂隙相对不发育，节理面粗糙，闭合性较好，多条节理有充填，多为软质充填，有充填物节理条数占调查节理总数的10.0%，节理裂隙宽度为0.5~3mm，节理平均间距为39.0cm，RQD值大小为68%，采场较潮湿。

岩体质量评分：55.3。

采场暴露面积：150m²。

采场暴露面积评分：65.0。

爆破震动影响系数：0.53。

爆破震动影响系数评分：50.0。

采场岩体稳定性评分：56.93。

采场岩体稳定性综合等级：III级。

b 463采场岩体稳定性评价

采场名称：463采场。

采场位置：-450m水平。

采矿方法：机械化上向分层进路充填法。

采场岩体质量：采场岩体完整性较好，节理裂隙较发育，节理面粗糙，闭合性较好，节理充填物少，有充填物节理条数占调查节理总数的 3.33%，节理裂隙宽度为 0.5～3mm，节理平均间距为 28.9cm，RQD 值大小为 88.4%，采场干燥。

岩体质量评分：35.8。

采场暴露面积：200m²。

采场暴露面积评分：60.0。

爆破震动影响系数：0.70。

爆破震动影响系数评分：25。

采场岩体稳定性评分：40.23。

采场岩体稳定性综合等级：Ⅲ级（接近Ⅳ级）。

c 512 采场岩体稳定性评价

采场名称：512 采场。

采场位置：-480m 水平。

采矿方法：机械化上向分层进路充填法。

采场岩体质量：采场岩体完整性较差，节理裂隙较发育，节理面较粗糙，闭合性较好，部分节理有充填物，有充填物节理条数占调查节理总数的 6.67%，节理裂隙宽度为 0.5～5mm，节理平均间距为 31.8cm，RQD 值大小为 89.1%，采场非常潮湿，且局部渗水严重。

岩体质量评分：36.9。

采场暴露面积：300m²。

采场暴露面积评分：52.0。

爆破震动影响系数：0.70。

爆破震动影响系数评分：25。

采场岩体稳定性评分：35.2。

采场岩体稳定性综合等级：Ⅳ级。

d 511S 采场岩体稳定性评价

采场名称：511S 采场。

采场位置：-480m 水平。

采矿方法：机械化上向分层进路充填法。

采场岩体质量：采场岩体完整性较好，节理裂隙相对不发育，节理面较粗糙，闭合性较好，多条节理有充填物，有充填物节理条数占调查节理总数的 11.3%，节理裂隙宽度为 0.5～3mm，节理平均间距为 34.8cm，RQD 值大小为 92.8%，采场比较干燥。

岩体质量评分：62.1。

采场暴露面积：180m²。

采场暴露面积评分：62.0。

爆破震动影响系数：0.47。

爆破震动影响系数评分：56.0。

采场岩体稳定性评分：61.7。

采场岩体稳定性综合等级：Ⅱ级。

e 516 采场岩体稳定性评价

采场名称：516 采场。

采场位置：-510m 水平。

采矿方法：点柱式机械化上向水平分层充填采矿法。

采场岩体质量：采场岩体整体完整性较好，上盘岩体有揭露，岩体较破碎。矿体裂隙相对不发育，节理面较粗糙，闭合性较好，多条节理有充填物，有充填物节理条数占调查节理总数的 11.3%，节理裂隙宽度为 0.5~3mm，节理平均间距为 30.6cm，RQD 值大小为 93.2%，采场潮湿，上盘岩体滴水非常严重。

岩体质量评分：49.1。

采场暴露面积：320 m²

采场暴露面积评分：51.0。

爆破震动影响系数：0.48。

爆破震动影响系数评分：55.0。

采场岩体稳定性评分：50.5。

采场岩体稳定性综合等级：Ⅲ级。

f 552 采场岩体稳定性评价

采场名称：552 采场。

采场位置：-525m 水平。

采矿方法：机械化上向分层进路充填法。

采场岩体质量：采场岩体整体完整性较好，矿体裂隙相对较发育，节理面较粗糙，闭合性较好，节理裂隙几乎无充填物，节理裂隙宽度为 0.5~3mm，节理平均间距为 28.1cm，RQD 值大小为 90.2%，采场潮湿，但无渗水。

岩体质量评分：53.1。

采场暴露面积：150 m²

采场暴露面积评分：67.0。

爆破震动影响系数：0.58。

爆破震动影响系数评分：44.0。

采场岩体稳定性评分：55.2。

采场岩体稳定性综合等级：Ⅱ级（接近Ⅲ级）。

g 553 采场岩体稳定性评价

采场名称：553 采场。

采场位置：-555m、-540m 水平。

采矿方法：房柱交替分层充填采矿法。

采场岩体质量：采场岩体整体完整性较好，矿体裂隙相对较发育，节理面较粗糙，闭合性较好，多条节理裂隙有充填物，主要为硬质充填，有充填物节理条数占调查节理总数的 11.6%，节理裂隙宽度为 0.5~3mm，节理平均间距为 32.1cm，RQD 值大小为 97.5%，采场整体比较潮湿，局部多个矿房有渗水，且运输平巷滴水严重。

岩体质量评分：60.1。

采场暴露面积：520m²。

采场暴露面积评分：38.0。

爆破震动影响系数：0.51。

爆破震动影响系数评分：53。

采场岩体稳定性评分：53.5。

采场岩体稳定性综合等级：Ⅲ级。

h 601 采场岩体稳定性评价

采场名称：601 采场

采场位置：－600m 水平。

采矿方法：点柱式机械化上向水平分层充填采矿法。

采场岩体质量：采场岩体整体完整性较差，矿体裂隙较发育，节理面较粗糙，多条节理裂隙有充填物，主要为硬质充填，有充填物节理条数占调查节理总数的 18.2%，节理裂隙宽度为 0.5~3mm，节理平均间距为 33.8cm，RQD 值大小为 84.9%，采场整体比较潮湿，局部地区有较严重的渗水，运输平巷滴水严重。

岩体质量评分：43.6。

采场暴露面积：450 m²。

采场暴露面积评分：42。

爆破震动影响系数：0.70。

爆破震动影响系数评分：27。

采场岩体稳定性评分：40.7。

采场岩体稳定性综合等级：Ⅳ级（接近Ⅲ级）。

C 新立矿区采场岩体稳定性评价

新立矿区主要选取岩体质量等级为Ⅳ级的区域，根据 M-IRMR 对采场岩体进行稳定性分析，分析结果见表 4-35。

表 4-35 新立矿区部分采场稳定性分析

采场位置	采场名称	采矿方法	IRMR得分	暴露面积/m²	采场暴露面积评分	爆破震动影响系数	爆破震动影响系数评分	采场岩体稳定性评分	采场岩体稳定性综合等级
-400	4 号采场	点柱法	33.1	500	40.0	0.71	25	33.6	Ⅳ级
-400	63 号采场	进路法	36.4	455	44	0.61	39	38.7	Ⅳ级
-360	55 号采场	点柱法	39.1	450	45	0.55	46	41.6	Ⅲ级
-360	59 号采场	进路法	36.1	430	47	0.68	28	37.6	Ⅳ级
-320	55 号采场	点柱法	39.6	550	37	0.72	23	36.5	Ⅳ级
-240	15 号采场	点柱法	37.8	640	29	0.73	22	33.2	Ⅳ级

4.3.4 不同质量等级矿岩物理力学参数的选取

4.3.4.1 矿岩物理力学参数

岩石的性质及岩体结构是影响和决定岩体稳定性的物质基础。为了判断三山岛金矿矿体开采的安全性，了解矿岩的稳固情况，以便为采矿设计与采场结构参数数值模拟计算提供依据，中南大学力学研究测试中心对回采矿体上、下盘岩石和矿岩进行了劈裂拉伸、单轴压缩、抗剪强度试验，测得了矿岩的抗拉强度、抗压强度、弹性模量、泊松比、黏聚力以及内摩擦角等力学性能参数，见表4-36。

表4-36 各矿岩石组物理力学特性参数

岩组名称	密度 /kg·m⁻³	单轴抗压 强度/MPa	内摩擦角 /(°)	黏聚力 C/MPa	泊松比	弹性模量 /GPa	抗拉强度 /GPa
花岗岩	2757	93.46	41.4	15.63	0.246	42.57	3.900
黄铁绢英岩	2754	106.46	36.7	19.41	0.242	52.31	3.849
煌斑岩	2717	118.05	33.2	19.40	0.262	85.93	4.129
黄铁绢英化 碎裂岩	2718	79.83	40.4	7.48	0.217	43.89	2.672

4.3.4.2 不同质量等级矿岩体物理力学参数的选取

岩体虽由岩石组成，但它是由系列结构面及被结构面切割成的结构体所组成的复杂介质，与岩石有较大差别。故将室内岩石力学试验获得的力学参数直接应用于岩体工程计算是不妥的。虽然现场岩体试验可获得岩体的力学参数，但因需耗费大量的财力和人力，一般工程单位难以承受。而且，获取岩体力学参数的方法、设备、手段与岩体的工程状态具有较大的差异性，即使是现场原位岩体力学试验结果，因试件体积的大小、模拟条件的差别及试验手段的不完善，使其代表性、可靠性受到一定的局限，因而也不能原封不动地应用于岩体工程。总之，力学试验参数应用于岩体工程时，需考虑到岩石与岩体的差别，并进行工程处理，才能获取比较接近岩体工程实际的强度指标。

岩体的力学参数主要是弹性模量、泊松比、抗压强度、抗拉强度、抗剪强度等。为获取满意的岩体力学参数，有多种方法对岩石力学参数进行弱化。岩体参数的弱化方法主要有节理岩体CSIR工程地质分类法、费森科法、M. Georgi法、E. Hoek法、经验折减法、系数换算法等。

对于岩体的单轴抗压强度、黏聚力和内摩擦角等参数，国内外学者也进行了深入研究[23~25]。Hoek-Brown（1980）提出了著名的节理化岩体的破坏准则[26]：

$$\sigma_1 = \sigma_3 + \sqrt{m\sigma_c\sigma_3 + s\sigma_c^2} \tag{4-26}$$

式中　σ_1——岩体破坏时的最大主应力；

σ_3——岩体破坏时的最小主应力；

σ_c——组成岩体的完整岩块的单轴抗压强度；

m, s——岩体的物性常数。

该准则已在世界范围内的工程咨询项目，包括岩体边坡工程、水利水电工程及隧道、硐室等工程中付诸应用。

近年来，Hoek-Brown准则的原创者对该准则重新做了定义和扩展。考虑岩体的地质环境，Hoek-Brown提出了地质强度指标GSI（geological strength index），该指标与岩体的结构特性、表面风化程度及表面粗糙性等有关。推广后的Hoek-Brown准则为：

$$\sigma_1 = \sigma_3 + \sigma_c \left(\frac{m_b}{\sigma_c} \sigma_3 + s \right)^{\alpha} \tag{4-27}$$

$$m_b = m_i \cdot \exp[\,(GSI - 100)/28\,] \tag{4-28}$$

式中　m_b——岩体的 Hoek-Brown 常量；

　　　m_i——组成岩体的完整岩块的 Hoek-Brown 常数；

　　　α——取决于岩体特性的常数，

对于 $GSI > 25$ 的岩体：

$$s = \exp[\,(GSI - 100)/15\,] \quad \alpha = 0.5 \tag{4-29}$$

对于 $GSI < 25$ 的岩体：

$$s = 0 \quad \alpha = 0.65 - GSI/200 \tag{4-30}$$

然而，由 Hoek-Brown 所定义的岩体地质强度指标确定岩体结构的划分时，岩体结构的描述缺乏定量化；即使在岩体结构的一种形态描述中，由于缺乏定量化，难以确定岩体地质强度指标，通常用 $GSI = RMR - 5$ 来进行估算。

A　岩体单轴抗压强度

由式（4-27），令 $\sigma_3 = 0$，可得岩体的单轴抗压强度：

$$\sigma_{mc} = \sigma_c \sqrt{s} \tag{4-31}$$

对于完整岩石，$s = 1$，则 $\sigma_{mc} = \sigma_c$；对于裂隙岩石，$s < 1$。

B　岩体单轴抗拉强度

将 $\sigma_1 = 0$ 代入方程（4-26）中，并对以求解 σ_3 二次方程，可解得岩体的单轴抗拉强度为：

$$\sigma_{mc} = \frac{1}{2}\sigma_c (m - \sqrt{m^2 + 4s}) \tag{4-32}$$

C　岩体变形模量

Hock 等建议岩体弹性模量 E_m 可用式（4-33）、式（4-34）进行估算：

$$E_m = \left(1 - \frac{D}{2} \right) \sqrt{\frac{\sigma_c}{100}} 10^{\left(\frac{GSI-10}{40} \right)} \quad \sigma_c \leqslant 100 \mathrm{MPa} \tag{4-33}$$

$$E_m = \left(1 - \frac{D}{2} \right) 10^{\left(\frac{GSI-10}{40} \right)} \qquad \sigma_c > 100 \mathrm{MPa} \tag{4-34}$$

D　岩体抗剪参数

莫尔包络线按照如下方法确定，破裂面上的正应力 σ 和剪应力 τ 为：

$$\left. \begin{array}{l} \sigma = \sigma_3 + \dfrac{\tau_m^2}{\tau_m + \dfrac{m\sigma_c}{8}} \\[4mm] \tau = (\sigma - \sigma_3)\sqrt{1 + \dfrac{m\sigma_c}{4\tau_m}} \\[4mm] \tau_m = \dfrac{\sigma - \sigma_3}{2} \end{array} \right\} \tag{4-35}$$

将相应的 σ_1 和 σ_3 代入式（4-35）就能在 $\tau-\sigma$ 平面上得到莫尔包络线上 σ 和 τ 的关系点坐标。由于岩体的抗剪强度，尤其是扰动岩体的抗剪强度多为非线性关系，故 Hock 提出了非线性关系式：

$$\tau = A\sigma_c \left(\frac{\sigma}{\sigma_c - T} \right)^B \tag{4-36}$$

式中，A、B 均为待定常数。

改写上述方程，则变换为：

$$y = ax + b \tag{4-37}$$

式中，$y = \ln\tau/\sigma_c$，$y = \ln(\sigma/\sigma_c - T)$；$a = B$，$b = \ln A$；$T = \frac{1}{2}(m - \sqrt{m^2 + 4s})$。

常数 A 与 B 可由最小二乘法线性回归确定：

$$\ln A = \sum y/n - B(\sum x/n) \tag{4-38}$$

$$B = \frac{\sum xy - \dfrac{\sum x \sum y}{n}}{\sum x^2 - \dfrac{(\sum x)^2}{n}} \tag{4-39}$$

由式（4-36）可知，当 $\sigma = 0$ 时，$\tau = c_m$，则岩体的凝聚力为：

$$c_m = A\sigma_c(-T)^B \tag{4-40}$$

为了表征岩体非线性破坏的总体或平均内摩擦角 ϕ，采用式（4-41）：

$$\phi = \arctan\left(\frac{\overline{\tau} - c_m}{\overline{\sigma}} \right) \tag{4-41}$$

$$\overline{\tau} = \frac{1}{n} \sum_{i=1}^{n} \tau_i$$

$$\overline{\sigma} = \frac{1}{n} \sum_{i=1}^{n} \sigma_i$$

根据三山岛金矿矿岩石试样实验所得的矿岩力学参数，参照上述 Hoek-Brown 方法以及《工程岩体分级标准》（GB 50218—1994），其对不同岩体级别给出的物理力学参数值见表4-37。根据以上方法进行计算调整，对矿岩体物理力学进行合理取值，折减后的矿岩体物理力学参数推荐值见表4-38。

表4-37 岩体物理力学参数

岩体基本质量级别	重力密度 γ /kN·m^{-3}	抗剪断峰值强度		变形模量 E/GPa	泊松比
		内摩擦角 φ/(°)	黏聚力 C/MPa		
I	>26.5	>60	>2.1	>33	<0.2
II		60~50	2.1~1.5	33~20	0.2~0.25
III	26.5~24.5	50~39	1.5~0.7	20~6	0.25~0.3
IV	24.5~22.5	39~27	0.7~0.2	6~1.3	0.3~0.35
V	<22.5	<27	<0.2	<1.3	>0.35

表 4 - 38　不同等级矿岩体物理力学参数

材料名称		弹性模量 E/GPa	泊松比	密度 /kg·m^{-3}	黏聚力 C/MPa	内摩擦角 φ/(°)	抗拉强度 /MPa
下盘岩体		10.64	0.246	2757	1.66	41.4	2.34
上盘岩体		7.80	0.217	2718	0.52	40.4	1.60
矿体	Ⅱ级	16.77	0.242	2754	1.80	45.0	2.31
	Ⅲ级	13.00	0.275	2650	0.86	36.7	1.80
	Ⅳ级	3.65	0.300	2450	0.35	30.0	1.50

4.3.5　岩体工程质量评价结果分析

依据岩体质量等级与岩体稳定性评价结果，在进行工程应用时，可按 RMR 表或《工程岩体分级标准》中根据岩体自稳定能力选取合适的采场合适跨度值（表 4 - 39）。

表 4 - 39　围岩自稳定能力与岩体质量关系

评分值	100 ~ 81	80 ~ 61	60 ~ 41	40 ~ 21	< 20
分级	Ⅰ	Ⅱ	Ⅲ	Ⅳ	Ⅴ
质量描述	非常好的岩体	好岩体	一般岩体	较差岩体	非常差的岩体
围岩自稳定能力	跨度不大于 20m，可长期稳定，偶有掉块，无塌方	跨度 10 ~ 20m，可基本稳定，局部可掉块或小塌方；跨度小于 10m，可长期稳定，局部有掉块	跨度 10 ~ 20m，可稳定数日至一个月；跨度 5 ~ 10m，可稳定数月，可发生局部块体移动及小至中塌方；跨度小于 5m，可基本稳定	跨度大于 5m，一般无自稳能力，数日至数月内可发生松动、小塌方，进而发展为中至大塌方，埋深小时，以拱部松动为主，埋深大时有明显塑性流动和挤压破坏；跨度不大于 5m，可稳定数日至 1 个月	无自稳能力

从 IRMR 法质量分级结果可知三山岛金矿深部岩体主要为Ⅲ级岩体，少量为Ⅱ级、Ⅳ级岩体。对于Ⅲ级岩体采场跨度应选取 8 ~ 12m 为宜，局部破碎地区应在两帮喷混凝土，顶板安装锚杆，设金属网。Ⅳ级岩体采场跨度取 5 ~ 9m，且顶板需安装锚杆，设金属网。Ⅱ级岩体采场跨度应选取 10 ~ 15m 为宜。具体跨度的选择，应在岩体质量分级的基础上，进行数值分析后，再选取。

4.4　基于 SURPAC 建模的岩体质量分级三维可视化

SURPAC 软件是由澳大利亚 SSI（SURPAC Software International）国际软件公司开发的可视化三维构模软件，它利用勘探工程数据建立地表、地层、构造带、矿体、空区和巷道的可视化三维地质模型，从而快速、适时地再现地质体三维信息。在此基础上，可以根据岩体质量分级结果，对三维模型上不同的岩体质量等级进行着色，可使分级结果三维可视化，使得岩体质量分级更加清晰、明了。

对已建立的矿体三维模型，根究岩体质量分级的结果，对不同的矿体质量进行着色，直属矿区 -420 ~ -600m 岩体质量分级三维图如图 4 - 18 所示。对于 -600m 以下的矿体，由于没有工程揭露，不能进行现场的实际调查，因此根据岩体质量在空间上具有一定的连续性与周边岩体质量进行对比，对此进行了预测，如图 4 - 19 所示。

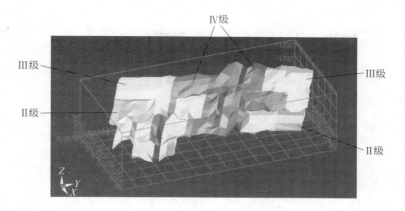

图 4 – 18 直属矿区 – 420 ~ – 600m 矿体质量分级三维图

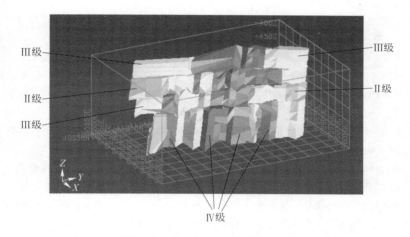

图 4 – 19 直属矿区深部矿体质量分级及预测三维图

根据岩体质量分级结果，新立矿区岩体质量分级三维图如图 4 – 20 所示。

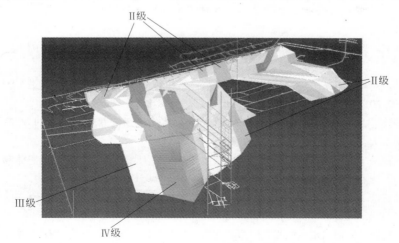

图 4 – 20 新立矿区岩体质量分级三维图

　　根据岩体质量分级结果，采用 SURPAC 软件对三维模型上不同的岩体质量等级划分，使分级结果三维可视化，岩体质量分级更加清晰、明了，为采矿设计提供了依据。

参 考 文 献

[1] 李夕兵，刘志祥，彭康，等. 金属矿滨海基岩开采岩石力学理论与实践 [J]. 岩石力学与工程学报，2010 (10)：1945～1953.

[2] 贾明涛，王李管. 基于区域化变量及 RMR 评价体系的金川Ⅲ矿区矿岩质量评价 [J]. 岩土力学，2010，31 (6)：1907～1912.

[3] 李强. BP 神经网络在工程岩体质量分级中的应用研究 [J]. 西北地震学报，2002，24 (3)：2～3.

[4] 原国红，陈剑平，马琳. 可拓评判方法在岩体质量分类中的应用 [J]. 岩石力学与工程学报，2005，24 (9)：1539～1544.

[5] 宫凤强，李夕兵. 距离判别分析法在岩体质量等级分类中的应用 [J]. 岩石力学与工程学报，2007 (1)：190～194.

[6] 刘爱华，苏龙，朱旭波，等. 基于距离判别分析与模糊数学的岩体质量评判法 [J]. 采矿与安全工程学报，2011 (03)：462～467.

[7] 王瑞红，李建林，蒋昱州，等. 考虑岩体开挖卸荷边坡岩体质量评价 [J]. 岩土力学，2008 (29)：2471～2476.

[8] 胡全舟，吴超，陈沅江. 风险评价方法在地下工程围岩稳定性分级中的应用 [J]. 地下空间与工程报，2005，1 (6)：874～877.

[9] 连建发，慎乃齐，张杰坤. 分形理论在岩体质量评价中的应用研究 [J]. 岩石力学与工程学报，2001，220 (增刊)：1695～1699.

[10] 王明友. 锅浪跷水电站坝基岩体质量分级及力学参数研究 [D]. 成都：四川大学，2006.

[11] 陈近中. 双江口电站工程岩体质量分级研究 [D]. 成都：成都理工大学，2007.

[12] 刘戈. 某水电站地下洞室主厂房岩体质量分级研究 [D]. 兰州：兰州大学，2008.

[13] 陈昌彦，王贵荣. 各类岩体质量评价方法的相关性探讨 [J]. 岩石力学与工程学报，2002 (21)：1894～1900.

[14] 徐卫亚，郑文棠，石安池. 水利工程中的柱状节理岩体分类及质量评价 [J]. 南京：河海大学，2011.

[15] 乔兰，蔡美峰. 新城金矿深部节理裂隙调查及岩体质量分级评价研究 [J]. 中国矿业，2000 (9)：70～74.

[16] 魏玉峰. 白鹤滩水电站多层位复杂介质坝基岩体结构特征及岩体质量分级研究 [D]. 成都：成都理工大学，2010.

[17] 袁泉，陈建平，高燕. 基于结构面分布分维数的岩体质量评价方法研究 [C] //第三届全国岩土与工程学术大会论文集，2009.

[18] 李文秀，梅松华，翟淑花，等. 大型金属矿体开采地应力场变化及其对采区岩体移动范围的影响分析 [J]. 岩石力学与工程学报，2004 (23)：4047～4051.

[19] 陈祥，孙进忠，张杰坤，等. 岩块卸荷效应与工程岩体质量评价 [J]. 土木建筑与环境工程，2009 (31)：53～59.

[20] 朱容辰. 雅砻江两河口水电站坝址区边坡卸荷分带与岩体质量分级研究 [D]. 成都：成都理工大学，2009.

[21] 彭康，李夕兵，彭述权，等. 海底下框架式分层充填法开采中矿岩稳定性分析 [J]. 中南大学学报（自然科学版），2011（11）：3453~3458.

[22] 乔卫国，吕言新，李睿，等. 海底金属矿床安全高效开采工业试验 [J]. 黄金，2011（32）：30~35.

[23] 王文杰. 坝基岩体质量评价及建基面优化分析 [D]. 重庆：重庆大学，2003.

[24] 李洪建. 龙开口水电站坝基岩体质量评价及开挖施工信息反馈研究 [D]. 成都：成都理工大学，2009.

[25] 周火明，肖国强，阎生存，等. 岩体质量评价在清江水布垭面板坝趾板建基岩体验收中的应用 [J]. 岩石力学与工程学报，2005（20）：23~28.

[26] Hoek，Brown. Practical Rock Engineering [M]. Rocscience：2000.

5 海底矿床开采的相似模拟试验

5.1 相似物理模拟试验

5.1.1 相似物理模拟试验的意义

金属矿在大型水体下开采的情况下，首先要解决的是如何在更复杂的采矿条件下确保生产安全的问题。压力和渗流多场耦合作用在深部开采中是一个比较常见的现象，也是目前研究中的前沿课题之一，开展相似材料模拟试验进行研究是一个重要的研究方面。压力和渗流多场耦合的相似准则是其首先需要解决的问题。

相似材料模拟试验研究在采矿工程中应用广泛，涉及采矿工程的多个方面，其中矿井突水是研究的一个重要方面。矿井突水多数情况下与岩体材料的渗流破坏相关，将大型水体下开采中的力学和突水机理问题结合起来研究，对解决海底矿床开采中碰到的新问题以及提高海底矿床开采工程的安全都十分重要。近年来，广泛开展的渗流研究以及煤矿突水研究，促使人们开始在采矿工程相似材料模拟的研究中引入流固耦合作用。渗流研究的一个重要方面就是解决流固耦合的相似准则问题；另一个重要方面是通过开发研制针对性极强的试验装置，运用试验方法研究特定情况下的渗流规律。这些装置的一个相同之处就是都成功地解决了渗流过程中模型装置密封性的问题，值得借鉴。

相似物理模拟试验对于海水矿井水害机理研究有着不可或缺的作用，它能较直观地解决数值模拟难以解决的各种破坏过程的模拟问题。由于海水下开采是一个由众多影响因素参与的复杂的力学过程，物理模拟试验仍是研究的一个重要手段，并为数值模拟方法的可靠性及数值模拟参数的选择等提供依据。这种方法直观、简便、快速、经济、实验周期短，而且能够根据需要，通过调整部分参数建立相似模型，利用在模型上的研究结果来验证和推断原型中已经和可能要发生的力学现象以及岩体压力的分布规律，从而解决工程生产中的实际问题。

现在，模型试验已为人们所广泛接受，并被公认为当今科技世界的五大研究方法之一。它与经验法、半经验法、理论解析法、数字仿真法四种研究方法相比，其显著特点是照顾到了理论与实际的两个方面，使之相辅相成，故而日臻完善，深得人们的重视[1]。它是"检验真理、发现规律"的一种行之有效、并得以在许多行业广泛应用的科学研究手段，总结起来，模型试验有如下几点优势：

（1）模型试验作为一种研究手段，可以严格控制试验对象的主要参量而不受外界条件或自然条件的限制，做到结果准确；在新型结构的设计中，由于采用新的设计理论，或采用新型结构材料，或新的结构形式，没有现成的设计方法或计算方法，需要结构模型试验提供一定的数据，或者有时需要校核设计计算理论，比较几种设计方案等，都需要进行结构模型试验，以便了解所设计的结构的内部各种现象和规律。

（2）模型试验有利于在复杂的试验过程中突出主要矛盾，便于把握、发现现象的本质特征和内在联系。有时，它也被用于校验原型所得的结论。

（3）由于模型与原型相比，尺寸一般都按照比例缩小（只在少数情况下按比例放大），故制造容易、装卸方便，所需试验人员少。与原型试验相比，模型试验所需的工作量及费用均比实体结构试验低得多，能节省人力、物力、财力、时间和空间。另外，在模型上可较快捷方便地做改变设计参数的多个模型对比试验。

（4）模型试验能预测或探索尚未建造出来的实物对象或根本不能进行直接研究的实物对象的性能，有时则用于探索一些机理未尽了解的现象或结构基本性能或其极限值。

5.1.2 相似物理模型试验的原理

在模型试验中，所讨论的相似是指两系统（或现象），如原型、模型，如果它们相对应的各点及在时间上对应的各瞬间的一切物理量成比例，则两个系统（或现象）相似，相似包括几何相似、载荷相似、刚度相似、质量相似、时间相似、物理过程相似等。在此基础上，建立了相似理论的三个相似定理。

（1）相似第一定理。相似第一定理又称相似正定理，其表述为：彼此相似的现象，单值条件相同，其相似判据的数值也相同。

（2）相似第二定理。相似第二定理又称 π 定理，其内容为，当某一现象由 n 个物理量的函数关系来表示，且这些物理量中含有 m 种基本量纲时，则能得到 $(n-m)$ 个相似判据。

一般物理方程：

$$f(x_1, x_2, x_3, \cdots, x_n) = 0 \tag{5-1}$$

按相似第二定理，可改写成：

$$\phi(\pi_1, \pi_2, \pi_3, \cdots, \pi_{n-m}) = 0 \tag{5-2}$$

这样，就把物理方程转化为判据方程，使问题得以简化。同时，因为现象相似，在对应点和对应时刻上的相似判据都保持同值，则它们的 π 关系式也应相同，即：

$$\text{原型} \quad f(\pi_{p1}, \pi_{p2}, \pi_{p3}, \cdots, \pi_{p(n-m)}) = 0 \tag{5-3}$$

$$\text{模型} \quad f(\pi_{m1}, \pi_{m2}, \pi_{m3}, \cdots, \pi_{m(n-m)}) = 0 \tag{5-4}$$

其中，

$$\left.\begin{aligned}
\pi_{p1} &= \pi_{m1} \\
\pi_{p2} &= \pi_{m2} \\
\pi_{p3} &= \pi_{m3} \\
&\vdots \\
\pi_{p(n-m)} &= \pi_{m(n-m)}
\end{aligned}\right\} \tag{5-5}$$

（3）相似第三定理。相似第三定理又称相似逆定理，其表述为：凡具有同一特性的现象，当单值条件（系统的几何性质、介质的物理性质、起始条件和边界条件等）彼此相似，且由单值条件的物理量所组成的相似判据在数值上相等，则这些现象必定相似。

5.1.3 相似物理模型试验的方法

从实践中认识自然，通过模拟自然现象逐渐了解其本性并分析得出内在规律是人类了解科学的基本方法之一[2]。对于结构动力模型试验相似问题，国内外学者进行了总结和归纳：17~19世纪欧洲人从理论和实践两方面为相似理论的建立已经进行了许多先驱的工作。1638年伽利略在《论两门新的科学》中曾说明，威尼斯人在比照相似的小船而建造大船时发现桅柱如只按几何尺寸简单放大则强度不够。这种对桅柱强度的认知其实深入到相似理论的实质内容，应该认为这是最早的相似科学的萌芽。1686年牛顿在理论上对其三定律就完全是用两个物体作相似的运动来表述、论证的。此外又提出后来被称为牛顿数的 $Fl(\rho V^2 l^2)$ 的相似准数。

在实践上，相关资料说明，英国在1741年前就进行过大量炮舰的水池拖拽试验。到19世纪，在理论上，法国 J. B. 傅里叶（1882年）提出了物理方程必须是齐次的。A. L. 柯西（1823年）提出弹性体和声学现象的相似准数 $\rho V^2/E$。贝尔特朗（1848年）提出相似准数 $FL/(MV^2)$。麦克斯韦尔从电磁学提出因次的表达符号。

1872年前后，在实验方面，弗洛德由船模试验提出相似准数，这已经是在英国拽船试验以后100多年了，可见相似准则是人们经过长期大量实验以后才摸索得出的。法格在1875年前后进行了动床模型试验。1883年，进行了雷诺层流和紊流试验。1900年，莱特兄弟首次进行了风洞试验。

由这些历史上著名的科学家的摸索和发现过程，我们可以清楚地看出，相似理论是随着社会生产需要、基础科学和有关相邻学科理论以及观察、实验、量测技术的前进而发展起来的。

国内专家以及学者对相似问题早在20世纪中叶即开始了理论研究，林皋院士1958年在水利学报上发表了对模型试验的模拟与相似问题进行分析的研究成果[3]，随后的几十年中，徐挺[4,5]、王丰[6]、周美立[7,8]等对模型相似问题进行了系统的研究，并撰写了相关著作，另外，左东启[9~11]等在杂志和期刊上发表了一些富有工程指导意义的研究成果。

由于计算方法和计算技术的发展，非线性动力分析软件大量产生对结构进行非线性分析，了解其在地震、爆炸等各种动力荷载作用下的响应与破坏形态已不再十分困难。但是，由于材料的本构模型和本构参数等许多问题还没有很好地得到解决，即使对混凝土重力坝这样简单的结构，对其在强震作用下发生震害的裂缝部位、裂缝走向以及裂缝的扩展范围等，不同作者通过非线性分析得出的结果仍然千差万别，结构动力模型试验与破坏试验仍然是了解结构非线性动力响应与地震破坏形态的一种重要手段。由于影响结构动力破坏的因素很多，保持模型与原型间的相似性比较困难，许多研究者在这方面做了很多努力。但是由于问题的复杂性，很多情况还不能得出令人满意的结果。通过进行模型试验的实践与体会，处理模型相似问题，包含有一定的技巧，如果处理得当，就可以通过弹性动力模型试验或动力模型破坏试验获得更多的有用信息，从而加强对结构动力特性和破坏形态的认识。

5.2 海底开采相似物理模拟试验平台开发

5.2.1 海底开采相似模拟试验思路

水下开采矿山矿岩力学研究的是在特定水文和工程地质条件下，人类不当的采矿活动导致采场围岩应力和变形演化过程,矿山突水是渗流场和应力场耦合作用的结果。目前,矿山顶板突水机理模型可分为采动裂隙顶板突水、采矿活动导致断层活化的顶板断层突水。任春辉[12]还提出了巨厚岩层下煤层顶板水突水机理为巨厚岩层下的离层水体突水。以上三种顶板突水机理模型是根据现场突水资料反推出来的,缺乏严格的试验基础,更多的是一种定性的描述,而非定量分析,难以在实际的水下安全、高效和经济开采中起指导作用。

采矿工程中相似模型试验常满足重力相似和构造应力相似。岩土工程和采矿工程渗流是指流体在固体介质中流动。采矿工程的渗流相似研究一般需要考虑原岩应力、渗流和采动应力耦合作用,三维流固耦合的相似准则可运用相似理论原则,采用均质连续介质耦合数学模型,并考虑重力和渗透压力的作用。

因此针对海水下矿体开采的特殊性,研制了用于海下矿体开采承压突水机理研究的大型模型试验平台。该模型试验平台成功解决了考虑流 – 固耦合模型试验中的模型箱体和模型箱与试件之间的密封问题;该系统装置由于顶部采用水压加载方式,解决了常规模型顶部加载压力不均匀的缺陷;模型箱顶部采用直接伺服水压加载,模型箱两侧采用伺服液压加载,能够模拟复杂地应力、水压力及采动影响联合作用下的突水发生过程;最后该系统采用了观测裂缝发生、发展和破坏的体式显微镜以及基于数字图像分析位移的先进测量设备,可以从宏观、微观层次进行突水机理试验研究。该试验系统的研制对于海下矿体开采承压突水的宏、细观机理试验研究和理论研究具有重要的理论意义和实用价值[13,14]。

与陆地矿床开采情况不同,海下矿体开采矿井的受力情况更加复杂,比如采场顶部存在的承压突水水平应力和竖向应力在物理模型试验中就不能忽略,同时因为有地下水的存在,还必须考虑流 – 固耦合的问题。因此,新的模型试验平台应从矿山突水及深部开采岩石力学问题的实际情况出发,要求模型试验平台不仅能模拟实现不同的受力状态,而且能测试具有不同地质特性的岩石材料在复杂应力状况及采动影响时的力学响应,记录岩体中的地质弱面的产生、扩展与变形破坏过程,研究含导水构造岩体的突水特性和突变规律等。

新的试验平台充分利用现代科技和计算机技术的发展成果,将计算机控制液压伺服、体式摄像与图像分析测量等技术融于一体,研制的相似模型试验系统不仅可以用于考虑水平和竖向水压力的流 – 固耦合作用的煤矿、金属矿深部开采突水机理研究,也适用于不考虑流 – 固耦合作用的深部开采力学模型试验。

5.2.2 相似物理模拟装置研发

5.2.2.1 模型试验装置组成结构

海底开采矿岩力学相似物理模型试验系统由液压伺服泵站、水平侧压力加载装置、竖向压力加载装置、试验台、控制台和测量装置等组成,如图 5 – 1 和图 5 – 2 所示。液压伺服泵站是试验平台的核心装置,其根本作用是配合测量分析软件控制水平和竖向压力、竖向水压力伺服加载装置,实现组合加载。液压伺服泵站(图 5 – 3)包含三套独立的伺服控制装置。控制台为液压伺服泵站发出动作指令,并控制整个试验系统。

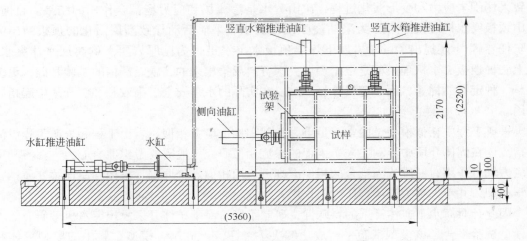

图 5-1　试验系统原理

图 5-2　试验系统实物

图 5-3　液压伺服泵站

A　水平侧压力加载装置

水平侧压力加载装置为闭合回路油液压伺服加载装置，包括液压伺服泵站、液压油缸和试验台座。试验台座由钢结构反力框架焊接而成，为水平侧压力加载装置提供反力支撑点。液压伺服泵站与固定于反力框架柱液压油缸相连，给伺服液压油缸提供稳定动力。水平侧压力加载装置包括压力、位移测量传感器各一个。液压伺服泵站由与之相连的计算机内的专业软件操作控制，可以实现力控和位控两种形式加载。力控是指模型箱两侧的侧压力保持不变，两侧的可移动侧压板可随着侧压力的大小发生相应的变化；位移控制是指模型箱的侧压力板位置保持不变，侧压力会在模型开挖过程发生变化。相似模型试验模拟深部开采突水机理过程一般采用力控方式。

B　竖向压力和水压加载装置

通过竖向压力和水压加载装置联合作用给模型顶部直接施加水压力。其原理就是通过液压伺服装置施加压力于不锈钢水缸内的水体上，不锈钢水缸内的水体通过高压液压管与模型试件顶部的水体相连，从而直接给模型试件顶部施加预定的水压力。水压加载装置（图 5-4）包括液压油缸、不锈钢水缸和铸铁水箱各一个，高压液压管一根。不锈钢水缸直径 300mm，长度为 295mm，体积为 21240cm³，且与液压油缸直接相连。不锈钢水缸外部装有与电子数字水压力传感器和一个人工读数水压力表。通过测量液压油缸活塞的水平位移换算得到水缸内水体流量。铸铁水箱通过高压液压管与不锈钢水缸相连，铸铁水箱位于模型试件顶部，底部开口水箱内，水箱长 1300mm、高 300mm、宽 200mm、壁厚 20mm，水箱顶部具有一个进水口，底部有一个出水口。进水口用于给箱体和水缸注水，注入前必须给模型顶部施加一定的预压力；出水口用于试验完毕排放水。水箱底部未封闭，且水箱底部和模型试件顶部之间装有一个矩形空心的密封橡胶。密封橡胶圈厚 10mm，与水箱底部一样大，为 1300mm×200mm，矩形空心大小比模型试件顶部尺寸稍小些，为 1100mm×120mm。密封橡胶圈的环带宽度为 30mm，比水箱壁厚度稍大一些，这样保证了水箱壁完全通过密封橡胶圈作用于模型顶部，水箱内的水体直接作用于模型顶部。水箱顶部连接一套竖向压力伺服加载装置（图 5-5），不仅能够给水箱施加一定大小的伺服压力，保证了水箱底部与模型试件有可靠的密封，而且能够通过在水箱底部安装一个加载钢板，直接给模型顶部试验预定压力。通过调整水箱顶部的伺服压力大小，能够实现不同水压力大小下的密封。水箱顶部的竖向压力伺服加载装置与水平侧压力加载装置一样，具有液压伺服阀、液压油缸各一个，能够实现位控和力控两种加载模式。

图 5-4　水压加载装置　　　　　　　图 5-5　加压水箱

配合相关的处理措施，竖向压力加载装置根据需要实现两种不同的加载方式：第一种是不考虑流固耦合深部开采模拟加载。在水箱底部直接安装 20mm 厚的加载钢板，从而在模型顶部试验压力；第二种是考虑流固耦合深部开采承压突水模拟加载。直接给模型顶部施加一定的预压力后，向水箱注水，通过竖向水压加载装置控制水压力大小，从而可以实现承压突水模拟加载，可直接进行承压突水机理相似模型试验研究。两种加载方式最大应力可达到 1MPa。

C　模型试验台

模型试验台为框架结构形式，采用型钢焊接而成，具有足够的刚度。试验台长 2500mm、高 2100mm。一端的试验框架柱上固定一个用于施加水平力的液压缸，顶部试验框架梁上安装有用于竖向加载的两个液压缸。

D　测量装置

整个试验系统除了具有试验数据自动记录和试验曲线绘制功能外，还配置了裂缝和位移观测装置。裂缝观测采用体式显微镜观测，位移观测采用基于数字图像分析技术的无标点测量法，如图 5-6 所示。数码体式显微镜后接一个数码摄影机，可以对裂缝变化摄影和拍摄照片，然后对拍摄的照片用相应软件进行统计分析。使用1000万像素的数码相机拍摄每一步模拟开采的位移变化照片，应用相应软件进行分析可以得到模型的位移变化图。与其他测量方法相比，裂缝和位移测量方法精度高、技术比较先进、操作比较方便、仪器成本费用低等优点。

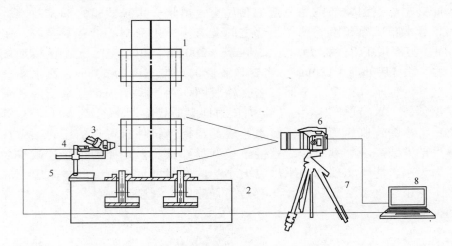

图5-6　试验系统测量装置布置示意图

1—反力架；2—试验台座；3—数码体式显微镜；4—数码摄影机；5—体式显微镜支座；
6—数码相机；7—数码相机支架；8—计算机

5.2.2.2　主要技术指标

（1）水平荷载：300kN。

（2）竖向荷载：300kN。

（3）水压荷载：1.0MPa。

（4）水平位移：0～100mm。

（5）最大模型箱：1600mm×800mm×200mm（长×高×宽）。

5.2.3　模拟试验功能与试验流程

在试验过程中，首先应根据工程实际情况及设计好的试验类型等，在模型箱中按照一定的相似比构建好试验模型，然后按照预先设计好的加载模式进行加载。具体做法是，首先通过水平侧压力加载系统在模型构件两侧施加确定好的侧压力；模型箱密封后，然后通过竖向压力加载系统施加确定好的竖向水压力；布置好裂缝和位移观测装置。接下来按照概化的开采步骤，模拟地下开采过程。因为不能完全按照实际开采过程，需要概化为几个重要的开采步骤进行模拟。模拟开采完毕后，若没有发生突水，试验中可以考虑增加竖向压力或者调整模型两侧压力，使得模型发生突水。模型试验可以得到一定条件竖向压力和侧向压力条件下，发生承压突水的临界突水高度，以及每个施工步骤后的模型裂缝和位移分布。

具体的试验步骤如下：

（1）按照选定的相似比制作符合试验要求的试验构件。

（2）试验前确定合理的加载途径、方式和量值。

（3）在模型顶部安装密封垫圈，为试验模块施加一定的水平力和竖向力。

（4）为加压铸铁水箱和不锈钢水箱注水，直到注满为止。进行水压试加载，排除水箱中多余的空气。重复2~3次，尽量将空气排净。

（5）安装体式显微镜或者土压力测量器及声发射等试验测量装置，调试就绪。

（6）开始试验，记录数据和图像。

（7）通过不断加压，或不断扩大空区大小，直到发生突水破坏，试验结束。

（8）试验数据后处理、分析和总结。

5.2.4 相似物理模拟初步试验

为了验证研发的水下开采顶板渗流突水试验方法及装置的可行和有效性，采用水泥砂浆制作了长1600mm、高800mm、宽200mm的试验模型（图5-7），完成了多次试验。

图5-7 试验模型

在图5-7所示的模型试验中，洞口尺寸为宽500mm、高300mm，顶部隔离层厚度为100mm。水泥砂浆的强度为5MPa。

在模型箱中按照一定的相似比构建好试验模型后，然后按照预先设计好的加载模式进行加载。首先通过水平侧压力加载系统在模型构件两侧施加确定好的侧压力；模型箱密封后，然后通过竖向压力加载系统施加确定好的竖向水压力，加载过程中水平构造应力保持恒定10kN（图5-8），竖向压力和水压力保持一定的关系进行加载（图5-9和图5-10）。随着水压力的增加，竖向压力也必须逐渐地增加，以保证试验过程中不漏水。

图5-11所示为试验中获得的竖向力-位移曲线。接下来按照概化的开采步骤，将地下开采过程概化为几个重要的开采步骤进行模拟。

模拟开采完毕后，若没有发生突水，试验中可以考虑增加竖向压力或者调整模型两侧压力，使得模型发生突水。模型试验可以得到一定条件竖向压力和侧向压力条件下，发生承压突水的临界突水高度，以及每个施工步骤后的模型的裂缝和位移分布。

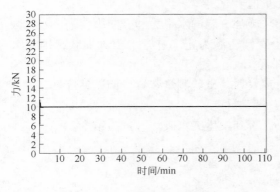

图 5-8 水平力加载曲线

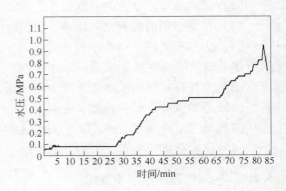

图 5-9 竖向水压力加载曲线

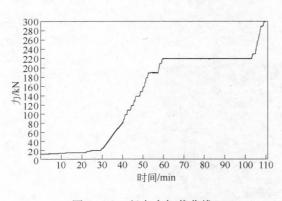

图 5-10 竖向力加载曲线

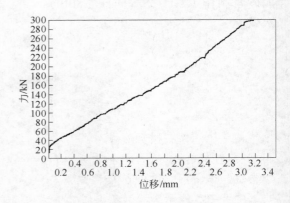

图 5-11 竖向力-位移曲线

5.3 三山岛金矿海底开采相似模拟试验

为了确定三山岛金矿海底采矿安全隔离层厚度，结合三山岛金矿的实际情况，研制了新型流固耦合相似材料，并按一定比例将原型缩放，进行了相似物理模拟试验，最终确定三山岛金矿海底开采的安全隔离层厚度为40m。

5.3.1 相似材料的研制

5.3.1.1 材料的选择

根据相似理论，并结合多年来大量的实践经验，研制相似材料时，主要有以下几项原则：

（1）均匀性、各向同性和连续性，模型与原型力学性质相似。

（2）相似材料应由散粒体组成，散粒体应选用大密度的物质，并由粗、细颗粒按最优级配组成，以获得最大的密度和较小的孔隙率。

（3）调整材料配比可使材料的力学性质变动范围较大，从而可用来模拟更广范围的不同性质的岩石。

（4）采用廉价易得的原材料，且材料易加工制作成型，成型后能快速干燥，以加快模型试验进程。

（5）模型材料的物理力学性能稳定，不应因温度、湿度和时间等改变而产生明显变化。

参考以上原则，用来模拟多相耦合的适合用作地下岩体工程的相似模型试验材料必须具有密度大、强度低和性能稳定等特点。固态模拟试验主要采用沙、石膏和太白粉等相似材料，但这些材料遇水易崩解，因而流－固两相模拟试验首先要研制非亲水的相似材料，即模型材料的胶结剂需选择非亲水性有机胶凝材料[15,16]。

选用固体石蜡和液体石蜡作为胶结剂，河沙和重晶石粉作为骨料，如图5-12所示。其中液体石蜡主要用来控制材料的塑性，固体石蜡控制材料的非亲水性，重晶石粉调节材料密度。

图5-12　模型试验相似材料
a—重晶石粉；b—固体石蜡；c—液体石蜡；d—河沙

将采用固体石蜡和液体石蜡为胶结剂制作的同组试件置于水中分别浸泡3天和7天后与未浸泡的试件进行力学参数测试，测试结果见表5-1。其结果表明，浸泡后试件的力学参数与未浸泡的试件基本相同，不受湿度的影响，浸泡时间的长短对实验结果没有影响。图5-13所示为浸泡7天后的模型试件和破碎块，图5-13中模型试件的破碎块在水中浸泡7天后仍不崩解，表明模型试件能应用于流－固耦合试验研究。特别能满足模拟涌水沿裂隙渗流时，碎裂岩块形状保持不变的要求，这对固－液两相耦合模拟试验非常重要。以上试验结果表明所筛选的非亲水性相似材料可以满足流－固耦合试验条件，选择固体石蜡和液体石蜡作为胶结剂是可行的。

表5-1　不同浸泡时间的试件参数测试结果

试件浸泡时间/d	密度/kg·m⁻³	弹性模量/MPa	抗压强度/MPa	抗拉强度/MPa
0	2706	358.26	3.94	0.26
3	2709	353.17	3.98	0.23
7	2708	362.48	3.95	0.25

5.3.1.2　试样制作

在模型相似材料力学试验中，主要进行单轴抗压强度试验和劈裂试验。模型相似材料试件制作是关键环节之一。模型制作采用铸铁模板，其几何尺寸为70.7mm×70.7mm×70.7mm。图5-14所示为压制成型的部分试件照片。

配制相似材料时，根据配比计算试验中河沙、重晶石粉、石蜡的用量。将胶凝材料首先置于搅拌锅中放到加热装置上加热熔化，然后将配好的骨料倒入搅拌锅中使材料搅拌均匀，在搅拌过程中亦必须保持加热，一方面使熔化后的胶凝材料与骨料混合均匀，另一方

图 5 - 13   非亲水性模型试件和碎块

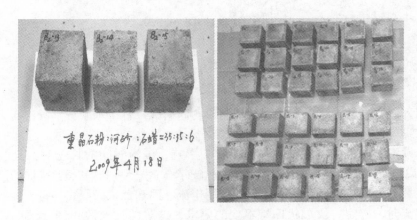

图 5 - 14   压制成型的试件

面保证材料受热均匀。此外，在制作试件之前，先在模具的内表面涂润滑油以便拆模，这样拆模的时候可以尽量减少对试件的损坏从而保证试件的质量。向试模内注入搅拌后拌和物，边注入边插捣，装料时用抹刀沿试模内壁略加插捣并使拌和物高出试模上口。迅速用捣具压实捣紧，等到试验材料冷却成型之后再拆开模板。拆模后再在自然条件下养护 2 天至完全干燥硬化，并对试件进行编号，以备测试。

5.3.1.3   相似材料参数测试

干燥硬化后的试件先称量质量，测量长宽高后算出体积并由此计算出密度，随后对每组试件进行单轴抗压强度试验和劈裂实验。力学测试在单轴压缩仪上进行，测试相似材料的抗压强度 σ_c、抗拉强度 σ_t 以及弹性模量 E 等。由于配比众多，表 5 - 2 仅列出了其中一些配比试件的参数测试结果。

相似材料试件在试验机上的破坏形态和岩石非常相似，如图 5 - 15 所示。因为抗压强度测试的试件只受到轴向压力的作用，侧向没有压力，因此试件变形破坏没有受到限制，破坏形式比较多样化，有块体的剥落，也有沿轴面呈对称破裂；而劈裂实验中试件沿着轴面从中心处发生劈裂破坏，破坏形式比较单一。

表 5 - 2　试件参数测试结果

配比号	密度/ kg·m^{-3}	弹性模量/MPa	抗压强度/MPa	抗拉强度/MPa
2110	2706	351.14	5.64	0.35
1191	2542	313.63	4.84	0.29
1273	2143	215.36	2.91	0.18
2164	2698	145.26	3.95	0.27
1146	2523	131.15	2.97	0.23
1228	2098	63.24	1.13	0.17

注：配比号数值的前两位数字表示该组配比重晶石粉与河沙的质量比，后两位数字表示固体石蜡与液体石蜡的质量比。如配比号 1191 表示的是该组配比中重晶石粉与河沙质量比 1∶1；同理，固体石蜡与液体石蜡的比例（以下简称固液比）为 9∶1。

图 5 - 15　相似材料试件试验

模型材料试件的全应力－应变曲线如图 5 - 16 所示。与岩石的全应力－应变曲线十分相似，均存在破坏的区域 OD 段和破坏后的区域 DE 段，经弹性阶段、塑性阶段直至破坏。

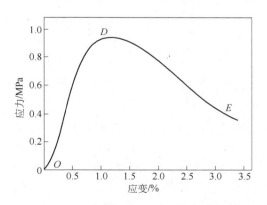

图 5 - 16　模型材料试件的全应力－应变曲线

5.3.1.4　材料配比结果分析

通过大量的配比试验，经试验分析给出了各种材料含量对相似材料性能的影响，研究表明：

（1）随着骨料中重晶石粉含量的增大，材料密度一定范围内显著增大，但并非线性关系（图 5 - 17）。因为相似材料中重晶石粉密度最大，重晶石粉含量越多，其密度相应地也就越大，最大可达 2.98kg/m³。

（2）石蜡相似模型材料的弹性模量、抗压强度和抗拉强度均随材料中重晶石粉含量的增大一定范围内显著增大（图 5 - 18 ~ 图 5 - 20）。这是因为重晶石粉较细，重晶石粉用量增大时，与相对较粗的河沙混合搅拌，粗细搭配，两者结合得更加致密，材料的孔隙率降低，从而增大了石蜡相似材料的抗压强度和弹性模量。对比图 5 - 18 与图 5 - 19 曲线反应的规律，正好与"弹性模量一般应随强度增大而增大"的规律相符。

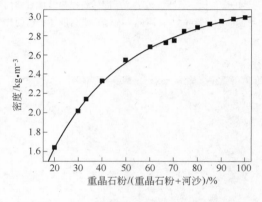

图 5 - 17　不同配比与密度关系曲线

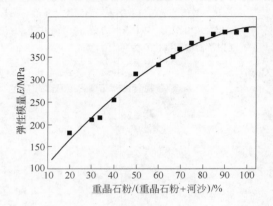

图 5 - 18　不同配比与弹性模量关系曲线

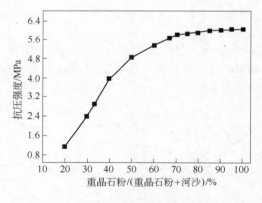

图 5 - 19　不同配比与抗压强度关系曲线

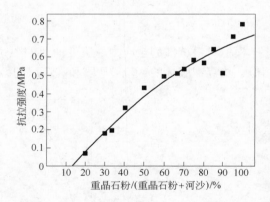

图 5 - 20　不同配比与抗拉强度关系曲线

（3）骨料用量不变，增大胶结物中固体石蜡所占的比例，石蜡相似材料的密度略有增加（图 5 - 20）。因为控制试件容重的主要因素是骨料的含量，胶结物含量较少（保持240g），只占 7.89%，对材料的密度影响很小。当然增大了固液比，胶结就更加密实，密度也稍稍有所增大。

（4）调整固液比可以改变石蜡相似材料的弹性模量、抗压强度和抗拉强度。胶结物中固体石蜡含量占 100% 时，试件抗压强度为 3.51MPa（图 5 - 21）。由于液体石蜡常温下为液体，并不能凝固成型，当固体石蜡用量增大时，石蜡相似材料中形成的石蜡凝胶增多, 增大了凝胶和骨料间的接触面积, 提高了凝胶与骨料间的黏结力, 从而强度增大 (图 5 - 22)。

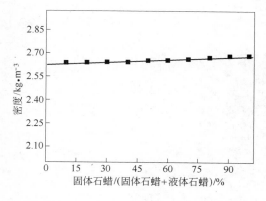

图 5 - 21　石蜡含量与试件密度关系曲线　　　　图 5 - 22　石蜡含量与抗压强度关系曲线

5.3.1.5　岩性的模拟

现场原岩物理力学指标为: 容重 26.19kN/m³、抗压强度 134.94MPa、弹性模量 7.53GPa。

由前文相似理论部分推得相似判据为:

$$\frac{c_\sigma}{c_l c_\gamma} = 1 , \frac{c_E}{c_l c_\gamma} = 1$$

后续地质力学模型试验采用的几何相似比为 $c_l = 200$, 将表 5 - 2 的数据代入相似判据, 得配比号为 1228 的配比试验结果最能满足相似判据, 其中:

$$\frac{c_\sigma}{c_l c_\gamma} = 0.957 , \frac{c_E}{c_l c_\gamma} = 1.081$$

故取此配比为模拟原岩的最合适材料配比。即重晶石粉与河沙质量比 1 : 2, 固液比为 4 : 3。

5.3.2　海底开采模拟试验过程及结果分析

5.3.2.1　相似模型制作

将实验材料备齐: 重晶石粉 368kg、细沙 368kg、固体石蜡 38.4kg、液体石蜡 25.6kg。

首先加热固体石蜡使其熔化, 然后按比例加入重晶石粉、细沙和液体石蜡, 再将混合物搅拌均匀倒入已经固定好的模具中 (磨具表面刷一层油, 有利于脱模), 并不断振动捣实。

浇注期间在距顶部 20cm 处预留开挖空洞, 模型浇注成功后将其上表面涂一层石蜡, 以保证上表面的光滑平整。待 24h 后, 模型整体温度降低, 将模具拆除。然后将模型正表面喷一层白漆, 并按刻度画好网格, 为了便于实验过程中照相及观测。

图 5 - 23 所示为相似模拟实验仪器的布置照片, 为了更好地分析试验结果, 使用 PCI - 2 型的声发射系统, 监测试验过程中的声发射规律。

相似模型准备好后, 需将应变片、声发射探头置于模型表面, 以便监测试验过程中模型试件的应变变化及声发射规律, 并对破坏区域做出定位。由于该相似材料比较松散, 应变片和声发射探头不能直接黏贴在试件表面，所以先将环氧树脂涂抹在需要处，大约12h后，待环氧树脂凝固，再将应变片、声发射探头置于模型表面，然后将应变片连线至DH3816型静态应变测试系统，如图5-24所示。

做好试验准备工作后，即将开始试验。

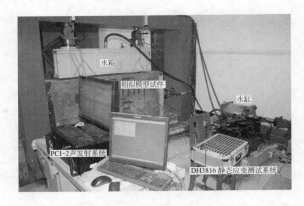

图5-23　相似模拟实验仪器布置

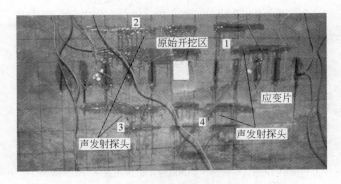

图5-24　相似模拟实验声发射及应变片布置

5.3.2.2　试验步骤

试验的具体步骤为：

（1）通过水平侧压力加载系统对相似模型构件施加预设好的侧压力，来模拟构造应力条件。

（2）逐步增加顶部水压以达到预设的竖向水压力，在此过程中同时需逐步施加水箱外围的竖向压力来实现水箱密封，最终稳定顶部水压。

（3）布置好裂缝和位移观测装置以及声发射探头，准备对实验过程进行监测。

（4）按照预先制定的计划开采步骤，模拟地下开采过程。由于不能完全模拟实际开采过程，因而需要将其概化为几个重要的开采步骤进行，即开挖过程分十步完成，由中间向两侧逐渐开挖，每次开挖约0.04m。

（5）实验过程中，同时记录多方面监测数据，以备实验报告的整理使用。

（6）实验完毕后，先卸载水压至0MPa，将水箱剩余水排出，再将水箱外围压力降至

0kN，整理观测装置和声发射仪器，实验结束。

模拟开采完毕后，若没有发生突水，试验中可以考虑增加竖向压力或者调整模型两侧压力，使得模型发生突水。模型试验可以得到一定竖向压力和侧向压力条件下，发生承压突水的临界高度，以及每个施工步骤后模型的裂缝和位移分布。

5.3.2.3 试验结果及分析

本次试验使用相似比为 1：200，开挖过程分十步完成。图 5 - 25 所示为在 10m 海水、35m 海泥开采环境下，相似模拟试验的逐渐开挖过程，图 5 - 25a ~ 图 5 - 25d 分别为采场开挖跨度为 0.1m、0.14m、0.28m 和 0.4m 时的照片。图 5 - 25e 所示为裂隙贯通，顶部水顺着裂隙通道流下形成了细长的水流。图 5 - 25f 所示为顶板在上部水压力作用下进一步破坏，使得大量水瞬时突涌而出，引发顶板突水。根据试验结果，用相似比及安全厚跨比公式（$H \geq 0.5nW$，n 为安全系数，取 1.0，W 为采场跨度）进行换算，顶板厚度大于40m 时岩层不会产生突水，小于 40m 后，顶板岩层出现突水特征。

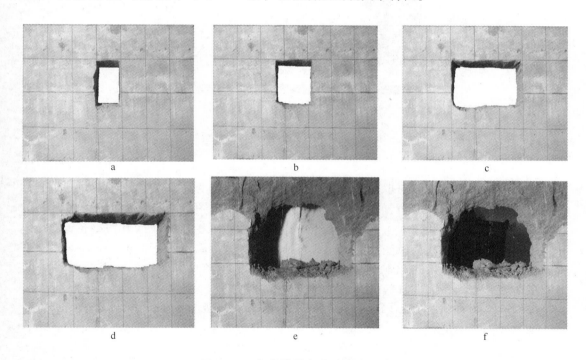

图 5 - 25　相似模拟实验开挖过程图

a—第二开挖步完成后照片；b—第三开挖步完成后照片；c—第七开挖步完成后照片；d—第九开挖步完成后照片；
e—第十开挖步完成后顶板水沿贯通裂隙流出；f—第十开挖步完成后形成突水

数字照相变形量测是以数字相机为图像数据采集设备，利用图像处理技术，实现观测目标的变形计算与分析，它在岩土变形演变过程的全程观测与微观、细观力学特性等研究上具有突出的优越性。近年来，数字照相变形量测系统在岩土工程，尤其是试验研究领域里，应用广泛。图 5 - 26 所示为运用基于数字照相技术编制软件处理得到的开挖过程中位移云图。从图 5 - 26 中可以观测到随着开挖过程的进行，采场顶板沉降位移不断增大，最大值达到 5mm 左右；底板隆起位移也在逐渐增大，最大值 6mm 左右。

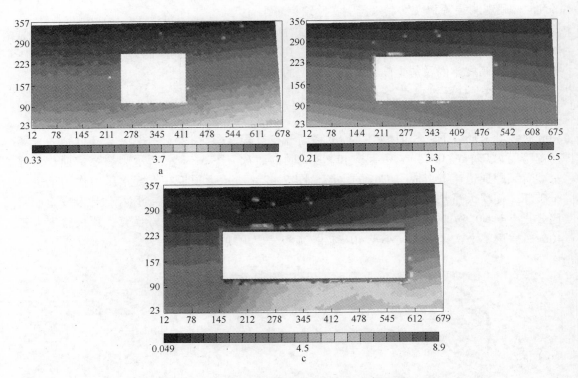

图 5 – 26 基于数字照相技术分析得到位移云图

a—第三开挖步骤完成后位移云图；b—第七开挖步骤完成后位移云图；c—第九开挖步骤完成后位移云图

图 5 – 27 所示为相似模拟实验过程中声发射探头及应变片布置情况。图 5 – 28 所示为相似模拟实验过程中所布置横向应变片的监测结果。从图 5 – 28 中可以分析得到应变片 1、2、3 在整个试验过程中始终承受压应力，在第四开挖步完成后其应变逐渐增大，并且增加幅度越来越大；应变片 4、5、6 在第二开挖步前首先承受的是压应力，此后随着开挖空间的不断增大，采场顶部逐渐出现了拉应力，并且越来越大，因此应变片逐渐有压应变转变为拉应变且数值越来越大；应变片 7、8 在整个试验过程中承受的几乎都是压应力，并且随着开挖空间的不断增大，压应力的值先增大后减小，最后又转换

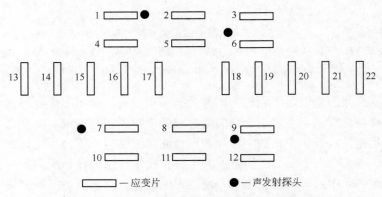

图 5 – 27 相似模拟实验声发射探头及应变片布置示意图

为拉应力的趋势；应变片9在试验过程初期承受了较小的拉应力，随着开挖空间的不断增大，急剧转化为压应力；应变片10、11在整个试验过程中承受的几乎都是压应力，并且随着开挖空间的不断增大，压应力的值越来越大；应变片12也有类似的趋势，但试验过程初期承受了较小的拉应力。通过以上对试验过程中不同布置点处应变片横向应变的分析可以得知：开挖过程中，采场上部的横向应变不断增大，主要是由该区域拉应力逐渐增大所致；采场下部的横向应变也在不断增大，主要是由该区域压应力逐渐增大所致。

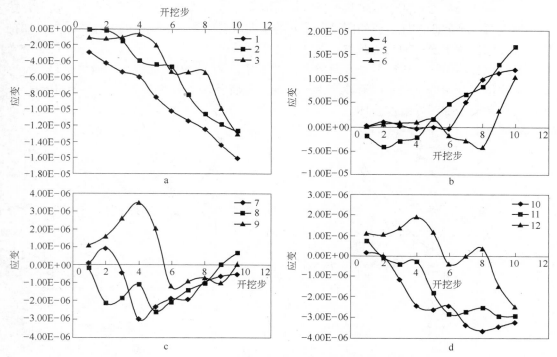

图 5-28 相似模拟实验过程中横向应变片监测结果
a—应变片1、2、3的变化趋势图；b—应变片4、5、6的变化趋势图；
c—应变片7、8、9的变化趋势图；d—应变片10、11、12的变化趋势图

图 5-29 所示为相似模拟实验过程中所布置纵向应变片监测结果。从图 5-29 中可以

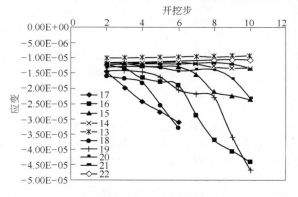

图 5-29 相似模拟实验过程中纵向应变片监测结果

看出除离开挖区域最远的应变片 13、22 略有减小的趋势外，剩余应变片都呈现出明显增大的趋势。并且远离开挖区的应变变化较小，越接近开挖区域，应变变化越大。其中应变片 17、18 最靠近开挖区域，当第六步开挖完成以后，这两个应变片先后被去除，因此在剩余的开挖步骤中这两个应变片无应变值。

根据模拟试验结果和安全厚跨比公式分析，顶板厚度小于 40m 后，模型顶板中拉应变显著增长，将产生拉破坏。

图 5-30 所示为相似模拟实验过程中横向应变片监测结果，图 5-30 表明，随着开挖的不断进行，预置于试件表面的四排应变片的横向应变值发生有规律的变化：首先，四排应变片监测值关于坐标轴几乎对称，这是符合实际情况的；其次，第一、三、四排中心坐标应变片应变值始终为压应变且逐渐增大，两侧应变片应变值变化较小；最后，第二排应变片应变值由开始的压应变逐渐转换为拉应变，随着开挖进行（顶板厚度小于 40m 后），拉应变值急剧增加，导致拉破坏。

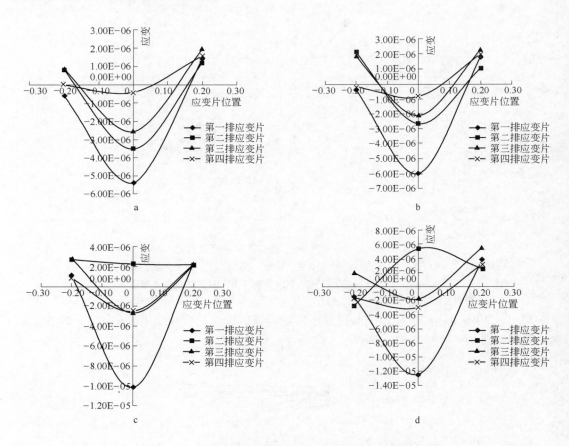

图 5-30 相似模拟实验过程中横向应变片监测结果
a—第二开挖步骤完成后地表沉降图；b—第四开挖步骤完成后地表沉降图；
c—第六开挖步骤完成后地表沉降图；d—第八开挖步骤完成后地表沉降图

为了监测到试验过程中关键点的位移，特别设置了九个监测点（图 5-31），并有千分表进行位移实时监测。图 5-32 所示为相似模拟实验过程中采场顶部四个监测点监测结果。从图 5-32 可以看出，采场顶部不同监测点都发生了不同程度的沉降，并且越靠近采场沉降越明显。

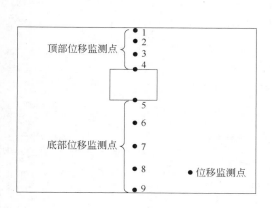

图 5-31 相似模拟实验过程
中监测点布置

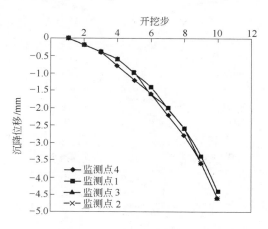

图 5-32 相似模拟实验过程中采场顶部
四个监测点监测结果

图 5-33 所示为相似模拟实验过程中采场底部五个监测点监测结果。由图 5-33 可以看出，采场顶部不同监测点都发生了不同程度的隆起，并且越靠近采场隆起越明显。

图 5-34 所示为试验过程中试件顶部表层沉降监测结果图。由图 5-34 中可以看出，随着开挖的不断进行，试件顶部表层出现了明显的沉降，且采场顶板上部的沉降最大，向两边逐渐减小，形成一个漏斗的形状。地表沉降的最大值为 5mm 左右，这与基于数字照相技术处理所得的位移值一致。

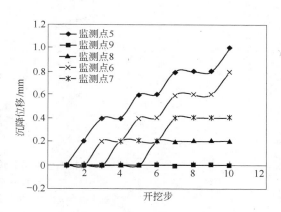

图 5-33 相似模拟实验过程中采场底部
四个监测点监测结果

声发射定位对于岩石破裂声发射事件的定位已经达到较高的精度，直观反映了裂纹初始、扩展过程，与实际岩石破坏模式是一致的，这为研究岩石破裂失稳机理提供有力的工具。为了能够在试验过程中及时的监测到试件裂隙的不断形成、增多和扩展，采用了 PCI-2 声发射测试分析系统对实验全过程实施监测。

实验中设定声发射测试分析系统的主放为 40dB，门槛值为 45dB，探头谐振频率为 20~400kHz，采样频率为 1M 次/s。为保障实验效果，实验采用 8 个探头进行检测，声发射探头的检测面抹上一层耦合剂并紧贴在试样表面，并排净空气，然后采用胶带固定。

在继续开挖过程中，采场顶板逐渐有裂隙产生，此时声发射系统检测到采场顶部

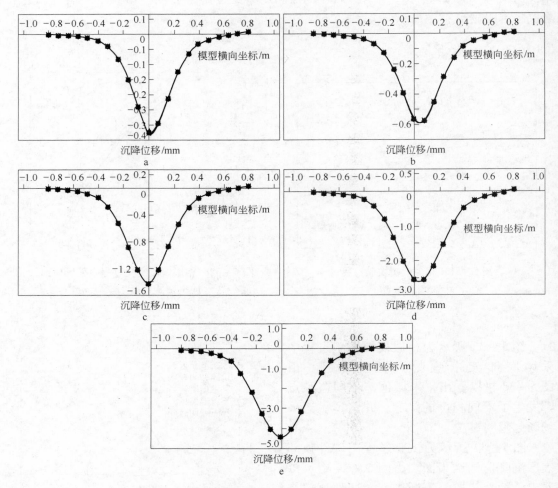

图 5 - 34 相似模拟实验过程中表层沉降监测结果

a—第二开挖步骤完成后表层沉降图；b—第四开挖步骤完成后表层沉降图；
c—第六开挖步骤完成后表层沉降图；d—第八开挖步骤完成后表层沉降图；
e—第十开挖步骤完成后表层沉降图

中心附件有强烈的声发射信号，利用声发射系统的定位功能，监测到采场顶部中心附件有裂隙产生，并不断增多。图 5 - 35 所示为开挖过程中声发射定位的变化。由图 5 - 35 可知，随着开挖的不断进行，采场顶部中心附件的声发射信号逐渐增强，随后声发射信号在采场顶板不断上移，表明了顶板裂隙在逐步扩展、贯通。随着试验进行，该处的定位点越来越多，表明裂纹在该处形成较多，并且不断出现裂纹扩展和贯通，使得顶板水沿着贯通裂纹不断渗出，水量越来越多，最后在采场顶部水作用力下导致采场顶部的垮塌，并引发顶板的突水。图 5 - 36 和图 5 - 37 所示分别为声发射监测过程中振铃计数、能量随时间变化的关系图形。试验结果表明，采场顶板岩层厚度小于 40m 后，声发射的振铃计数和能量都有急剧增大趋势，表明采场顶板岩层产生突水现象。

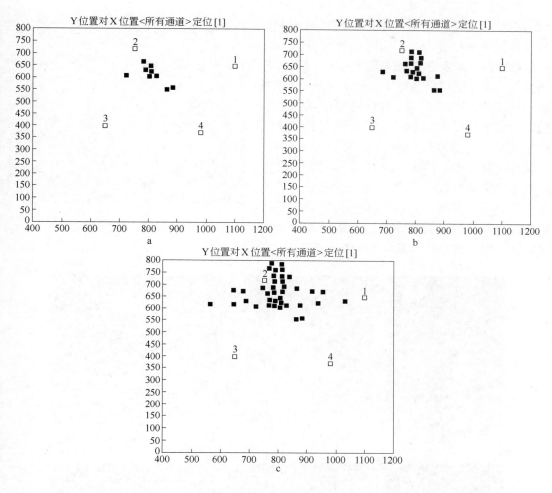

图 5-35 声发射定位

a—定位开始；b—定位进行中；c—最终定位

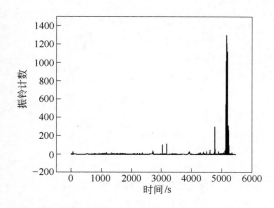

图 5-36 振铃计数与时间的关系曲线

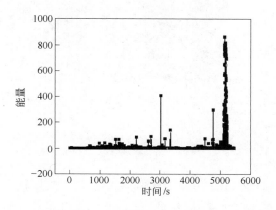

图 5-37 能量与时间的关系曲线

当定位点开始出现的时候，及时采用体式显微镜对该区进行观测，并利用细观测量分析软件对裂隙进行分析。采用细观测量分析软件对试验获得的细观裂缝，从图 5 - 38 分析得出，测量图中裂缝平均裂缝宽度为 0.02mm，上部裂缝水平倾角为 20.58°。对试验过程中获得的不同瞬间、不同受力和变形破坏条件下的照片进行序列对比与分析，能深入研究裂缝的发生、扩展和破裂过程。图 5 - 39 所示为试验模块中裂缝水流细观形成前后对比。试验表明，采场顶板岩层小于 40m 后，压力水在裂缝处不断冲刷裂缝，并最终形成顺畅通道，水以流线形式从裂缝流出，此为模型突水破坏的重要特征。

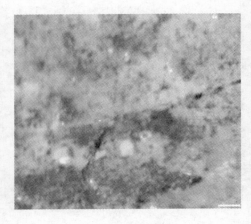

图 5 - 38　裂缝观测

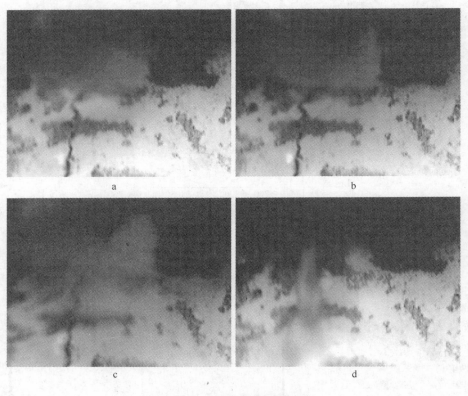

图 5 - 39　裂缝水流细观过程

a—裂缝水流形成前；b—裂缝水流将要形成；

c—裂缝水流开始形成；d—裂缝水流全面形成

为了模拟矿床实际构造应力，加载过程中水平压力保持恒定为 10kN，如图 5 - 40 所示。由于本次实验模拟 10m 海水、35m 海泥下的开采情况，因此顶部水压需加至 0.8MPa，按 1∶200 的比例换算为 4.0kPa。随着水压力的增加，为了保证试验过程中不漏水,且水压始终保持在4.0kPa,必须不断增大水箱外围的竖向压力。多次试验表明,采用该方式能够成功地实现模型顶部水压加载。图5-41所示为水压力曲线。从图5-41中可以看出,水压是逐步增加到4.0kPa,然后稳定下来保持不变。此时,开挖工作开始,当第一和第二开挖层被开挖后,水压还是稳定的,表明此刻采场顶板还是稳定的,未出现裂隙贯通现象,但是这一过程中顶板位移不断增大,此时声发射的监测信号强度逐渐增强,呈稳步上升趋势,能量迅速增大,如图5-42所示,表明模型内部试件裂隙不

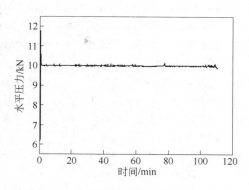

图5-40 水平压力加载曲线

断形成、增多、扩展。当第四开挖步完成后,水压突然急剧下降,此时有大量的水从采场顶部中间位置附近涌出,形成突水。根据试验结果,用相似比和安全厚跨比公式换算,海底开采安全隔离层厚度的临界值为40m。考虑海底矿床有一层厚约25m的海泥和风化岩层,建议三山岛金矿海底开采安全隔离层厚度为65m。

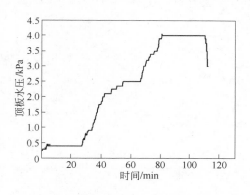

图5-41 竖向水压力加载曲线

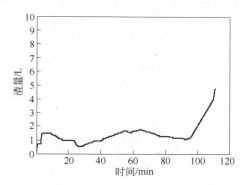

图5-42 流量时间曲线

参 考 文 献

[1] 来兴平,蔡美峰,肖江,等. 软弱层状岩石巷道顶板破坏过程模拟研究 [J]. 中国矿业,2000,9 (6):23~25.

[2] 朱彤. 结构动力模型相似问题及结构动力试验技术研究 [M]. 大连:大连理工大学,2004.

[3] 林皋. 研究拱坝震动的模型相似率 [J]. 水利学报,1958 (1):79~104.

[4] 徐挺. 相似理论与模型试验 [M]. 北京:中国农业机械出版社,1982.

[5] 徐挺. 相似方法及其应用 [M]. 北京:机械工业出版社,1995.

[6] 王丰. 相似理论及其在传热学中的应用 [M]. 北京:高等教育出版社,1990.

[7] 周美立. 相似系统论 [M]. 北京:科学技术文献出版社,1994.

[8] 周美立. 相似工程学 [M]. 北京:机械工业出版社,1998.

[9] 左东启. 模型试验的理论和方法 [M]. 北京:水利水电出版社,1984.

[10] 左东启,俞国清. 工程水力学中的合交模型 [J]. 河海科技进展,1992,12 (4):1~23.

[11] Zuo Dongqi, Yu Guoqing. Hybrid Approach and Computer Architecture [J]. Javor A, Ed. Simulation in Research and Development, 1984.

[12] 任春辉, 李文平, 李忠凯, 等. 巨厚岩层下煤层顶板水突水机理及防治技术 [J]. 煤炭科学技术, 2008, 36 (5): 46~48.

[13] 刘爱华, 彭述权, 李夕兵, 等. 深部开采承压突水机制相似物理模拟试验系统研制及应用 [J]. 岩石力学与工程学报, 2009, 28 (7): 1335~1341.

[14] 刘爱华, 彭述权, 陈红江, 等. 水下开采矿岩力学相似模拟试验系统介绍 [C] //中国力学学会 2009 年学术大会, 郑州, 2009.

[15] 陈红江, 李夕兵, 刘爱华, 等. 水下开采顶板突水相似物理模型试验研究 [J]. 中国矿业大学学报, 2010, 39 (6): 854~859.

[16] 李夕兵, 刘志祥, 彭康, 等. 金属矿滨海基岩开采岩石力学理论与实践 [J]. 岩石力学与工程学报, 2010, 29 (10): 1945~1953.

6 海底矿床开采的安全隔离层厚度

海底矿床开采时，必须留一定厚度的隔离层。安全隔离层厚度越大，开采越安全，但损失的矿石量也越多。安全隔离层厚度必须根据地质条件和矿床开采技术特征确定[1]。可考虑矿床开始开采时，多预留安全隔离层，当下部矿体全部开采完毕，再回采部分隔离层矿体，以最大限度地回收矿产资源。

6.1 海下开采相关力学分析

6.1.1 "三下"开采基本理论

采矿活动将有用矿物质从地下开挖出来，在地下形成采空区，由于改变了原有的应力状态，从而引起地层塌陷、位移和变形。采空区受重力作用通常在垂直方向上形成三带，即冒落带、裂隙带和弯曲带。冒落带为采空区上方的塌落带，岩石在自重作用下发生明显的离层与位移现象；裂隙带则为冒落带上方，岩体内部出现大量强烈而明显的裂纹和断裂；弯曲带则为裂隙带上方，岩体未发生整体破坏，其内部受弹性变形影响向下发生弯曲。

对于采空区岩层变形与移动规律，人们做过长期的理论探讨与试验研究，出现了多种研究方法与理论。在所有理论与方法中，除崩落块体理论外，大多假定岩体是弹性或黏弹性体、弹塑性体，因而在实际应用时存在严格限制。

目前几种有代表性的理论有拱形理论、棱柱体理论、覆盖总重理论、悬臂梁理论、崩落块体理论等[2,3]。

（1）拱形理论。拱形理论仅适用于松散介质。拱形理论认为上覆岩层呈块状冒落，当冒落为拱形后采空区应力趋于平衡而相对稳定下来，然后应力再次改变，冒落继续，直至新的平衡拱再次形成。

（2）棱柱体理论。随着开采向下延深，采空区顶板会形成滑动棱柱体，从而引起地表的变形与移动。用该理论可以将地表的变形点或裂缝线与采空区边界的连线来圈定地表岩移范围。此理论在采深不大时与实际情况比较接近，但随着采深增加，岩移边界不是直线，会出现岩移发展不到地表的临界深度。

（3）覆盖总重理论。采场四周及其内部的点柱或间柱承受上覆岩层的载荷。当其承压超过矿柱或支柱的极限抗压强度时发生破坏，导致岩层发生位移或变形。作用在矿柱或支柱上的压力并不随采深呈正比增加，而主要与深跨比、空区形态、结构弱面等有关。

（4）悬臂梁理论。悬臂梁理论认为顶板岩体是层状的黏弹性梁。黏弹性梁随工作面向前推进而增长，作用在梁上的压力与载荷相应增大。当梁跨距增大至一定程度时上覆岩层的载荷引起梁的固定端沿矿壁剪断。水平或缓倾斜矿体开采时，用该理论计算控顶距和支柱载荷比较实际。

（5）崩落块体理论。崩落块体理论是建立在相似材料模拟试验和井下观测基础上的，它认为岩体是非连续介质，采空区顶板的破坏由不规则冒落递变为规则冒落。其理论依据是下层岩体冒落产生体积膨胀（碎胀性系数为 1.01～1.40），填塞空区，逐渐减缓岩层向上发展和冒落。致使上覆岩层由冒落转变为规则的裂隙带和弯曲带[4,5]。

综观上述岩移理论与原理，可以得出如下结论[6～10]：

（1）只要存在地下采空区，就会改变地应力状态与结构，上覆岩层就会发生变形与位移。

（2）均质稳固的岩层，若埋深大，只发生上覆岩层局部变形与位移，岩移不会波及地表，即存在一个安全的临界深度。

（3）控制采动程度和开采跨度，能维持岩层与地表的稳定与变形。采空区放顶或充填可以阻止或减缓岩层与地表的变形与位移。

6.1.2　"三下"开采地表变形计算方法

水体下矿体开采主要是考虑矿体上部隔水层的保护与导水裂隙带厚度的计算，国外、国内经验公式分别为：

$$H_d = (30 \sim 50)M \tag{6-1}$$

$$H_d = \frac{100M}{1.28M + 2.85} + 7.34 \tag{6-2}$$

式中　　H_d——导水裂隙带厚度，m；

　　　　M——矿体开采厚度，m。

非煤矿体若采用此公式，则存在较大的误差。

公路下矿体开采考虑的对象与水体下矿体开采明显不同。交通道路下矿体的开采，则主要考虑由于岩层弯曲变形而引起的地表位移。从安全行驶的角度考虑，最大下沉量和相对下沉量均可以作为单独指标或综合指标考核公路的安全性。最大下沉量 Δ_{max}，即公路下矿体开采引起地表弯曲变形产生的最大位移量。相对下沉量 $\frac{\Delta_{max}}{L}$，即公路下矿体开采引起的地表弯曲变形在公路长度方向上产生的相对下沉量。

根据公路设计与车辆路面行驶要求，若预计地表变形的最大下沉量与相对下沉量应该小于该公路保护等级所允许的变形值，则公路可以不要求留设保安矿柱；否则要预留保安矿柱。

公路地表预计最大变形计算方法是：

$$\varepsilon = \frac{1500 \times W_{max}}{H} \tag{6-3}$$

式中　　ε——水平变形，mm/m；

　　　　H——开采深度，m；

　　　W_{max}——开采影响产生的最大预计下沉值，m：

$$W_{max} = KS \tag{6-4}$$

　　　　K——岩石或充填料的下沉系数，空场法冒落 $K = 0.7$；

　　　　S——回采矿层的厚度，m。

6.1.3　海底矿床安全开采合理隔离层厚度相关研究

6.1.3.1　导水裂缝带高度的预计

采动引起的上覆岩层破坏是一种十分复杂的物理力学现象[11,12]。大量的观测表明，采空区移动破坏程度，可以分为"三带"，即垮落带、裂缝带和弯曲带，如图6-1所示。

（1）垮落带。破断后的岩块呈不规则垮落，排列也极不整齐，松散系数比较大，一般可达1.3～1.5。但是经重新压实后，碎胀系数可达1.03左右。此区域与采区顶板相毗连，很多情况下是由于直接顶冒落后形成的。

（2）裂缝带。岩层破断后，岩块仍然排列整齐的区域即为裂缝带。它位于冒落带之上，由于排列比较整齐，因此碎胀系数较小。关键层破断块体有可能形成"砌体梁"结构。

（3）弯曲带。自裂缝带顶界到地表的所有岩层称为弯曲带。弯曲带内岩层移动的显著特点是岩层移动过程的连续性和整体性，即裂缝带顶界

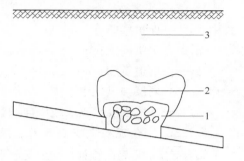

图6-1　采场上覆岩层移动
破坏的垂直分带
1—垮落带；2—裂缝带；
3—弯曲带；1+2—导水裂隙带

以上至地表的岩层移动是成层的、整体性的发生的，在垂直剖面上，其上下各部分的下沉值很小。若存在厚硬的关键层，则可能在弯曲带内出现离层区。

导水裂缝带即垮落带与裂缝带的合称，是指上覆岩层含水层位于"两带"范围内，将会导致岩体水通过岩体破断裂缝流入采空区和回采工作面。

导水裂缝带的高度和岩性与采高有关，覆岩岩性越坚硬，导水裂缝带高度越大。

导水裂缝带高度预计准确与否，则是关系到防水矿柱尺寸是否合理以及海下开采安全与否的关键问题。可采用经验类比分析法和有限元数值模拟计算方法预计导水裂缝带的高度。水下采煤的研究结果表明，导水裂缝带发育高度与采厚有着密切的联系，一般情况下，两者成近似分式函数关系。但综放开采时，由于其一次采放厚度明显增加，即当开采同样厚度的厚煤层时，若采用分层方法将其分为2～3层开采，则导水裂缝带一般发育较低。若采用放顶煤方法将其一次采放出来，则导水裂缝带的高度将会明显增加，仍呈近似分式函数关系。根据水下采煤的经验，导水裂缝带的经验计算公式如下：

$$h = kW \sqrt[3]{F(n)} \tag{6-5}$$

或

$$h = a_s d \tag{6-6}$$

式中　h——开采引起的导水裂隙带高度；

k——地基系数；

W——单个最危险药包的最小抵抗线；

$F(n)$——相应药包爆破指数的函数；

a_s——比例系数，一般情况下，对于软弱岩层，$a_s = 9 \sim 12$；对于中硬岩层，$a_s = 12 \sim 18$；对于坚硬岩层，$a_s = 18 \sim 28$；

d——采厚。

6.1.3.2　合理确定最小保护层

在开采矿床的上部岩层中，必须留有一定厚度的不透水保护岩层，并确保它不受破坏，如遇裂缝时应采取有效措施将其封闭。根据水下采煤的经验，保护层的经验计算公式如下[13,14]：

$$s = 1.5 \frac{\sqrt{h_1 h_2}}{f} + c \tag{6-7}$$

式中　s——保护层厚度，m；

h_1——水头高度，m；

h_2——坑道宽度，m；

c——岩层强风化带厚度，一般取 $c = 5$m；

f——普氏强度，查表或取样试验获得。

6.1.3.3　合理确定安全开采上限，合理布置防水岩柱

结合导水裂缝带的预计，确定安全开采上限高度即防水岩柱的尺寸，其计算方法如下：

$$H = a + s + h \tag{6-8}$$

式中　H——安全开采上限高度，m；

a——表面裂隙深度，基岩经验值取 $a = 10 \sim 15$m；

s——保护层厚度，m；

h——开采引起的导水裂隙带高度，m。

当基岩顶部有沉积层时（图 6-2），当沉积层厚度大于 5m 时 a 值取零；当沉积层为相对隔水层时，其厚度可考虑在 s 值之内，即保护层厚度 s 之内包括隔水层厚度。

海底金属矿床开采在我国尚无范例，世界范围内也只有少数国家进行开采。由于海下采煤的特殊性，各国都以法规和规程的形式对海下采煤做了详尽和严格的规定（表 6-1）。由于国情不同，且地质情况差

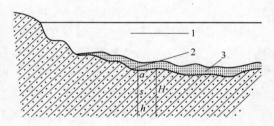

图 6-2　海底基岩有沉积层时的开采上限
1—海水；2—海底基岩；3—沉积层

异较大，各国都根据各自矿区的生产实践经验来确定开采方法和开采深度以及煤柱尺寸，如在海底下采用长壁陷落式采煤时，英国海底距煤层的最大安全距离为 150m，加拿大为 213m，澳大利亚为 60 倍采厚，智利为 150m，日本为 200~300m。总体上讲各国都重视考虑地质条件、隔水层作用和采煤方法的作用，注重从各自的经验出发规定上限。

表 6-1　国外海下采煤安全距离及开采规定

国别	长壁陷落法采煤		房柱法或充填法采煤		极限变形值法
	总高度/m	煤层厚度/m	总高度/m	煤层厚度/m	变形量/mm·m⁻¹
英国	>150	6.0	>60	>4.5	10
加拿大	>213 或 100 倍采厚	—	>76 或 100 倍采厚	—	6
澳大利亚	>60 倍采厚	>4.6	>60 倍	>4.6	—
智利	>150	—	—	—	5
日本	200~300	6.0~10.0	60~100	6.0~10.0	8

6.2 三山岛金矿海底安全开采隔离层厚度预估

6.2.1 力学模型与力学参数

三山岛金矿目前开采 -165m 水平以下的矿体，预留 120m 厚的安全隔离层。首先对海底安全隔离层厚度进行预估，为下一步数值模拟分析提供基础。考虑 -165m 水平以上采用岩层微扰低沉降点柱上向分层充填采矿法，点柱大小为 4m × 4m，间距为 12m，考虑最危险情况，采场内留点柱，不考虑充填，但设定充填体将矿柱包裹，矿柱不被破坏。将点柱换算成连续条柱，根据点柱参数，连续条柱的间距为 36m，建立如图 6-3 所示的力学模型，每隔 36m 留连续矿柱。

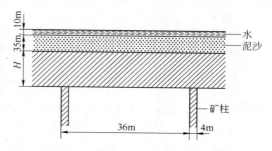

图 6-3 三山岛金矿海底采矿简化模型

综合采用材料力学法、鲁佩涅伊特法、荷载传递线交汇法、厚跨比法、普氏拱法、结构力学梁计算法对隔离层安全性和合理厚度进行分析，确定其安全厚度。

根据室内试验岩石力学参数试验成果（表 6-2）。参考《工程岩体分级标准》（GB 50218—1994）和《岩土工程勘察规范》采用折减系数法确定岩体工程力学参数，岩体力学参数见表 6-3。

表 6-2 岩石力学参数

项目	密度 /kg·m^{-3}	风干弹性模量/GPa	泊松比	风干单轴抗压强度 /MPa	风干单轴抗拉强度 /MPa	饱和单轴抗压强度 /MPa	饱和单轴抗拉强度 /MPa	黏聚力 /MPa	内摩擦角 /(°)	渗透系数 μm/s
上盘	2706	13.44	0.20	71.26	6.24	41.27	8.22	11.44	30.6	0.14~1.35
矿体	2710	15.02	0.19	80.87	4.91	62.08	3.70	21.45	32.6	0.12~1.03
下盘	2635	17.1	0.24	102.95	8.54	79.53	10.09	42.77	36.94	—

表 6-3 岩体力学参数

项目	密度 /kg·m^{-3}	弹性模量 /GPa	黏聚力 /MPa	摩擦角 /(°)	泊松比	膨胀角 /(°)	抗拉强度 /MPa	抗压强度 /MPa
上盘	2706	5.0	3.2	32.2	0.20	3.2	4.24	48
矿体	2710	2.1	1.4	32	0.19	4.7	2.91	60
下盘	2635	7.3	3.9	35	0.24	5.3	6.54	58

6.2.2 材料力学法

对于采空区上的隔离层，假定它是材料力学中两端固定的板梁，计算时将其简化为平面弹性力学问题，取其单位厚度进行计算，岩性板梁的支承条件和弯矩 M 如图 6-4 和 6-5 所示[15,16]。

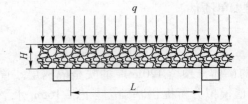
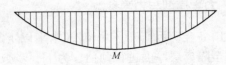

图 6 - 4 岩性板梁的支承条件（固支状态）　　图 6 - 5 岩性板梁的弯矩

由图 6 - 5 可得：

$$M = \frac{1}{8}qL^2 \tag{6-9}$$

式中　q——岩梁自重及外界均布荷载；

　　　L——空区跨度。

将顶柱受力认为是两端固定的厚梁，根据力学模型，可得到顶板厚梁内的弯矩 M 为：

$$M = \frac{(\rho_{水} gh_{水} + \rho_{泥} gh_{泥} + \rho_{梁} gh_{梁})L^2}{8} \tag{6-10}$$

$$W = \frac{bh_{梁}^2}{6} \tag{6-11}$$

式中　W——截面抵抗矩，N·m；

　　　b——梁宽，m。

顶板允许的应力 $\sigma_{许}$ 为：

$$\sigma_{许} = \frac{M}{W} = \frac{3(\rho_{水} gh_{水} + \rho_{泥} gh_{泥} + \rho_{梁} gh_{梁})L^2}{4bh_{梁}^2} \tag{6-12}$$

$$\sigma_{许} \leqslant \frac{\sigma_{极}}{n} \tag{6-13}$$

式中　n——安全系数；

　　　$\sigma_{极}$——极限抗拉强度，MPa。

经整理得出安全系数与隔离层厚度的关系，即：

$$h_{梁} \geqslant \frac{50n + \sqrt{2500n^2 + 2752}}{2} \tag{6-14}$$

通过式（6 - 14），可以得出隔离层的厚度，见表 6 - 4。

表 6 - 4　材料力学方法计算隔离层厚度

n	1.4	1.5	1.6	1.7	1.8	1.9	2	2.1	2.2	2.3	2.4	2.5
$h_{梁}$/m	44	48	52	56	60	64	68	72	76	80	84	88

通过 Matlab 软件得出它的二次回归公式：

$$h = -2.023n^2 + 46.9456n + 2.1396 \tag{6-15}$$

经回归检验，回归方程相关率达到92.4%，可用式（6-15）计算出不同安全系数下所要求的安全隔离层厚度。根据式（6-15），海下开采所要求的安全隔离层厚度与安全系数的关系如图6-6所示。

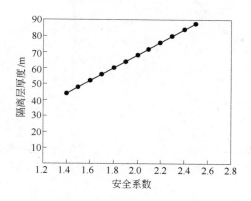

图6-6 安全隔离层厚度与安全系数的关系

6.2.3 荷载传递交汇线法

此法假定荷载由隔离层中心按竖直线成30°~35°扩散角向下传递，当传递线位于顶与开采空区的交点以外时，即认为开采空区壁直接支承顶板上的外载荷与岩石自重，隔离层是安全的。其原理如图6-7所示。

设β为荷载传递线与隔离层顶部中心线间夹角。

隔离层安全厚度计算公式如下[17]：

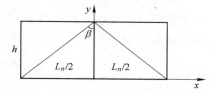

图6-7 荷载传递交汇线
法计算示意图

$$h \geqslant \frac{L_n n}{2\tan\beta} \qquad (6-16)$$

式中 h——隔离层计算厚度，m；

L_n——采空区跨度，m；

n——安全系数。

使用该法，在得到的计算结果上减掉45m见表6-5。

表6-5 荷载传递交汇线法计算安全隔离层厚度

n		1.4	1.5	1.6	1.7	1.8	1.9	2	2.1	2.2	2.3	2.4	2.5
$h_{梁}/m$	$\beta=32°$	40	43	46	49	52	55	58	60	63	66	69	72
	$\beta=35°$	36	39	41	44	46	49	51	54	57	59	61	64

根据表6-5计算结果，二次回归方程为：

$$h_{(\beta=32°)} = -0.6993n^2 + 78.7413n - 32.6364 \qquad (6-17)$$

$$h_{(\beta=35°)} = 1.1239n^2 + 63.6938n - 26.3604 \qquad (6-18)$$

根据式（6-17）和式（6-18）回归方程，不同安全系数下所要求的安全隔离层厚度（β 角分别为 32°和 35°）计算结果如图 6-8 和图 6-9 所示。

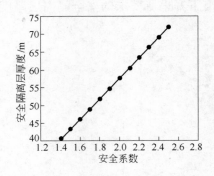 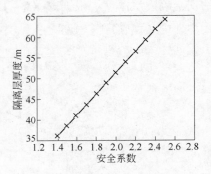

图 6-8   荷载传递交汇线法定义　　　　图 6-9   荷载传递交汇线法定义
安全隔离层厚度（$\beta = 32°$）　　　　　安全隔离层厚度（$\beta = 35°$）

6.2.4   厚跨比法

厚跨比理论认为：安全隔离层厚度 H 与其开采空区的宽度 W 之比 $H/W \geqslant 0.5$ 时，则认为顶板是安全的[18]，即：

$$\frac{H}{nW} \geqslant 0.5 \tag{6-19}$$

式中 n——安全系数。

根据这一关系引入安全系数 n，可得到不同安全条件下的开采空区跨度与安全隔离层厚度的定量结果，见表 6-6。

表 6-6   厚跨比法计算安全隔离层厚度

n	1.4	1.5	1.6	1.7	1.8	1.9	2	2.1	2.2	2.3	2.4	2.5
H/m	35	37	39	41	42	44	46	48	50	51	53	55

根据表 6-6 计算结果，二次回归方程为：

$$h = -0.7243n^2 + 50.4820n - 3.0162 \tag{6-20}$$

根据式（6-20），安全隔离层厚度与安全系数的关系曲线如图 6-10 所示。

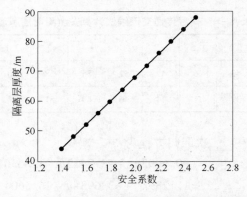

图 6-10   厚跨比法定义安全隔离层厚度

6.2.5　普氏拱法

普氏拱理论又称破裂拱理论，它根据普氏地压理论，认为在巷道或采空区形成后，其顶板将形成抛物线形的拱带，空区上部岩体重量由拱承担。对于坚硬岩石，顶部承受垂直压力，侧帮不受压，形成自然拱；对于较松软岩层，顶部及侧帮有受压现象，形成压力拱；对于松散性地层，采空区侧壁崩落后的滑动面与水平交角等于松散岩石的内摩擦角，形成破裂拱[19]。

自然平衡拱、压力拱、破裂拱的拱高分别用式（6-21）、式（6-22）、式（6-23）计算：

$$H_z = \frac{b}{f} \tag{6-21}$$

$$H_y = \frac{b + h\tan(45° - \varphi/2)}{f} \tag{6-22}$$

$$H_p = \frac{b + h\tan(90° - \varphi)}{f} \tag{6-23}$$

式中　b——空场宽度之半，m；

　　　　h——空场最大高度，m；

　　　　φ——岩石内摩擦角，（°）；

　　　　f——岩石强度系数。

对于完整性较好的岩体，可以采用如下的经验公式：

$$f = \frac{R_c}{10} \tag{6-24}$$

式中　R_c——岩石的单轴极限抗压强度，MPa。

普氏压力拱理论计算的基本前提是硐室上方的岩石能够形成自然压力拱，这就要求硐室上方有足够的厚度且有相当稳定的岩体，以承受岩体自重和其上的荷载[20,21]。因此，计算出压力拱拱高 H 之后，还要加上一定的稳定岩层厚度才为最终的安全顶板厚度。

对于三山岛海底采矿区，由于隔离层上面存在海水特殊情况，要留有较大的稳定岩层，在此定为压力拱高的 3 ~ 3.5 倍，并且引入安全系数的概念来进行计算，其计算结果见表6-7。

表6-7　普氏拱法计算隔离层厚度　　　　　　　　　　（m）

安全系数 n	1.4	1.5	1.6	1.7	1.8	1.9	2	2.1	2.2	2.3	2.4	2.5
压力拱高 H_y	11.2	12.0	12.8	13.6	14.4	15.2	16.0	16.8	17.4	18.4	19.2	20.0
隔离层厚度 H（$3H_y$）	34	36	39	41	43	46	48	51	53	55	58	60
隔离层厚度 H（$3.5H_y$）	39	42	45	48	52	53	56	59	62	65	67	70

根据表6-7计算结果，二次回归方程为：

$$h_{(3倍)} = -0.4246n^2 + 49.5929n - 1.4578 \tag{6-25}$$

$$h_{(3.5倍)} = -0.6993n^2 + 58.7413n - 2.6364 \tag{6-26}$$

根据式（6-25）和式（6-26），安全隔离层厚度与安全系数关系曲线如图6-11和6-12所示。

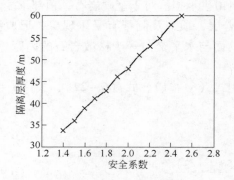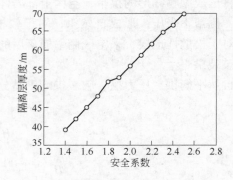

图6-11　普氏拱法安全隔离层厚度（3倍）　　图6-12　普氏拱法安全隔离层厚度（3.5倍）

6.2.6　结构力学梁理论计算法

假定采空区顶板岩体是一个两端固定的平板梁结构，上部岩体自重及其附加载荷作为上覆岩层载荷，按梁板受弯考虑，以岩层的抗弯抗拉强度作为控制指标。顶板厚梁内的弯矩为：

$$M = \frac{(9.8\gamma h + q)l_n^2}{12} \tag{6-27}$$

$$\omega = \frac{bh^2}{6} \tag{6-28}$$

$$\sigma_{许} \leqslant \frac{\sigma_{极}}{nK_C} \tag{6-29}$$

式中　　n——安全系数；

$\sigma_{极}$——极限抗拉强度；

K_C——结构削弱系数；

h——安全隔离层厚度，m；

$\sigma_{许}$——允许拉应力，kPa；

γ——矿岩密度，kg/m³；

l_n——顶板跨度，m；

b——顶板单位计算宽度，取$b=1$m；

q——附加荷载，kPa。

K_C取决于岩石的坚固性、岩石裂隙特点、夹层弱面等因素，取$K_C = 1.5$。

推导出采空区顶板的安全厚度：

$$h = 0.25 l_n \frac{0.98\gamma l_n + \sqrt{(9.8\gamma l_n)^2 + 8bq\sigma_{许}}}{\sigma_{许}b} \tag{6-30}$$

根据式（6-30），计算结果见表6-8。

表6-8 结构力学梁理论法计算安全隔离层厚度

n	1.4	1.5	1.6	1.7	1.8	1.9	2	2.1	2.2	2.3	2.4	2.5
H/m	44	48	52	56	60	64	68	72	75	79	83	87

根据表6-8计算结果，回归方程为：

$$h = 29.5n + 8.2 \tag{6-31}$$

根据式（6-31），安全隔离层厚度与安全系数关系曲线如图6-13所示。

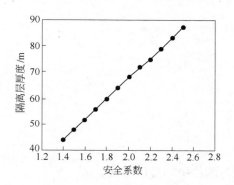

图6-13 结构力学梁理论法定义安全隔离层厚度

6.2.7 鲁佩涅伊特理论计算法

前苏联科学技术博士鲁佩涅伊特和利别尔马恩在普氏破裂拱理论基础上，根据力的独立作用原理，考虑采空区上部岩体自重和设备重力作用应力对岩石的影响，并且在理论分析计算中假定：（1）空区长度大大超过其宽度；（2）空区的数量无限多，不计边界跨度影响。在此前提下，将复杂的三维厚板计算问题简化为理想的弹性平面问题，然后建立力学模型，得到采空区顶板岩层的受力结构如图6-14所示。然后对此进行分析与研究，确定顶板的安全厚度。

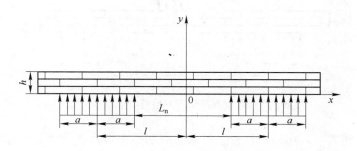

图6-14 自重作用下顶板安全厚度计算图

根据自重作用下岩石顶板的力学模型，得到其应力分布为：

$$\left.\begin{array}{l} \sigma_x = \sigma_x^0 + \sigma_{x1} \\ \sigma_y = \sigma_y^0 + \sigma_{y1} \\ \tau_{xy} = \tau_{xy}^0 + \tau_{xy1} \end{array}\right\} \qquad (6-32)$$

$$\sigma_{x1} = \sum_{n=1}^{\infty} A_n \cos a_n x \left[(K_n - a_n y L_n) \sinh a_n y + (1 - 2L_n + a_n y K_n) \cosh a_n y \right]$$

$$\sigma_{y1} = \sum_{n=1}^{\infty} A_n \cos a_n x \left[(K_n + a_n y L_n) \sinh a_n y - (1 + a_n y K_n) \cosh a_n y \right]$$

$$\tau_{xy1} = \sum_{n=1}^{\infty} A_n \sin a_n x \left[(1 + a_n y K_n - L_n) \sinh a_n y - a_n y L_n \cosh a_n y \right]$$

$$\tau_{xy}^0 = 0$$

$$A_n = (-1)^n \times 2 \times 9.8 \gamma h \frac{\sin a_n a}{a_n a}$$

$$a_n = \frac{n\pi}{l}$$

$$K_n = \frac{\sinh a_n h \cosh a_n h + a_n h}{\sinh^2 a_n h - (a_n h)^2}$$

$$L_n = \frac{\sinh^2 a_n h}{\sinh^2 a_n h - (a_n h)^2}$$

式中 l——采空区中心线与间柱中心线的距离，m；

     a——矿柱宽度之半，m。

$$\sigma_x^0 = \sigma_y^0 - 9.8 \gamma (h - y) \qquad (6-33)$$

式中 γ——顶板矿岩密度，g/cm^3；

     h——顶板的厚度，m。

顶板跨度为：$L_n = 2(l - a)$

空区上部附加载荷（图 6-15）引起的应力，按下列方法处理：

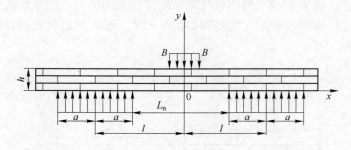

图 6-15 附加载荷作用下顶板安全厚度计算图

当空区群足够大时，作用在顶板上的载荷周期等于 $2l$，这种状况允许把载荷分解为如下的傅里叶级数：

当 $y = h$ 时 $\qquad\qquad\qquad B_0 + \sum_{n=1}^{\infty} B_n \cos a_n x \qquad (6-34a)$

当 $y = 0$ 时

$$B'_0 + \sum_{n=1}^{\infty} B'_n \cos a_n x \qquad (6-34b)$$

系数可以按下式计算:

$$B_0 = \frac{1}{2l} \int_{-b}^{b} q \mathrm{d}x = \frac{qb}{l} \qquad (6-35)$$

$$B_n = \frac{1}{l} \int_{-b}^{b} q \cos a_n x \mathrm{d}x = \frac{2q\sin a_n b}{a_n l} \qquad (6-36)$$

$$B'_0 = \frac{1}{2l} \left(\int_{-l}^{-(l-a)} q \frac{b}{a} \mathrm{d}x + \int_{l-a}^{l} q \frac{b}{a} \mathrm{d}x \right) = \frac{ab}{l} \qquad (6-37)$$

$$B'_n = \frac{1}{l} \left(\int_{-l}^{-(l-a)} \frac{qb}{a} \cos a_n x \mathrm{d}x + \int_{l-a}^{l} \frac{qb}{a} \cos a_n x \mathrm{d}x \right) = (-1)^n \frac{ab}{l} \times \frac{\sin a_n a}{a_n a} \qquad (6-38)$$

顶板中由载荷 B_0、B'_0 产生的应力 σ'_x、σ'_y、τ'_{xy} 满足下列条件:

$$\varepsilon_x = \frac{1}{E} [\sigma'_x - \mu(\sigma'_y + \sigma'_z)] = 0 \qquad (6-39)$$

$$\varepsilon_z = \frac{1}{E} [\sigma'_z - \mu(\sigma'_x + \sigma'_y)] = 0 \qquad (6-40)$$

式中 ε_x，ε_z——分别为 x 轴和 z 轴上的应变;

       μ——泊松比;

       E——顶板岩石的弹性模量。

由公式得:

$$\sigma'_x = -\frac{\mu}{1-\mu} \times \frac{qb}{l} \qquad (6-41)$$

此种情况下，有: $\tau'_{xy} = 0$。

由公式第二项表示的载荷所引起的顶板应力 σ''_x、σ''_y、τ''_{xy}，可由下列无穷级数求得:

$$F = \sum_{n=1} \cos a_n x (D_{1,n} \sinh a_n y + D_{2,n} \cosh a_n y + D_{3,n} y \sinh a_n y + D_{4,n} y \cosh a_n y) \qquad (6-42)$$

此时:

$$\sigma''_x = \frac{\partial^2 F}{\partial y^2} = \sum_{n=1}^{\infty} a_n \cos a_n x [a_n (D_{1,n} \sinh a_n y + D_{2,n} \cosh a_n y + D_{3,n} y \sinh a_n y +$$

$$D_{4,n} y \cosh a_n y) + 2(D_{3,n} \cosh a_n y + D_{4,n} \sinh a_n y)] \qquad (6-43)$$

$$\sigma''_y = \frac{\partial^2 F}{\partial x^2} = -\sum_{n=1}^{\infty} a_n \cos a_n x [a_n (D_{1,n} \sinh a_n y + D_{2,n} \cosh a_n y +$$

$$D_{3,n} y \sinh a_n y + D_{4,n} y \cosh a_n y)] \qquad (6-44)$$

$$\tau''_{xy} = -\frac{\partial^2 F}{\partial x \partial y} = \sum_{n=1}^{\infty} a_n \sin a_n x [a_n (D_{1,n} \cosh a_n y + D_{2,n} \sinh a_n y + D_{3,n} y \cosh a_n y +$$

$$D_{4,n} y \sinh a_n y + D_{3,n} \sinh a_n y + D_{4,n} \cosh a_n y)] \qquad (6-45)$$

系数根据顶板上下面的边界条件确定。对于两个面中的每一面都可以写出两个条件，这样共有 4 个已知条件，4 个条件就可以确定 4 个未知数 $D_{1,n}$、$D_{2,n}$、$D_{3,n}$、$D_{4,n}$。

边界条件可以写成下面的形式:

当 $y = h$ 时 $\sigma''_y = -\sum_{n=1}^{\infty} B_n \cos a_n x$ $-l \leqslant x \leqslant l$，$\tau''_{xy} = 0$ $(6-46)$

当 $y = 0$ 时 $\qquad \sigma''_y = -\sum_{n=1}^{\infty} B_n \cos a_n x \qquad -l \leqslant x \leqslant l, \ \tau''_{xy} = 0$ (6-47)

由边界条件可求出未知系数为:

$$D_{1,n} = \frac{B_n M_n - B'_n K_n}{a_n^2}$$

$$D_{2,n} = \frac{B'_n}{a_n^2}$$

$$D_{3,n} = \frac{B_n N_n - B'_n L_n}{a_n}$$ (6-48)

$$D_{4,n} = -a_n D_{1,n}$$

$$M_n = \frac{a_n h \cosh a_n h + \sinh a_n h}{\sinh^2 a_n h - (a_n h)^2}$$

$$N_n = \frac{a_n h \sinh a_n h}{\sinh^2 a_n h - (a_n h)^2}$$

把系数代入式(6-43)、式(6-44)、式(6-45)后最终得出:

$$\sigma''_x = \sum_{n=1}^{\infty} \cos a_n x \{ [-(B_n M_n - B'_n K_n) + a_n y (B_n N_n - B'_n L_n)] \sinh a_n y +$$
$$[B'_n + 2(B_n N_n - B'_n L_n) - a_n y (B_n M_n - B'_n K_n)] \cosh a_n y \}$$ (6-49)

$$\sigma''_y = -\sum_{n=1}^{\infty} \cos a_n x \{ [(B_n M_n + B'_n K_n) + a_n y (B_n N_n - B'_n L_n)] \sinh a_n y +$$
$$[B'_n - a_n y (B_n M_n - B'_n K_n)] \cosh a_n y \}$$ (6-50)

$$\tau''_{xy} = \sum_{n=1}^{\infty} \sin a_n x \{ [B'_n - a_n y (B_n M_n - B'_n K_n) + (B_n N_n - B'_n L_n)] \sinh a_n y +$$
$$a_n y (B_n N_n - B'_n L_n) \cosh a_n y \}$$ (6-51)

顶板的全应力由下面的公式求得:

$$\left. \begin{array}{l} \sigma_x^n = \sigma_x^0 + \sigma_{x,1} + \sigma'_x + \sigma''_x \\ \sigma_y^n = \sigma_y^0 + \sigma_{y,1} + \sigma'_y + \sigma''_y \\ \tau'_{xy} = \tau_{xy,1} + \tau''_{xy} \end{array} \right\}$$ (6-52)

根据材料力学理论,只计算 x 轴全应力,即拉应力来判断隔离层安全性。隔离层允许的拉应力由式(6-53)进行计算:

$$\sigma_{许} \leqslant \frac{\sigma_{极}}{nK_C}$$ (6-53)

在获得特定空区条件下顶板应力后,根据岩石力学强度参数,便可判断这一空区的安全系数。同时,如果用于开采设计,给定不同安全系数的条件下,可得到不同阶段空区的安全顶板厚度。用 Matlab 软件进行计算,发现采空区顶板内的最大拉应力都是位于顶板跨度中心下表面。将计算结果列入表格,便可形成空区安全设计和稳定性评判表。表 6-9 为鲁佩涅伊特理论顶板安全厚度计算结果。

根据表 6-9 计算结果,二次回归方程为:

$$h = 8.3666n^2 + 17.3352n + 36.3019$$ (6-54)

表6-9 鲁佩涅伊特理论顶板安全隔离层厚度计算结果（$K_C = 8$）

安全系数 n	1.4	1.5	1.6	1.7	1.8	1.9	2	2.1	2.2	2.3	2.4	2.5
$\sigma_{许}$/MPa	0.438	0.409	0.384	0.361	0.341	0.323	0.307	0.292	0.279	0.267	0.256	0.246
h/m	58	60	62	64	66	69	72	75	78	81	85	89
$\sigma_{拉}$/MPa	0.438	0.399	0.377	0.358	0.341	0.320	0.302	0.288	0.276	0.266	0.254	0.244

根据式（6-54），安全隔离层厚度与安全系数的关系如图6-16所示。

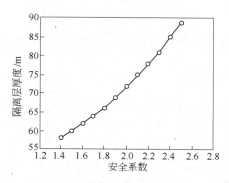

图6-16 安全隔离层厚度与安全系数的关系

6.2.8 不同计算结果综合分析

采空区形状、尺寸、岩性等极其复杂，不论是经验类比法，还是经过抽象的理论方法，都不可能与真实情况完全吻合。同时，理论方法存在着适用范围问题，其单一结果只能作为参考。因此有必要对各类方法进行综合，形成一种综合判别法，更有效地指导矿山工程。在实际操作中，根据现场实际，利用不同方法可得到不同的安全隔离层厚度值；如果多个方法得到的值比较接近，则结果可信；如果某一个或几个方法所得结果偏离较大，则需要进行验算和工程实验确定最终结果。

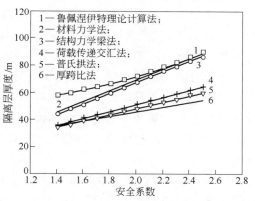

图6-17 不同方法得到安全系数
与隔离层厚度关系

图6-17所示为安全系数不同时由各种方法获得的安全隔离层厚度，从图6-17中可见，厚跨比法和普氏拱法得出的厚度值较低，鲁佩涅伊特理论和材料力学法数值较高。根据前面的计算结果，取不同方法计算结果的平均值。经综合分析，推荐安全系数与安全隔离层厚度的对应关系见表6-10。

表6-10 安全系数与安全隔离层厚度推荐值

安全系数 n	1.5	1.6	1.7	1.8	1.9	2.0	2.1	2.2	2.3	2.4	2.5	2.6
h	43	45	48	51	54	57	60	63	65	68	71	74

根据地下矿山安全开采经验，安全系数应在 1.6 ~ 1.8 以上，根据图 6 - 17 和表 6 - 10，三山岛金矿海底开采安全隔离层厚度在 50 ~ 60m 是安全的，矿床开采不会引起顶板岩层透水，目前开采 - 165m 水平以下矿体（预留 120m 隔离层）是安全的。整个矿床开采完毕还可继续回采 - 165 ~ - 115m 水平的矿体，由于上述计算没考虑采空区的充填，是考虑最危险的情况。上述研究表明，即使三山岛金矿充填接顶情况不佳或个别采场采后充填质量不佳，三山岛金矿海底矿床开采至 - 115m 水平是安全的。

- 115m 以上矿体能开采多少，在考虑采空区充填的情况下采用数值模拟方法继续研究。

6.3　三山岛金矿海底安全开采隔离层厚度数值模拟研究

6.3.1　数值模拟力学分析方法

利用 SURPAC 建立的矿山三维地质模型和自己开发的接口程序，利用 FLAC^{3D} 三维数值计算软件，模拟研究 - 115m 以上矿体开采时上覆岩体的变形破坏特征及对矿区稳定性的影响，从而确定合理的安全隔离层厚度。

FLAC（fast lagrangian analysis of continua，连续介质快速拉格朗日分析）是由 Cundall 和美国 ITASCA 公司开发出的有限差分数值计算程序，主要适用地质和岩土工程的力学分析。该程序自 1986 年问世后，经不断改版，已经日趋完善。

根据计算对象的形状用单元和区域构成相应的网格。每个单元在外载和边界约束条件下，按照约定的线性或非线性应力 - 应变关系产生力学响应，特别适合分析材料达到屈服极限后产生的塑性流动。由于 FLAC 程序主要是为岩土工程应用而开发的岩石力学计算程序，程序中包括了反映岩土材料力学效应的特殊计算功能，可解算岩土类材料的高度非线性（包括应变硬化/软化）、不可逆剪切破坏和压密、黏弹（蠕变）、孔隙介质的固—流耦合、热—力耦合以及动力学行为等。另外，程序设有界面单元，可以模拟断层、节理和摩擦边界的滑动、张开和闭合行为。支护结构（如砌衬、锚杆、可缩性支架或板壳等）与围岩的相互作用也可以在 FLAC 中进行模拟。此外，程序允许输入多种材料类型，也可在计算过程中改变某个局部的材料参数，增强了程序使用的灵活性，极大地方便了在计算上的处理。同时，用户可根据需要在 FLAC 中创建自己的本构模型，进行各种特殊修正和补充。

FLAC 程序建立在拉格朗日算法基础上，特别适合模拟大变形和扭曲。FLAC 采用显式算法来获得模型全部运动方程（包括内变量）的时间步长解，从而可以追踪材料的渐进破坏和垮落，这对研究工程地质问题非常重要。FLAC 程序具有强大的后处理功能，用户可以直接在屏幕上绘制或以文件形式创建和输出打印多种形式的图形。使用者还可根据需要，将若干个变量合并在同一幅图形中进行研究分析。

FLAC 程序中提供了由空模型、弹性模型和塑性模型组成的十种基本的本构关系模型，所有模型都能通过相同的迭代数值计算格式得到解决：给定前一步的应力条件和当前步的整体应变增量，能够计算出对应的应变增量和新的应力条件。注意，所有的模型都是在有效应力的基础上进行计算的，在本构关系调入程序之前，将孔隙压力把整体应力转化成有效应力。下面将简要介绍本模拟中采用的本构模型的理论基础[24]。

6.3.1.1　空单元模型

空单元用来描述被剥落或开挖的材料，其中应力为 0，这些单元上没有质量力（重力）的作用。在模拟过程中，空单元可以在任何阶段转化成具有不同材料特性的单元，例如开挖后回填。

6.3.1.2　Mohr-Coulomb（莫尔 – 库仑）塑性模型

Mohr-Coulomb 模型通常用于描述土体和岩石的剪切破坏。模型的破坏包络线和 Mohr-Coulomb 强度准则（剪切屈服函数）以及拉破坏准则（拉屈服函数）相对应。

A　增量弹性定律

FLAC 程序运行 Mohr-Coulomb 模型的过程中，用到了主应力 σ_1、σ_2 和 σ_3，以及平面外应力 σ_{zz}。主应力的大小和方向可以通过应力张量分量得出，且排序如下（压应力为负）：

$$\sigma_1 \leqslant \sigma_2 \leqslant \sigma_3 \tag{6-55}$$

对应的主应变增量 Δe_1、Δe_2 和 Δe_3 分解如下：

$$\Delta e_i = \Delta e_i^e + \Delta e_i^p \quad i = 1,3 \tag{6-56}$$

式（6-56）中，上标 e 和 p 分别指代弹性部分和塑性部分，且在弹性变形阶段，塑性应变不为零。根据主应力和主应变，胡克定律的增量表达式如下：

$$\left.\begin{aligned}
\Delta \sigma_1 &= \alpha_1 \Delta e_1^e + \alpha_2 (\Delta e_2^e + \Delta e_3^e) \\
\Delta \sigma_2 &= \alpha_1 \Delta e_2^e + \alpha_2 (\Delta e_1^e + \Delta e_3^e) \\
\Delta \sigma_3 &= \alpha_1 \Delta e_3^e + \alpha_2 (\Delta e_1^e + \Delta e_2^e)
\end{aligned}\right\} \tag{6-57}$$

$$\alpha_1 = K + \frac{4G}{3}$$

$$\alpha_2 = K - \frac{2G}{3}$$

B　屈服函数

根据式（6-55）的排序，破坏准则在平面（σ_1，σ_3）中进行了描述，如图 6-18 所示。

由 Mohr-Coulomb 屈服函数可以得到点 A 到点 B 的破坏包络线为：

$$f^s = \sigma_1 - \sigma_3 N_\phi - 2c \sqrt{N_\phi} \tag{6-58}$$

$$N_\phi = \frac{1 + \sin\phi}{1 - \sin\phi} \tag{6-59}$$

B 点到 C 点的拉破坏函数为：

$$f^t = \sigma^t - \sigma_3 \tag{6-60}$$

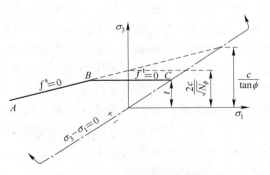

图 6-18　Mohr-Coulomb 强度准则

式中　ϕ——内摩擦角；

　　　c——黏聚力；

　　　σ^t——抗拉强度。

注意到在剪切屈服函数中只有最大主应力和最小主应力起作用，中间主应力不起作用。对于内摩擦角 $\phi \neq 0$ 的材料，它的抗拉强度不能超过 σ^t_{max}，即：

$$\sigma^t_{max} = \frac{c}{\tan\phi} \qquad (6-61)$$

6.3.1.3 基本假设

数值模拟是一种评价岩体稳定性的定性或准定量方法，为了使计算结果比较接近实际情况，应该对岩体介质性质及计算模型作必要的假定。

岩石的力学性质是指它的弹性、塑性、黏性及各向异性等，根据在应力作用下所表现出来的变形特征即本构关系，可将岩石分为线弹性体、弹塑性体及黏弹性体等多种属性。岩石力学属性是确定岩体性质的基础，但岩体具有特定的结构，加之岩体的性质各向异性及结构各向异性影响而使其复杂化。大量的工程实践表明，岩体结构特征在空间上的分布既具有一定的规律性，又有一定的随机性。对三山岛金矿来说，岩体的范围比矿区或采场要小得多，因此从矿山岩体工程的宏观范围考虑，可以将其看作是似均质各向同性介质。根据计算目的，本书介绍的数值模拟主要是评价矿山开采的采动效应，可不考虑长期时间效应的影响，因此可将岩体视为弹塑性介质。

矿山开采及稳定性问题本身是一个空间问题，正确地分析评价应该采用三维空间计算模型。

三山岛金矿的地质条件及岩体结构条件比较复杂，计算模型中不可能完全充分地反映和考虑，数值模拟计算模型只能考虑对采场或矿区总体稳定性起控制作用的大型或较大型的结构面，小型的结构面如节理、裂隙等则在岩体的结构属性或其力学参数中给予适当考虑。

关于采充循环的顺序问题，假定在进行下一步回采时，前一步回采空间的充填已经完成，且其力学参数已经达到设计标号。因计算时考虑了分层开挖的动态效应，因此不再考虑岩体力学性质的时间效应对采场及围岩力学性态的影响。此外矿山的开拓巷道及采场的拉底、切割巷道等虽然对采场及矿区的力学状态有一定的影响，但它们的影响仅是局部的，因此在数值模拟中可以忽略。

6.3.2 数值模拟的地质及力学模型

SURPAC 软件利用勘探工程数据建立地表、地层、构造带、矿体、空区和巷道的可视化三维地质模型，从而快速、适时地再现地质体三维信息。在此基础上，可以根据需要对三维模型进行任意剖面的平面切割，进行矿体的体积、储量的计算以及品位分析，因而广泛地应用于矿山地质勘探、测量、采矿设计及土地复垦等领域。但是该三维地质模型是基于空间位置的，仅考虑了实体的空间位置和属性，尚不能有效地处理空间和时间数据结构的可变性，而工程应用模型往往涉及状态、过程和关系等方面；另外工程应用模型通常都是独立于地学模型在各自领域内发展，例如 FLAC 等工程应用模型，不仅计算过程复杂，计算量大，且三维地质数据形式和工程模型计算中所需数据形式之间不匹配，所以该地学模型空间分析功能无法满足工程应用模型的需求。因此，需要探索在三维地质建模中集成工程应用模型的有效途径。

FLAC^{3D}是美国 Itasca 公司开发的基于连续介质快速拉格朗日差分分析方法的三维数值模拟软件，针对不同的材料，FLAC^{3D}软件提供了 10 种常用材料模型，能真实地模拟实际材料的力学行为；它包含静力、动力、蠕变、渗流、温度等五种计算模式，各模式间可以互相耦合；FLAC³ᴰ软件为用户提供了12种初始单元模型，这些初始单元模型对于建立规整的三维工程地质体模型具有快速、方便的功效；同时，FLAC³ᴰ也具备内嵌程序语言Fish，可以通过该语言编写的命令来调整、构建特殊的计算模型，使之更符合工程实际。另外它可以模拟多种结构形式，包括材料体、梁、桩、壳以及支护、衬砌、锚索、土工织物、摩擦桩等人工结构物。因而，FLAC³ᴰ广泛地应用于求解有关深基坑、边坡、基础、坝体、隧道、地下采场和地下硐室的应力分析、动力分析和水—热—力的耦合分析，在国内外岩土工程界非常流行。但是，由于FLAC³ᴰ软件在建立计算模型时仍然采用键入数据/命令行文件方式，并且Fish语言具有其独特的源代码表达方式。因此，在建立较复杂的三维地质体模型时，工作量大且费力、耗时，造成三维模拟计算周期长、难度大，这严重阻碍了FLAC³ᴰ数值模拟方法强大计算功能的发挥。因此，如何发挥SURPAC在三维精确建模方面的优势和FLAC³ᴰ数值模拟方法的强大计算功能，避开FLAC³ᴰ数值模拟技术在前、后处理方面的劣势，做到优势互补，从而使模型既"可视"又"可算"，是目前三维地质模拟和数值分析发展过程中面临的问题之一。为此，根据SURPAC建模软件与FLAC³ᴰ数值计算软件各自的特点，本书作者编写SURPAC三维地质模型转化为FLAC³ᴰ数值计算模型的接口程序，实现了SURPAC三维地质模型与数值模拟的耦合，使快速、便捷地建立较复杂的FLAC³ᴰ计算模型成为现实，有望进一步提高FLAC³ᴰ数值模拟结果的准确性和可靠性。

6.3.2.1 SURPAC 三维块体模型的构建

A 矿山地质数据库

为建立钻孔地质数据库，首先要收集所有工程钻孔资料，然后按SURPAC中数据结构的要求，对钻孔数据进行重构，建成4个数据表：钻孔表、测量表、地质表和品位表，数据表的结构见表6-11。这些数据表将作为地质数据库的数据源，是矿床三维建模的基础。

表 6-11 地质数据库数据表结构

表 名	主 要 数 据 字 段
钻孔表	孔号，Y、X、Z坐标，最大孔深
测量表	孔号，测点深度，倾角，方位角
地质表	孔号，样品段起、终点，岩石类型
品位表	孔号，样品开始深度，样品终止深度，样号，品位

B 地表模型的构建

在SURPAC中，矿山地表模型的构建过程如下：

（1）在CAD中提取出等高线及相应的标高值，保存为新文件；

（2）将等高线按标高进行拔高，形成三维等高线，将文件保存为DXF格式；

（3）在将DXF格式文件读入SURPAC中转换为STR格式的线文件；

（4）在 SURPAC 对线文件中的重复点、跨接和聚结点进行清理，闭合所有等高线并按标高对线串进行统一编号；

（5）利用线文件生成数字化地表模型（DTM）。

C　断层模型的构建

为了分析断层对矿体开采和矿山稳定性的影响，有必要建立断层模型。断层模型的构建步骤如下：（1）在 CAD 中提取出各勘探线剖面图中的断层线，保存为 DXF 格式文件；（2）同地表建模步骤（3）～（4）；（3）对线文件进行三维转生成断层模型；若有多个相交断层，则还要对断层相交处进行处理。

D　岩层和矿体模型的构建

岩层和矿体实体模型的建立可由 SURPAC 直接分别调用岩层线 CAD 图和各勘探线横剖面图中圈定的矿体范围界线（DXF 格式文件）来生成。

E　SURPAC 三维块体模型的构建

将建立的地表、断层、岩层和矿体模型复合后就得到了矿山三维实体模型，然后建立实体模型的约束文件对模型内部运用规则六面体进行单元剖分，就能得到 SURPAC 三维块体模型，该模型在空间剖分方面与 FLAC^{3D} 数值软件具有一定的相似性，为模型耦合提供方便。

6.3.2.2　SURPAC 块体模型与 FLAC^{3D} 计算模型的耦合

将 SURPAC 与 FLAC^{3D} 耦合构建数值分析模型可以采用数据转化的方式来实现。要实现数据转化其关键就是要弄清楚 SURPAC 与 FLAC^{3D} 的有关数据文件格式。

A　SURPAC 块体模型单元数据模式

将建成的 SURPAC 块体模型数据保存为文本文件格式（CSV），用记事本打开文件，就可以清楚看到 SURPAC 块体模型中每一个单元的信息，见表 6-12。

表 6-12　SURPAC 块体模型的数据文件格式

X	Y	Z	SIZE（X）	SIZE（Y）	SIZE（Z）	属性

单元的形状为规则六面体，其中 X、Y、Z 为单元中心点的坐标，SIZE（X）、SIZE（Y）、SIZE（Z）分别为单元在 X、Y、Z 方向的边长，其他则为单元的属性。

B　FLAC^{3D} 中块体单元定义和数据模式

在 FLAC^{3D} 中有 12 种基本单元模型，其中 Brick 单元就是六面体单元，SURPAC 块体模型单元相同，因此，以它为基础来实现单元模型数据的转换。该单元的形状如图 6-19 所示。

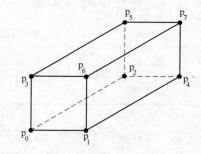

值得注意的是在 FLAC^{3D} 中，单元体的节点坐标是有顺序的，其顺序如图 6-19 所示，而 SURPAC 中单元不存在节点顺序问题。在 FLAC^{3D} 中定义 Brick 单元有两种方法：（1）用四个节点坐标来定义，其命令为：

图 6-19　FLAC^{3D} 中 Brick 单元定义

gen zone brick p0 x0,y0,z0 p1 x1,y1,z1 p2 x2,y2,z2 p3 x3,y3,z3，其中 x，y，z 为相应节点的坐标；（2）用八个节点坐标来定义，其命令为：

gen zone brick p0 x0,y0,z0 ··· p7x7,y7,z7。

为了避免模型数据转换中出错，本书采用后者。

C 数据转化计算原理

SURPAC 块体模型单元数据导出后是单元中心点的 X、Y、Z 坐标和单元在 X、Y、Z 方向的边长，记中心点坐标为 X、Y、Z，三个方向边长分别记为 XC、YC 和 ZC，则根据单元中心与角点坐标的几何关系，如图 6-20 所示，由计算式（6-62）~ 式（6-69）可以得到 $FLAC^{3D}$ 命令流定义该单元所需的 8 个角点坐标。

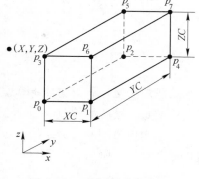

图 6-20　单元中心与角点坐标的几何关系

p_0 点的坐标

$$\left.\begin{array}{l} x_0 = X - XC/2 \\ y_0 = Y - YC/2 \\ z_0 = Z - ZC/2 \end{array}\right\} \tag{6-62}$$

p_1 点的坐标

$$\left.\begin{array}{l} x_1 = X + XC/2 \\ y_1 = Y - YC/2 \\ z_1 = Z - ZC/2 \end{array}\right\} \tag{6-63}$$

p_2 点的坐标

$$\left.\begin{array}{l} x_2 = X - XC/2 \\ y_2 = Y + YC/2 \\ z_2 = Z - ZC/2 \end{array}\right\} \tag{6-64}$$

p_3 点的坐标

$$\left.\begin{array}{l} x_3 = X - XC/2 \\ y_3 = Y - YC/2 \\ z_3 = Z + ZC/2 \end{array}\right\} \tag{6-65}$$

p_4 点的坐标

$$\left.\begin{array}{l} x_4 = X + XC/2 \\ y_4 = Y + YC/2 \\ z_4 = Z - ZC/2 \end{array}\right\} \tag{6-66}$$

p_5 点的坐标

$$\left.\begin{array}{l} x_5 = X - XC/2 \\ y_5 = Y + YC/2 \\ z_5 = Z + ZC/2 \end{array}\right\} \tag{6-67}$$

p_6 点的坐标

$$\left.\begin{array}{l} x_6 = X + XC/2 \\ y_6 = Y - YC/2 \\ z_6 = Z + ZC/2 \end{array}\right\} \tag{6-68}$$

p_7 点的坐标

$$\left.\begin{array}{l} x_7 = X + XC/2 \\ y_7 = Y + YC/2 \\ z_7 = Z + ZC/2 \end{array}\right\} \tag{6-69}$$

这些角点坐标就是生成 FLAC^{3D} 计算模型的节点坐标。

D　接口程序的编制

为了实现模型的自动转换，应用 Matlab 语言编写了接口程序 STOF.m，该程序的执行流程如图 6-21 所示。

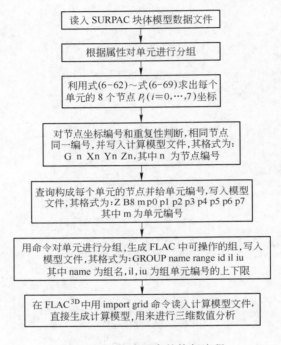

图 6-21　接口程序的执行流程

该程序能对 SURPAC 块体模型数据文件进行处理并转换为 FLAC^{3D} 可接受的文本格式的命令流文件，直接生成与 FLAC^{3D} 相匹配的单元体（zone）。

6.3.2.3　三山岛金矿三维数值计算模型的建立

A　矿体模型的建立

依据三维空间几何形态划分为三维空间的点、线、面或体四种不同的几何形态类型。任一几何形态又由若干个点、线、面几何元素构成，面由若干的线和点构成，每条线至少包含两个以上的点，在线与线、线与点之间联结三角网就形成了面。每个子体对象由若干个面圈定范围，所有子体组合成矿体三维模型。

创建的钻孔数据库，为建立矿体三维可视化模型提供了基础。SURPAC 软件提供交互式完成三维模型的创建工具。创建三维矿体模型首先从剖面着手，完成矿体在剖面的形态。根据矿山前期进行的大量工作与已有资料，利用矿体在勘探线剖面的投影形状，构建其空间的大致赋存形态。SURPAC 软件系统根据拓扑关系原理，在计算机上根据剖面交互式圈定矿体形态，完成立体模型的建立[25]。

通过矿体相关数据的输入及提取，完成矿体的绘制过程，实现地下矿体的三维表示，即建立矿体的三维模型，既可以体现其几何形态，也可以表达其物理属性特征；既可以从全局的角度展示矿体的整体形态，也可以局部缩放，还可以任意旋转或剖切。

矿体三维模型的建立依赖于矿区大量细致的基础地质工作，其大量基础工作所得到的基础数据有效地控制着矿体的空间赋存规律。依据矿山所提供的地质勘探线剖面图和数十个钻孔的详细数据资料，有效地控制着矿体的具体方位、边界、空间形态及其相互关系，为建立矿体三维模型提供了充分的物质基础。

B　钻孔数据库的建立及可视化

首先建立原始数据的数据表，以此作为数据交换和数据调用的前提。数据表由多项记录组成，每一项记录又包括多个信息段。数据库中的原始数据来自勘探线剖面图中的取样分析成果表。按照软件对数据格式的要求，把这些数据录入计算机。在 SURPAC Vision 地质数据库中，文本文件也就是 ASCII 文件，文本文件的每一列符合数据库中的一个记录，字段符合文件的行。一般说来，需要一个单独的文本文件与数据库中的表相对应，这种固定格式的文本文件有特定的行编号，可以用自由的文本格式来限制行列之间的范围，且每个记录中间用逗号隔开。创建文本文件的方法有电子表格法、word 格式法、ASCII 法三种。

a　原始钻孔数据表

钻孔原始数据是三山岛金矿地质剖面图中钻孔的数据资料。首先以文本文件格式将 263 个可用的钻孔相关数据与资料，包括岩性、品位、钻孔的深度、倾角以及方位角等数据输入到 Excel 中，然后按照 SURPAC 软件原始数据的导入格式，在 Excel 分别建立以下三个表：

（1）钻孔定位表（Collar.csv）：描述钻孔空间总体位置信息。

（2）钻孔测量表（Survey.csv）：描述钻孔空间位置变化信息。

（3）样品分析数据表（Sample.csv）：描述采样信息及地质描述。

其中描述字段可多达 50 个，以逗号分隔，以 *.csv 格式保存。

b　钻孔数据库建立

根据钻孔原始数据表，建立钻孔数据库。

首先打开菜单，数据库 - 打开/新建，在弹出窗口中定义要创建的数据库名，点击执行后系统会要求定义数据库的类型，一般根据个人计算机安装的数据库类型来决定。由于 Microsoft Access 的广泛应用，所以选择计算型的 Access2000 数据库类型，接下来定义数据库中要创建的数据表。因为数据库有三个基本表（Collar、Survey、Translation），本软件只需选择创建 Sample 表和 Geology 表即可，然后为每一个表定义字段，在 Collar 表和 Survey 表的设置页面中，已经提供了全部字段，不再需要增加任何字段。其中的 Y、X、Z 字段不需要我们导入，SURPAC 会根据长度、方位、倾角，自动计算各测斜点的 Y、X、Z 值，这也是前面选择计算型数据库的含义。在 Sample 表的设置页面中增加 Au（金）字段。

现在 SURPAC 已经建立了一个以 Access2000 为后台的数据库，数据库的表和字段也已经全部定义好，但这只是一个定义了结构的空的数据库，该数据库中还没有任何信息，需要把前面建立的三个原始数据表导入数据库。其操作方法是：打开菜单，数据库 – 导入数据，在弹出窗口中输入格式文件名，一般与数据库名称一致，格式文件将会定义需要导入的表名称和字段名以及与原始表的代号对应关系，为再次向数据库导入相同格式的数据表提供方便；执行后在弹出的窗口中选择需要导入数据的表和原始数据表中分隔符的类型，选项中 translation 表和 styles 表不需要数据导入，格式选择 FREE 是指原始表中的每一列通过定界符来隔离；下一步确定数据库中数据表与原始数据表的字段对应关系；最后对应地选择需要导入的原始数据表。导入数据完成后，可以通过数据库 – 编辑 – 查看表来验证数据导入是否成功。至此，钻孔数据库创建完成。

将数据导入 SURPAC 软件后，生成数据库的表文件。

c　钻孔的三维可视化

钻孔是山地工程的一种简称，它包含孔口三维坐标以及钻孔的长度、钻孔的三维空间变化信息 – 空间延伸方向和倾角。在 SURPAC 软件系统环境下可以用三维图形的方式展示钻孔的这些信息。

钻孔数据库建立后，SURPAC 软件可以利用数据库中的数据方便快速的显示钻孔的三维空间位置和形态，同时也可以显示样品的各种数据信息。点击数据库 – 显示 – 钻孔弹出绘制孔对话窗口。

C　三维矿体模型的建立

通过前面建立的钻孔数据库中，对钻孔中的矿体进行圈定，并显示其三维空间形态，使之在 SURPAC 软件中建立三维矿体模型。一般来说，通过在 SURPAC 软件中 XY 平面中确定剖面，本次三维矿体建模型时由于不同中段中钻孔大部分为水平钻孔，部分钻孔向下倾斜，不同中段间距不同，因此采用在不同中段产生单独剖面，考虑到部分非水平钻孔的存在，按照实际情况增加剖面厚度以生成准确的圈。在每个中段剖面中，通过钻孔数据可清晰地看到矿体所在位置。通过连接每条勘探线上钻孔上显示的不同品位矿体，形成一个闭合的矿体圈，如图 6 – 22 所示。

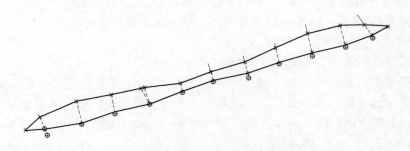

图 6 – 22　单独某一中段矿体闭合圈

再把所有的勘探线上的矿体不同品位的矿体连接在一起，就可以形成整个矿山的矿体模型（图 6 – 23）。图 6 – 24、图 6 – 25、图 6 – 26 为该金矿体在 XY、XZ 和 YZ 平面的投影图。

图 6-23 金矿体三维视图

图 6-24 金矿体 XY 平面投影图

图 6-25 金矿体 XZ 平面投影图

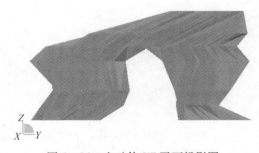

图 6-26 金矿体 YZ 平面投影图

D 矿体块体模型的建立

矿体模型给出了矿体的几何空间形态，但无法表达矿体的品位分布情况，也不能用于储量计算。为此在矿体模型的基础上建立了矿体品位块体模型。

块体模型是数据库的一种格式，意味着其结构不仅可以存储和操作数据，还能修补来自数据中的信息，这是和传统的数据库不同的地方，存储数据的时候更像内插替换一个值，而不是度量一个值。另外一个主要的不同在于这个值具有空间参照性。第三个不同在于块体模型在打开的时候完全存放在内存中，实现了动态操作，如画等值线等属性，同时对内存也提出了较高的要求。在地质数据库中，特征值都是和空间位置相联系的，而空间位置却不是和特征值有必要联系的。块体模型的部分空间是块的组成部分，每一个块都和一个记录相关，这个记录是以空间为参照的，每个点的信息可以通过空间点来修改而并不仅仅是取决于其精确测量，空间参照就是一些额外的操作。对数据库的容量进行操作和查询，空间操作的方式是 INSIDE 和 ABOVE，在实体和表面文件中可以用；对于外部和下部空间的操作使用非逻辑操作，如 NOT INSIDE 或 NOT ABOVE。

块体模型包含的一些组件为模型空间、属性、约束。块体模型可以在任何位置应用，通过空间值的分布建立空间模型。在创建好块体模型之后，接下来是在块模型中施加约束并对属性赋值。

a 块体模型范围

建立块体模型，首先要确定块体模型的范围。确定模型范围需考虑以下两方面：一是必须能够覆盖矿山矿岩体的主要特征，即能容纳前面建立的实体模型；二是为配合后续数值计算的需要，要考虑模型边界对数值结果的影响。三山岛金矿矿床块段模型空间范围见表 6 - 13。

表 6 - 13   三山岛金矿矿床块段模型三维坐标起始值

项　　目	X 方向	Y 方向	Z 方向
起点坐标	93760	40150	- 10
终点坐标	95530	40840	- 450
区间长度/m	1770	690	440

b 块体单元尺寸

三维块体模型是将矿床划分为许多单元块形成的离散模型。单元块一般是尺寸相等的正方体。单元块在水平方向上的边长不应小于钻孔平均间距的 1/4 或 1/5。如 100m 的钻孔间距，单元块的水平边长一般取 30m 左右，垂直方向上的边长一般按矿体赋存的长度和深度按比例推算出。考虑后续数值模拟计算精度要求，本次确定的块体模型 20m ×20m ×20m，在此基础上，采用标准次级模块 10m ×10m ×10m，这样可在三个方向成一致的比例细分更小的块。

在 SURPAC 中生成的三维块体模型如图 6 - 27 所示。

c 单元块属性赋值

为对单元块体赋给不同性质特征，以进行区分。首先要建立块体模型的属性值。通过菜单"块体模型→属性→新建"可得到图 6 - 28 所示对话框。

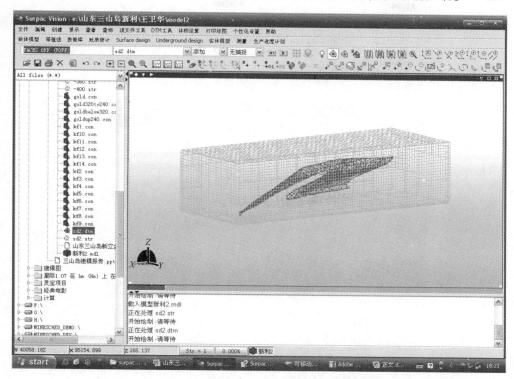

图 6 - 27 三山岛金矿三维块体模型

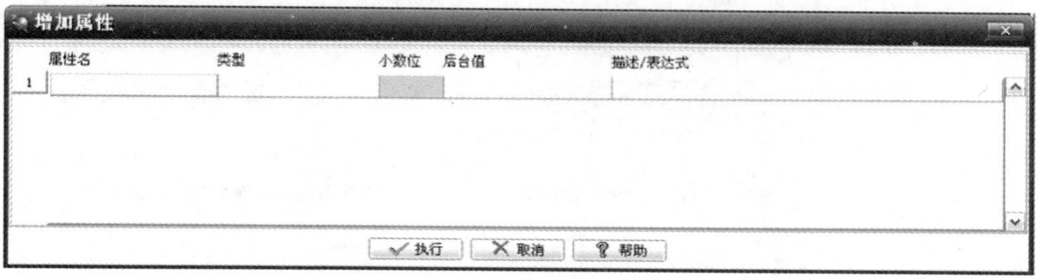

图 6 - 28 属性对话框

在属性对话框中可输入新建属性的属性名 sg,设置属性的类型为"整数",可赋值给后台。

d 约束

单元块属性赋值是通过用实体建模阶段完成的实体对块段模型进行"约束"完成的。"约束"的实质是对落在这些实体范围内的单元块赋予岩性信息。因此,可以根据建模的需要建立各个矿房、矿柱和中段及矿体的约束文件,然后根据约束文件对块体模型的显示、报告和存储进行限制并赋给不同的属性值。这样,在将地质模型转换为 FLAC[3D] 中的计算模型时,可以根据属性值进行分组,生成计算模型中的组,并根据工程需要对不同的组可以赋给不同的力学模型和参数,用来模拟开采和充填等工程过程。

点击菜单"块体模型→约束→新建约束文件"后就会弹出图 6 - 29 所示的对话框。

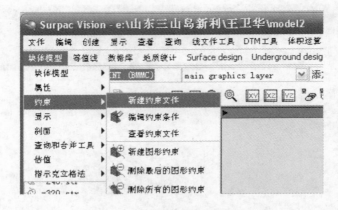

图 6 – 29 新建约束文件菜单

约束名称：自动根据约束条件和数目从 a、b、c、…、z 进行增加，表明约束条目。

约束类型：有约束文件自身（Constraints）、实体模型（3DM）、块体（Block）、表面模型（DTM）、线文件（String）、平面（PLANE）、X 轴、Y 轴和 Z 轴。选择不同的约束类型，将定义不同的文件或平面。每一个约束类型需要添加在"约束值"栏中。

保存约束：最后将所有的约束条件组合，保存在约束文件中。

下面以建立矿体的约束文件为例来说明约束文件的建立过程。

先选择约束类型为"3DM"，3DM 文件选择矿体模型文件"sd2. dtm"保存约束中输入"gold"，最后单击执行。在当前目录下就可以看到新建的约束文件"gold. con"。在当前块体模型中，将"gold. con"直接调入文件（用鼠标选中并拖至图形窗口），就可以在块体模型图形中浏览该约束文件的结果。即金矿体的块体模型，如图 6 – 30 所示。

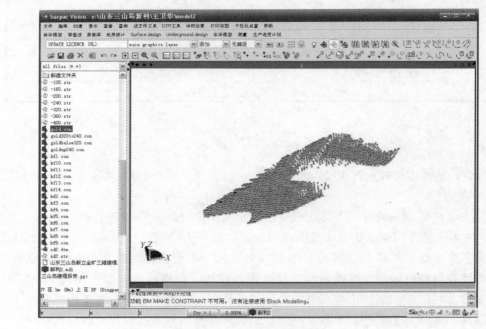

图 6 – 30 金矿体块体模型

同理，施加 Z 轴方向的约束，$-200 \leqslant Z \leqslant -165$，$-240 \leqslant Z \leqslant -200$，$-320 \leqslant Z \leqslant -240$，$-360 \leqslant Z \leqslant -320$，$-400 \leqslant Z \leqslant -360$ 可以将矿体按矿山实际划分为 5 个中段。为了研究安全隔离层厚度，同样建立了 Z 轴方向的约束 $-165 \leqslant Z \leqslant -150$ 和 $-150 \leqslant Z \leqslant -140$，以便于研究 $-165\mathrm{m}$ 水平以上开采时地表变形位移情况。图 6-31 所示为 $-165 \leqslant Z \leqslant -150$ 水平矿体的 XY 平面图。

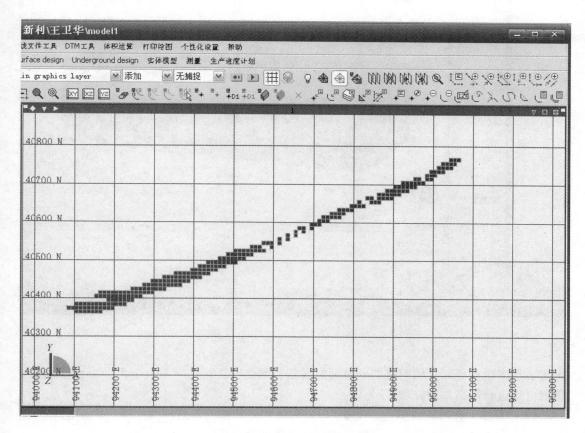

图 6-31 $-165 \leqslant Z \leqslant -150$ 水平矿体 XY 平面图

根据采矿方法设计方案，在 $-165 \leqslant Z \leqslant -150$ 和 $-150 \leqslant Z \leqslant -140$ 水平分别建立了 11 个和 9 个矿房约束文件，根据约束文件对围岩、矿柱和矿房分别对属性赋给不同的值。在矿山整体三维模型建设中，需要把上面已经建立的地表模型、矿体模型结合成一个整体，并在 SURPAC 中显示出来。三山岛金矿三维地质模型如图 6-32 所示。

6.3.2.4 FLAC³ᴰ数值模拟研究

用 FLAC³ᴰ程序建立数值计算模型求解不同的工程地质问题的具体步骤主要包括以下五个方面的内容：

（1）设计模型尺寸。计算模型范围的选取直接关系到计算结果的正确与否，模型范围太大，白白耗费了计算机资源；模型范围太小，计算结果失真，不能给实际工程指导性的意见，因此选择合理的计算模型的范围至关重要。

（2）规划计算网格数目和分布。计算模型的尺寸一旦确定，计算网格的数目也相应

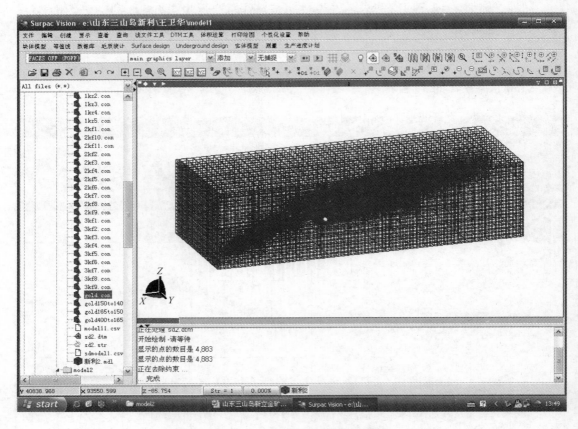

图 6-32 三山岛金矿三维地质模型

确定。程序中为了减少因网格划分引起的误差，网格的长宽比应不大于 5，对于重点研究区域可以进行网格加密处理。

（3）安排工程对象（开挖、支护等）。对于需要开挖或者支护的工程，应在建模过程中进行规划，调整网格结点，安排开挖以及支护的位置等。

（4）给出材料的力学参数。在建模时，应根据实际工程确定本构关系，给模型赋予相应的力学参数，力学参数往往来源于现场或者试验。

（5）确定边界条件。模型的边界条件包括位移边界和力边界两种（包括模型内部初始应力和位移），在计算前应确定模型的边界状况。

下面结合三山岛金矿的实际情况，分别介绍。

A 计算模型范围

已有研究表明，采场围岩位移的影响范围在采空区尺度约一倍的范围内最为明显，在此范围以远处其位移及变形值均较小，说明矿区海底上覆岩体的稳定条件主要受上部 -130m 中段矿体开采的影响。显然，浅部围岩的稳定性控制对矿区海底变形具有关键作用。因此，模拟中选取的计算模型的左下角坐标为 $X = 94384m$、$Y = 40469m$、$Z = -205m$，右上角坐标为 $X = 95052m$、$Y = 40863m$、$Z = -10m$（下部 35m 为海泥），因此 X 方向计算长度为 668m，Y 方向计算长度为 394m，Z 方向长度为 195m（图 6-33）。

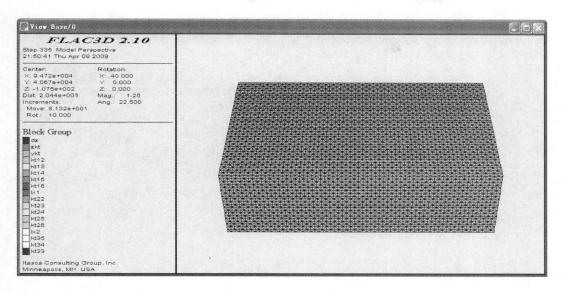

图 6-33 计算模型范围

B 采场结构参数

根据现有的采矿方法和采场参数优化结果，拟 -165m 水平以上矿体将主要采用点柱式机械化水平分层充填采矿方法，点柱尺寸为直径 4m 的圆柱，沿矿体倾向点柱间距为 12m，沿矿体走向点柱间距为 12m，对于走向长度为 100m 的采场来说，采场形成后，一个采场沿走向采场中生成 7 排点柱，沿倾向方向的点柱因其在采场中的位置不同而具有不同的高度，在三山岛金矿的具体条件下，点柱的最大高度可达 40m 左右，点柱模型如图 6-34 所示，盘区尺寸为 100m，每 100m 设置 5m 的连续条柱如图 6-35 所示。

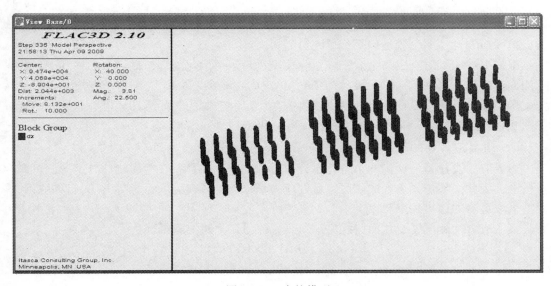

图 6-34 点柱模型

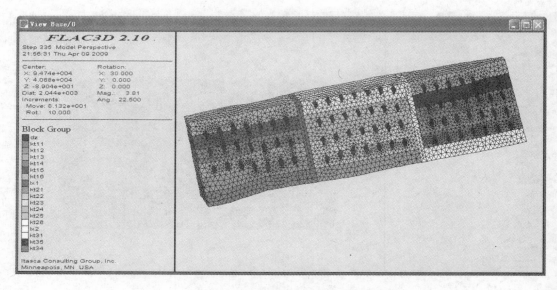

图 6－35   采场结构参数的计算模型

在计算模拟中，采场分层回采高度为 10m，这样从 −115m 一直往上回采，安排 5 个回采步，最上回采分层为 −65m 水平。另外在数值模拟中，必须模拟开挖与充填两种状态，这在 FLAC^{3D} 中容易实现。模拟开挖时，将开挖区域内的单元赋予空单元即可，而模拟充填时，则只要将充填体所占据采空单元，重新赋予指定的材料模型和相应参数就可以。如此模拟开采充填过程，且假定是逐分层地同时完成回采和充填，对于同一个分层来说充填总是要滞后一个循环。

C   计算模型的离散化

计算模型的离散化对数值模拟的结果有重要影响，单元尺寸取得太小，单元划分过多，受计算机容量的限制，会给计算带来困难；单元尺寸过大就会影响计算结果的精度；因此，单元的大小要满足计算精度的要求，对需要重点分析的矿体开挖部位及其周围围岩，单元应划得小些，较远的部位单元可划得大些。

根据上述原则对三山岛金矿三维数值模型进行了离散化处理，矿房、矿柱和围岩均采用四面体单元，其中矿柱单元尺寸为 2m，矿房单元尺寸为 4m，而围岩单元尺寸则根据其与矿房距离的远近呈线性变化，其中最大的单元尺寸控制为 20m，计算模型离散后的结果如图 6－36、图 6－37 和图 6－38 所示，共计 199047 个计算单元。

D   边界应力及约束条件

边界应力及计算模型的约束条件是计算模拟的重要内容，直接影响计算结果的可靠性及精度，为此必须选择适当的矿区区域性应力场作为计算模型的边界应力场，且需对计算模型采取适当的边界约束。由 3.7.1.2 节的研究成果，最大水平主应力、最小水平主应力和垂直主应力均随深度变化而线性增加，其规律可用下述方程描述：

$$\left.\begin{array}{l} \sigma_{hmax} = 0.11 + 0.0539H \\ \sigma_{hmin} = 0.13 + 0.0181H \\ \sigma_z = 0.08 + 0.0315H \end{array}\right\}$$

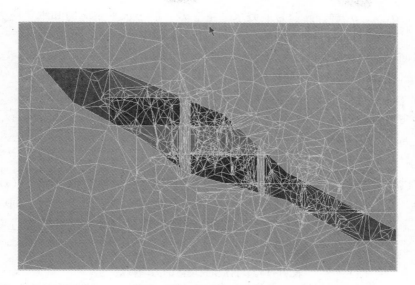

图 6－36　$Y = 40650m$ 剖面计算模型离散化图（局部放大）

图 6－37　$X = 94700m$ 剖面计算模型离散化图

图 6－38　$Z = -90m$ 剖面计算模型离散化图

式中　　σ_{hmax}，σ_{hmin}，σ_z——分别为最大水平主应力、最小水平主应力和垂直应力；

　　　　　　H——测点埋深，m。

计算模型的边界约束如下：

（1）左、右边界约束 X 方向的位移；

（2）前、后边界约束 Y 方向的位移；

（3）底部约束 X、Y、Z 三个方向的位移；

（4）上部为自由边界。

E　岩体力学参数

根据室内试验岩石力学参数试验成果，参考《工程岩体分级标准》（GB 50218—1994）和《岩土工程勘察规范》采用折减系数法确定岩体工程力学参数。同时三山岛金矿水下采矿采用留点柱、护顶分层充填采矿法，其充填材料的力学性质通过室内试验得到。岩体和充填体的力学参数见表 6 - 14。

表 6 - 14　岩体和充填体的力学参数

项目	密度 /kg·m⁻³	弹性模量 /GPa	黏聚力 /MPa	摩擦角 /(°)	泊松比	膨胀角 /(°)	抗拉强度 /MPa	抗压强度 /MPa
上盘	2706	4.03	5.72	30.6	0.20	5	3.18	48
矿体	2710	4.51	6.43	32.6	0.19	5	3.72	60
下盘	2635	5.13	10.7	36.94	0.24	5	4.31	58
充填体	2100	0.2311	0.171	38.7	0.19	10	—	2.11

6.3.3　数值模拟方案

模拟分析中采用了分步开挖技术，分析了随着开挖的进行，采空区围岩应力和应变分布情况的变化和发展。根据矿山开采实际情况，现在矿山主要在 -165m 水平以下进行开采，上部是预留的安全隔离层厚度，经矿山生产实践证明，在目前的安全隔离层厚度下，上覆岩体是稳定的。因此本模拟假设认为矿山是在 -165m 水平以下的矿体开采充填后，才考虑 -165m 水平以上矿体的开采。-165m 水平是目前矿山的最高开采水平，为了解 -165m 以上水平采矿时围岩稳定性情况，模拟了继续往上回采，直至 -65m 水平时，围岩体的力学状态及其变化情况。因此，本模拟将 -165m 水平以下矿体开采充填完成后的状态作为模拟的初始状态，在此基础上，再按前述的采场结构参数，从 -115m 水平开始，10m 一分层向上进行回采，则采后立即进行充填。各回采步骤所模拟的回采矿体范围见表 6 - 15。

6.3.4　数值模拟结果及分析

本模拟主要是模拟开采扰动下矿区岩体的力学状态及其变化。下面将逐步分析模拟得出的不同开采阶段时矿体及围岩的应力场、位移场和破坏场。在数值模拟结果中以压应力为负，拉应力为正；剪应力以逆时针为正，顺时针为负；位移与坐标轴方向相同时为正，相反时为负。FLAC^{3D} 能对计算结果自动进行处理，提供用等值线表示的应力场和位移场分布，并可以给出塑性区分布图。

表6-15 各回采步骤所模拟的回采矿体范围

回采步骤		回采高层范围/m	回采垂直高度/m	备 注
第一回采步	回采1	-115 ~ -105	10	
	充填1	-115 ~ -105	10	
第二回采步	回采2	-105 ~ -95	10	
	充填2	-105 ~ -95	10	点柱:直径为4m的圆柱;点柱间距:12m× 12m;每100m留5m的连续条柱
第三回采步	回采3	-95 ~ -85	10	
	充填3	-95 ~ -85	10	
第四回采步	回采4	-85 ~ -75	10	
	充填4	-85 ~ -75	10	
第五回采步	回采5	-75 ~ -65	10	
	充填5	-75 ~ -65	10	

6.3.4.1 应力场分析

A 最大主应力分析

从不同回采步后最大主应力整体分布图可以看出，矿床模型中从上至下，最大主应力逐渐增加。从海底分布的拉应力看，从-115m水平开采至-95m水平，海底不会出现拉应力，开采至-85m水平，海底出现局部零星拉应力，开采至-75m水平后，海底出现的拉应力明显增加，且呈带形分布，表明矿床开采至-75m水平海底有破坏特征。

从不同回采步后典型剖面上（$X = 94884m$平面）的最大主应力图可以看出，采场及围岩中的最大主应力分布比较复杂，采场点柱及采空充填区中出现了应力集中分布区，且随着深度的增加最大主应力数值逐渐增加，而接近海底围岩中出现拉应力值，且随回采步增加，拉应力值也逐渐增加，受拉范围越来越大，第四步骤（从-85m水平开采至-75m水平）后，采场上盘围岩受拉破坏范围明显增加，且幅度越来越大，表明开采至-85m水平矿床围岩不会出现大面积破坏。

B 最小主应力分析

从不同回采步后最小主应力整体分布图可以看出，采场围岩中的最小主应力随深度的增加而增加，靠近海底较小，约为2MPa。最小主应力的最小值约在16~24MPa之间变化，且随回采步增加而增大。

从不同回采步后典型剖面上（$X = 94784m$平面）的最小主应力分析结果可以看出，采场及围岩中的最大主应力分布比较复杂，采场点柱及采空充填区形成了许多单独的"应力斑"。从整体上来说，采场最小主应力随深度的增加而增大，采空充填区中的最小主应力最小，而点柱中的最小主应力最大。

6.3.4.2 位移场分析

A X方向位移分析

从不同回采步后X方向位移的整体分布可以看出，在第一回采步后，X方向的位移在海底出现两个位移集中区，一个集中区是沿正 X 方向的位移，另一个集中区是沿负 X 方向的位移。随回采步增加，正 X 方向位移集中区逐渐向右扩展延伸，而负 X 方向位移集中区变化较小。

随回采步增加，正 X 方向的位移增大。第一回采步后正 X 方向位移最大值是 3mm；第二回采步后，正 X 方向的位移最大值是 5mm；第三回采步后，沿正 X 方向的位移最大值是 6mm；第四回采步后，沿正 X 方向的位移最大值是 10.6mm；第五回采步后，正 X 方向的位移最大值是 12mm。计算表明，开采 $-85m$ 水平至 $-75m$ 水平后变形特征明显。而负 X 方向的位移其最小值基本不变，约为 $2\sim3mm$。

B Y 方向位移分析

从不同回采步后 Y 方向位移整体分布图可以看出，在第一回采步后，Y 方向的位移在海底出现两个位移集中区，一个集中区是沿正 Y 方向的位移，另一个集中区是沿负 Y 方向的位移。随回采步增加，正 X 方向位移集中区和负 X 方向位移集中区逐渐向左、右两边扩展延伸。

随回采步增加，正 Y 方向的位移不断增大，负 Y 方向的位移绝对值也不断增大。第一回采步后至第五回采步后，正 Y 方向位移最大值依次是：2.7mm、2.9mm、3.0mm、4.5mm、5.4mm；负 Y 方向位移绝对值最大值依次是：2.0mm、2.4mm、2.6mm、3.4mm、3.9mm。Y 方向位移随回采步的增幅没有 X 方向位移大。研究表明，开采至第四步（$-85\sim-75m$ 水平）后，X 和 Y 方向的位移明显增大。

C Z 方向位移分析

从不同回采步后 Z 方向位移的整体分布图可以看出，由于地下开采，引起海底整体下沉，并在海底出现了下沉盆地。随回采步的增加，下沉盆地最大沉降量逐渐增大，由 9mm 增大至 19mm，这也可由海底沉降曲线看出。

从纵向（X 方向）的海底沉降曲线可以看出，开采 $-115\sim-105m$ 水平，海底沉降约 9mm；开采至 $-95m$ 水平，海底沉降 10mm；开采至 $-85m$ 水平，海底沉降 12mm；开采至 $-75m$ 水平，海底沉降 $-15mm$；开采至 $-65m$ 水平后，海底沉降 17mm。

由横向（Y 方向）的海底沉降曲线可以看出，海底沉降曲线在不同剖面处形状相似，基本上可以分为三个变形区：均匀沉降区、沉降差异区及沉降变缓区，但是沉降曲线上的沉降量值是有显著差异的。海底最大沉降 Y 方向主要范围是在 $Y=40650\sim40750m$ 之内。海底最大沉降 X 方向主要范围是在 $X=94650\sim94850m$ 之内。

由不同回采步后 $X=94874m$ 剖面围岩及上覆岩体沉降变形可以看出，矿床开采引起海底沉降变形，沉降变形呈下沉盆地形态。在回采采场顶板上方和海底沉降最大，在采空区以外的区域，离回采区域越远海底沉降越小。在采场底板处出现向上的位移，即底板产生了上鼓，采场充填对围岩变形有显著影响。海底沉降特征表明，第四步（从 $-85m$ 水平开采至 $-75m$ 水平）后，矿床开采的沉降变形明显。

6.3.4.3 塑性区分布

由图不同回采步后塑性区整体分布图可以看出，在第一步回采（开采 $-115\sim-105m$ 水平）后，海底出现了部分零星塑性区，其主要是受拉破坏或剪切破坏；第二步回采（开采 $-105\sim-95m$ 水平）后，海底岩层塑性区范围有所加大，呈零星分布；第三步回采（开采 -95 ~ -85m 水平）后，海底岩层的塑性区范围扩大，但并未连通；第四步（开采 -85 ~ -75m 水平）和第五步开采后，随着开采高度增加，塑性区范围显著增大，且相互连通，表明海底岩层破坏后会产生各种微观及宏观裂缝，这些裂缝不断延伸、扩展，最后相互贯通，从而成为海底的海水通道，导致井下涌水量的增大，将会危及矿山的安全。

6.4　海底开采安全隔离层厚度及安全措施

数值模拟分析结果表明：三山岛金矿海底安全开采至 -85m 水平比较合理，安全隔离层厚度必须在 40m 以上。

目前开采 -165m 水平以下矿体（预留 120m 隔离层）是安全的，整个矿床开采完毕，可将 -165m 水平以上矿体开采至 -85m 水平，但开采过程中应当采取如下措施：

（1）采用合适的采矿方法。根据三山岛金矿开采技术条件，岩层微扰低沉降点柱式分层充填采矿法比较合适于回采 -165m 水平上方 60m 高度的矿石。

（2）合理留设点柱。采用框架式结构回收矿石，每 100m 留 5m 连续条柱，采场内留点柱，点柱尺寸 4m×4m，点柱间距 12m×12m。

（3）实现充填接顶。采用分次充填、分区充填、多点下料等方式实现接顶，充填接顶时加入石膏、明矾石等膨胀材料添加剂，利用其水化作用产生有制约的体积膨胀，抑制充填体收缩，改善接顶质量，最大限度地降低开采过程中的海底沉降。

（4）实现强化开采。考虑岩体变形的时效性，-165 ~ -85m 水平矿石回采过程中采用强化开采方式缩短开采时间，有利于海底资源安全回收。

（5）安全监测。-165 ~ -85m 水平矿石回采过程中采用多点位移计进行安全监测，根据岩体变形情况，及时预测预报岩体稳定性。

参 考 文 献

[1] 李夕兵，刘志祥，彭康，等. 金属矿滨海基岩开采岩石力学理论与实践 [J]. 岩石力学与工程学报，2010（10）：16 ~ 31.

[2] 刘爱华，董蕾. 海水下基岩矿床安全开采顶板厚度计算方法 [J]. 采矿与安全工程学报，2010（9）：41 ~ 47.

[3] 赵国彦，岳严良. 海基硬岩矿床的安全开采技术研究 [J]. 中国安全科学学报，2007（9）：24 ~ 29.

[4] 李夕兵. 金属矿海底基岩开采技术 [J]. 矿业装备，2011（10）：31 ~ 32.

[5] 刘志祥，刘超，刘强，等. 海底开采岩层变形混沌时序重构与安全预警系统研究 [J]. 岩土工程学报，2011（10）：28 ~ 36.

[6] 刘希灵，李夕兵，宫凤强，等. 露天开采台阶面下伏空区安全隔离层厚度及声发射监测 [J]. 岩石力学与工程学报，2012（1）：41 ~ 47.

[7] 刘希灵，尚俊龙，朱传明，等. 露天台阶下空区安全隔离层计算及稳定性分析 [J]. 金属矿山，2011（5）：39 ~ 53.

[8] 岩小明，李夕兵，李地元，等. 露天开采地下矿室隔离层安全厚度的确定 [J]. 地下空间与工程学

报，2006（4）：31~44.

[9] 李地元，李夕兵，赵国彦．露天开采下地下采空区顶板安全厚度的确定［J］．露天采矿技术，2005（5）：11~24.

[10] 刘希灵，尚俊龙，朱传明，等．露天台阶下空区安全隔离层计算及稳定性分析［J］．金属矿山，2011（8）：21~27.

[11] 李发本，刘志祥．露天与地下联合开采安全隔层厚度研究［J］．矿业研究与开发，2006（04）：241~247.

[12] 刘爱华，郑鹏．地下采空区探测实践及隔离层安全厚度计算［C］.//中国岩石力学与工程实例第一届学术会议论文集．武汉：武汉理工大学出版社，2007：22~38.

[13] 彭欣．复杂采空区稳定性及近区开采安全性研究［D］．长沙：中南大学，2009：61~97.

[14] 黎鸿．基于时空效应的海下开采安全隔离层厚度研究［D］．长沙：中南大学，2009：65~71.

[15] 张绍国，罗一忠．井下充填体安全隔离层稳定性分析［J］．采矿技术，2003（2）：21.

[16] 许传华，任青文．露天地下联合开采合理保留层厚度研究［J］．金属矿山，2008（7）：12~17.

[17] 田志恒，聂永祥．复杂采空区顶板最小安全厚度的确定方法［J］．采矿技术，2009（9）：29~35.

[18] 陈尚桥，黄润秋．基础下浅埋洞室安全顶板厚度研究［J］．岩石力学与工程学报，2000（S1）．

[19] 于广明，谢和平，杨伦，等．岩体采动沉陷的损伤效应［J］．中国有色金属学报，1999，9（1）：185~188.

[20] 麻文海，施群德．地表沉陷变形的非线性研究［J］．中国地质灾害与防治学报，2000，11（4）：15~18.

[21] 唐礼忠，彭继承，钟时散，等．唐家湾矿区水体下开采岩层活动及控制研究［J］．矿冶工程，1996，16（2）：1~6.

[22] 苏仲杰，于广明，杨伦，等．围岩离层变形力学机理数值模拟研究［J］．岩石力学与工程学报，2003，22（8）：1287~1290.

[23] 蔡关锋，何满朝，刘东燕．岩石力学与工程［M］．北京：科学出版社，2002.

[24] Li Xibing, Li Diyuan, Liu Zhixiang, et al. Determination of the minimum thickness of crown pillar for safe exploitation of a subsea gold mine based on numerical modeling［J］. International Journal of Rock Mechanics and Mining Science, 2013, 57: 42~56.

[25] 李夕兵，李地元，赵国彦，等．金属矿地下采空区探测、处理与安全评判［J］，采矿与安全工程学报，2006，23（1）：24~29.

7 海底矿床开采方法选择与优化

7.1 采矿方法选择原则与备选方案

三山岛金矿一直沿用点柱式上向水平分层尾砂充填采矿法开采，对于深部高应力采场，由于顶板暴露面积大，在回采安全性方面存在很大的弊端，且回采过程中留有矿柱，造成了大量矿石的损失[1]。目前矿区开采深度集中在 −465m 中段以下，深部开采面临的问题随之而来。因此，必须寻找安全、高效、低贫损、低成本的采矿方法[2,3]。

7.1.1 采矿方法选择原则

国内外充填采矿实践表明，充填采空区既可减少甚至消除废料堆放，还可防止地表塌陷，降低资源贫化损失，是"三下"开采首选的采矿方法，也是三山岛金矿海底开采首先要考虑采用的采矿方法。

根据三山岛金矿海底开采技术条件，采矿方法选择考虑如下原则：

（1）矿床一部分在海底，一部分在地表，地表有村庄和农田，为确保矿山开采海底无大的变形和地表无塌陷，使用充填料及时充填采空区，即用充填法开采；

（2）为实现山东黄金集团做大做强的战略目标，采用高效采矿方法，使采场具有较高的生产能力，实现矿体的高效、强化开采[4]；

（3）降低矿石的损失率与贫化率，以节约资源；

（4）必须确保矿床开采的绝对安全；

（5）采矿方法工艺简单，技术装备水平较高，尽可能利用矿山现有采矿装备和工人技术人员熟悉的工艺与技术。

根据采矿方法选择原则，结合三山岛金矿开采技术条件，选择了五个具有代表性的方案进行对比和优选。方案一为房柱交替式盘区上向分层充填采矿法；方案二为分矿房矿柱充填采矿法；方案三为应力拱式上向分层水平充填采矿法；方案四为高进路上向分层水平充填采矿法；方案五为脉外采准点柱式分层充填采矿法。

7.1.2 房柱交替式盘区上向分层充填采矿法

方案一：房柱交替式盘区上向分层充填采矿法，如图 7 − 1 所示。

7.1.2.1 盘区布置与采场回采顺序

盘区矿体的走向长为 80 ~ 100m，平均厚度为 30m。

采场垂直矿体走向布置，采场宽度 10m，且一步二步采均为 10m，长为矿体水平厚度，回采面积不大于 600m²，高为中段高 45m[5]。一个盘区布置 4 个分段，通过采场联络道分别连接分段平巷和采场，每个分段服务 3 ~ 4 个分层，分层回采高度为 2.5 ~ 3m，控顶高 4.0m，充填高 2.5m。

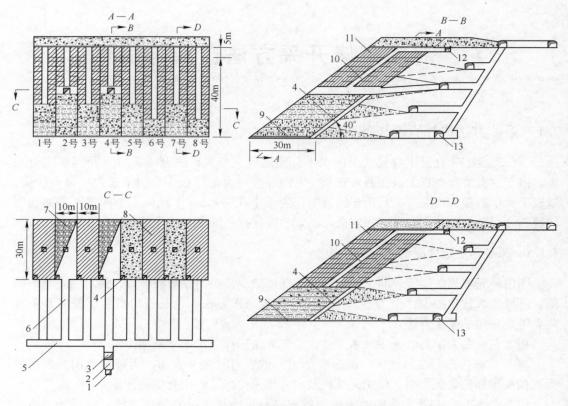

图 7 - 1　房柱交替式盘区上向分层充填采矿法

1—出矿溜井；2—脉外出矿横巷；3—斜坡道连接口；4—泄水井；5—分段平巷；

6—分层联络巷；7—矿石；8—胶结充填体；9—人工假底；10—回风井；

11—顶柱；12—回风平巷；13—中段运输平巷

根据以上要求，一个盘区可分为 1 号、2 号、3 号、4 号、5 号、6 号、7 号、8 号，共 8 个采场（盘区长度 80m），各采场均从运输中段底板标高开始回采，切采层高 4.0m。不留间柱、底柱、点柱和护顶矿柱，开采至上中段留 3m 高顶柱以后回收。

盘区采用分段隔一采一的回采方案，分两步进行回采，先一步采后二步采，一步采超前二步采一个分段。与一般的隔一采一方案不同的是，每个采场的一步采和二步采是变化的，同一个采场在不同分段进行回采时，有一步采和二步采之分，一步采和二步采是交替的，相邻分段分为一步采和二步采。盘区回采也是一步采和二步采交替进行。

7.1.2.2　采准与回采工艺

A　采准工程布置

采用下盘脉外斜坡道、脉外分段巷的采准方式。由斜坡道缓坡段每隔 10.0m 垂高向矿体方向掘进分段联络道（斜坡道联络巷），然后在距矿体 30m 左右处沿矿体走向掘进分段运输巷。之后在分段巷内相应采场中间部位掘进分段采场联络道。每个分段回采 4 个分层，分层高度为 2.5m。

第一分层联络道按不大于 18% 下坡掘进，第二、三、四分层联络道以挑顶、垫底方式进行，最大爬坡不大于 10°。在各采场中布置回风井，与上中段回风巷道相通，规格 2.0m×2.0m。

切割巷道、探矿性质的切割巷规格为 3.0m×3.0m。

房柱交替式盘区上向分层充填法主要采准工程见表 7-1。

表 7-1 房柱交替式盘区上向分层充填法主要采准工程量

巷道名称	数目	巷道断面（高×宽）/m×m	巷道长度/m			工程量/m³		
			单长	共长	标准米	矿石	废石	合计
分段运输平巷	4	4.2×3.4	85.0	340.0	1213.8	0.0	4855.2	4855.2
脉外出矿横巷	32	4.2×3.4	13.7	438.4	1565.09	0	6260.35	6260.35
溜矿井	1	2.5×2.5	51.86	51.86	81.03	0.0	324.12	324.12
回风天井	8	2.0×2.0	69.5	556.0	556.0	2224	0.0	2224
回风平巷	1	2.0×2.0	35.0	35.0	35.0	0.0	140	140
切割平巷	24	3.0×3.0	26.89	645.36	1452.06	5808.24	0.0	5808.24
采场联络道	32	3.2×3.6	33.81	1081.92	3115.93	0.0	12463.72	12463.72
采联压顶量	8	3.2×3.6	325.05	2600.4	7489.15	0.0	29956.6	29956.6
合　计			640.81	5748.94	15508.06	8032.24	53999.99	62032.23

注：所计算的溜矿井的数量以一个盘区为单位，溜井联络道为各分段的平均值。

盘区内布置 4 条脉外分段运输平巷，32 条脉外出矿平巷（盘区长度 80m），1 条溜矿井，8 条回风天井，24 条切割平巷，32 条采联和 1 条回风平巷，总长 15508.06 标准米。

B　回采工艺

采准切割工作完成后，开始采场回采工作。回采工作由采场联络道进入采场向两帮拉底开始，拉底至设计的采场边界，再进行压顶回采，形成宽 10m，高 4.0m 的回采工作面，完成第一分层（切采层）回采工作。第二层的回采自采联口开始，由矿体下盘向上盘全断面推进。需要注意的是，在回采过程中，采场顶板要施工成半径为 9m 的圆弧拱形，并采用光面爆破。

a　凿岩

以 Mercury14 单臂式凿岩台车为主、7655 型凿岩机为辅进行凿岩，炮孔水平布置，水平落矿，孔深 3.5m，7655 型凿岩机施工时为 2.2~2.5m，孔径 φ43~45mm。正常落矿层超前光爆层 2~3 个循环进行施工，第一、二、三排为落矿孔，采用大孔距小抗线的穿爆方式，炮孔水平间距 1.31~1.5m，最小抵抗线高度自下向上分别为 0.5m、0.6m、0.7m，炮孔密集系数为 2.15~2.62。

在正常落矿层施工 2~3 个循环后，进行光爆层的施工，光爆孔的水平间距 0.6~0.8m，最小抵抗线不大于 0.7m，光爆孔孔深 3.5m。每分层的回采高度为 2.5m，控顶高度为 4m。当矿体边界波动较大，与上、下盘的基角处不能便用台车凿岩时，需用 7655 型凿岩机，进行辅助修边，其中落矿炮孔 20 个，周边孔 24 个。

b　爆破

选用 2 号岩石乳化炸药，人工装药。正常落矿孔密集装药，装药系数不大于 0.8，采用非电毫秒导爆管雷管微差爆破，激发器激发导爆管，再引爆导爆管雷管，最后引爆炸药进行爆破。光爆孔三炮孔同段间隔装药，装药系数不大于 0.4，单孔装药量不大于 0.9kg，光爆层齐发起爆。

每米爆破量 1.59t/m，炸药单耗为 0.38kg/t，导爆管单耗 0.438 根/t。爆破工在操作中遵守《安全操作规程》，由技术员检查装药连线情况，有达不到设计要求者，技术员监督爆破工改正，合格后，进行爆破作业，对爆破落下的 1000mm 以上块度的矿石要进行二次破碎。

c　通风排险支护

充分利用矿山已经形成的通风系统进行通风[6,7]，进行采准掘进作业时，采用局扇进行通风，污风进入矿山通风系统排到地表。回采过程中，由采联进风到各工作面，冲刷工作面后，污风由回风天井到上中段平巷，再进入矿山回风系统排到地表[8]。

为确保凿岩和出矿的安全，确保通风良好后再进行顶板检查和撬毛作业，由工人站在爆堆或撬毛车上进行。检撬要从采场口开始，由外向里，最后进行工作面的检撬。难以撬掉的浮石要采取凿岩爆破等方法处理（多施工钻孔少装药）。检撬结束后要对下道工序的作业人员进行详细地交代，顶板状况不良时，必须停止后续作业。

顶板浮石清理干净后，要进行锚杆支护，支护网度(1.0 ~ 1.5)m × (1.0 ~ 1.5)m。锚杆支护采用锚杆台车，使用管缝式锚杆对采场进行支护。

（1）锚杆支护。锚杆支护必须及时，要求每个作业循环必须进行锚杆支护；顶板较安全的采场，可每两个爆破出矿循环进行一次锚杆支护作业；锚杆支护一定要保证质量，节理不明显的平整顶板，要进行竖直锚杆支护，节理、断层较明显的顶板，锚杆必须垂直岩石节理面；锚杆支护要跟进到工作面，以不妨碍爆破为原则；危险区域要根据实际加密锚杆，难撬掉的浮石补打锚杆进行吊挂；在确保质量的前提下，要尽可能缩短作业时间。

（2）长锚索支护。二步采的采场，采用锚杆长锚索联合支护的方式。长锚索施工按设计要求的数量和位置进行；严格按照工艺要求施工，确保施工质量，确保支护材料的质量；在确保质量的前提下，尽可能缩短作业时间。

一步采的采场可根据顶板揭露的稳固情况再决定是否施工长锚索，但必须施工短锚杆进行护顶。二步采的采场必须施工长锚索，再配短锚杆进行护顶。采场顶板确保安全后，即可开始出矿。

d　大块破碎

大块破碎工作有三种方式：块度大于 1m³ 的矿石由凿岩爆破工就地破碎，再有就是集中到采场或选定的位置后由凿岩爆破工破碎，小于 1m³ 的矿石运到溜矿井，由液压碎石机进入溜井破碎。

e　铲装与运输

在采场内由 ST－2D 型柴油铲运机进行铲装工作，铲运至盘区溜井倒入盘区溜井运出采场。

在中段由盘区溜井向卡车装矿，再通过柴油卡车运输至中段溜矿井，进入三山岛矿区的矿石运输系统。

f　充填

采场分层控顶高 4.0m，充填高 2.5m，留 1.5m 的空顶作为爆破补偿空间，最后一层采用进路法进行回采时接顶充填。

一步采时采用胶结充填：下部的 2.1m 用灰砂比为 1∶10 的胶结体进行充填，上部的 0.4m 用灰砂比为 1∶8 的胶结体进行充填。

二步采时的充填：下部的 2.1m 不胶结，用尾砂进行充填，上部的 0.4m 用灰砂比为 1∶8 的胶结体进行充填。

每个采场的一步采结束后，进行接顶充填，上部的 0.4m 用灰砂比为 1∶8 的胶结体进行充填，下部的 3.6m 用灰砂比为 1∶10 的胶结体进行充填。进行下一层的回采时，先施工切割巷后进行回采。

最后一个分段回采结束后，一步采用灰砂比为 1∶10 的胶结体进行接顶充填；二步采不胶结，只用尾砂进行接顶充填。

每分层回采结束后，即进行充填工作，在施工过程中注意坚持局部验收和局部充填工作，以缩短充填周期。

采场第一层（切采层）结束后，要施工人工假底，假底采用混凝土胶结材料进行制作，加钢筋。混凝土人工假底技术参数为：

混凝土胶结体厚度：	500mm
钢筋直径：	12mm
钢筋网度：	300mm × 300mm
钢筋保护层厚度：	100mm
石子：	30 ~ 50mm
砂：	中砂
水泥：	32.5MPa
混凝土配比：水泥∶砂∶石子∶水 = 268kg∶0.49m^3∶0.909m^3∶0.18m^3	
混凝土标号：	C15

一步采充填时要确保胶结体的质量，以保证二步采的安全。

g 泄水

采场内采用顺路泄水井泄水，采场外充分利用矿山已经形成的排水设施将掘进和采场回采过程中产生的水排至泵房，进入矿山的排水系统。

7.1.2.3 主要技术经济指标

A 采场出矿能力

铲运机的理论出矿能力按式（7-1）计算：

$$Q = \frac{3600u\gamma k}{mT} \tag{7-1}$$

式中 Q——铲运机理论出矿能力，t/h；

u——铲斗容积，m^3；

γ——矿石密度，t/m^3；

k——铲运机铲斗装满系数；

m——矿石松散系数；

T——铲运机铲装、运、卸一斗的时间，s。

生产实际中，影响铲运机出矿能力的因素很多，其关系也相当复杂，主要表现为：

（1）装矿点与卸矿点之间的距离，即运距；

（2）矿堆的形状、块度分布及大块率；

（3）矿石的密度、松散性、干湿度等；

（4）运输巷道断面状况、弯道数量和弯道半径；

（5）井下作业人员和设备的互相影响程度；

（6）井下通风条件、井下照明和司机视距；

（7）司机的技术熟练程度和操作水平等；

（8）铲运机行驶坡度和路面状况等。

三山岛金矿直属矿区采用 ST-2D 铲运机进行出矿，根据前面的公式可以得出理论出矿能力与运距的关系曲线如图 7-2 所示。

运距控制在 100m 范围内，保障铲运机台班工作时间 5h，铲运机理论出矿能力 525t/（台·班），实际能力可达到 500t/（台·班）。

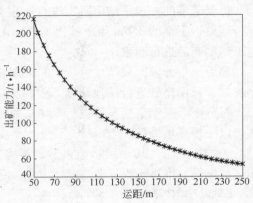

图 7-2 ST-2D 铲运机理论出矿能力曲线

B 采场生产能力与采矿工效

采场生产能力与采矿工效是采场较重要的技术指标，其影响因素较多，与采矿方法、采矿设备、劳动组织、生产管理密切相关。根据直属矿区实际情况，参考国内外采矿技术指标，用于计算的主要技术指标如下：

（1）Mercury14 型单臂式凿岩台车：150m/（台·班）；

（2）7655 型凿岩机：70m/（台·班）；

（3）铲运机出矿能力：500t/（台·班）；

（4）充填站充填能力为 100m³/h。

根据计算，一个分层采场矿量为 2085t，钻孔长 3.5m，炮孔利用率 85.7%，每循环进尺 3.5m，按矿体平均厚度 30m 计算，回采一个分层所用时间为 10 天，一个分层的充填及养护时间需 8.5 天，合计一个分层的回采时间为 18.5 天，一个分层的循环作业如图 7-3 所示。

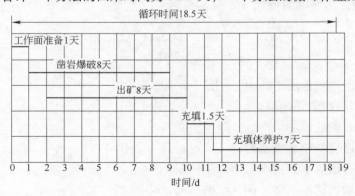

图 7-3 各工艺循环周期

采场宽 10m，分层回采高度 3.0m，矿体平均厚度 30m，则矿块矿量为 2520t，采矿循环周期 18.5 天，盘区生产能力 800~1000t/d。

完成凿岩、爆破、出矿、支护、通风一个分层共用 48 工·班，充填需用 1.5 工·班，合计 49.5 工·班，采矿工效为 42.12t/(工·班)。

C 采矿成本

采矿成本计算见表 7-2。

表 7-2 采矿直接成本计算

项 目	单价/元·m⁻³	数量/m³·kt⁻¹	单位成本/元·t⁻¹	合计/元·t⁻¹
开采			21.99	
出矿			4.68	60.24
采准	107.51	115.16	12.38	
充填			21.19	

掘进成本与采矿成本单独分开统计，掘进均为外包工程，工程单价为 107.51 元/m³。采准工程分摊至每吨矿石的成本为 12.38 元/t。

矿石直接成本包括采矿、采准、充填，根据以上分析，采矿直接成本为 66.24 元/t。

D 采场主要技术经济指标

凿岩台效：150m/(台·班)；

铲运机出矿工效：500t/(台·班)；

盘区生产能力：800~900t/d；

采矿工效：42.12t/(工·班)；

采矿贫化率：6%；

采矿损失率：6%；

采矿成本（凿岩、爆破、出矿、充填）：60.24 元/t。

7.1.3 分矿房矿柱充填采矿法

方案二：分矿房矿柱充填采矿法，如图 7-4 所示。

盘区尺寸为长 300m，高 40m。根据三山岛金矿目前开拓系统，该采矿方法分段高度为 13~15m，一个盘区可布置 3 个分段。每个分段服务 3~4 个分层，分层回采高度为 3.0~3.5m，根据试验情况调整分层高度。采场垂直矿体走向布置，先采矿房，矿房采后用配比 1：8 的尾砂胶结充填，后矿柱回采，矿柱非胶结充填。矿房和矿柱的宽度均为 8~12m，矿房开采时两侧为原岩，采场暴露面积 360m² 左右。

该方法采用脉外采准方式，盘区斜坡道形成后，在高度方向上每隔 10m 掘进脉外出矿横巷，而后在矿体下盘布置脉外出矿巷，在脉外出矿巷每隔 10m 向矿体掘进出矿进路，而后在矿体中央掘进切割通风上山。铲运机进入采场出矿，运至中段溜井，每个采场布置一个泄水井。

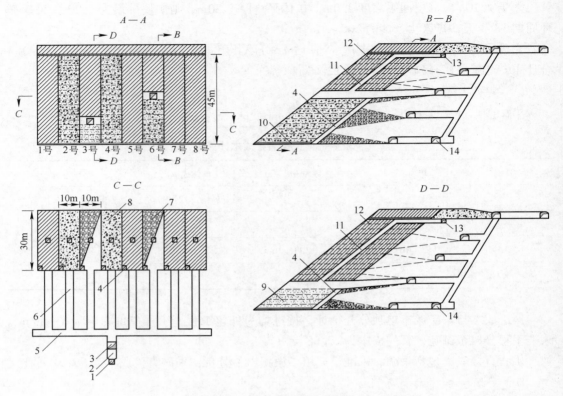

图 7-4 分矿房矿柱充填采矿法

1—出矿溜井；2—脉外出矿横巷；3—斜坡道连接口；4—泄水井；5—分段平巷；
6—采场联络道；7—矿石；8—胶结充填体；9—非胶结充填体；10—人工假底；
11—回风井；12—顶柱；13—回风平巷；14—阶段运输平巷

7.1.3.1 盘区布置与采场回采顺序

每一盘区分三个区段，每一区段内有 4 个矿房和 4 个矿柱。盘区内采场回采顺序是先采矿房，后采矿柱。

7.1.3.2 采准与回采工艺

A 采准工程布置

采用下盘脉外无轨采准方式（图 7-4）。主要采准工程包括：斜坡道、分段出矿横巷、分段平巷、采场联络道、泄水井、回风充填井、钢筋混凝土假底等。

分段平巷断面规格为 3.6m×3.2m，形状为三心拱。采场联络道布置在采场中心线，断面规格为 3.6m×3.2m。充填通风井规格为 2.7m×2.7m，倾角与矿体倾角一致，为不减少采准工程量，8 个采场布置 5 条充填通风井，中间矿房与矿柱共用一条充填通风井，矿房开采时，砌筑一侧，顺路架设矿柱回采充填通风井。充填通风井应距离上盘矿岩界线 5m 以上。泄水井采用钢板加工并顺路架设而成，泄水井断面规格 φ1.0m，下端设有 φ76.2mm 塑料管，将水排至分段平巷。

钢筋混凝土人工假底是下一中段顶柱回采的安全保护，也是降低矿石损失的重要措施。钢筋混凝土假底厚 1.0m，施工强度 C15 或 C20，内置有钢筋，主筋为 φ14~16mm 的

A3 圆钢，间距 1m，垂直采场布置；副筋直径 $\phi10 \sim 12mm$，沿采场纵向铺设，每 2 根主筋之间铺设 2 根副筋，形成 $0.33m \times 0.33m$ 的钢筋网度。

该采矿方法的采切工程量见表 7-3。一个盘区布置 10 条脉外出矿横巷，5 条脉外运输平巷，2 条溜矿井，120 条联络巷和 27 条通风充填井，巷道总长 12924.0m。矿体水平厚度按 30m 计算，一个盘区可采出矿石量 185.4 万吨，采准工程量为 6.97m/kt 或 $115.9m^3/kt$。

表 7-3 分矿房矿柱充填采矿法采准切割工程量

巷道名称	数目	巷道断面（高×宽）/m×m	巷道长度/m			工程量/m³		
			单长	共长	标准米	矿石	废石	合计
脉外出矿横巷	10	3.6×3.2	25.2	252.0	725.8	0	2903.0	2903.0
脉外出矿巷	5	3.6×3.2	312.0	1560.0	4492.8	0	17971.2	17971.2
斜坡道		3.6×3.2	682.0	0	0	0	0	0
溜矿井	2	2.5×2.5	96.0	192.0	300.0	0	1200.0	1200.0
采场联络巷	120	3.6×3.2	50.0	6000.0	17280.0	0	69120.0	69120.0
通风充填井	24	2.7×2.7	125.0	3000.0	5467.5	21870.0	0.0	21870.0
风井联络巷	24	2.7×2.7	50.0	1200.0	2187.0	0	8748.0	8748.0
采联压顶	120				20628.0	0	82512.0	82512.0
采联入口片帮	120				450.0	0	1800.0	1800.0
采场变电所	120				101.3	0	405.0	405.0
切割巷	24	3.6×3.2	30.0	720.0	2073.6	8294.4	0.0	8294.4
服务井		2.5×2.5	0.0	0.0	0.0	0.0	0.0	0.0
服务井联络巷		2.5×2.5	0.0	0.0	0.0	0.0	0.0	0.0
合 计				12924.0	53705.9	30164.4	184659.2	214823.6

B 回采工艺

a 凿岩

分层高度加大，可以降低采准工程量，减少二次损失贫化，减少辅助作业工作量和辅助作业时间，提高劳动生产率。因此，在技术和安全允许的前提下，应尽可能提高分层回采高度。决定分层回采高度的两个参数是最大控顶距和最小空顶距。最大控顶距由设备的最大工作高度、顶板最大允许暴露面积决定。Mercury14 单臂式凿岩台车最大工作高度为 5.5m，顶板采取锚杆—金属网等支护措施的安全控顶高度在 6m 左右。最小空顶距由采场充填要求的最低工作高度和凿岩爆破的最小补偿空间确定。完成采场采填并浇面所需要的最小工作高度为 1.2m；满足爆破补偿系数即崩落矿石碎胀对补偿空间的最小空间要求是 1.3m 左右。

每分层的回采高度为 3.0~3.5m，控顶高度为 4.2m，根据试验情况进行调整。考虑顶板岩石不稳定，留 1.5~2m 护顶矿。当矿体边界波动较大，上盘的基角处不能使用台车凿岩时，可用 7655 型凿岩机，进行辅助修边。

b 爆破

爆破使用 2 号岩石乳化炸药，药卷规格为 $\phi 32mm \times 200mm$。起爆采用非电微差导爆管起爆。

采场用水平炮孔落矿，炮孔深度一般为 3.8 ~ 3.9m。

普通落矿孔距 1.0m，排距 0.8m；周边控制孔距 0.9m，最小抵抗线为 0.7m。

炮孔用人工进行装药。普通落矿孔连续装药，孔口 0.8m 不装药，用炮泥进行堵塞；周边孔分两段空气间隔装药，间隔长度 0.8 ~ 1.0m。

c 通风排险

新鲜风流由斜坡道进入中段或分段平巷，再从中段或分段平巷通过采场联络道进入采场，清洗工作面后的污风经采场回风充填井，排到上分层联络道，进入回风平巷，排出地表。

确保通风良好后再进行顶板检查和撬毛作业。

d 采场支护

矿房采场顶板及上盘破碎带以锚杆支护为主，局部特别破碎地点用锚杆加金属网支护。为配合无轨机械化作业，用管缝式锚杆，杆长 1.8m，直径 43mm，长期锚固力为 30 ~ 60kN。锚杆支护网度为 1.0m × 1.0m；遇岩石特别破碎时网度加密至 0.8m × 0.8m。金属网采用直径 8mm 铁丝，编织网格为 100mm × 100mm，每张金属网大小 2100mm × 1600mm。

矿柱采场采用长锚索与锚杆联合支护。

e 铲装

ST – 3.5 型柴油铲运机出矿，经脉外出矿平巷，倒入出矿溜井。

f 采场充填

胶结材料为 325 号普通硅酸盐水泥，采场充填材料配比为：矿房灰砂比 1 : 8；矿柱用分级尾砂充填；所有采场均用灰砂比 1 : 6 的水泥尾砂充填浇面，浇面层高度为 0.4 ~ 0.5m。

条件具备时掘进废石可运入采场充填，分层充填中坚持先充掘进废石，后充尾砂。每分层充填完后，充填体中的水由顺路泄水天井（或波纹泄水管）泄出。

g 顶底柱回采

当采矿回采到上中段采场的人工假底时，为保证人工假底的安全，使用进路法回采其人工假底下边一分层的矿体，进路垂直矿体走向布置，进路宽 3m，分二步骤进行回采，一步进路隔一采一，采用灰砂比 1 : 8 的充填料胶结充填，并接顶。二步进路采用尾砂充填。

7.1.3.3 主要技术经济指标

A 采场生产能力与采矿工效

采场生产能力与采矿方法、采矿设备、劳动组织、生产管理密切相关。为了研究采场综合生产能力，对各工艺环节进行了模拟计算。

a 采场生产能力

根据开采技术条件，参考国内外采矿技术指标，用于生产能力计算的主要指标如下：

（1）Mercury 14 型单臂式凿岩台车：150m/（台·班）；

（2）铲运机出矿工效：528t/（台·班）；

（3）充填站充填能力 80m³/h。

采场长度确定为 30m，采场宽度为 12m，回采分层高度 3.0m，开采矿房每分层矿石量为 3024t。采矿各工艺循环周期如图 7-5 所示。

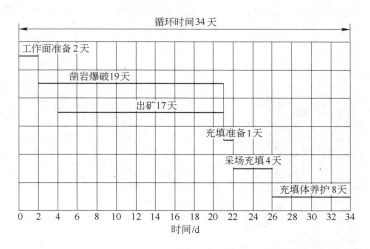

图 7-5　采矿各工艺循环周期

回采一个分层的矿石量为 3024t，采矿循环周期 34 天，采场生产能力为 94.5t/d。

b　采矿工效

完成一个循环周期所需的工班数为：凿岩爆破 52 工·班、出矿 21 工·班、充填准备 6 工·班，合计 188 工·班，采矿工效为 38.27t/（工·班）。

B　采矿成本分析

采矿直接成本见表 7-4。

表 7-4　采矿直接成本计算

项　目	单价/元·m⁻³	数量/m³·kt⁻¹	单位成本/元·t⁻¹	合计/元·t⁻¹
开采			21.99	
出矿			4.68	
采准	107.51	115.9	12.46	59.23
充填			20.10	

C　主要技术经济指标估算

盘区生产能力：800～900t/d；

采矿工效：38.27t/（工·班）；

采矿损失率：8.2%；

采矿贫化率：7.0%；

采切比：115.9m³/kt；

采矿直接成本：59.23 元/t。

7.1.4 应力拱式上向分层水平充填采矿法

方案三：应力拱式上向分层水平充填采矿法，该方案以应力拱的形式从下往上连续开采（图 7-6）。先开采最中间采场，待中间采场开采 2~3 分层后再回采与其相邻的两个采场，两个相邻采场回采 2~3 个分层后，与其相邻的两个采场再开始回采，盘区内采场回采界限形成一个应力拱。

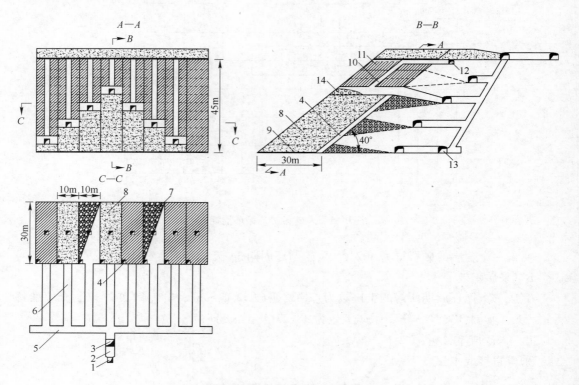

图 7-6 应力拱式上向分层水平充填采矿法
1—出矿溜井；2—脉外出矿横巷；3—斜坡道连接口；4—泄水井；5—分段平巷；
6—采场联络道；7—切割天井；8—胶结充填体；9—人工假底；10—回风天井；
11—矿体；12—回风平巷；13—中段运输平巷；14—矿石

7.1.4.1 采场划分及构成要素

盘区长 80~100m，平均厚度为 30m。盘区采场垂直矿体走向布置，采场宽度 10m，长为矿体水平厚度，高为中段高 45m；一个盘区布置 4 个分段，每个分段服务 3~4 个分层，分层回采高度为 2.5~3m，控顶高 4.0m，充填高 2.5m。

7.1.4.2 采准与回采工艺

A 采准工程布置

盘区采用下盘脉外分段平巷和集中出矿溜井的无轨采准方式。平行矿体下盘边界垂直高度每隔 10～15m 布置分段运输平巷，各分段运输平巷通过斜坡道相连。采场分层联络道将分段运输平巷与采场相连接，溜井联络巷与中段集中出矿溜井相连接，从而构成盘区下盘脉外无轨采准系统。

应力拱式上向分层水平充填采矿法主要采准工程见表 7-5。

表 7-5　应力拱式上向分层水平充填采矿法主要采准工程量

巷道名称	数目	巷道断面（高×宽）/m×m	巷道长度/m			工程量/m³		
			单长	共长	标准米①	矿石	废石	合计
脉外分段运输平巷	4	4.2×3.4	85.0	340.0	1213.8	0.0	4855.2	4855.2
脉外出矿平巷	32	4.2×3.4	13.7	438.4	1565.09	0	6260.35	6260.35
溜矿井	1	2.5×2.5	51.86	51.86	81.03	0.0	324.12	324.12
回风天井	8	2.0×2.0	69.5	556.0	556.0	2224	0.0	2224
回风平巷	1	2.0×2.0	35.0	35.0	35.0	0.0	140	140
切割平巷	8	3.0×3.0	26.89	215.12	484.02	1936.08	0.0	1936.08
采场联络道	32	3.2×3.6	33.81	1081.92	3115.93	0.0	12463.72	12463.72
采联压顶量		3.2×3.6	325.05	2600.4	7489.15	0.0	29956.6	29956.6
合　计			640.81	9836.22	24704.44	44817.76	53999.99	98817.75

注：所计算的溜矿井的数量以一个盘区为单位，溜井联络道为各分段的平均值。

① 标准米为巷道断面为 2m×2m，如果巷道断面为 3m×3m，换算为标准米为（3m×3m）/（2m×2m）。

盘区内布置 4 条脉外分段运输平巷，32 条脉外出矿平巷（盘区长度 80m），1 条溜矿井，8 条回风天井，8 条切割平巷，32 条采联和 1 条回风平巷，总长 14540.02 标准米。一个盘区矿石储量为 538587t，采准工程量为 27 标准米/kt，107.99m³/kt。

B　回采工艺

回采过程的凿岩、爆破、通风排险、支护、大块破碎、铲装、运输等工艺同方案二。

C　充填工作

采场分层控顶高 4.0m，充填高 2.5m，留 1.5m 的控顶作为爆破补偿空间，下部的 2.1m 用灰砂比为 1:10 的胶结体进行充填，上部的 0.4m 用灰砂比为 1:8 的胶结体进行充填。最后一个分段回采结束后，采用灰砂比为 1:10 的胶结体进行接顶充填。

采场第一层（切采层）结束后，要施工人工假底，混凝土人工假底技术参数同方案一。

7.1.4.3　主要技术经济指标

A　采场生产能力与采矿工效

采场生产能力与采矿工效是采场较重要的技术指标，其影响因素较多，与采矿方法、采矿设备、劳动组织、生产管理密切相关。

根据计算，一个分层采场矿量为 2085t，钻孔长 3.5m，炮孔利用率 85.7%，每循环进尺 3.5m，按矿体平均厚度 30m 计算，回采一个分层所用时间为 10 天，一个分层的充填及养护时间需 8.5 天，合计一个分层的回采时间为 18.5 天，一个分层的循环作业如

图 7 - 3 所示。

采场宽 10m，分层回采高度 3.0m，矿体平均厚度 30m，则矿块矿量为 2520t，采矿循环周期 18.5 天。完成凿岩、爆破、出矿、支护、通风一个分层共用 56 工·班，充填需用 6 工·班，合计 51 工·班，采矿工效为 40.64t/（工·班）。

　　B　采矿直接成本

采矿直接成本计算见表 7 - 6。

表 7 - 6　采矿直接成本计算

项　目	单价/元·m^{-3}	数量/m^3·kt^{-1}	单位成本/元·t^{-1}	合计/元·t^{-1}
开采			21.99	
出矿			4.68	
采准	107.51	115.9	11.61	67.88
充填			29.60	

采准工程分摊至每吨矿石的成本为 11.61 元/t。

矿石直接成本包括采矿、采准和充填成本，根据以上分析，采矿直接成本为 67.88 元/t。

　　C　采场主要技术经济指标

凿岩台效：150m/（台·班）；

铲运机出矿台工效：500t/（台·班）；

盘区生产能力：800 ~ 900t/d；

采矿工效：40.64t/（工·班）；

采矿贫化率：8%；

采矿损失率：6%；

采矿成本（凿岩、爆破、出矿、充填）：67.88 元/t。

7.1.5　高进路充填采矿法

方案四：高进路充填采矿法，如图 7 - 7 所示。

盘区长 100m，高度为 40m。该采矿方法分段高度为 13 ~ 15m，分段之间与脉外斜坡道相连，一个盘区可布置 3 个分段。每个分段服务 3 层进路回采，进路回采高度为 4m。采场沿矿体走向布置，一步骤进路采后用配比 1∶16 尾砂胶结充填（上部 0.4m 胶面用配比 1∶6 充填），二步骤进路回采后非胶结充填（上部 0.4m 胶面用配比 1∶6 充填）。进路回采宽度为 4m。

该方法采用脉外采准方式，盘区斜坡道形成后，在高度方向上每隔 13 ~ 15m 掘进脉外出矿横巷，而后在下盘布置脉外出矿巷，在脉外出矿巷每隔 100m 向矿体掘进联络道，而后靠矿体上盘掘进切割通风上山。

7.1.5.1　盘区布置与采场回采顺序

盘区尺寸为 100m × 40m。盘区内采场回采顺序是先采一步骤进路，后采二步骤进路。

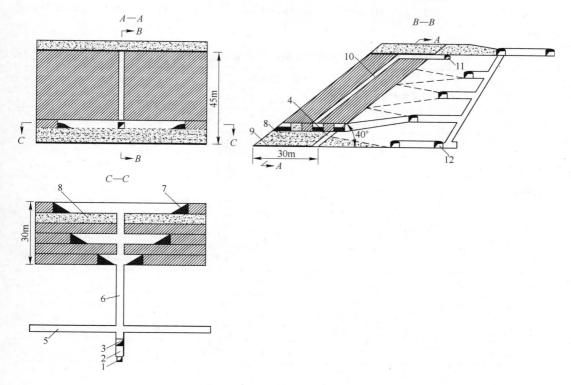

图 7-7 高进路上向分层水平充填采矿法

1—出矿溜井；2—脉外出矿横巷；3—斜坡道连接口；4—泄水井；5—分段平巷；6—采场联络道；
7—矿石；8—胶结充填体；9—人工假底；10—回风井；11—回风平巷；12—中段运输平巷

7.1.5.2 采准与回采工艺

A 采准工程布置

采用下盘脉外无轨采准方式（图 7-7），主要采准工程包括：脉外出矿横巷、分段平巷、采场联络道、通风充填井、钢筋混凝土假底、泄水井等。

分段平巷断面规格为 3.6m×3.2m，每个盘区布置 3 条采场联络道并延伸至矿体上盘，其断面规格为 3.6m×3.2m，充填通风井设于联络道内靠矿体上盘（与上盘围岩的距离不小于 5m），断面规格为 2.7m×2.7m，倾角与矿体倾角一致。泄水井采用钢板加工并顺路架设而成，泄水井断面规格 ϕ1.0m，下端设有 ϕ76.2mm 塑料管，将水排至分段平巷。

钢筋混凝土假底厚 0.6m，施工强度 C15 或 C20，内置有钢筋，主筋为 ϕ14~16mm 的 A3 圆钢，间距 1m，沿矿体走向布置；副筋直径 ϕ10~12mm，垂直矿体走向铺设，每 2 根主筋之间铺设 2 根副筋，形成 0.33m×0.33m 的钢筋网度，一步骤回采进路与二步骤回采进路的钢筋焊接在一起。钢筋混凝土假底完成后，在第一分层充填配比 1:5 的尾砂胶结充填体，高度 2.4m。

该采矿方法的采切工程量见表 7-7。一个盘区布置 10 条脉外出矿横巷，5 条脉外凿岩运输巷，2 条溜矿井，15 条联络巷和 3 条通风充填井，巷道总长 3369m。矿体平均水平厚度按 30m 计算，一个盘区可采出矿石量 192.6 万吨，采准工程量为 6.0 标准米/kt 或 24.0m³/kt。

表 7-7 高进路充填采矿法采准切割工程量

巷道名称	数目	巷道断面 （高×宽）/m×m	巷道长度/m			工程量/m³		
			单长	共长	标准米	矿石	废石	合计
脉外出矿横巷	10	3.6×3.2	25.2	252.0	725.8	0	2903.0	2903.0
脉外出矿巷	5	3.6×3.2	312.0	1560.0	4492.8	0	17971.2	17971.2
溜矿井	2	2.5×2.5	96.0	192.0	300.0	0	1200.0	1200.0
采场联络巷	15	3.6×3.2	50.0	750.0	2160.0	0	8640.0	8640.0
通风充填井	3	2.7×2.7	125.0	375.0	683.4	2733.8	0	2733.8
风井联络巷	3	2.7×2.7	50.0	150.0	273.4	0	1093.5	1093.5
采联压顶	15				2578.5	0	10314.0	10314.0
采联口片帮	15				56.3	0	225.0	225.0
采场变电所	15				12.7	0	50.6	50.6
切割巷	3	3.6×3.2	30.0	90.0	259.2	1036.8	0	1036.8
合　计			3369.0	11542.0		3770.6	42397.4	46167.9

B 回采工艺

a 凿岩

采用 Mercury14 型单臂式凿岩台车凿岩，回采进路的断面宽 4m，高度为 4.0m，凿岩孔深 3.0m。靠矿体上盘进路宽度 2.8m，进路回采到边界后，用 7655 型凿岩机采上盘三角矿，并留 1.5~2m 的护顶矿。矿石较松软时采用角锥形掏槽，矿石致密时，采用垂直桶形掏槽。周边孔向外偏斜 2°~3°，并采用控制爆破，使爆后顶板平整。

b 爆破

采用 2 号岩石炸药，人工装药。一般炮孔采用直径为 32mm 的药卷，周边孔设计采用直径 22mm 的小直径药卷，长度均为 200mm。起爆采用非电微差导爆管起爆，各段雷管的起爆时间间隔 50ms。

c 通风排险

新鲜风流由斜坡道进入中段或分段平巷，再从中段或分段平巷通过采场联络道进入采场，污风经采场回风充填井，排到上分层联络道，经中段平巷排至地表。

d 采场支护

巷道顶板及上盘破碎带以锚杆支护为主，局部特别破碎地点用锚杆加金属网支护。选用管缝式锚杆，杆长 1.8m，直径 43mm。锚杆支护网度为 1.0m×1.0m，遇岩石特别破碎时网度加密至 0.8m×0.8m。

e 采场充填

采场充填配比设计为：一步骤进路胶结充填灰砂比 1:16，二步骤进路用尾砂非胶结充填，一步骤和二步骤进路最上 0.4m 用灰砂比 1:6 胶结充填。充填体中的水由顺路泄水天井（或波纹泄水管）泄出。

7.1.5.3 主要技术经济指标

A 采场生产能力与采矿工效

a 采场生产能力

根据开采技术条件，参考国内外采矿技术指标，用于生产能力计算的主要指标如下：

（1）Mercury14 型单臂式凿岩台车：150m/（台·班）；

（2）铲运机出矿工效：528t/（台·班）；

（3）充填站充填能力 80m³/h。

采场长度确定为 50m，进路宽度为 4m，高度 4m，开采一条进路矿石量为 2128t。采矿各工艺作业循环周期如图 7-8 所示。

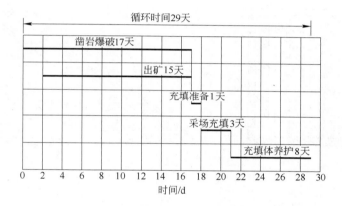

图 7-8 采矿各工艺作业循环周期

回采一个分层的矿石量为 2128t，采矿循环周期 29 天，采场综合生产能力为 73.4t/d。

b 采矿工效

完成一个循环周期所需的工班数为：凿岩爆破 81 工·班、出矿 18 工·班、充填准备 6 工·班，合计 105 工·班，采矿工效为 18.18t/（工·班）。

B 采矿成本分析

采矿直接成本计算见表 7-8。

表 7-8 采矿直接成本计算

项 目	单价/元·m⁻³	数量/m³·kt⁻¹	单位成本 /元·t⁻¹	合计/元·t⁻¹
开采			31.27	
出矿			4.68	64.73
采准	107.51	24.0	2.58	
充填			26.20	

C 采矿主要技术经济指标估算

采场生产能力：73.4t/d；

盘区生产能力：600～800t/d；

采矿工效：20.27t/（工·班）；

采矿损失率：5%；

采矿贫化率：7%；

采切比：24.0m³/kt；

采矿成本（凿岩、爆破、出矿）：64.73元/t。

7.1.6　脉外采准点柱式分层充填采矿法

方案三：脉外采准点柱式分层充填采矿法，如图7-9所示。

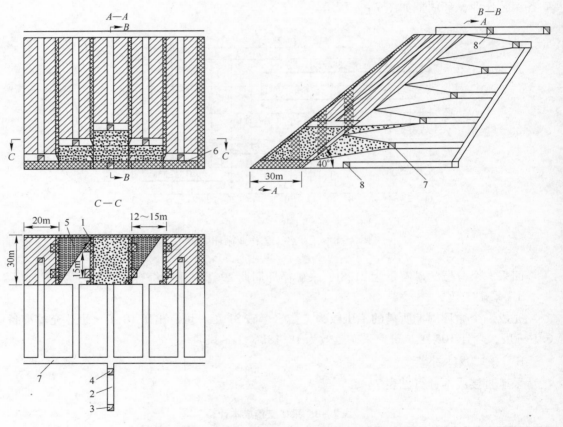

图7-9　脉外采准点柱式分层充填采矿法

1—点柱；2—脉外出矿横巷；3—出矿溜井；4—斜坡道连接口；5—矿石；
6—胶结充填体；7—脉外出矿巷；8—中段运输平巷

盘区长300m，中段高度为80m。该采矿方法分段高度15m，分段之间与脉外斜坡道相连，一个盘区可布置5个分段。每个分段服务4～5个分层，分层回采高度为2.5～3.5m。采场垂直矿体走向布置，长为矿体厚度30～40m，宽15～20m，采场内留4m×4m点柱，点柱中心点网度（15～20）m×15m。一个盘区分三个区段，每个区段沿走向长度100m，区段留5m连续间柱。区段中采场回采顺序为：最中央的采场首先回采，开采高度达到 3~4m 后相邻采场开采，采场间留 2m 矿体，且使开采工作面形成一自然平衡拱形。

该方法采用脉外采准方式，盘区斜坡道形成后，在高度方向上每隔 15m 掘进脉外出矿横巷，而后沿矿体下盘布置脉外出矿巷，在脉外出矿巷每隔 15~20m 向矿体掘进联络巷，而后在矿体中央掘进脉内通风充填井。铲运机进入采场出矿，运至中段溜井，每个采场布置一个泄水井。

7.1.6.1 盘区布置与采场回采顺序

在 −320~ −240m 中段可布置 3 个盘区。每一盘区布置 3 个区段，每一区段布置 5 个采场，最中央采场最先开采，采场间留 2m 左右矿体，阶梯式开采，使采矿始终在一自然平衡拱内。

7.1.6.2 采准与回采工艺

A 采准工程布置

主要的采切工程有：盘区斜坡道、脉外出矿横巷、分段平巷、分层联络道、充填回风井及溜矿井。盘区斜坡道在矿体下盘布置，坡度 15%，在每个分段与分段平巷连通。分层联络道垂直矿体布置，长度 10~12m；溜井布置在脉外，倾角 55°左右；滤水井在浇注人工底柱时预留，以后上采时顺路架设，采用钢板焊接成圆形结构；充填回风井采用矩形断面。

采准顺序为：盘区斜坡道→出矿横巷→溜矿井→脉外分段巷→分层联络巷→充填回风井。

该采矿方法的采切工程量见表 7-9。一个盘区布置一条斜坡道，10 条脉外出矿横巷，5 条脉外凿岩运输巷，2 条溜矿井，75 条联络巷和 15 条通风充填井，巷道总长 8454m。矿体水平厚度按 30m 计算，一个盘区可采出矿石量 163.1 万吨，采准工程量为 42.5m³/kt。

表 7-9　脉外采准点柱式分层充填采矿法采准切割工程量

巷道名称	数目	巷道断面（高×宽）/m×m	巷道长度/m			工程量/m³		
			单长	共长	标准米	矿石	废石	合计
脉外出矿横巷	10	3.6×3.2	20	200.0	576.0	0.0	2304.0	2304.0
脉外出矿巷	5	3.6×3.2	300	1500.0	4320.0	17280.0	0.0	17280.0
斜坡道	1	3.6×3.2	682	682.0	1964.2	0.0	7856.6	7856.6
溜矿井	2	2.5×2.5	96	192.0	300.0	0.0	1200.0	1200.0
采场联络巷	75	3.6×3.2	50	3750.0	6834.4	27337.5	0.0	27337.5
通风充填井	15	2.7×2.7	142	2130.0	3328.1	13312.5	0.0	13312.5
合　计				8454.0	17322.7	57930.0	11360.6	69290.6

B 人工底柱

每个中段第一分层在全面拉底结束，将矿石清理干净，首先进行钢筋混凝土层的铺设工作：按 250mm×250mm 钢筋网，主筋 $\phi12mm$，垂直矿体走向铺设；副筋 $\phi8mm$，沿走向铺设。节点用铁丝捆扎结实并焊牢。把整个钢筋网抬高 100mm，然后再将主副筋与矿体上下盘及间（点）柱用锚杆联结（锚杆长 1.5~2m，水平方向间距 0.5m），用 C20 的混凝土浇筑，厚度 400mm。钢筋混凝土层浇筑前，在采场底板上铺设塑料布，以防灰浆渗入底板的裂缝内。人工底柱高 3m，其中钢筋混凝土层厚 0.4m，灰砂比 1:5 的胶结充填体厚度 2.6m。

C 回采工艺

a 落矿

分层回采高度 2.6m，Mercury14 型单臂式凿岩台车为主、7655 型凿岩机为辅进行凿岩，炮孔水平布置，孔深 3.0~3.5m，孔径 ϕ43~45mm，孔网 0.8m × 1.0m，水平落矿。考虑上盘岩石稳固性差，留 1.5~2m 护顶矿。最上一个采场开采不留矿柱，相邻采场回采时，留 2m 左右矿体，可以防止相邻采场回采时未胶结尾砂垮落而造成矿石贫化。矿体可在最后少部分回收。

b 出矿

采场矿石由铲运机运到各中段的溜矿卸矿站，经溜井集中下放到 -400m 主要运输中段，装入 2m³ 的矿车用 10t 架线电机车运到主竖井附近的集中溜井内，矿石经过粗碎由竖井提升到地表。

c 通风

新鲜风流由副井、措施井和辅助斜坡道进入，经分段平巷、采场分层联络道进入采场。污风由采场回风天井排至上中段回风巷。通风困难地段应安装局扇强制通风。

d 采场支护

每分层回采结束后，根据矿体和围岩的稳固情况进行支护，采用长锚索与短锚杆联合支护。锚杆长度 2m 左右，网度 (0.8~1.5)m × (0.8~1.5)m。长锚索长 9~16m，网度 3m × 2.5m。

e 采场充填

采场支护完毕后就可进行采场充填工作。相邻采场回采时，留 2m 左右矿体。

充填管线从措施井经斜坡道进入各分段巷道，经分层联络道进入采场，充填工作分两次进行，首先用铲运机将附近巷道的掘进废石铲装到采场，并架设泄水井，继而进行尾砂充填，充填高度为 2.2m。剩下 0.4m 用灰砂比 1:4 的充填料胶结充填，作为回采上一分层的底板。充填体中的水由顺路泄水天井（或波纹泄水管）排出。

f 顶底柱回采

顶底柱采用进路法回采，同方案一。

7.1.6.3 主要技术经济指标

A 采场生产能力与采矿工效

a 采场生产能力

根据新立矿区开采技术条件，参考国内外采矿技术指标，用于生产能力计算的主要指标如下：

（1）Mercury14 型单臂式凿岩台车：150m/（台·班）；

（2）铲运机出矿工效：528t/（台·班）；

（3）充填站充填能力：80m³/h。

采场长度30m，宽度20m，开采一个分段矿石量为3696t（已扣除了点柱所占矿石量224t）。采矿各工艺循环周期如图7-10所示。

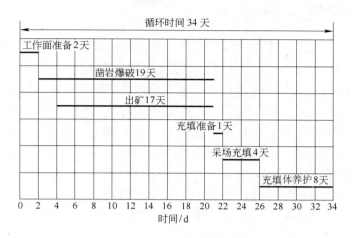

图7-10 采矿各工艺循环周期

回采一个分段的矿石量为3696t，采矿循环周期34天，采场生产能力为108.7t/d。

b 采矿工效

完成一个循环周期所需的工班数为：凿岩爆破165工·班、出矿40工·班、充填准备10工·班，合计215工·班，采矿工效为17.2t/（工·班）。

B 采矿直接成本

采矿直接成本见表7-10。

表7-10 采矿直接成本计算

项　目	单价/元·m⁻³	数量/m³·kt⁻¹	单位成本/元·t⁻¹	合计/元·t⁻¹
开采			21.99	
出矿			10.97	53.41
采准	107.51	42.5	4.57	
充填			15.88	

C 采矿主要技术经济指标

采场生产能力：108.7t/d；

盘区生产能力：800~900t/d；

采矿工效：17.2t/（工·班）；

采矿损失率：17.5%；

采矿贫化率：6%；

采切比：42.5m³/kt；

采矿直接成本：53.41元/t。

7.2　未确知测度理论下的采矿方案优选

7.2.1　确定待优化对象的分类模式系统

设 R_1，R_2，$\cdots$，R_n 为待优化的 n 个对象，则优化对象空间 $R = \{R_1, R_2, \cdots, R_n\}$。对于每个对象 $R_i (i = 1, 2, \cdots, n)$ 有 m 个单项评价指标，则评价指标空间为 $X = \{x_i^1, x_i^2, \cdots, x_i^m\}$。则 R_i 可表示为 m 维向量 $\boldsymbol{R}_i = \{x_i^1, x_i^2, \cdots, x_i^m\}$，其中，$x_i^j$ 表示研究对象 $\boldsymbol{R}_i$ 关于评价指标 x_i^j 的测量值。对于不同的 x_i^j，对其优化结果 $\boldsymbol{R}_i$ 的贡献各不相同，分为两类：A 类为 x_i^j 值越大，对优越度 Q 的贡献越大；B 类为 x_i^j 值越小，对优越度 Q 的贡献越大。对每个子项 x_i^j（$i = 1, 2, \cdots, n; j = 1, 2, \cdots, m$），假设有 p 个评价等级 C_1，C_2，$\cdots$，C_p。

评价空间记为 U，则 $U = \{C_1, C_2, \cdots, C_p\}$。设 $C_k (k = 1, 2, \cdots, p)$ 为第 k 级评价等级，且 k 级高于 $k+1$ 级，记作 $C_k > C_{k+1}$。若 $\{C_1, C_2, \cdots, C_p\}$ 满足 $C_1 > C_2 > C_3 > \cdots > C_p$ 或 $C_1 < C_2 < C_3 < \cdots < C_p$，称 $\{C_1, C_2, \cdots, C_p\}$ 是评价空间 U 的一个有序分割类[9~20]。

7.2.2　单指标测度

$\mu_{ik}^j = \mu(x \in C_k)$ 称为未确知测度（unascertained measurement）表示测量值 x_i^j 属于第 k 个评价 C_k 等级的程度，要求满足：

$$0 \leqslant \mu(x_i^j \in C_k) \leqslant 1 \tag{7-2}$$

$$\mu(x_i^j \in U) = 1 \tag{7-3}$$

$$\mu\left[x_i^j \in \bigcup_{i=1}^{k} C_l\right] = \sum_{i=1}^{k} \mu(x_i^j \in C_l) \quad (k = 1, 2, \cdots, p) \tag{7-4}$$

式（7-2）称为"非负有界性"，式（7-3）称为"归一性"，式（7-4）称为"可加性"。满足式（7-2）~式（7-4）的 μ 为未确知测度[13~16,19]。

7.2.3　指标权重的确定

在确定评价指标的权重时，可用信息熵来评价所获系统信息的有序度及其效用，即由评价指标值构成的判断矩阵来确定指标权重[13~15,20]。

设 w_j 表示测量指标 X_j 与其他指标相比具有的相对重要程度，要求 $0 \leqslant w_j \leqslant 1$，称 w_j 为 x_i 的权重，$\boldsymbol{w} = \{w_1, w_2, \cdots, w_m\}$ 称为指标权重向量。则有：

$$v_j = 1 + \frac{1}{\lg k} \sum_{i=1}^{k} \mu_{ik}^j \lg \mu_{ik}^j \tag{7-5}$$

$$w_j = \frac{v_j}{\sum_{i=1}^{n} v_i} \tag{7-6}$$

因为单指标测度评价矩阵已知，所以可以通过式（7-5）、式（7-6）求得 w_j。

7.2.4　多指标综合测度评价向量

令 $\mu_{ik} = \mu(x \in C_k)$ 为优化对象 $\boldsymbol{R}_i$ 属于第 k 个评价类 C_k 的程度，μ_{ik} 称属于等级 C_k 的多指标综合未确知测度。

$$\mu_{ik} = \sum_{j=1}^{m} w_j \mu_{ik}^j (i = 1, 2, \cdots, n; k = 1, 2, \cdots, p) \tag{7-7}$$

$$0 \leqslant \mu_{ik} \leqslant 1 \text{ 并且 } \sum_{k=1}^{k} \mu_{ik} = \sum_{k=1}^{k} \sum_{j=1}^{m} w_j \mu_{ik}^j = \sum_{j=1}^{m} \left(\sum_{k=1}^{k} \mu_{ik}^j \right) w_j = 1$$

7.2.5 优化结果识别和排序

为了对待优化对象做出最后的评价结果，引入置信度识别准则：设 λ 为置信度（$\lambda \geqslant 0.5$），若评价空间 $\{C_1, C_2, \cdots, C_p\}$ 有序，设 $C_1 > C_2 > C_3 > \cdots > C_p$，且令

$$k_0 = \min \left\{ k : \sum_{i=1}^{k} \mu_{i_1} \geqslant \lambda, (k = 1, 2, \cdots, p) \right\} \tag{7-8}$$

认为优化对象 $\boldsymbol{R}_i$ 属于第 k_0 个评价类 C_{k0}。

令 C_l 的分值为 I_l，则 $I_l > I_{l+1}$，令

$$Q_{R_i} = \sum_{l=1}^{p} I_l \mu_{il} \tag{7-9}$$

式中，Q_{R_i} 为评价因素 R_i 的未确知优越度，称 $\boldsymbol{Q} = (Q_{R_1}, Q_{R_2}, \cdots, Q_{R_i})$ 为未确知重要度向量，可按 Q_{R_i} 的大小对 R_i 的优越性进行排序。

7.2.6 采矿方案优选综合评价指标体系构建

采矿方法选择除了适应矿床地质赋存条件确保生产安全外，应尽可能提高经济效益和社会效益。因此选择采矿方法必须考虑很多指标和因素。这些指标和因素的影响程度有大有小，为了能准确地表现出其影响程度，必须为其加权。在此参考有关研究的采矿方案选择的影响因素，同时结合矿山实际生产要求，选取 10 项因素作为评价指标，即采场生产能力、采矿工效、采切比、附产矿量比、矿石损失率、矿石贫化率、采矿成本、管理难易程度、矿体的适应程度、作业安全性[21]，分别用 X_1，X_2，X_3，X_4，X_5，X_6，X_7，X_8，X_9，X_{10} 表示。其中对采场生产能力 X_1、采矿工效 X_2、采切比 X_3、附产矿量比 X_4、矿石损失率 X_5、矿石贫化率 X_6、采矿成本 X_7 采用实测值进行评价，其分级标准采用参考同类矿山，结合采矿方法来确定，见表 7-11。

表 7-11 采矿方案优选的评价指标量化分级

评价指标	分 级 标 准		
	I 级（C_1）	II 级（C_2）	III 级（C_3）
采场生产能力（X_1）	>100	80~100	<100
采矿工效（X_2）	>40	20~40	<20
采切比（X_3）	<10	10~20	>20
附产矿量比（X_4）	>60	30~60	<30
矿石损失率（X_5）	<6	6~9	>9
矿石贫化率（X_6）	<6	6~9	>9
采矿成本（X_7）	<30	30~60	>60

评判集为 $\{C_1, C_2, C_3\}$，即 C_1，C_2，C_3 级，分别表示优越度为好、中、差三个等

级。对管理难易程度 X_8、矿体的适应程度 X_9、作业安全性 X_{10} 等这三个定性指标，必须先对其赋以模糊定量值。为了克服赋值的片面性及随意性，采用专家评估的方法对其进行打分，然而对所得结果进行归一化处理，赋值情况及分级标准见表 7 – 12。A 类指标为：采场生产能力 X_1、采矿工效 X_2、附产矿量比 X_4、矿体适应程度 X_9、作业安全性 X_{10}；B 类指标为：采切比 X_3、矿石损失率 X_5、矿石贫化率 X_6、采矿成本 X_7、管理难易程度 X_8。需要注意的是，表 7 – 11，表 7 – 12 的取值为相对取值，尽管其具体取值可能会影响优越性级别的划分，但并不影响优越度排序，因而不会对最终的优选结果产生影响。

表 7 –12　采矿方案优选的定性指标分级与赋值

评价指标	分 级 标 准		
	I 级（C_1）	II 级（C_2）	III 级（C_3）
	>0.8	0.4 ~ 0.8	0.4
管理难易程度（X_8）	方案灵活；生产管理简单和易实施强化集中开采	灵活性较强；按顺序开采，生产管理难度较大	灵活性差；作业环节多，生产管理工作复杂
矿体适应程度（X_9）	方案灵活，适应于不规则矿体的开采	能用于不规则矿体的开采，但贫化损失率高	只适应于规则、单一赋存状况矿体的开采
作业安全性（X_{10}）	通风条件好，通风费用低；安全性好，采矿作业安全	通风条件较好，局部需改善；留矿柱以及适当支护，保证采场安全	通风条件差，通风费用高；安全性差，需要高强度的采场支护

7.2.7　构造单指标测度函数

根据单指标测度函数的定义和表 7 – 11、表 7 – 12 构建单指标测度函数，以便求得各评价指标的测度值。各评价指标的单指标测度函数分别如图 7 – 11 ~ 图 7 – 20 所示。由表 7 – 12 中各因素的取值及单指标测度函数（图 7 – 11 ~ 图 7 – 20），可以求得五种采矿方案的单指标测度评价矩阵。根据表 7 – 13 中 10 个评价指标的取值，分别代入图 7 – 11 ~ 图 7 – 20 的单指标测度函数中，可计算出单指标评价矩阵。方案一 ~ 方案五的单指标测度矩阵分别为：

$$
(\mu_{1jk})_{10 \times 3} =
\begin{bmatrix}
1 & 0 & 0 \\
1 & 0 & 0 \\
0 & 0 & 1 \\
0 & 0 & 1 \\
1 & 0 & 0 \\
1 & 0 & 0 \\
0 & 0 & 1 \\
0 & 0 & 1 \\
1 & 0 & 0 \\
1 & 0 & 0
\end{bmatrix},
(\mu_{2jk})_{10 \times 3} =
\begin{bmatrix}
0.5 & 0.5 & 0 \\
0.83 & 0.17 & 0 \\
0 & 0 & 1 \\
0 & 0 & 1 \\
0 & 0.53 & 0.47 \\
0.33 & 0.67 & 0 \\
0 & 0.05 & 0.95 \\
1 & 0 & 0 \\
1 & 0 & 0 \\
1 & 0 & 0
\end{bmatrix},
(\mu_{3jk})_{10 \times 3} =
\begin{bmatrix}
1 & 0 & 0 \\
1 & 0 & 0 \\
0 & 0 & 1 \\
0 & 0 & 1 \\
1 & 0 & 0 \\
0 & 0.67 & 0.33 \\
0 & 0 & 1 \\
0 & 0 & 1 \\
1 & 0 & 0 \\
1 & 0 & 0
\end{bmatrix}
$$

$$(\mu_{4jk})_{10\times3} = \begin{bmatrix} 0 & 0 & 1 \\ 0 & 0.03 & 0.97 \\ 1 & 0 & 0 \\ 0 & 0 & 1 \\ 1 & 0 & 0 \\ 0.33 & 0.67 & 0 \\ 0 & 0 & 1 \\ 1 & 0 & 0 \\ 1 & 0 & 0 \\ 1 & 0 & 0 \end{bmatrix}, (\mu_{5jk})_{10\times3} = \begin{bmatrix} 1 & 0 & 0 \\ 0 & 0 & 1 \\ 0.88 & 0.12 & 0 \\ 0 & 0 & 1 \\ 0 & 0 & 1 \\ 1 & 0 & 0 \\ 0 & 0.44 & 0.56 \\ 0 & 0 & 1 \\ 1 & 0 & 0 \\ 1 & 0 & 0 \end{bmatrix}$$

表 7 - 13　采矿方法评价指标分析数据

指标	方 案				
	方案一	方案二	方案三	方案四	方案五
X_1	136	95	113	74	110
X_2	42.12	38.27	40.62	20.27	17.2
X_3	28.79	29	27	6	10.6
X_4	12.95%	14.04%	8%	8.2%	9.23%
X_5	6	8.2	6	5	17.5
X_6	6	7	8	7	6
X_7	60.24	59.23	67.88	64.73	53.4
X_8	0.4	0.9	0.4	0.85	0.4
X_9	0.9	0.85	0.8	0.8	0.8
X_{10}	0.9	0.85	0.85	0.8	0.8

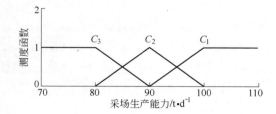

图 7 - 11　采场生产能力单指标测度函数

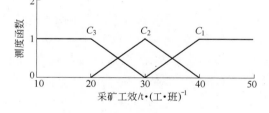

图 7 - 12　采矿工效单指标测度函数

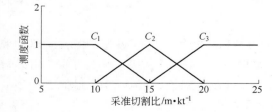

图 7 - 13　采准切割比单指标测度函数

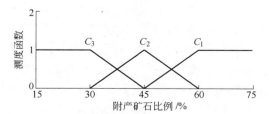

图 7 - 14　附产矿石比例单指标测度函数

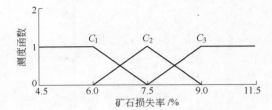

图 7 - 15　矿石损失率单指标测度函数

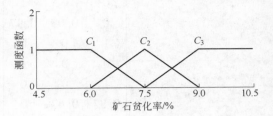

图 7 - 16　矿石贫化率单指标测度函数

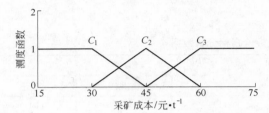

图 7 - 17　采矿成本单指标测度函数

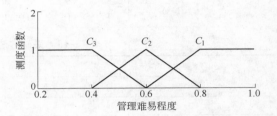

图 7 - 18　管理难易程度单指标测度函数

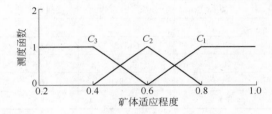

图 7 - 19　矿体适应程度单指标测度函数

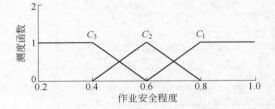

图 7 - 20　作业安全程度单指标测度函数

用式（7 - 2）～式（7 - 6）确定各评价指标权重，R_{01} 的评价指标权重 $\{w_1, w_2, \cdots, w_m\} = \{0.1, 0.1, 0.1, 0.1, 0.1, 0.1, 0.1, 0.1, 0.1, 0.1\}$，根据单指标测度矩阵和式（7 - 7）求得 R_{01} 的多指标综合测度评价向量为：$\{0.6, 0, 0.4\}$。同理，方案二～方案五的评价向量分别为 $\{0.5036, 0.1064, 0.39\}$、$\{0.5305, 0.0302, 0.4393\}$、$\{0.5525, 0.0333, 0.4142\}$、$\{0.5073, 0.0271, 0.4656\}$。

7.2.8　优化结果识别

由于评价等级 $\{C_1, C_2, \cdots, C_p\}$ 的有序性，建立置信度识别准则[13,15,21]代替最大隶属度识别准则，减少了误判。

取置信度 $\lambda = 0.6$，对于方案一，$k_{01} = 1 > \lambda$，即 R_{01} 的优越度等级为 I 级；同理对采矿方案二～方案五进行评价，可得出方案二、方案三、方案四、方案五均为 II 级，将多指标测度向量与优选结果列入表 7 - 14。因为 $C_1 > C_2 > C_3$，对 C_1 赋值 3，C_2 赋值 2，C_3 赋值 1，根据式（7 - 9）可求得方案一～方案五的优越度。

从表 7 - 14 中可以直观得出各方案的优越度，方案一为最佳方案，方案四、五、三、二相对次之。综合评价结果和矿山实际要求，各方案之间的优越度为方案一 > 方案四 > 方案五 > 方案三 > 方案二。

表 7 – 14   未确知测度模型评价结果

采矿方法编号	综合未确知测度			判定结果	优越度
	C_1	C_2	C_3		
方案一	0.6	0	0.4	好	2.2
方案四	0.5525	0.0333	0.4142	好	2.1383
方案五	0.5073	0.0271	0.4656	好	2.1247
方案三	0.5305	0.0302	0.4393	较好	2.0912
方案二	0.5036	0.1064	0.39	较好	2.0306

7.3   新的采矿方法工业试验

7.3.1   试验采场选择

7.3.1.1   试验采场地点及储量

– 555m 中段 553 号盘区采场标高 – 555 ~ – 510m，勘探线范围为 1740—1960 线，地质储量：538587t，品位 3.24g/t，金属量：1745.02kg（矿体以 1g/t 为边界圈定）。

7.3.1.2   试验采场地质概况

A   上下盘岩性

矿体直接上盘围岩为绢英化碎裂岩、绢英岩化花岗质碎裂岩，矿体下盘围岩为黄铁绢英岩化花岗质碎裂岩或黄铁绢英岩化碎裂岩。

B   主裂面、节理、裂隙、断层及岩石情况

矿体主要赋存在黄铁绢英岩化碎裂岩和黄铁绢英岩化花岗质碎裂岩等蚀变岩内，裂隙不发育，岩石一般较完整。主断裂 F_1 下盘为矿体，F_1 断层面上断层泥一般厚 5 ~ 10cm，靠近 F_1 断层的岩石破碎，节理、裂理较发育，工程揭露后易坍塌。

C   矿岩稳固性系数

矿岩稳固性系数 $f \geq 6$，属半坚硬岩石。

D   矿体的形态、分枝复合、尖灭再现规律

矿体呈不规则板状、透镜状、不规则脉状，赋存于黄铁绢英岩化碎裂岩和黄铁绢英岩化花岗质碎裂岩，沿走向及倾向膨胀变化大，局部有分枝复合现象。部分块段有夹石。

E   地应力

由于试验采场赋存深度很大，地应力较大，部分采场出现片帮现象。

7.3.2   试验采场采准设计方案

7.3.2.1   采准分段高度

设计分段高度为 10m，每条采场联络巷服务 3 ~ 4 个分层，即在 – 540m、– 530m、

-520m 分别布置分段采准平巷，分段之间通过北翼的辅助斜坡道连接。

7.3.2.2 主要采准工程及采准顺序

553 号盘区采场采用采矿方案是下盘脉外斜坡道、脉外溜井的采准方式。主要采准工程均为：斜坡道、分段平巷、采场联络巷、切割平巷、回风天井和风井联络巷组成。采准顺序为：盘区斜坡道形成后，由斜坡道缓坡段每隔 10m 垂高向矿体方向掘进分段联络道（分段联络巷），然后在距矿体 20～30m 左右处沿矿体走向掘进分段运输巷，之后在分段巷内掘进分段采场联络道，再掘进采场切割巷道和回风天井，回风天井通过联络巷道与上中段相通。

采切工程主要包括盘区斜坡道、下盘脉外分段平巷、分层联络巷、回风天井及溜矿井。

（1）盘区斜坡道。盘区斜坡道转弯半径：15m 和 10m 两种；规格为：直线段 4.2m × 3.4m，弯道 4.8m × 3.55m；坡度：正常段 15%，缓坡段及弯道不大于 5%。

斜坡道连通 -555m 和 -510m 中段，在每个分段巷设计标高施工脉外出矿横巷连通斜坡道和分段平巷，作为人员、设备进出分段平巷的通道。

（2）下盘脉外分段平巷。中段高度为 45m，分段高 10m，分为 -555m、-540m、-530m、-520m 共 4 个分段，每个分段布置一条分段平巷，用于人员及矿石的运输。分段平巷主要是沿矿体走向布置，规格为 4.2m × 3.4m 的三心拱，坡度不大于 1%，与出矿横巷连接处半径为 10m。-555m 分段平巷布置在下盘脉外，距离矿体下盘边界约 35m，其他分段平巷布置在距离矿体约 28m 的位置，以满足巷道稳固的要求。

（3）分层联络巷。分层联络巷规格为 3.6m × 3.2m。每个分层垂直矿体走向布置一个，用来连接分段平巷及矿体。每个分段回采 3～4 个分层，分层高度为 2.5m。第一分层联络巷按不大于 18% 下坡掘进，第二、三、四分层联络巷以挑顶、垫底方式进行，最大爬坡不大于 10°。

（4）回风天井。每个采场布置一条充填回风天井，规格为断面 2m × 2m。在进行 -555m 水平第一分层切割时，当每个采联切割到矿体中间部位时，都先挖掘一条充填回风天井，直至与上中段回风巷道连通。

（5）服务井。规格为 2m × 2m。在 1890 线设计服务井，从 -540m 分段施工至 -510m 中段，作为下放电缆、风水管、充填管的通道，只服务 -540m、-530m、-520m 三个分段。从 -495m、-510m、-555m 中（分）段进行施工的工程，其风水电的供应利用本中段已经形成的风水电系统。

（6）溜矿系统。分别在 1840 线和 1880 线设两条盘区溜矿井，服务在 -540m、-530m、-520m 三个分段采下的矿石，采场内采下的矿石用铲运机铲运到最近的溜矿井，倒入盘区溜矿井，再在 -555m 中段用柴油卡车运输至中段溜矿井，进入三山岛矿区的矿石运输系统。

（7）切割工程。在 -555m 中段的分段平巷掘进分层联络巷到达矿体后，在采场中央垂直矿体走向掘进切割巷道至矿体上盘，其中在矿体中间部位挖掘充填回风井。因盘区两翼采场的矿体呈多条产出，还必须施工切割巷进行探矿，且切割巷必须穿透所有的可采矿体；然后按回采顺序的先后，从上盘到下盘将采场切割巷扩帮刷大，沿采场宽度拉开，即完成切割工作。切割巷道规格为 3.0m × 3.0m。

盘区主要的采切工程量见表 7 - 15，经计算采场交替上升无房柱连续采矿法采准工程量为 104.39m³/kt。

表 7 - 15　主要采切工程量

巷道名称	巷道长度/m			巷道断面/m²	工程量/m³		
	矿石	岩石	合计		矿石	岩石	合计
出矿横巷		50.4	50.4	14.28		719.7	719.7
分段平巷		340	340	14.28		4855.2	4855.2
分层联络巷		3277.5	3277.5	11.52		37756.6	37756.6
回风井	560		560	4	2240		2240
脉外溜井		48.2	48.2	4		192.8	192.8
切割		720			6480		6480
合　计			4996.1			45764.3	52244.3

7.3.3　试验采场回采工艺

7.3.3.1　设计开采方案

设计采用采场交替上升无房柱连续采矿法。先将盘区划分为一步采场、二步采场，2号、4号、6号、8号采联为一步采场，1号、3号、5号、7号、9号采联（到 -540m 分段与 8号合并）为二步采场，一二步交替向上回采，1号采联根据矿体赋存情况，下面几个分层采用上向分层充填法，9号采联是从 8号采联向北翼延伸的，其余采场均采用上向分层充填采矿法。每一步回采完毕后，进行接顶充填，为减少水泥用量，采用胶结尾砂和非胶结尾砂两种充填方式。为了保证回采安全，经步长计算得一二步交替高度不得大于 11.5m，每个分层回采高度 2.5m，控顶高度 4m，每条采联控制 3～4个分层，分段之间由辅助斜坡道连接，便于无轨设备运行。

7.3.3.2　采场结构尺寸

采场布置有两种形式：

（1）中间厚度较大的部分垂直矿体走向布置，由于未进行理论计算、计算机模拟以及相似材料模拟，根据原点柱法两点柱边对边的长度为 10m，采场宽度取 10m，一步二步采均为 10m，长为矿体水平厚度，回采面积不大于 600m²，高为中段高 45m。

（2）两翼矿体较薄部分沿走向布置，长为矿体长，宽为矿体宽，回采面积不大于 600m²，高为中段高 45m。一个盘区布置 4个分段，通过采场联络道分别连接分段平巷和采场，每个分段服务 3～4个分层，分层回采高度为 2.5～3m，控顶高 4.0m，充填高 2.5m。

根据以上要求，该盘区可分为 1号、2号、3号、4号、5号、6号、7号、8号（9号在 -540m 并入 8号）8个采场，其中 2～7号采场垂直矿体走向布置，1号和 8号采场沿矿体走向布置。采场下部不留底柱，各采场均从运输中段底板标高开始回采，切采层高 4.0m。不留间柱、底柱、点柱和护顶矿柱，留 3m 高顶柱。

7.3.3.3　主要回采工艺

主要回采工艺同 7.1.2.2B 所述。

7.3.4　试验采场回采顺序

盘区采用分段隔一采一的回采方案，分两步进行回采，先一步采后二步采，一步采超前二步采一个分段。与一般的隔一采一方案不同的是，每个采场的一步采和二步采是变化的，同一个采场在不同分段进行回采时，有一步采和二步采之分，一步采和二步采是交替的，相邻分段分为一步采和二步采，其中 – 555m 中段的 2 号、4 号、6 号、8 号为一步采，1 号、3 号、5 号、7 号、9 号（在 – 540m、– 530m、– 520m 中段中 9 号并入 8 号采联）为二步采。该设计的特点是一步采与二步采在垂直空间上是交互进行的，每个分段的一步采在高度方向上是交互进行的。

553 号采场回采顺序如图 7 – 21 所示。

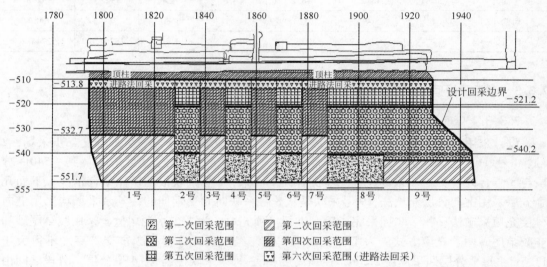

图 7 – 21　553 号采场回采顺序

具体开采顺序如下：先进行一步采的施工，采用分层采法，连续开采三个分层，每层回采高度为 2.5m，第三层回采完进行接顶充填；然后进行二步回采，采用分层采法，二步采场开采连续六个分层，即超出一步开采三个分层，第六分层回采结束后进行接顶充填；以此类推，直至中段开采结束。回采顺序见表 7 – 16。

表 7 – 16　回采顺序

回采顺序	分　类	采　　场
1	一步采	– 555m 的 2 号、4 号、6 号、8 号
2	二步采	– 555m 的 1 号、3 号、5 号、7 号、9 号（在 – 540m 与 8 号合并）
3	一步采	– 540m 的 1 号、3 号、5 号、7 号
4	二步采	– 540m 的 2 号、4 号、6 号、8 号
5	一步采	– 530m 的 1 号、3 号、5 号、7 号
6	二步采	– 530m 的 2 号、4 号、6 号、8 号
7	一步采	– 520m 的 1 号、3 号、5 号、7 号
8	二步采	– 520m 的 2 号、4 号、6 号、8 号

7.3.5 试验采场劳动组织与作业

采场每班作业人员由下列人员构成：凿岩爆破工 2 人，铲运机工 1 人，放矿工 2 人，卸矿站大块破碎工 1 人，总计 6 人。凿岩爆破工负责采场撬毛、凿岩爆破、大块破碎工作；铲运机工负责采场的排险、洒水降尘、出矿、平场工作。采用凿岩台车凿岩，碎石机破碎，柴油铲运机及坑内卡车联合出矿，每天三班，每班作业 8h；回采准备期间每天完成三个工作循环；正常回采期间每天完成三个作业循环。

7.3.6 工业试验技术经济分析

7.3.6.1 工业试验测试数据

对 553 号采场工业试验数据进行统计分析，试验统计结果表明，553 号采场平均贫化率为 4.71%，损失率为 4.97%，采场平均生产能力为 258t/d，盘区生产能力为 1025t/d。

研究结果显示，三山岛金矿的点柱法采场贫化率为 8.2%，损失率达 22.6%；进路法采场贫化率 6.36%，损失率 7.24%。

通过数据比较分析，发现盘区交替式上升分层充填法不仅大幅度降低了采矿贫化损失率，而且大大提高了盘区生产能力。

7.3.6.2 技术经济指标与效益

根据采矿工业试验结果，553 号试验采场和点柱法、进路法的主要技术经济指标见表 7–17。553 号试验盘区用采场交替上升无房柱连续采矿法，采出矿石量 53.71 万吨，获经济效益 39436.46 万元，比点柱充填采矿法多盈利 10979.92 万元，比进路法多盈利 2260.46 万元，取得了显著的经济效益（表 7–18）。

表 7–17　试验采场技术经济指标对比

项　目	553 号采场	点柱采场	进路采场
矿石损失率/%	4.97	22.60	7.24
矿石贫化率/%	4.71	8.20	6.36
生产能力/t·d^{-1}	258	223	183
采矿工效/t·(工·班)$^{-1}$	57.09	36.9	22.3
采矿直接成本/元·t^{-1}	50.87	36.76	51.83
采矿总成本/元·t^{-1}	169.78	229.41	192.84

表 7–18　试验采场经济效益计算对比

项　目	553 号采场	点柱法开采	进路开采
开采储量/万吨	53.86	53.86	53.86
地质品位/g·t^{-1}	3.24	3.24	3.24
采矿车间成本/元·t^{-1}	44.20	66.30	66.30
出矿品位/%	3.09	2.97	3.04
采出矿石量/万吨	53.71	45.41	53.30

项 目	553 号采场	点柱法开采	进路开采
选冶回收率/%	94.15	94.15	94.15
选冶加工费/元·t^{-1}	48.80	48.80	48.80
管理费/万元	60.75	112.39	60.75
总金属量/kg	1561.2	1271.7	1524.0
金属售价/元·g^{-1}	310.00	310.00	310.00
总价值/万元	48395.88	39421.61	47244.81
总成本/万元	8958.93	10964.58	10116.29
总利税/万元	39436.95	28457.03	37128.52
差额/万元	10979.92		2260.46

7.3.6.3 结果分析

553 号盘区设计用采场交替上升无房柱连续采矿新工艺，工业试验结果表明，采场交替上升无房柱连续采矿新工艺贫化率 4.71%，损失率 4.98%，采场平均生产能力达到 258t/d，盘区生产能力达 1025t/d。与点柱上向分层充填采矿法相比（采矿贫化率 8.2%，损失率 22.6%），采矿贫化损失率显著降低。

553 号试验盘区用采场交替上升无房柱连续采矿法开采，采出矿石量 53.71 万吨，获经济效益 39436.46 万元，比点柱充填采矿法多盈利 10979.92 万元，比进路法多盈利 2260.46 万元，取得了显著的经济效益。

7.4 基于响应面法的海下框架式采场结构参数优化选择

当今工程结构设计理论正在由确定性理论向非确定性理论转化，在地下工程设计中应用可靠性理论，推行概率极限状态设计，制定相应的结构设计标准，是地下工程设计发展的必然趋势[21~26]。文献［24］提出了一种与结构可靠度分析几何法相结合的响应面方法模拟功能函数，但不能明确表达可靠度分析问题；文献［27］采用响应面法与数值模拟相结合分析了地下岩体空间的可靠性，取得了较好的结果。近年来，国外学者研究认为结构可靠度分析的响应面法在提高计算精度和减少计算机时方面均有优点，是用于大型复杂结构可靠度分析的好方法，有重要的理论研究意义和推广应用价值。本节在查阅大量文献，对结构可靠度计算方法进行了详细的分析和总结基础上[27,28]，介绍以三维非线性有限元计算为基础，利用响应面法构造复杂结构功能函数的优势，采用响应面法与结构优化能量准则原理相结合的方法，以三山岛新立矿区海下金矿床的开采为例，进行了地下采场框架式结构参数研究，获得了较为满意的结果。

7.4.1 响应面法计算理论

早期的响应面函数取为基本变量的一次式，其表达式为：

$$y' = g'(x_1, x_2, \cdots, x_n) = a_0 + \sum_{i=1}^{n} a_i x_i \qquad (7-10)$$

为了提高可靠度计算的精度，响应面法又分为线性和非线性响应面，根据不同的情况采用不同的优化函数模型,目前用得比较多的是二次响应面函数法。Bucher 于 1990 年提出了一种结构可靠度分析的二次响应面法[30,31],并被大家所接受,其表达式为:

$$y' = g'(x_1, x_2, \cdots, x_n) = a_0 + \sum_{i=1}^{n} a_i x_i + \sum_{i=1}^{n} a_{ii} x_{ii}^2 + \sum_{i=1}^{n-1} \sum_{j=i}^{} a_{ij} x_i x_j \qquad (7-11)$$

式中 x_i——随机变量;

a_0,a_i,a_{ii},$a_{ij}(i, j = 1, 2, \cdots, n)$——待定常数,需由样本点迭代确定。

要使响应面函数获得最好的逼近效果,则样本点的选取非常重要。具体计算中可通过预选样本点,并计算出其对应的可靠指标和设计验算点,然后沿 x_i 轴逐步逼近,即可获得实际极限状态方程的可靠指标和设计验算点[32]。

一次、二次响应面法计算结构可靠度的过程基本相同,下面以含两个变量的二次响应面法为例说明这一方法的计算过程。设实际的极限状态函数为 $y = g(x_1, x_2)$,一般是非线性的,取二次响应面函数:$y' = g'(x_1, x_2) = a_0 + b_1 x_1 + b_2 x_2 + c_1 x_1^2 + c_2 x_2^2$,响应面函数与实际极限状态函数的几何表示[33,34] 如图 7-22 所示。

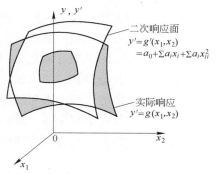

图 7-22 二次响应面

y' 为结构优化目标函数,该近似函数与真实函数之差为误差 ε:

$$\varepsilon = Y - \alpha X \qquad (7-12)$$

$$Y = \begin{bmatrix} y^{(1)} & y^{(2)} & \cdots & y^{(n-1)} & y^{(n)} \end{bmatrix}^T \qquad (7-13)$$

$$X = \begin{bmatrix} 1 & x_1 & x_2 & \cdots & x_k & x_1^2 & x_2^2 \cdots x_k^2 & x_1 x_2 & x_1 x_3 \cdots x_1 x_k & x_2 x_3 \cdots x_{k-1} x_k \\ 1 & x_1 & x_2 & \cdots & x_k & x_1^2 & x_2^2 \cdots x_k^2 & x_1 x_2 & x_1 x_3 \cdots x_1 x_k & x_2 x_3 \cdots x_{k-1} x_k \\ \cdots\cdots\cdots\cdots\cdots\cdots\cdots\cdots\cdots\cdots\cdots\cdots\cdots\cdots\cdots\cdots\cdots\cdots\cdots\cdots\cdots\cdots \\ 1 & x_1 & x_2 & \cdots & x_k & x_1^2 & x_2^2 \cdots x_k^2 & x_1 x_2 & x_1 x_3 \cdots x_1 x_k & x_2 x_3 \cdots x_{k-1} x_k \\ 1 & x_1 & x_2 & \cdots & x_k & x_1^2 & x_2^2 \cdots x_k^2 & x_1 x_2 & x_1 x_3 \cdots x_1 x_k & x_2 x_3 \cdots x_{k-1} x_k \end{bmatrix}_n \qquad (7-14)$$

$$\alpha = \begin{bmatrix} \alpha_0 & \alpha_1 & \alpha_2 & \cdots & \alpha_k & \alpha_{11} & \alpha_{22} \cdots \alpha_{kk} & \alpha_{12} & \alpha_{13} \cdots \alpha_{1k} & \alpha_{23} \cdots \alpha_{k-1, k} \end{bmatrix}^T \qquad (7-15)$$

式中 Y——真实函数值向量;

       n——试验次数。

向量系数的无偏估计 α 可由最小二乘法获得,即令每次试验的误差平方和 δ 为最小,即:

$$\delta = \varepsilon^T \varepsilon = \min[(Y - \alpha X)^T (Y - \alpha X)] \qquad (7-16)$$

求得 α 无偏估计:

$$\alpha' = (X^T X)^{-1} X^T Y \qquad (7-17)$$

响应面方法在试验前应该选取一定的试验点,响应面的逼近程度精度在很大程度上取决于试验点在设计空间中的位置分布,因此试验点的选取应当遵循的一定的法则,以便只取少量点就能达到较高的精度。解决上述样本试验点的构造问题,需要借助试验设计学方面的有关知识。所有的试验设计方法本质上就是在试验的范围内给出挑选代表点的方法。通过求 α 得到相应面,判断相应面的近似程度,采用多重拟合系数 R^2 和修正多重拟合系

数 R_σ^2 进行响应函数评价。当 R^2 和 R_σ^2 值位于 $0.9 \sim 1.0$ 之间表示拟合比较好。

$$R^2 = 1 - \frac{Y^TY - \alpha'X^TY}{Y^TY - \frac{1}{n}\sum_{i=1}^{n} y_i} \tag{7-18}$$

$$R_\sigma^2 = 1 - \frac{(Y^TY - \alpha X^TY)/(n - n_v - 1)}{\left(Y^TY - \frac{1}{n}\sum_{i=1}^{n} y_i\right)/(n - 1)} \tag{7-19}$$

在选择响应面的试验设计时，理想的参数试验设计应具备如下特点：（1）在所研究的整个结构参数可能区域内能够提供数据点的合理分布；（2）不需要大量的试验；（3）不需要结构参数太多的水平（取值）；（4）确保响应面模型参数设计取值计算的简单性。全因子设计、中心复合设计、均匀设计法和正交设计是基本的试验设计方法。

通过选择合适的优化准则和试验设计法，运用响应面法建立了目标函数和约束条件于设计变量之间的显示函数关系，最后将归结于一个数学上非线性优化问题，表述为求解一定非线性或者线性约束条件的非线性或者线性函数的极小值。

$$\begin{aligned} \min \quad & f(x) \\ \text{s. t.} \quad & a \leqslant g(x) \leqslant b \end{aligned} \tag{7-20}$$

$f(x)$ 是待优化的目标函数，可以是线性或者非线性的。$g(x)$ 是所有约束条件的一般形式，可以是自变量本身，也可以是自变量的函数。约束条件可以取等号也可以取不等号。本次三山岛采场参数优化建立的目标函数为设计变量的二次函数，约束条件是设计变量的线性和非线性函数。

7.4.2   框架式采场有限元计算模型及结果

ANSYS 有限元数值模拟建模参数为：矿体倾角 46°，分析范围 710m × 510m × 200m，高度取 80m，沿矿体走向取 200m，矿体厚度取值范围为 20 ~ 30m，有限元计算模型如图 7 - 23 所示，模拟计算参数见表 7 - 19。

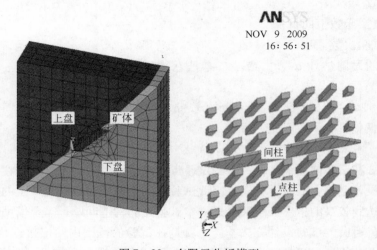

图 7 - 23   有限元分析模型

表 7 – 19 框架式采场结构参数计算 (m)

编号	因素					
	常数项	b_x	b_z	l_x	l_z	h
试验 1	1	3	3	6	6	20
试验 2	1	3	4	10	10	25
试验 3	1	3	4.5	12	12	27
试验 4	1	3	5	15	15	30
试验 5	1	4	3	10	12	30
试验 6	1	4	4	6	15	27
试验 7	1	4	4.5	15	6	25
试验 8	1	4	5	12	10	20
试验 9	1	4.5	3	12	15	25
试验 10	1	4.5	4	15	12	20
试验 11	1	4.5	4.5	6	10	30
试验 12	1	4.5	5	6	6	30
试验 13	1	5	3	15	10	27
试验 14	1	5	4	12	6	30
试验 15	1	5	4.5	10	15	20
试验 16	1	5	5	6	12	25

开采区段盘区高度为 80m, 沿走向方向长度约 100m, 盘区与盘区之间的间柱宽度为 5m。有限元计算模型重点分析矿体厚度也就是矿柱高度 h; 点柱截面尺寸为 b_x (垂直矿体走向方向), b_z (沿矿体走向方向); 点柱间跨度 l_x (垂直矿体走向方向), l_z (沿矿体走向方向) 五个参数的最优组合。

结构优化能量准则原理是通过充分发挥材料的储存能量的能力, 从而使结构体积最小。将其应用于参场参数研究即为构造应力等外荷载所做的功最大, 采场体系储存的能量最大, 相应的参场矿柱的体积最小和矿藏损失率最小。

$$[\sigma] = \frac{2c\cos\phi}{1-\sin\phi} \times 1.03 = \frac{2 \times 6.43 \times \cos32.6°}{1-\sin32.6°} \times 1.03 = 24.19\text{MPa} \qquad (7-21)$$

根据表 7 – 19 中的不同的框架式采场结构参数再利用结构优化能量准则原理计算结果如图 7 – 24 所示。

在矩阵运算中若采用实际采场几何参数会导致矩阵数据溢出从而导致计算错误, 故将其规范化。令 $b_x' = b_x - 4$、$b_z' = b_z - 4$、$l_x' = l_x - 10$、$l_z' = l_z - 10.5$、$h' = h - 25$。得到: $-1 \leqslant b_x' \leqslant 1$、$-1 \leqslant b_z' \leqslant 1$、$-1 \leqslant l_x' \leqslant 1$、$-1 \leqslant l_z' \leqslant 1$、$-1 \leqslant h' \leqslant 1$。

响应面法框架式采场几何结构参数计算见表 7 – 20。

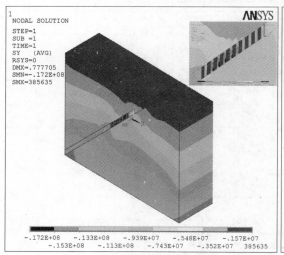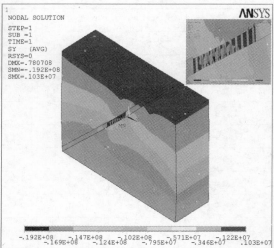

图 7-24 试验 1、2 最大主应力立体图和平面图

表 7-20 响应面法框架式采场几何结构参数计算

编　号	因　素									
	b_x/m	b_z/m	l_x/m	l_z/m	h/m	$b_x'^2$	$b_z'^2$	$l_x'^2$	$l_z'^2$	h'^2	σ/MPa
试验 1	-1	-1	-1	-1	-1	1	1	1	1	1	19.8
试验 2	-1	0	0	0	0	1	0	0	0	0	21.5
试验 3	-1	0.5	0.5	0.5	0.4	1	0.25	0.25	0.25	0.16	19.5
试验 4	-1	1	1.25	1.25	1	1	1	1.5625	1.5625	1	18.8
试验 5	0	-1	0	0.5	1	0	1	0	0.25	1	19.2
试验 6	0	0	-1	1.25	0.4	0	0	1	1.5625	0.16	19.2
试验 7	0	0.5	1.25	-1	0	0	0.25	1.5625	1	0	20.0
试验 8	0	1	0.5	0	-1	0	1	0.25	0	1	21.5
试验 9	0.5	-1	0.5	1.25	0	0.25	1	0.25	1.5625	0	22.6
试验 10	0.5	0	1.25	0.5	-1	0.25	0	1.5625	0.25	1	23.8
试验 11	0.5	0.5	-1	0	1	0.25	0.25	1	0	1	16.3
试验 12	0.5	1	0	-1	0.4	0.25	1	0	1	0.16	17.4
试验 13	1	-1	1.25	0	0.4	1	1	1.5625	0	0.16	18.1
试验 14	1	0	0.5	-1	1	1	0	0.25	1	1	21.5
试验 15	1	0.5	0	1.25	-1	1	0.25	0	1.5625	1	17.2
试验 16	1	1	-1	0.5	0	1	1	1	0.25	0	19.2

拟合系数 α_σ:

$$\alpha_\sigma = [23.0645 \quad -0.3935 \quad -0.6671 \quad +1.3512 \quad +0.309 \quad -1.3342 \quad -0.1929$$
$$-1.6250 \quad -0.9127 \quad +0.3987 \quad +0.3670]^T$$

最大应力拟合 σ'：

$$\sigma' = 23.0745 - 0.3935b'_x - 0.6671b'_z + 1.3512l'_x + 0.3090l'_z - 1.3342h' - 0.1909b'^2_x$$
$$- 1.6250b'^2_z - 0.9127l'^2_x + 0.3987l'^2_z + 0.3670h'^2 \qquad (7-22)$$

令 $Y = \sigma'$ 得：

$$R^2 = 1 - \frac{Y^T Y - \alpha'^T X^T Y}{Y^T Y - \dfrac{1}{n}\left(\displaystyle\sum_{i=1}^n y_i\right)^2} = 0.82 \qquad (7-23)$$

基于响应面函数的建立目标函数，见式（7-24）：

$$\min V = (4 + b'_x)(4 + b'_z) \times \mathrm{int}\left(\frac{80}{14.5 + b'_x + 4.5l'_x}\right) \times \mathrm{int}\left(\frac{100}{14.5 + b'_z + 4.5l'_z}\right) \qquad (7-24)$$

s. t. $\quad \sigma \leqslant [\sigma]$，$-1 \leqslant b'_x \leqslant 1$，$-1 \leqslant b'_z \leqslant 1$，$-1 \leqslant l'_x \leqslant 1$，$-1 \leqslant l'_z \leqslant 1$，$-1 \leqslant h' \leqslant 1$

令：$x = [\begin{matrix} b'_x & b'_z & l'_x & l'_z & h' \end{matrix}]$，此问题为有约束的非线性最优化问题，运用 Matlab 编程求解 $[-1, -1, -1, -1, -1] \leqslant x \leqslant [1, 1, 1, 1, 1]$ 得：

$$x = [\begin{matrix} -0.3756 & -0.3178 & 0.1867 & 0.2869 & 0.1203 \end{matrix}]$$

对应采场参数为：$b_x = 3.6244\mathrm{m}$，$b_z = 3.6822\mathrm{m}$，$l_x = 11.3402\mathrm{m}$，$l_z = 11.7912\mathrm{m}$，$h = 25.6015\mathrm{m}$。在实际开采过程中考虑施工误差和采动应力场的不利影响，可以考虑将其矿柱截面适当扩大，矿山现采用的点柱尺寸为：$b_x = 4\mathrm{m}$；$b_z = 4\mathrm{m}$；$l_x = 12\mathrm{m}$；$l_z = 12\mathrm{m}$；$h = 25\mathrm{m}$。

7.5　海底矿床中段内开采顺序优化

7.5.1　安全系数法基本原理

通过引入有限元强度折减理论中任意点的应力-应变强度折减过程（图7-25）与莫尔-库仑准则条件下的安全系数法接轨[37~39]，对海下矿床动态开采过程中的矿岩稳定性做出安全评价[40~42]。

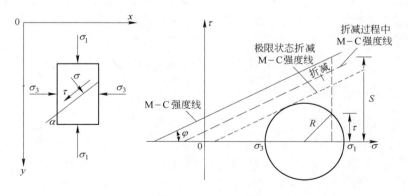

图7-25　任意点的应力-应变问题强度折减过程

岩体的抗剪强度与作用在岩体上的应力场有关，假设潜在滑动面与大主应力的夹角为 α，潜在滑动面面积为 A，当岩体中破坏面上的剪应力超过其抗剪强度时岩体剪切破坏，满足静力平衡条件：

$$\sum F_x = 0 \qquad \sigma A\cos\alpha + \tau A\sin\alpha = \sigma_1 A\cos\alpha \qquad (7-25)$$

$$\sum F_y = 0 \qquad \sigma A\sin\alpha + \tau A\cos\alpha = \sigma_1 A\sin\alpha \qquad (7-26)$$

根据任意斜面上应力分量变换关系，联立求解式（7-25）和式（7-26）可得作用于该破裂面上的法向及切向应力分别为：

$$\sigma = \sigma_1\sin^2\alpha + \sigma_3\cos^2\alpha = (\sigma_1 - \sigma_3)\sin^2\alpha + \sigma_3 \qquad (7-27)$$

$$\tau = (\sigma_1 - \sigma_3)\sin\alpha\cos\alpha \qquad (7-28)$$

该面上的抗剪强度 σ_c，按莫尔－库仑强度准则有：

$$\sigma_c = \sigma\tan\phi + c = \left(\frac{\sigma_1 + \sigma_3}{2} + \frac{\sigma_1 - \sigma_3}{2}\cos2\alpha\right)\tan\phi + c \qquad (7-29)$$

式中　ϕ, c——分别为潜在滑动面的内摩擦角和黏聚力。

根据抗剪安全系数的定义：该面上抗剪安全系数等于该面上的抗剪强度与该面上的实际剪应力的比值，即：

$$K = \frac{\sigma_c}{\tau} \qquad (7-30)$$

将式（7-27）和式（7-28）代入式（7-30），可知该面的抗剪安全系数与面的方向角 α 有关，说明过一点的不同面，其抗剪安全系数不同。因此，抗剪安全系数最小的面即为危险破坏面，可以通过求最小值的方法求得其位置 α，即令 $\dfrac{\mathrm{d}k}{\mathrm{d}\alpha} = 0$，简化后得：

$$\alpha = \arccos\left(-\frac{\dfrac{\sigma_1 - \sigma_3}{2}}{\dfrac{\sigma_1 + \sigma_3}{2} + c \cdot \cot\phi}\right) \qquad (7-31)$$

有限元强度折减安全系数 K 是一个评价复杂应力状态下单元稳定性程度的指标，能够评价单元接近塑性屈服的程度，能直观反映岩体在应力作用下的稳定状况，它与岩体强度、应力和强度准则有直接关系。当 $K > 1$ 时，表示单元未破坏（屈服面内部）；$K < 1$ 时，表示单元已破坏（屈服面外部）；$K = 1$ 时，表示临界状态（屈服面上部）[43~49]。

7.5.2　动态回采有限元模型的建立

根据目前开采情况，矿区 -165m 中段矿体已经用框柱式机械化上向水平分层充填法[50~56]（图 7-26）全部回采完并已接顶充填，盘区沿走向长为 100m，盘区高度为 40m；底柱为 5m，顶柱为 2m；点柱沿走向间距为 16m，垂直走向间柱为 12m；现在 -165m 中段矿体已经用点柱法全部回采完并充填，正在回采 -240m 中段。 -240m 中段矿体长度大约为 900m，本次大型有限元回采顺序模拟将 -240m 中段矿体沿走向划分为 9 个盘区，如图 7-27 和图 7-28 所示。根据其生产能力，模型回采方案设计为每次同时回采 3 个盘区。模拟计算意在根据 9 个盘区中回采 3 个盘区接顶充填后再依次回采剩下的盘区，每次同时回采盘区数为 3 个，按照定性划分的四种阶段中矿块回采顺序，得出四种计算方案：

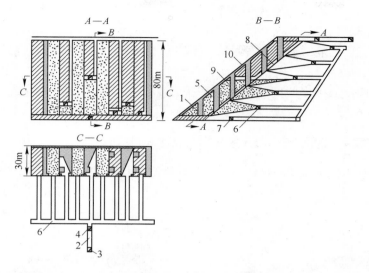

图 7 – 26 低沉降框架式上向水平分层充填法

1—点柱；2—脉外出矿横巷；3—出矿溜井；4—斜坡道连接口；

5—胶结充填体；6—脉外出矿巷；7—中段运输平巷；

8—通风切割井；9—泄水井；10—护顶矿

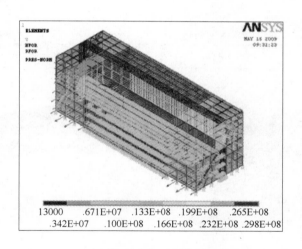

图 7 – 27 模型加载和盘区有限元模型

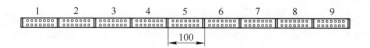

图 7 – 28 盘区划分的有限元模型

（1）方案一：从矿体的一翼到另一翼回采。①回采盘区 9、8、7→②回采盘区 6、5、4→③回采盘区 3、2、1。

（2）方案二：从矿体的中央到两翼回采。①回采盘区 6、5、4→②回采盘区 9、8、7→③回采盘区 3、2、1。

（3）方案三：按隔二采一方案回采。①回采盘区 9、6、3→②回采盘区 8、5、2→③回采盘区 7、4、1。

（4）方案四：从矿体的两翼到中央回采。①回采盘区 9、8、7→②回采盘区 3、2、1→③回采盘区 6、5、4。

7.5.3　不同方案不同回采步骤最大主应力分析比较

由不同方案不同回采步骤最大水平应力数值模拟结果对比如图 7 - 29 和图 7 - 30 所示。

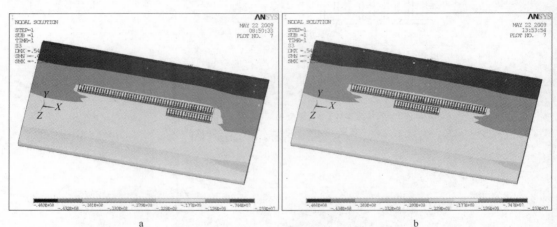

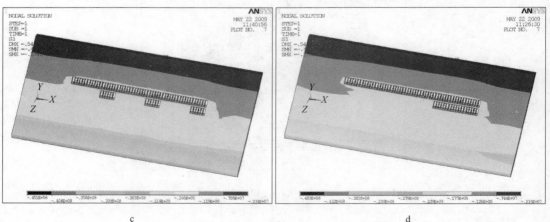

图 7 - 29　各方案第 I 步回采最大主应力比较

a—方案 1 第 I 步；b—方案 2 第 I 步；c—方案 3 第 I 步；d—方案 4 第 I 步

由图 7 - 29 可知方案 1 第 I 步回采最大主应力 S_{max1} 为 48.3MPa（压力），方案 2 的 S_{max2} 为 48.6MPa（压力），方案 3 的 S_{max3} 为 45.1MPa（压力），方案 4 的 S_{max4} 为 48.3MPa（压力）。所以，第 I 步最大主应力大小排序为：$S_{max2} > S_{max1} = S_{max4} > S_{max3}$。

由图 7 - 30 可知方案 1 和方案 2 的第 II 步回采最大主应力 S_{max1}、S_{max2} 为 49.2MPa（压

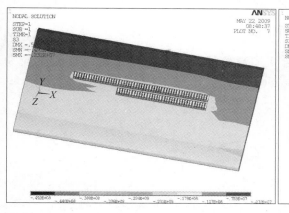
a

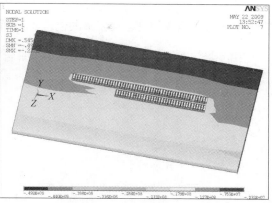
b

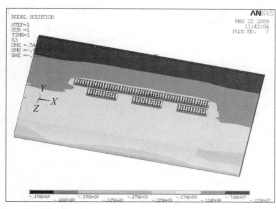
c

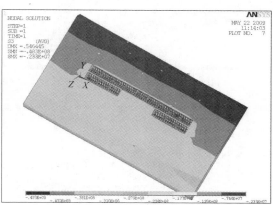
d

图 7-30 各方案第Ⅱ步回采最大主应力比较

a—方案 1 第Ⅱ步；b—方案 2 第Ⅱ步；c—方案 3 第Ⅱ步；d—方案 4 第Ⅱ步

力），方案 3 的 S_{max3} 为 47.6MPa（压力），方案 4 的 S_{max4} 为 48.3MPa（压力）。第Ⅱ步回采最大主应力大小排序为：$S_{max1} = S_{max2} > S_{max4} > S_{max3}$。

四个方案第Ⅲ步最后回采后的最大应力 S_{max} 均为 49.3MPa。

方案 1~4 的第Ⅰ~Ⅲ的回采步骤的最大主应力对比分析见表 7-21。

表 7-21 不同方案不同回采步骤最大主应力对比分析 （MPa）

回采步骤	第Ⅰ步 S_{max}	第Ⅱ步 S_{max}	第Ⅲ步 S_{max}	平均最大主应力 S_{max}
方案 1	48.3	49.2	49.3	48.93
方案 2	48.6	49.2	49.3	49.03
方案 3	45.1	47.6	49.3	47.33
方案 4	48.3	48.3	49.3	48.63

由表 7-21 可知方案 3（隔二采一）的三个步骤平均最大主应力最小，为 47.33MPa；方案 4（从两翼到中央）平均最大主应力次之，为 48.63MPa；方案 2（从中央到两翼）的平均应

力水平最大,为49.03MPa;方案1(从一翼到另一翼)最大主应力居中,为48.93MPa。

7.5.4 不同方案不同回采步骤围岩位移分析比较

由不同方案不同回采步骤 Y 方向围岩变形与位移特征数值模拟结果分析比较如图7-31和图7-32所示。

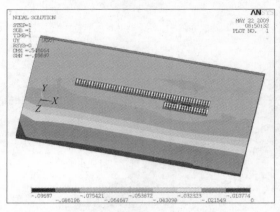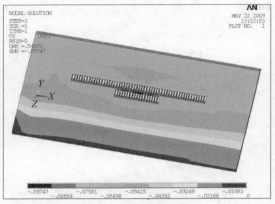

a

b

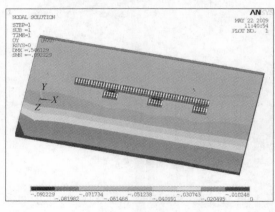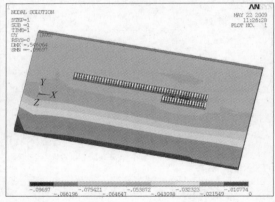

c

d

图7-31 各方案第Ⅰ步回采 Y 方向围岩位移特征比较

a—方案1第Ⅰ步; b—方案2第Ⅰ步; c—方案3第Ⅰ步; d—方案4第Ⅰ步

由图7-31可知方案1第Ⅰ步回采最大 Y 方向最大围岩位移 U_{max1} 为0.09697m(包括自重位移),方案2的 U_{max2} 为0.09747m,方案3的 U_{max3} 为0.092229m,方案4的 U_{max4} 为0.09697m。所以,第Ⅰ步 Y 方向最大围岩位移大小排序为: $U_{max2} > U_{max1} = U_{max4} > U_{max3}$ 。

由图7-32可知方案1第Ⅱ步回采最大 Y 方向最大围岩位移 U_{max1} 为0.098594m,方案2的 U_{max2} 为0.098594m,方案3的 U_{max3} 为0.096302m,方案4的 U_{max4} 为0.096897m。所以,第Ⅱ步 Y 方向最大围岩位移大小排序为: $U_{max1} = U_{max2} > U_{max4} > U_{max3}$ 。

四个方案第Ⅲ步最后回采后 Y 方向最大围岩位移 U_{max} 为0.098704m。

方案1~4的第Ⅰ~Ⅲ的回采步骤的 Y 方向围岩位移特征对比分析见表7-22。

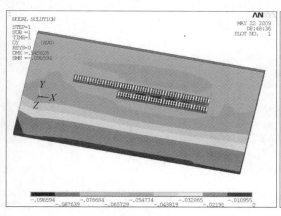
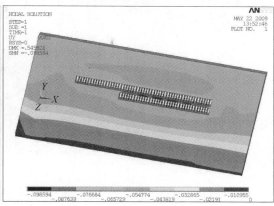

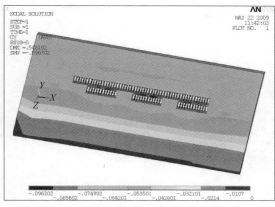
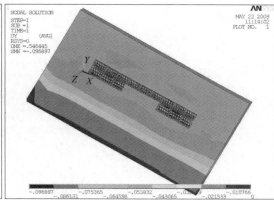

图 7 – 32 各方案第 II 步回采 Y 方向围岩位移特征比较

a—方案 1 第 II 步；b—方案 2 第 II 步；c—方案 3 第 II 步；d—方案 4 第 II 步

表 7 – 22 不同方案不同回采步骤 Y 方向围岩位移对比分析 （m）

回采步骤	第 I 步 U_{max}	第 II 步 U_{max}	第 III 步 U_{max}	平均最大围岩位移 U_{max}
方案 1	0.09697	0.098594	0.098704	0.098089
方案 2	0.09747	0.098594	0.098704	0.098256
方案 3	0.09229	0.096302	0.098704	0.095765
方案 4	0.09697	0.096897	0.098704	0.097524

由表 7 – 22 可知方案 3（从中央到两翼）的三个步骤 Y 方向围岩平均最大位移最小，为 0.095765m；方案 4（从两翼到中央）Y 方向围岩平均最大位移次之，为 0.097524m；方案 2（从中央到两翼）Y 方向围岩平均最大位移最大，为 0.098256m；方案 1（从一翼到另一翼）Y 方向围岩平均最大位移居中，为 0.098089m。

7.5.5 各盘区回采后安全系数计算结果

对新立矿区有限元计算模型的矿岩及充填体赋力学参数及加载原岩地应力场后进行数

值计算，对新立矿区盘区动态极限回采过程进行矿岩稳定性分析。将回采后各有限元的第一主应力及第三主应力用安全系数法表示后的等值云图如图 7 - 33 ~ 图 7 - 36 所示。

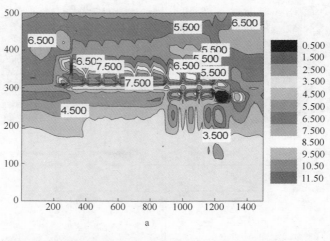

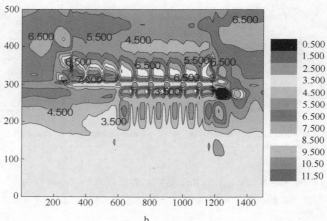

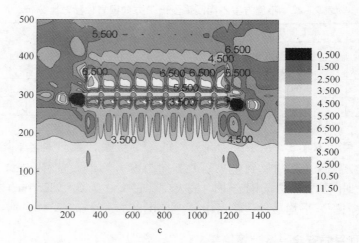

图 7 - 33　从一翼到另一翼不同开挖步骤安全系数等值云图

a—方案 1 第 I 步开挖；b—方案 1 第 II 步开挖；c—方案 1 第 III 步

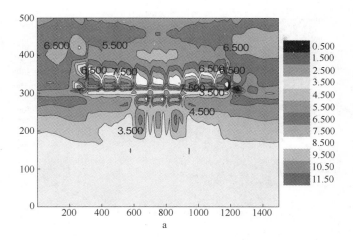

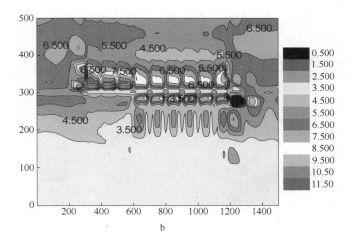

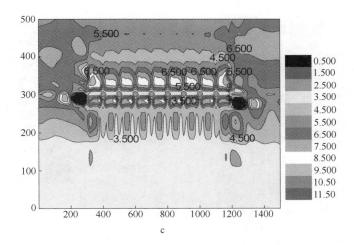

图 7 - 34 从中央到两翼不同开挖步骤安全系数等值云图
a—方案 2 第 Ⅰ 步开挖；b—方案 2 第 Ⅱ 步开挖；c—方案 2 第 Ⅲ 步开挖

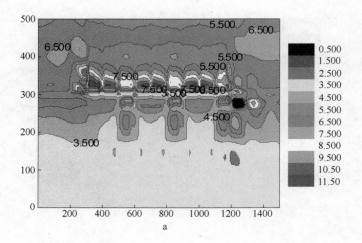

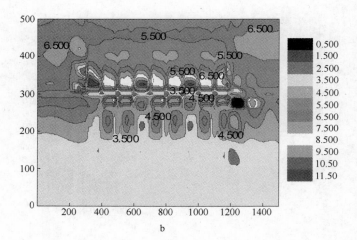

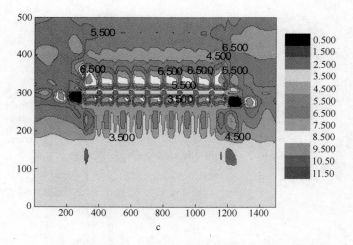

图 7 - 35 隔二采一方案不同开挖步骤安全系数等值云图
a—方案 3 第 Ⅰ 步开挖；b—方案 3 第 Ⅱ 步开挖；c—方案 3 第 Ⅲ 步开挖

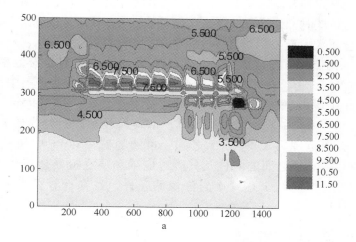

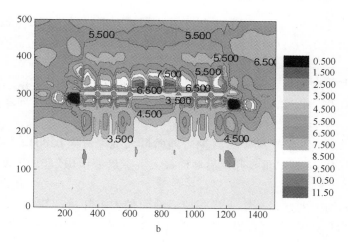

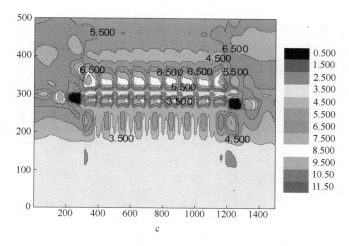

图 7-36 从两翼到中央不同开挖步骤安全系数等值云图

a—方案 4 第 I 步开挖；b—方案 4 第 II 步开挖；c—方案 4 第 III 步开挖

由于采场顶板稳定性较差，若采场顶板和盘区间柱发生破坏，则顶板有大面积冒落的可能。用安全系数校核时，采场顶板周边安全系数应大于1，并接近于1.5；顶板周边往岩层内部各点安全系数大于1.5，可使采场总体处于安全稳定状态。

从图7-33~图7-36可以看出，方案3在采场顶板出现的安全系数高，且安全系数高的范围分布广，方案3是较优，采场矿岩失稳的区域主要集中在-240m中段的顶板及-200m中段的底板处（范围在高程上为-202m~-195m），安全系数为2.5~3.5之间。-240m中段盘区间柱及其所对应采场顶底板处为矿岩稳定性最差的区域，其安全系数的范围为2.5~3.5之间。虽然随着-240m中段开采盘区数的增多，开采盘区与开采盘区之间的间柱及其所对应采场顶底板处全系数为2.5~3.5之间的范围有所增大，但是均未达到矿岩失稳的条件，且在计算模型矿体回采过程中矿岩均未出现塑性区。

7.5.6　不同方案不同步骤地面沉降

方案1（从一翼到另一翼）第Ⅰ步开挖后地面最大沉降量为0.008m，第Ⅱ步开挖后地面最大沉降量为0.012m，第Ⅲ步开挖后地面最大沉降量为0.012m。沉降范围第Ⅲ步＞第Ⅱ步＞第Ⅰ步。

方案2（从中央到两翼）第Ⅰ步开挖后地面最大沉降量为0.008m，第Ⅱ步开挖后地面最大沉降量为0.012m，第Ⅲ步开挖后地面最大沉降量为0.012m。沉降范围第Ⅲ步＞第Ⅱ步＞第Ⅰ步。

方案3（隔二采一方案）第Ⅰ步开挖后地面最大沉降量为0.004m，第Ⅱ步开挖后地面最大沉降量为0.008m，第Ⅲ步开挖后地面最大沉降量为0.012m。沉降范围第Ⅲ步＞第Ⅱ步＞第Ⅰ步。

方案4（两翼到中央方案）第Ⅰ步开挖后地面最大沉降量为0.008m，第Ⅱ步开挖后地面最大沉降量为0.008m，第Ⅲ步开挖后地面最大沉降量为0.012m。沉降范围第Ⅲ步＞第Ⅱ步＞第Ⅰ步。

方案1~4的第Ⅰ~Ⅲ的开挖步骤的最大地面位移沉降对比分析见表7-23。方案1（从一翼到另一翼方案）、方案2（从中央到两翼方案）的三个步骤平均地面位移沉降量最大，为0.011m；方案3（隔二采一方案）的平均地面位移沉降量最小，为0.008m，方案4（从两翼到中央方案）的平均地面位移沉降量居中，为0.009m。

分析结果表明，方案3平均地面沉降最小，是比较好的方案。

表7-23　不同方案不同开挖步骤最大地面位移沉降对比分析　　　　　（m）

开挖步骤	第Ⅰ步 U_{max}	第Ⅱ步 U_{max}	第Ⅲ步 U_{max}	平均地面沉降 U_{max}
方案1	0.008	0.012	0.012	0.011
方案2	0.008	0.012	0.012	0.011
方案3	0.004	0.008	0.012	0.008
方案4	0.008	0.008	0.012	0.009

参 考 文 献

[1] 修国林，何顺斌，于常先. 三山岛海底采矿关键技术及最优开采方案研究 [J]. 黄金科学技术，2010，18（3）：9~13.

[2] 李威，刘超，彭康，等. 三山岛金矿床边界品位的确定及经济评估 [J]. 中国矿山工程，2010，39（2）：25~27.

[3] 王成，胡国宏，等. 三山岛金矿海底开采采矿方法优化选择 [J]. 黄金科学技术，2009，17（1）：21~24.

[4] 王树海，李威. 三山岛新立矿区采场结构参数优化研究 [J]. 中国矿业，2009，15（5）：35~37.

[5] Chen Hongjiang, Li Xibing, Liu Aihua, et al. A method of safety classification for mining stope roof based on catastrophe progession theory [C] //The 7th International Symposium on Rockburst and Seismicity in Mines.

[6] 陈红江，李夕兵. 底板突水的距离判别分析理论预测方法 [J]. 煤炭学报，2009，4（34）：487~491.

[7] 武玉霞，赵国彦，刘爱华. 关键层理论在采场底板突水危险性评价中的应用 [J]. 矿业研究与开发，2008，28（6）：70~73.

[8] 李威，滕建军，杜伟玲，等. 三山岛金矿新立分矿通风系统的研究及应用 [J]. 有色金属，2007，59（5）：43~48.

[9] 王飞跃. 基于不确定性理论的尾矿坝稳定性分析及综合评价研究 [D]. 长沙：中南大学，2009.

[10] 庞彦军，王小胜，栗文国. 基于指标区分权重的未确知测度综合评价模型及其应用 [D]. 大学数学，2008，24（1）：120~125.

[11] Jia Yue, Song Bao-wei, Zhao Xiangtao, et al. Method of Combat Programs Optimization by Fuzzy AHP Based on Entropy Weight [J]. Journal of System Simulation, 2008, 20 (11): 2965~2968.

[12] 杨健，王瑜. 基于信息熵的未确知测度的指挥信息优势评估 [J]. 指挥控制与仿真，2007，29（3）：27~36.

[13] 刘开第，庞彦军，孙光勇，等. 城市环境质量的未确知测度评价 [J]. 系统工程理论与实践，1999，19（12）：52~58.

[14] 董陇军，王飞跃. 基于未确知测度的边坡地震稳定性综合评价 [J]. 中国地质灾害与防治学报，2007，18（4）：74~78.

[15] 曹庆奎，刘开展，张博文. 用熵计算客观型指标权重的方法 [J]. 河北建筑科技学院学报，2000，17（3）：40~42.

[16] 董陇军，李夕兵，宫凤强. 膨胀土胀缩等级分类的未确知均值聚类方法及应用 [J]. 中南大学学报（自然科学版）. 2008，39（5）：1075~1080.

[17] 董陇军，李夕兵，宫凤强. 开采地面沉陷预测的未确知聚类预测模型 [J]. 中国地质灾害与防治学报，2008，19（2）：95~99.

[18] Dong Longjun, Peng Gangjian, Fu Yuhua, et al. Unascertained measurement classifying model of goaf collapse prediction [J]. Journal of Coal Science & Engineering, 2008, 14 (2): 221~224.

[19] 王光远. 论未确知性信息及其数学处理 [J]. 哈尔滨建筑工程学院学报，1990，23（4）：52~58.

[20] 宫凤强，李夕兵，董陇军，等. 基于未确知测度理论的采空区危险性评价研究 [J]. 岩石力学与工程学报，2008，27（2）：323~330.

[21] 程乾生. 属性识别理论模型及其应用 [J]. 北京大学学报（自然科学版），1997，33（1）：2~20.

[22] 徐军，郑颖人. 响应面重构的若干方法研究及其在可靠度分析中的应用 [J]. 计算力学学报，2002，19（2）：217~221.

[23] 刘宁, 吕泰仁. 随机有限元及其工程应用 [J]. 力学进展, 1995, 25 (1): 114~126.

[24] 佟晓利, 赵国藩. 一种与结构可靠度分析几何法相结合的响应面方法 [J]. 土木工程学报, 1997, 30 (4): 51~57.

[25] 张弥, 沈永清. 用响应面方法分析铁路明洞结构荷载效应 [J]. 土木工程学报, 1993, 26 (2): 58~65.

[26] 苏永华, 方祖烈, 高谦. 用响应面方法分析特殊地下岩体空间的可靠性 [J]. 岩石力学与工程学报, 2000, 19 (1): 55~58.

[27] 朱殿芳, 陈建康, 郭志学. 结构可靠度分析方法综述 [J]. 中国农村水利水电, 2002 (8): 47~49.

[28] 陈建康, 朱殿芳, 赵文谦, 等. 基于响应面法的地下洞室结构可靠度分析 [J]. 岩石力学与工程学报, 2005, 24 (2): 351~356.

[29] Box G E P, Wilson K B. On the experimental attainment of optimum condition [J]. J. of the Royal Stat. Society. Series B, 1951, 13 (1): 1~34.

[30] Wong F S. Slope reliability and response surface method [J]. Journal of Geotechnical Engineering, ASCE, 1985, 111: 32~53.

[31] 武清玺, 卓家寿. 结构可靠度分析的变 f 序列响应面法及其应用 [J]. 河海大学学报, 2001, 29 (2): 75~78.

[32] Bucher C G. A fast and efficient response surface approach for structure reliability problem [J]. Structural Safety, 1990, 7 (1): 57~66.

[33] 颜立新, 康红普, 高谦. 基于响应面函数的可靠度分析及其应用 [J]. 岩土力学, 2001, 22 (3): 327~333.

[34] 武清玺, 俞晓正, 赵魁芝. 响应面法及其在混凝土面板堆石坝可靠度分析中的应用 [J]. 岩石力学与工程学报, 2005, 24 (9): 1506~1511.

[35] 赵国藩, 金伟良, 贡金鑫. 结构可靠度理论 [M]. 北京: 中国建筑工业出版社, 2000: 22~35.

[36] Zhao Yangang, Tetsuro Ono. Moment mothods for struc-tural reliability [J]. Structural Safety, 2001, 23 (1): 47~75.

[37] 北京有色设计研究总院. 山东莱州仓上金矿新立矿区 1500 吨/日采矿工程初步设计书 [R]. 2001.

[38] 古德生, 李夕兵. 现代金属矿床开采科学技术 [M]. 北京: 冶金工业出版社, 2006.

[39] 赵国彦. 海基硬岩矿床的安全开采技术研究 [J]. 中国安全科学学报, 2009, 19 (5): 159~166.

[40] 张斌. 基于能量原理的有限元强度折减法分析边坡稳定 [M]. 上海: 同济大学, 2008.

[41] 郑宏, 李春光, 李焯芬, 等. 求解安全系数的有限元法 [J]. 岩土工程学报, 2002, 24 (5): 323~328.

[42] 舒谷生, 彭文祥, 何忠明, 等. 岩体稳定性评价的单元安全系数法及其影响因素分析 [J]. 科技导报, 2009, 27 (16): 66~68.

[43] 李树忱, 李术才, 徐帮树. 隧道围岩稳定分析的最小安全系数法 [J]. 岩土力学, 2007, 28 (3): 549~554.

[44] 梁庆国, 李德武. 对岩土工程有限元强度折减法的几点思考 [J]. 岩土力学, 2008, 29 (11): 3053~3058.

[45] 熊敬, 张建海. Druker-Prager 型屈服准则与强度储备安全系数的相关分析 [J]. 岩土力学, 2008, 29 (7): 1905~1910.

[46] Matsui T, San K C. Finite Element Slope Stability Analysis by Sheer Strength Reduction Technique [J]: Soils and Foundations, JSSMFM, 1992, 32 (1): 59~70.

[47] Gao Enzhi, Li Hongwei, Kou Hongchao, et al. Influences of material parameters on deep drawing of thin-

walled hemispheric surface part. Trans ［J］. Nonferrous Met. Soc. China, 2009, 19 (2): 433~437.

［48］ Microstructure of spray formed Al-Zn-Mg-Cu alloy with Mn addition ［J］. Trans. Nonferrous Met. Soc. China, 2011, 21 (1): 9~14.

［49］ Detoxification of chromium-containing slag by Achromo-bacter sp. CH－1 and selective recovery of chromium ［J］. Trans. Nonferrous Met. Soc. China, 2010, 20 (8): 1500~1504.

［50］ 中华人民共和国国家标准编写组. GB/T 50123—1999 土工试验方法标准 ［S］. 北京：中国计划出版社, 1999.

［51］ 马春德, 徐纪成, 陈枫. 大红山铁矿三维地应力场的测量及分布规律研究 ［J］. 金属矿山, 2007, 8: 42~45.

［52］ 姜耀东, 刘文岗, 赵毅鑫, 等. 开滦矿区深部开采中巷道矿岩稳定性研究 ［J］. 岩石力学与工程学报, 2005, 24 (11): 1857~1862.

［53］ 彭康, 李夕兵, 彭述权. 基于响应面法的海下框架式采场结构优化选择 ［J］. 中南大学学报, 2011, 42 (8): 2417~2422.

［54］ 王景春, 侯卫红, 莫勋涛. 海底隧道施工安全评价的初步研究 ［J］. 岩石力学与工程学报, 2007, 26 (增2): 3756~3762.

［55］ 张黎明, 郑颖人, 王在泉, 等. 有限元强度折减法在公路隧道中的应用探讨 ［J］. 岩土力学, 2007, 28 (1): 97~106.

［56］ 李夕兵, 刘志祥, 彭康, 等. 金属矿滨海基岩开采岩石力学理论与实践 ［J］. 岩石力学与工程学报, 2010, 29 (10): 1945~1953.

8 海底矿床开采地表沉降规律数值分析

8.1 国内外开采沉陷研究动态

8.1.1 国外开采沉陷预测理论研究动态

开采沉陷预测对开采沉陷的理论研究和生产实践都有重要意义。利用开采沉陷预测结果可以定量地研究受开采影响的岩层与地表移动在时间和空间上的分布规律。开采沉陷预测对指导建筑物、铁路、水体下的开采实践具有重要作用[1]。

如果达到一定的开采面积，地下的开采便会引起地表的移动、变形和破坏，这一现象在人类开采活动进行之初就被观察到了。15 世纪时，有关允许开采深度的问题被比利时人写进了法律。1838 年，比利时工程师哥诺特提出了开采沉陷的第一个理论——"垂线理论"。随后，比利时学者 Gonot 以实测资料为基础，提出了"法线理论"，认为采空区上下边界影响范围可用相应的层面法确定[2~6]。德国学者 Jicinsky 于 1876 年提出了"二等分线理论"、耳西哈在 1882 年提出了"自然斜面理论"，法国学者斐约尔在 1885 年提出了"拱形理论"、Hausse 在 1887 年建立了上方有三带分布的沉陷模式[7]。1940 年，Schmitz 等人相继研究了开采影响的作用面积及分带，提出了连续影响分布的影响函数，为影响函数法奠定了基础。第二次世界大战以后，工业革命的发展使采矿业成为国家发展的基础产业，开采沉陷问题也被提到了突出位置[8~13]。1947 年苏联学者阿维尔申出版了《煤矿地下开采岩层移动》专著，书中利用塑性理论对开采沉陷进行了细致的理论分析，并结合经验方法建立了地表下沉盆地剖面方程，提出了水平移动与地面倾斜成正比的著名观点。1950 年波兰学者 Knothe 提出集合理论，布德雷克解决了 Knothe 提出的下沉盆地中水平移动和水平变形问题，其高斯型影响曲线对近水平煤层的下沉描述特别成功。1954年波兰学者 J. 李特维尼申提出了开采沉陷的随机介质理论，将开采沉陷理论研究提高到了一个新的发展阶段。20 世纪 70 年代，基于岩层与地表移动计算的数学模型和技术的迅速发展，形成了各种各样的开采沉陷损害预测理论[14~19]。

8.1.2 国内开采沉陷预测理论研究动态

开采沉陷的随机介质理论，最初是由波兰学者李特维尼申（J. Litwiniszyn）引入岩层移动研究。我国在开采沉陷方面的研究起步相对较晚。1959 年刘宝琛、刘天泉等将随机介质理论翻译成中文，首次把波兰在城市下开采的先进技术和经验带回中国，后来经刘宝琛发展成为概率积分法[20]。1965 年邹国铨提出了应用广泛的负指数法。1981 年何国清教授提出了克威布尔函数法[5]。1997 年赵经彻和何满朝将环境经济学、开采沉陷学、数学、计算机及数学等学科联系起来[21]。

经过我国开采沉陷研究者多年努力，至今，已经建立起了多种预测方法，主要有概率积分法、负指数函数法、典型曲线法、克威布尔分布法、样条函数法、皮尔森函数法、山区地表移动变形预测法、基于托板理论的条带开采的预测法和力学预测法等。

在《建筑物、水体、铁路及主要巷道煤柱留设与压煤开采规程》中提到我国最常用的是概率积分法。概率积分法成功地解决了地表移动空间预测问题、覆岩内移动预测问题以及露天开采移动预测等问题，但是由于岩体本身以及受采动岩体移动规律的复杂性，这种方法的预测结果与实测值相差较大，专家学者们在改进预测方法使之与实际相符方面做了很多工作。

1992 年，刘叶杰、常江等进行了大量的模拟计算，成功地将开采沉陷预测样条函数法和概率积分法有机地结合在一起，建立了样条概率积分法，并导出了剖面方程的解析表达式，编制了相应程序并验证其正确性[22]。

1999 年，谢和平等应用 FLAC 预测开采沉陷，通过对比分析概率积分法与 FLAC 计算结果，发现 FLAC 能真实地模拟现场地质条件，弥补概率积分法不能考虑断层影响的不足，是一种简单易行的开采沉陷预测方法[23]。

2000 年，中国矿业大学的郭广礼等人建立了概率积分法稳健求参数学模型，并编制了相应的稳健求参计算软件，经试验，此技术可降低异值或粗差干扰，克服常规的最小二乘法拟合求参时常出现的结果发散问题，保证了结果的可靠性和稳健性[24]。

2001 年，袁灯平等尝试利用大型 ANSYS 有限元分析软件对拟建工业园采空区场地的稳定性进行了模拟分析，证明用 ANSYS 进行开采沉陷是有效可行的[25]。2003 年，唐又驰等把概率积分法和有限元结合起来预测村庄下采煤地表变形的规律，将结果与实际观测值相比较，得出有限元在村庄下采煤的可行性。研究显示，影响地表移动和沉降的影响因素有：条带开采的采收率、采空区宽度、深度以及煤层厚度、覆板条件等[26]。

2008 年，戚冉等运用三角函数数学方法，对矿山开采可能引起的地面塌陷范围进行预测，结果得出了塌陷的位置及面积[27]。同年，李全明等对矿山地下开采对地表建筑物影响的金属矿山"三带理论"、岩层移动角定性评价方法以及基于有限差分数值模拟手段的定量评价方法进行了研究，并将上述评价方法应用于矿区采动对地表民房影响问题的研究中[28]。2009 年，张华等提出了开采沉陷预测概率整体参数评价新的数学模型，即向量机模型，提高了预测精度和稳定性[29]。

8.1.3 山区开采沉陷研究现状

1981 年，颜荣贵运用开采影响理论中直线传播原理导出了山区地面下沉的剖面方程。山西矿业学院的何万龙将山区地表移动分为开采影响下平地移动和滑移影响下的移动之和，并给出了不同影响条件下的影响函数，近年又对滑移机理进行了力学分析。

1999 年，胡友健等首次明确提出山区地表移动与变形研究中的几个重要概念，并将相似材料模型模拟实验应用到山区地表移动问题，从而揭示了山区地表移动与变形的特点和基本规律，并建立了适用于山区地表移动与变形预测的新方法[30]。

2003 年，谢飞鸿比较全面地介绍了部分山区地表移动与变形预测所采用的公式，以及开发的可视化计算分析软件和实现的功能，为从事山区地表移动与变形研究和评价提供了参考依据[31]。

2005 年，潘宏宇等指出控制和预防采动滑坡灾害发生是矿区生态环境保护的重要组成部分，并应用数值模拟方法分析柏林煤矿工业广场南翼滑坡区的稳定性，同时结合该区开采地表观测数据分析开采方法、顺序、方向对滑坡体的影响[32]。

2007年，李文秀等应用模糊数学中的模糊测度理论，推导出了相应的地表下沉及水平移动的理论计算公式，并对煤矿开采所引起的地表移动进行了计算分析，得出的计算结果与实测资料相符合[33]。

2009年，罗亮等用GIS三维可视化技术对矿山开采沉陷进行了模拟计算，设计了某地的仿真实验，得到了沉陷预测云图以及三维可视图。同年，刘丽娟选取西气东输工程山西省嵩峪段为研究对象，初步选取六个影响因素，建立BP神经网络下沉模型，对开采引起的地表下沉进行预测，从而分析了对管道正常安全运行的影响[34]。

8.2 矿床开采岩层移动规律

8.2.1 矿床开采岩层移动特征

8.2.1.1 岩层移动过程

在矿山开采之前，岩体在地应力场作用下处于相对平衡状态。当局部矿体采出后，在岩体内部形成采空区，导致周围岩体应力状态发生变化，从而引起应力重新分布，使岩体产生移动变形和破坏，直至达到新的平衡。随着采矿工作进行，这一过程不断重复。它是一个十分复杂的形变过程，也是岩层产生移动和破坏的过程，这一过程和现象称为岩层移动。

8.2.1.2 岩层移动变形特征

移动稳定后的岩层按其破坏程度，大致可划分为具有代表性的三个移动特征带，即冒落带、裂隙带和弯曲带。冒落带、裂隙带和弯曲带的划分，是建立在岩体连续移动变形条件下的。无论煤矿还是金属矿都存在此三带，但不是每个矿山地表移动都同时存在着三个带。对于有些浅部开采的矿山，可能不存在三个带而只有一个或两个带，有的矿山开采后直接冒落到地表，此时就只有冒落带。

8.2.1.3 岩层移动形式

根据观测和研究，在岩层移动过程中，开采空间周围岩层的移动形式可归结为以下几种：

（1）弯曲。弯曲是岩层移动的主要形式，地下矿层开采后，便直接从顶板开始沿层面法线方向产生弯曲，直到地表。

（2）岩层垮落（又称冒落）。矿层采出后，采空区周边附近上方岩层因弯曲而产生拉伸变形。当拉伸变形超过岩层的允许抗拉强度时，岩层破碎成大小不一的岩块并冒落充填于采空区。这是岩层移动过程中最剧烈的形式，通常只发生在采空区直接顶板岩层中。

（3）矿体挤出（又称片帮）。一部分采空区边界矿层在支撑压力作用下被压碎挤向采空区。由于增压区的存在，矿层顶板岩层在支撑压力作用下产生竖向压缩，从而使采空区边界以外的上覆岩层和地表产生移动。

（4）岩石沿层面滑移。在开采倾斜矿层时，岩石在自重重力的作用下，除产生沿层面法向的弯曲外，还会产生沿层面方向的移动。岩层倾角越大，岩层沿层面滑移越明显，沿层面滑移的结果，使采空区上方部分岩层受拉伸甚至断裂，下方向的岩层则产生压缩。

（5）垮落岩石下滑。矿层采出后，采空区被冒落岩体所充填。当矿层倾角较大、开采自上而下顺序进行、下山部分矿层继续开采而形成采空区时，采空区上部垮落的岩石可能下滑而充填新采空区，从而使采空区上部的空间增大、下部空间减小，使位于采空区上山部分的岩层移动加剧而下山部分的岩层移动减弱。

（6）底板岩层隆起。底板岩层较软时，矿层采出后，底板在垂直方向减压而在水平方向受压，导致底板向采空区方向隆起。

8.2.2 金属矿开采引起的地表移动

8.2.2.1 地表移动的过程

因矿物开采形成采空区会干扰周围的岩层应力场，采空区的顶板岩层在自身重力及其上覆岩层的压力作用下，产生向下的弯曲和移动，其程度取决于应力的大小和采空区的范围。随着时间的推移，支护结构的破坏以及采空区的扩大，引起顶板岩层内部所形成的拉张应力超过该层岩层的抗拉强度极限，直接顶板首先发生断裂和破碎并相继冒落。接着是上覆岩层以梁或板的形式沿层面法线方向移动和弯曲，进而发生断裂和离层。随着采矿工作面向前推进，受到采动影响的岩层范围不断扩大，当开采范围足够大时，岩层移动发展到地表，使地表产生移动和变形，这一过程称为地表移动。它是地下采矿的必然结果，移动区域或小而集中，或大而扩展。移动活动立即发生或滞后数年。

8.2.2.2 地表移动破坏类型

地表移动破坏规律是指地下开采引起的地表移动和变形的大小、空间分布形态及其与地质采矿条件的关系。从时间和空间概念出发，一般将地表移动变形分为连续移动变形和非连续移动变形两大类型。

地表连续移动变形是指采动损害反映在地表为连续的下沉盆地。在倾斜、缓倾斜矿床开采条件下，当采用大面积矿柱式支撑法（支撑矿柱具有足够的强度和长期的稳定性）、全部或部分充填法时，采动引起的地表变形一般为连续分布下沉盆地。

地表非连续变形是指采动损害反映在地表为地表出现大的裂缝、台阶下沉、塌陷坑及漏斗等形式的破坏。在缓倾斜、倾斜矿床开采条件下，当采用房柱式管理顶板开采，采留宽不合理，矿柱的稳定性差时；矿层上覆岩层内的地质构造破坏严重，有大的地质构造破坏带或较大的断层等破坏条件时，采动引起地表的损害一般为非连续移动变形。

8.2.2.3 地表移动的形式

开采引起的地表移动过程，受多种地质采矿因素的影响，因此，随开采深度、开采厚度、开采方法及矿体的产状等因素不同，地表移动和破坏的形式也不完全相同。在采深和采厚的比值较大时，地表的移动和变形在时间和空间上是连续的，具有明显的规律性。当采深和采厚的比值较小（一般小于30）或具有较大的地质构造时，地表的移动和变形在空间和时间上将是不连续的，移动和变形的分布没有严格的规律，地表可能出现较大的裂缝或塌陷坑。地表移动和破坏的形式，归纳起来有以下几种：

（1）地表移动盆地。在开采影响波及地表以后，受采动影响的地表从原有标高向下沉降，从而在采空区上方地表形成一个比采空区面积大得多的沉陷区域。这种地表沉陷区域称为地表移动盆地或下沉盆地。在地表移动盆地的形成过程中，改变了地表原有的形态，引起了高低、坡度及水平位置的变化。因此，在位于影响范围内的道路、管路、河渠、建筑物、生态环境等，都受到不同程度的影响。

（2）裂缝及台阶。在地表移动盆地的外边缘区，地表可能产生裂缝。裂缝的深度和宽度，与有无第四纪松散层及其厚度、性质和变形值大小密切相关。若第四纪松散层为塑性大的黏性土，一般地表拉伸变形值超过 6～10mm/m 时，地表才发生裂缝。塑性小的砂质黏土、黏土质砂等，地表拉伸变形值达到 2～3mm/m 时，地表即可产生裂缝。地表裂缝一般平行于采空区边界发展。当采深和采厚的比值较小时，在推进中的工作面前方地表可能发生平行于工作面的裂缝。但裂缝的宽度和深度都比较小。这种裂缝随工作面推进先张开而后逐渐闭合。地表裂缝的形状为楔形，地面的开口大，随深度的增大而减小，到一定深度湮灭。

在采深和厚度比较小时，地表裂缝的宽度可达到数百毫米，裂缝两侧地表可能产生落差。落差的大小取决于地表移动的剧烈程度。当上部岩层覆盖有含水砂层的厚松散层或地表下沉值较大时，地表移动盆地的边缘区可能产生一系列类似地堑式的张口裂缝。相邻两条张口裂缝发展到一定的宽度和深度后，两条裂缝中间的土层下陷而造成中间低、两侧高的地堑式裂缝。有时在采空区周围的地表形成环形破坏堑沟。

（3）塌陷坑。塌陷坑多出现在急倾斜矿体开采条件下。但在浅部缓倾斜或倾斜矿体开采，地表连续性破坏时，也可能出现漏斗状塌陷坑。在采深很小或采厚很大的情况下，由于采厚不均匀，造成覆岩破坏高度不一致，也会在地表产生漏斗状塌陷坑。

塌陷坑的形状取决于松散层的性质和厚度。在有厚松散层覆盖的情况下，多呈圆形或井形，有时也呈口小肚子大的坛式塌陷漏斗。

综上所述，开采沉陷的过程可以分为岩层移动和地表移动两部分，而我们通常所说的地表塌陷（或沉陷）只是地表移动的一种表现形式。

8.2.3　地表移动角及其影响因素分析

8.2.3.1　地表移动角概念

在充分采动或接近充分采动条件下，地表移动盆地主断面上三个临界变形值中最外边的一个临界变形值点至采空区边界的连线与水平线在矿柱一侧的夹角称为移动角。当有松散层存在时，应从最外边的临界变形值点用松散层画线和基岩与松散层交界面相交，此交点至采空区边界的连线与水平线在矿柱一侧的夹角称为移动角。按不同断面，移动角可区分为走向移动角、上盘移动角和下盘移动角。

8.2.3.2　地下金属矿山与煤矿开采对比分析

目前对煤矿岩层移动规律研究得较为充分，并在很多矿山获得成功应用。然而，对于地下金属矿山，由于在地层结构、矿体形态、赋存条件以及采矿方法上与煤矿存在着较大差异，影响因素复杂多变。因此，对于金属矿山岩层移动的研究，目前国内外尚没有形成成熟的理论。对地下金属矿山和煤矿开采进行对比分析，能更为深入的了解和掌握影响地下金属矿山地表移动的因素。

（1）矿体赋存条件。地下金属矿床的矿体厚度、倾角、位置及方位、矿体几何形态等均不稳定。同一个矿体内，在走向或倾斜方向上，其厚度、倾角、形状经常发生很大变化，且经常出现尖灭、分枝复合等现象，这就要求有多种采矿方法，并且采矿方法也要有一定的灵活性，以适应复杂的地质条件；与此相反，煤矿的矿体厚度、倾角及形状均较稳定，通常总是在两个方向上延伸，多为水平层状矿体。

（2）矿床开采过程。在地下金属矿床中，矿体赋存条件不稳定决定了其开采过程是一个动态过程。在该过程中，围岩受到频繁扰动和破坏。而在煤矿开采过程中，煤层一般是以层状赋存，开采过程为单一的推进式开采，上部围岩受到的扰动和破坏比金属矿床要小得多。

（3）采空区形状。地下金属矿床的赋存条件和矿体倾角变化不稳定决定了采场形状一般为不规则的空洞；而煤矿一般开采范围较大，采场形状一般为水平层状空洞。

（4）矿石和围岩的物理性质。地下金属矿床矿石和围岩的物理力学性质比较复杂，矿石和围岩的坚固性、稳固性、结块性、氧化性等，在同一矿山、矿山与矿山之间各不相同，多数地下金属矿床和围岩非常坚固，硬度较大，一般采用凿岩、爆破方法进行开采。对于煤矿，其围岩性质较为简单，一般采取机械切削的综采方法开采。

（5）地质构造。地下金属矿床中经常有断层、褶皱、穿入矿体中的岩脉、断层破碎带等地质构造，对岩体稳固性有很大影响，并且其中有些断层、褶皱是不可预见的。它们不仅给采矿和探矿工作带来很大困难，而且对岩层的移动、地表的塌陷范围等都是至关重要的影响因素。而煤矿地质构造一般较为简单。

（6）矿石品位。地下金属矿床的矿石品位在矿体的走向及倾向上经常有较大的变化，且存在一定的规律，如：随深度的增加，矿石品位变贫或变富，在矿体中还经常存在夹石。有些硫化矿床的上部有氧化矿，使同一矿体产生分带现象。这些都对采矿提出了特殊的要求，如按不同品种、不同品级进行分采，品位中和，剔除夹石以及确定矿体边界等。而煤矿则无此类问题。

通过以上的比较分析可知，无论在矿体赋存条件，还是矿床开采过程、采空区形状、围岩条件等方面，地下金属矿山与煤矿都有很大区别。矿体开采后地表移动的形状也不相同，煤矿一般是大面积连续下沉，地下金属矿床使用不同的采矿方法，地表移动形状也不相同。因此，煤矿的开采沉陷理论一般不适合地下金属矿山。必须从它们的不同点出发来研究地下金属矿山的岩层与地表移动。

8.2.3.3 地质采矿因素对地表移动的影响

采矿实践经验表明，开采沉陷的分布规律取决于地质和采矿因素的综合影响。在这些地质和采矿因素中，一类是人们无法对其产生影响的，称为自然地质因素；另一类为采矿技术因素。只有正确地认识和掌握这些因素的影响，才能进一步改进地面移动预测的方法和手段。

A 岩石力学性质对覆岩移动破坏的影响

当覆岩为坚硬、中硬、软弱岩层或其互层不存在极坚硬岩层时，开采后容易冒落，不会形成悬顶。在这种条件下，覆岩中产生"三带"变形，地表产生连续移动变形。但如果采深与采高比值小，冒落带和裂隙带可直达地表，地表将产生非连续移动破坏。

当覆岩中大部分为极坚硬岩层，矿层顶板大面积暴露，矿柱支撑强度不够时，覆岩产生切冒变形，地表将产生突然塌陷的非连续变形。当采空区悬顶面积达到几万、几十万平方米时，便发生巨块大面积冒落，且冒落发生后，地面多出现纵横交错的张口裂缝，均匀分布在采空区正上方，裂缝宽度最大的达 $0.1 \sim 0.5 \mathrm{m}$，深不见底。这种破坏非常严重，并会伴随地震现象。

　　当覆岩中均为极软弱岩层或第四纪土层，矿层顶板（覆岩）即使小面积暴露，也会在局部地方沿直线向上发生冒落，并可达地表。这时覆岩产生抽冒变形，地表出现漏斗形塌陷坑。

　　当覆岩中仅在一定位置上存在厚层状极坚硬岩层，覆岩冒落发展到该坚硬岩层时会形成悬顶，坚硬岩层将产生拱冒变形，则地表产生缓慢的连续移动变形。

　　当覆岩中均为厚层状极坚硬岩层，矿层顶板（覆岩）局部或大面积暴露后形成悬顶，不发生任何冒落而发生弯曲变形，地表产生缓慢的连续变形。

　　在极倾斜矿层开采的情况下，如果矿层顶底板很坚硬，开采后，采空区顶底板不冒落，而采空区上方矿层本身却冒落下滑。这种冒落和下滑，可能在一定高度上停止，也可能一直发展到地表形成塌陷坑。如果顶板岩层坚硬，底板岩层软弱，则底板岩层易产生滑移，地表变形集中在顶板一侧。如果顶、底板岩层软弱，底板岩层坚硬，则顶板岩层易产生滑移，地表变形集中在顶板一侧。如果顶、底板的坚硬岩层之间存在软弱岩层或夹层，则岩层与地表变形集中在软弱夹层中，并在软弱夹层出露地表处形成台阶状下沉盆地。如果矿层顶、底板均为软弱岩层，开采后冒落岩块充填采空区阻止采空区上方岩层的冒落和下滑，即可避免地表露头处出现塌陷坑。

　　B　岩石力学性质对开采沉陷分布规律的影响

　　覆岩岩性越坚硬，开采影响范围就越大，下沉盆地越平缓，由于坚硬顶板悬顶距大，因此拐点偏移距也相对大。反之，覆岩岩性越软弱，开采影响范围就越小，下沉盆地越陡立，拐点偏移距也相对较小。

　　当覆岩为坚硬岩层时，在岩层移动和破坏过程中，产生大量的垂直层面裂缝和顺层理层裂缝。所以，在其他条件相同情况下，坚硬岩层的地表下沉值小于软弱岩层的地表下沉值。

　　地表岩土性质对地表裂缝的形成与特性影响很大。在岩石中，拉伸变形超过了 3 ~ 7mm/m 时发生裂缝，其延伸深度大于在土层中的深度。若为坚硬岩石，这类裂缝可使地表与采空区沟通。在第四纪土层较厚的地区，地表常出现地堑式裂缝，这是在下沉盆地边缘区两条裂缝之间地表下沉大于其两侧的缘故。

　　当松散层很厚时，基岩移动产生的水平移动在松散层内传递，因衰减而达不到地表，这时地表水平移动就是松散层垂直弯曲而产生的水平移动。

　　C　矿层倾角的影响

　　随矿层倾角的增大，在倾斜和缓倾斜矿层开采条件下，地表连续移动和变形有以下特点：

　　（1）下沉盆地呈对称形分布，下山方向的移动和变形范围扩大，上山方向的移动和变形范围缩小。

　　（2）地表下沉盆地的最大下沉点向采空区下山方向移动。

　　（3）在采空区上、下山及走向矿柱边界的拐点偏移距不同。下山一侧大，向矿柱一侧偏离。上山一侧小，向采空区一侧偏离。

　　（4）水平移动、水平变形、曲率和倾斜极值增大。

　　（5）根据经验倾角在 35°~54°时，下沉盆地由对称向非对称转变。

D 采深与采厚的影响

采深与采厚比是确定地表移动变形的重要指标。深厚比越大，地表移动变形越小，移动和变形曲线就越平缓；相反，深厚比越小，地表移动和变形就越剧烈。在深厚比很小的情况下，地表将出现大裂缝、台阶状断裂，甚至出现塌陷坑。

采深越大，开采影响范围就越大。但移动盆地越平缓，地表移动和变形值越小。在其他条件相同情况下，随开采深度增加，地表移动盆地的影响范围和盆地坡度减小。

E 开采范围大小的影响

开采范围的大小会影响地表的充分采动程度。地表的充分采动程度常用下列方式判断：

（1）当沿矿层走向开采宽度 $L_2 < 2r_3 + 2d_3$、沿倾向宽度 $L_1 < r_1 + r_2 + d_1 + d_2$ 时，地表为非充分采动。

（2）当矿层开采宽度 $L_2 \geqslant 2r_3 + 2d_3$、$L_1 \geqslant r_1 + r_2 + d_1 + d_2$ 时，地表为充分及超充分采动。

r_1、r_2、r_3 分别表示在下山、上山及走向方向的主要影响半径，d_1、d_2、d_3 分别表示在下山、上山及走向方向的拐点偏移距。

F 开采方法及顶板管理方法的影响

开采方法和顶板管理方法是影响围岩应力变化、岩层移动、覆岩破坏的主要因素。这些因素反映在覆岩和地表为破坏强度和移动变形形式，其特点为：

（1）采用垮落法管理顶板时，顶板一般都要发生冒落和开裂性破坏，并在岩层内部形成"三带"。地表移动和变形为一次性的连续移动，下沉量一般为开采高度的45% ~ 95%。地表移动时间持续时间较长。

（2）应用充填式开采时，一般在覆岩内部不会出现冒落带，只出现裂隙带及弯曲下沉带。地表移动变形为一次性的连续移动，下沉量一般为开采高度的6% ~ 30%。地表移动持续时间较长。

（3）应用房柱式垮落法管理顶板时，开采后一般会出现顶板局部冒落，在覆岩中形成连续拱移动变形，地表移动量较小，一般为开采高度的10% ~ 20%。但是，如果矿柱留宽不合理，支撑矿柱没有足够的强度和长期的稳定性，就可能在地表出现多次突发性的移动破坏。

G 开采速度的影响

最初，许多学者的理论研究结果为：开采速度能够直接影响开采过程中的地表移动和变形的大小，加快开采速度能够减小地表移动变形破坏程度，实现建筑物整体下沉，达到保护建筑物的目的。后来，开采实践证明，加大开采速度虽能减少地表的位移变形量，但同时也增大了建筑物的变形破坏程度，特别在开采速度不稳定、变化大，开采工作面较长时间停采的情况下，对保护建筑物更为不利。也有研究结果认为，加快开采速度能够有效地减小采动过程中覆岩及地表的移动变形量，但从其引起保护建筑物的应力变化分析，必须以稳定持续的开采速度开采，避免开采速度的变化，特别是工作面的停顿。同时应详细分析覆岩性质，避开开采速度危险区。

关于开采速度的影响，实践研究的还很不够，需待进一步深入研究。

H 重复采动的影响

重复采动会加剧覆岩破坏程度，使岩层与地表移动活化。重复采动地表移动的显著特点是下沉速度、下沉系数加大，移动期减小，岩移参数均发生变化。

8.2.4 开采沉陷与建筑损坏的理论分析

开采沉陷不但影响了原始的自然景观，同时也对一定区域内的地表建筑构成了影响。由于地表的变形，破坏了建筑物与基础之间的初始平衡，使房屋结构产生了附加应力，近而发生变形。当这些变形超过房屋的抗变形能力时，房屋就被破坏。

8.2.4.1 开采沉陷的理论分析

各种有用的矿物赋存在地下岩体中的一定位置，与周围岩体相接触，并保持其应力平衡状态。地下矿物采出后，采出空间周围的岩层失去支撑而向采空区内逐渐移动、弯曲和破坏。这一过程随着开采工作面的不断推进，逐渐地从采场向外，向上扩展，直至波及地表，引起地表下沉，形成所谓的下沉盆地。采动覆岩与地表移动变形的过程就是开采破坏原岩应力状态形成新的平衡的必然过程。开采引起矿层及围岩的移动和破坏在时间和空间上是一个复杂的运动破坏过程。

采动上覆岩层的破坏可概括为：弯曲、岩层垮落（冒落）、矿体挤出（片帮）、岩石沿层面滑移、垮落岩石下滑、底板岩层隆起等。对于一个特定的矿体，以上几种移动形式不一定同时出现。

A 开采沉陷的一般理论分析

将采空区上覆岩层直至地表范围内的整个岩层看成复合层板组成，上位岩层属于整体弯曲带，引入弹性力学薄板弯曲公式，同时建立三维层状模型。建立三维模型是为了研究开采所导致的地表沉陷问题，每一层的物理特性和厚度各不相同。该模型是由一系列地层组成，各层之间的分界面均为平行界面，且不受剪力和内聚力约束。

首先引入弹性力学的薄板理论，模型如图 8 - 1 所示。

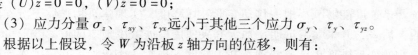

图 8 - 1 薄板弯曲模型

假定薄板弯曲满足下面基本条件：

（1）变形前垂直于中面的线段，在薄板变形后仍垂直于变形后的中面且长度不变；

（2）薄板中面内各点没有平行于中面的位移，也就是 $(U)z = 0 = 0$，$(V)z = 0 = 0$；

（3）应力分量 σ_z、τ_{xy}、τ_{yx} 远小于其他三个应力 σ_y、τ_y、τ_{yz}。

根据以上假设，令 W 为沿板 z 轴方向的位移，则有：

$$W = W(x, y) \tag{8-1}$$

由 $V_{yz} = 0$ 和 $V_{zx} = 0$，得：

$$\left.\begin{array}{l} \dfrac{\partial w}{\partial y} + \dfrac{\partial y}{\partial z} = 0, \dfrac{\partial u}{\partial z} + \dfrac{\partial w}{\partial x} = 0 \\[2mm] \dfrac{\partial v}{\partial z} = -\dfrac{\partial w}{\partial y}, \dfrac{\partial u}{\partial z} = -\dfrac{\partial w}{\partial x} \end{array}\right\} \tag{8-2}$$

由式（8-2）得：

$$
\left.
\begin{array}{l}
u = -z \dfrac{\partial w}{\partial x} + u_0(x,y) \\[3mm]
v = -\dfrac{\partial w}{\partial y} + v_0(x,y)
\end{array}
\right\}
\qquad (8-3)
$$

取 z 轴向上为正，而且沿 z 轴负方向承受压力时，假设弹性薄板的挠度为 $w(x，y，z)$，在各向同性介质条件下，可以得到开采后地表下沉的平衡微分方程，该方程表示为：

$$
\frac{Et^3}{12(1-\mu^2)} \nabla^4 W = -P(x,y) \qquad (8-4)
$$

式中　t——岩层厚度；

　　　E——弹性模量；

　　　μ——泊松比；

$P(x,y)$——沿 z 轴负方向所施加的压力。

复合弹性板模型如图 8-2 所示。

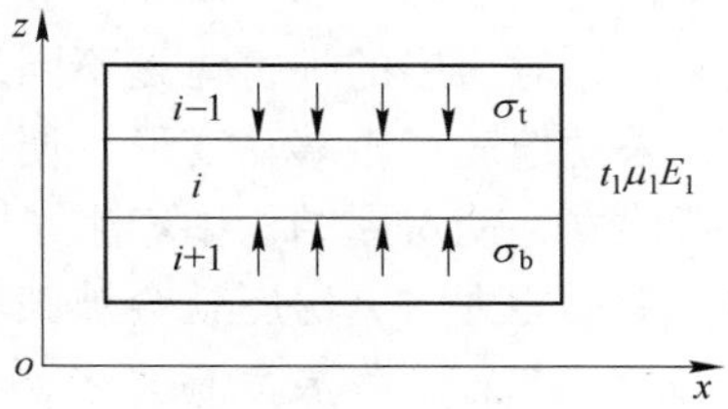

假设第 i 层岩层压力 P_i 可以表示为：

$$
P_i = \sigma_b - \sigma_t \qquad (8-5)
$$

式中　σ_b，σ_t——第 i 层底板、顶板受到的垂直作用力。

以 i 层为研究对象，则有：

$$
\left.
\begin{array}{l}
\sigma_z = \dfrac{E}{1+u}\left(\dfrac{u}{1-2u}e + \varepsilon_z\right) \\[3mm]
e = \varepsilon_x + \varepsilon_y + \varepsilon_z
\end{array}
\right\}
\qquad (8-6)
$$

假设下沉盆地由地下到地表是不变的，则有：

$$
\varepsilon_x + \varepsilon_y + \varepsilon_z = 0 \qquad (8-7)
$$

由以上两公式得：

$$
\sigma_z = \frac{E}{1+u}\varepsilon_z \qquad (8-8)
$$

所以有：

$$
\left.
\begin{array}{l}
\sigma_i = \dfrac{E_{i-1}}{1+u_{i-1}}\dfrac{\Delta W_{i-1}}{t_{i-1}}, \quad \sigma_i = -\dfrac{E_i}{1+u_i}\dfrac{\Delta W_{i-1}}{t_i} \\[3mm]
\sigma_i = -\dfrac{E_i}{1+u_i}\dfrac{\Delta W_i}{t_i}, \quad \sigma_i = \dfrac{E_{i+1}}{1+u_{i+1}}\dfrac{\Delta W_i}{t_{i+1}}
\end{array}
\right\}
\qquad (8-9)
$$

经推导可得到：

$$
\frac{E_i t_i^3}{12(1-u_i^2)} \nabla^4 W_i = \frac{E_i t_i}{1+u_i}\frac{\partial^2 W_i}{\partial z^2} \qquad (8-10)
$$

可以简化为：

$$
\eta^2 \nabla^4 W = \frac{\partial^2 W}{\partial z^2} \qquad (8-11)
$$

式（8-11）即为岩体移动变形的基本微分方程。

图 8-2　复合弹性板模型

B 水平地表下倾斜矿体开采的一般沉陷规律

在倾斜矿层条件下，岩层移动形态如图 8 - 3 所示。当矿层采出后，其上覆岩层在层状弯曲的同时，伴随微小的沿层面方向的相对移动。这种沿层面移动，将导致在采空区上山方向的岩层和地表移动范围扩大。

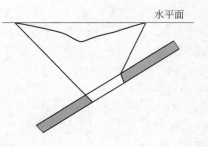

图 8 - 3 倾斜矿体开采
沉陷的一般规律

8.2.4.2 开采沉陷导致建筑损坏的理论分析

地下开采对地表房屋的损坏，主要是由采动地表在垂直方向的移动变形（下沉、倾斜、曲率），水平方向的移动变形（水平移动、拉伸与压缩）以及地表平面的剪应变引起。不同性质的地表变形，对房屋的损害也是不同的。

采动地表产生移动变形，便破坏了建筑物与基础之间的初始平衡状态。伴随着力系的重新建立，使房屋结构中产生了附加应力，从而导致房屋产生变形。这些变形超过了房屋的抗变形能力时，房屋就会被破坏。

A 开采沉陷房屋损害类型

开采沉陷房屋损害类型包括：

（1）下沉对房屋的损坏。一般来讲，当房屋所处的地表出现均匀下沉时，房屋的结构不会产生附加应力，对其本身也不会带来损害；当地表下沉量大，地下水位又很高时，会造成房屋周围长期受潮，降低了地基的强度，影响房屋的使用，甚至会使房屋破坏或废弃。

（2）倾斜对房屋的损坏。地表倾斜后，将引起房屋的歪斜。房屋倾斜后会导致房屋重心的偏离，产生附加倾覆力矩，承载结构内部将产生附加应力，基础承载压力重新分布。这种倾斜也改变了房屋结构的承载力的平衡条件，在倾斜下侧的墙体由于受到偏心力的作用，产生水平剪切力，一般会沿墙体下方靠近基础部位产生水平剪切裂缝。地表倾斜造成房屋地面有一定的坡度，地面易于积水，严重时人的正常行走、起卧不舒适，甚至楼房底层发生下水道倒流现象，影响正常生活和使用。地表倾斜对高层建筑物的损害更为明显。

（3）地表曲率对房屋的损坏。地表曲率变形将原来房屋的平面基础变为曲面形状，建筑物的荷载与基础土壤反力间的初始平衡遭到破坏。房屋在受到正负曲率影响下，将使地基反力重新分布，而使房屋墙壁在竖直面内受到附加的弯矩和剪力作用。当附加的弯矩和力超过房屋基础和上部结构的极限强度时，房屋就会出现裂缝。在正曲率变形作用下，房屋产生倒八字形裂缝，裂缝的最大宽度在其下端；在负曲率影响作用下，房屋产生正八字形裂缝，裂缝的最大宽度在其下端。在采深较小，建筑物整体尺寸较大的情况下，地表曲率变形对建筑物的损害较为严重。一般当采深采厚之比 $H/m < 30$ 时，地表将产生极为严重的裂缝，塌陷坑等非连续移动变形破坏，对房屋损害极为严重；当深厚比 $H/m > 300$ 时，地表曲率变形对房屋损坏影响较小。

（4）地表水平变形对房屋的损坏。地表水平变形对房屋的损坏较大，尤其是拉伸变形，由于房屋的抗拉能力远小于抗压能力，所以较小的地表拉伸变形就能使房屋产生开裂性裂缝，砖砌体的结合缝，房屋的结构点易被拉开。我国开采实践表明，当地表水平拉伸变形大于 1.5mm/m 时，在一般砖石承重的建筑物身上就会出现较小的竖向裂缝。但当压缩变形较大时，房屋产生的破坏就比较严重，可使房屋墙壁地基压碎，地板鼓起产生剪切和挤压裂缝，可使门窗等挤成菱形，砖砌体产生水平裂缝。

（5）剪切变形对房屋的损坏。当房屋处于下沉盆地主断面上，但其方位与开采区段斜交，或者房屋处于下沉盆地非主断面位置时，在地表剪切作用下，房屋的纵横基础间将产生相对转动，从而使房屋改变了原有的形状。

（6）扭曲变形对房屋的损坏。由于两个横墙处地表倾斜值不同，地表沿房屋的纵轴中心线扭转，导致房屋产生扭曲变形。

B　移动盆地内不同位置变形对建筑物的影响

在移动盆地内，建筑物受采动影响是一个复杂的动态变形破坏过程，不同位置的建筑物受到的影响差别很大。位于移动盆地平底内部的建筑物受影响程度最小；移动盆地平底至靠近开采边界部分，建筑物受压缩变形；移动盆地压缩变形区以外的建筑物受拉伸变形；在压缩变形区和拉伸变形区过度的位置，建筑物倾斜变形最大；在靠近开采边界拐角内外位置的建筑物，受到复杂的变形破坏，对建筑物最为不利。建筑物的长轴与工作面的推进方向垂直时，对建筑物最有利，这种情况下，建筑物受到较小的动态移动变形影响；与开采工作面或开采边界斜交时，建筑物受影响最大，这种情况下建筑物不仅受到拉伸和压缩变形破坏，而且受到复杂的扭曲和剪切变形破坏。

由上述分析可知，采动对建筑物的影响与建筑物所处位置、方向、大小及建筑物的抗变形能力有关，因此在布置开采工作面时应注意以下原则：

（1）尽量使主要建筑物位于移动盆地的平底位置；

（2）尽量使建筑物长轴与开采工作面平行；

（3）尽量避免建筑物与开采工作面斜交；

（4）综合确定对建筑物保护有利的开采方案；

（5）由保护建筑物的重要程度和分布情况确定开采方案。

8.3　基于 BP 神经网络的海底开采地表移动角预测

8.3.1　人工神经网络的基本原理

8.3.1.1　人工神经元模型

人工神经元是模拟生物神经元，可以把一个神经细胞用一个多输入，单输出的非线性节点表示，如图 8-4 所示。

单个神经元的输入输出关系可描述为：

$$\left.\begin{array}{l} I_i = \sum_{j=1}^{n} W_{ji} X_j - \theta_i \\ Y_i = f(I_i) \end{array}\right\} \qquad (8-12)$$

式中　X_j——由细胞 j 传送到细胞 i 的输入量；

　　　W_{ji}——从细胞 j 到细胞 i 的连接权值；

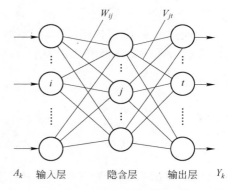

图 8-4　三层前馈阶层网络

θ_i——细胞 i 的阈值；

f——传递函数；

Y_i——细胞 i 的输出量。

可见，一个典型的人工神经元模型包括以下五部分：

(1) 输入 X；

(2) 网络权值和阈值；

(3) 求和单元；

(4) 激活传递函数；

(5) 输出。

8.3.1.2　激活函数

激活传递函数 (activation transfer function) 是神经元及其所构成的网络的核心。网络解决问题的能力和效率除了与网络的结构有关之外，还与网络所采用的激活函数有关。

激活函数的基本作用是：(1) 控制输入对输出的激活作用。(2) 对输入、输出进行函数传递。(3) 可以将可能无限域的输入变换成在指定的有限范围内的输出。

A　阈值型函数

阈值型函数的表达式为：

$$y = f(u) = \begin{cases} 1 & u \geq 0 \\ 0 & u < 0 \end{cases} \tag{8-13}$$

阈值型函数又称硬极限函数，可以将任意输入转化成 0 或 1 的输出，它常用于分类。

B　分段型函数

分段型函数的表达式为：

$$y = f(u) = \begin{cases} 1 & u \geq 1 \\ \dfrac{1}{2}(1 + u) & -1 < u < 1 \\ 0 & u \leq -1 \end{cases} \tag{8-14}$$

分段型函数类似一个放大系数为 1 的非线性放大器，当工作于线性区时它是一个线性组合器，放大系数趋于无穷大时变成一个阈值单元。

C　Sigmoid 函数

Sigmoid 函数通常是在 (0, 1) 或 (-1, 1) 内连续取值的单调可微分的函数，常用指数或正切等一类 S 形曲线来表示，其表达式为：

$$y = f(u) = \frac{1}{1 + e^{-\lambda u}} \tag{8-15}$$

或

$$y = f(u) = \tanh(u) = \frac{1 - e^{-\lambda u}}{1 + e^{-\lambda u}} \tag{8-16}$$

Sigmoid 函数又称为 S 函数，是一种非常重要的激活函数，无论神经网络用于分类、函数逼近或优化，S 函数都是常用的激活函数。

8.3.1.3 BP 神经网络的模型结构

BP 神经网络（back propagation neural network）是一种单向传播的多层前向神经网络，它是指误差反向传播的算法。BP 算法成为目前应用最为广泛的神经网络学习算法。据统计有近 90% 的神经网络应用是基于 BP 算法的。

BP 神经网络结构模型是由输入层、输出层和若干隐含层组成的前向连接模型，同层各神经元间互不连接，相邻层的神经元通过权重连接且为全互联结构。

当有输入信号时，要首先向前传播到隐含层结点，再传至下一隐含层，最终传输至输出层结点输出，信号的传播是逐层递进的，且每经过一层都要由相应的特性函数进行变换。由于信号一直是向前传播直至输出层，所以 BP 神经网络模型是一种前馈网络。

在 BP 网络中，要求结点的特性函数要可微，通常采用 S 函数。

BP 网络的学习过程包括正向传播和反向传播两部分。当给定网络一个输入基于人工神经网络的事故预测研究模式时，它由输入层至隐含层并进行计算，并向下一层传递，这样逐层传递和计算，最后到输出层，产生一个输出模式，这是一个逐层状态更新的过程，称为正（前）向传播。如果实际输出模式与期望输出模式有误差，那么就将误差信号沿原来的连接通路从输出层至输入层逐层传送，并修改各层的连接权值，使误差减小，直至满足条件为止，这个过程称为反向传播。当所有训练模式都满足要求时，认为 BP 网络已经学习好。需要指出的是，一旦 BP 网络学习好了，运用时就只需要正向传播，不再进行反向传播。

8.3.1.4 BP 网络的学习算法

BP 网络采用以下的训练方法和步骤：

（1）将数据输入网络输入层，输入层神经元接收到信息后，计算权重和根据输入层神经元的传递函数将信息传给隐含层，隐含层神经元将信息传递给输出层，设网络只有一个输出 y，给定 N 个样本 (x_k, y_k) $(k = 1, 2, \cdots, N)$ 任一个节点 i 的输出为 o_i，对某一输入为 x_k，网络的输出为 y_k，节点 i 的输出为 o_{ik}，现在研究第 l 层的第 j 个单元，当输入第 k 个样本时，节点 j 的输入为：

$$net_{jk}^l = \sum_j W_{ij}^l O_{jk}^{l-1} \qquad (8-17)$$

O_{jk}^{l-1} 表示 $l-1$ 层，输入第 k 个样本时，第 j 个单元节点的输出：

$$O_{jk}^l = f(net_{jk}^l) \qquad (8-18)$$

式中　f——传递函数，为 S 函数。

（2）用 BP 网络将实际输出与目标相比较，如果误差超过给定值，则将误差向后传递，也就是从输出层到输入层，在误差的传递过程中，相应地修改神经元的连接权重。

使用误差函数为平方型：

$$E_k = \frac{1}{2} \sum_i (y_{jk} - \bar{y}_{jk})^2 \qquad (8-19)$$

$\bar{y}_{jk}$ 是单元 j 的实际输出。总误差为：

$$E = \frac{1}{2N} \sum_{k=1}^{N} E_k \qquad (8-20)$$

修正权值

$$W_{ij} = W_{ij} - \mu \frac{\partial E}{\partial W_{ij}} \quad \mu > 0 \qquad (8-21)$$

$$\frac{\partial E}{\partial W_{ij}} = \sum_{k=1}^{N} \frac{\partial E}{\partial W_{ij}} \qquad (8-22)$$

式中　μ——步长。

8.3.2　基于 Matlab 的神经网络设计与分析

8.3.2.1　Matlab 神经网络工具箱

Matlab 是功能强大的科学及工程计算软件，它不但具有以矩阵为基础的强大的数学计算和分析功能，而且还具有丰富的可视化图形表现功能和方便的程序设计能力。除数学计算和分析外，Matlab 还被广泛地应用于自动控制、系统仿真、数字信号处理、人工智能、通信工程等领域。

Matlab 的主要特点是：允许用数学形式的语言编写程序，编写简单，编程效率高；其调试程序手段丰富，调试速度快，需要时间少，便于用户使用；用户可以根据自己的需要方便地扩充和建立新的库函数，扩充能力强；Matlab 的库函数功能更丰富，语句语法简单；矩阵和数组运算，高效方便。

Matlab 的广泛应用促进了其功能完善。各种工具箱就是以特定领域的应用为主要目的应用程序。神经网络工具箱是以人工神经网络理论为基础，在 Matlab 环境开发出来的应用程序。

目前神经网络工具箱中涉及的网络模型有：感知器、线性滤波器、BP 网络、径向基函数网络、自组织映射网络、回归网络等。

神经网络工具箱利用 Matlab 语言构造出典型神经网络的激活函数，使设计者所选定网络输出的计算，变成对激活函数的调用。另外，根据各种典型的修正网络权值的规则，加上网络的训练过程，用 Matlab 编写出各种网络设计与训练的子程序。神经网络工具箱同时集成了多种学习算法，网络的设计者可根据具体需要进行调用。

8.3.2.2　图形用户接口 GUI

神经网络工具箱的 GUI（graphical user interface）图形用户界面功能，使得神经网络的设计与分析更快捷和方便。

神经网络设计 GUI 的基本功能可以从图示的神经网络 GUI 的主界面——网络/数据管理窗口中看出所能实现的主要功能，如图 8-5 所示。

界面中各列表分别用于显示神经网络设计中使用或产生的变量和网络对象；Networks and Data 区的各按钮主要用于生成和管理上述变量和网络对象数据；Networks only 区的按钮则主要用于完成神经网络的初始化、仿真和训练。

各部分的具体功能见表 8-1。

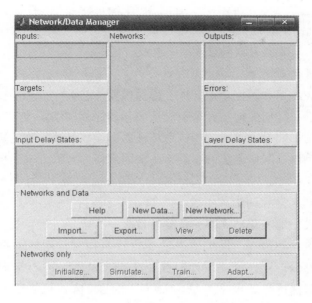

图 8 - 5 神经网络 GUI 的主界面

表 8 - 1 神经网络设计 GUI 主界面功能列表

项　目	功　能
Inputs 列表框	显示神经网络训练所使用的输入数据变量
Targets 列表框	显示神经网络训练所使用的目标输出变量
Outputs 列表框	显示神经网络的实际输出变量
Errors 列表框	显示神经网络的误差变量
Input Delay States 列表框	显示具有输入层延迟神经网络的延迟状态变量
Layer Delay States 列表框	显示具有网络层延迟神经网络的延迟状态变量
Networks 列表框	显示神经网络对象
New Data 按钮	创建新的数据变量
New Network 按钮	创建新的神经网络对象
Import 按钮	从工作空间或文件导入变量或神经网络对象的数据
Export 按钮	将所选变量或神经网络对象的数据导出至工作空间或文件中
View 按钮	察看变量数据或神经网络对象的结构图
Delete 按钮	删除所选变量或神经网络对象
Initialize 按钮	对所选神经网络对象进行初始化
Simulate 按钮	对所选神经网络进行仿真
Train 按钮	对所选神经网络进行批量式训练
Adapt 按钮	对所选神经网络进行渐近式训练
Help 按钮	打开 GUI 帮助文件

8.3.3 网络学习样本的生成

8.3.3.1 输入及输出因素的选取

A 影响地表移动输入因素的选取

根据已有的研究成果和国家规范标准,遵循重要性、独立性和易测性原则,同时参考通过对大量的文献已总结出的地下开采引起地表移动原因和结果的实际情况,最后选取矿体上下盘围岩岩性的影响、上下盘围岩构造特征的影响、开采深度的影响、开采厚度的影响、矿体倾角的影响以及采矿方法的影响等主要因素作为海底开采岩层移动角预测神经网络模型的输入因素。

B 地表移动输出指标的选取

岩层移动角是表征地表移动规律的重要参数之一,也是进行各类保护矿柱设计以及划定地表移动盆地危险移动边界、保护地表建(构)筑物时常用的关键性参数。其取值的准确与否直接影响到保护矿柱尺寸设计的合理性和地表建(构)筑物的安全。若岩层移动角取值偏大,引起保留矿柱尺寸不足,会对地表建(构)筑物造成损害;反之,若其取值偏小,矿柱尺寸则偏大,必然会造成地下矿产资源的浪费。

通常按崩落角和移动角来圈定矿山岩层移动范围。然而金属矿山岩石岩性坚而脆,移动角与崩落角的差别较小。根据对矿山岩层与地表移动的调查结果,选取矿体上、下盘的移动角作为输出指标。

8.3.3.2 神经网络的学习样本

A 样本资料的来源

采矿应力的重新分布、集中与转移的动力学,代表了不同矿山开采技术条件的岩层移动机理的反应。为此,针对国内外充填采矿法矿山岩层与地表移动进行大量的资料整理,从宏观上掌握岩层移动的宏观显现特征来分析和研究充填采矿法矿山岩层与地表移动机理,并为进一步采用 BP 神经网络专家系统进行预测提供学习样本数据库。整理资料见表 8-2 和表 8-3。

B 网络的学习样本

在 BP 神经网络中,传递函数一般为 (0, 1) 的 S 函数,即 $f(x) = 1/(1 + e^{-x})$ 函数,输出层函数为线性激活函数。由于输入层的输入值范围要求在 (0, 1) 之间,其输出值的范围也在 (0, 1) 之间。所以经常要对样本进行归一化处理,比如这样做分类的问题时用 [0.9 0.1 0.1] 就要比用 [1 0 0] 要好。但是,在利用神经网络模型对问题进行分析时发现,实际收集到的各种数据无法完全落在这一范围内,使得收集到的数据与网络模型算法要求的数据不一致。

由表 8-2 和表 8-3 所列资料可以看出,除上、下盘矿体构造特征外,表中每一因素的具体数值都在 (0, 1) 之外。所以,对于学习实例要进行归一化,将输入与输出因素值确定在 (0, 1) 范围内,对数据资料进行归一化处理可以加快网络的收敛性。通过对几种归一化方法的对比分析,对所有数据除以 1000,然后对网络计算的输出结果乘以 1000 即可。

表 8 – 2　我国部分充填法矿山地表移动资料

序号	普氏系数		稳固程度		矿体倾角/(°)	开采厚度/m	矿体走向长度/m	开采深度/m	移动角/(°)	
	上盘	下盘	上盘	下盘					上盘	下盘
1	8	8	中等稳固	中等稳固	45	10	60	200	63	68
2	11	9	稳固	比较稳固	79	21	350	1000	80	80
3	5	7	不稳固	基本稳固	20	2	140	50	54	63
4	11	11	稳固	稳固	70	45	760	370	60	58
5	12	12	稳固	中等稳固	70	27	450	175	55	60
6	11	11	不稳固	比较稳固	40	9	1000	310	60	50
7	7	5	比较稳固	不稳固	70	55	500	210	55	50
8	11	9	不稳固	比较稳固	75	15	500	330	70	70
9	-12	10	比较稳固	比较稳固	40	30	200	280	55	55
10	6.5	7.5	稳固	稳固	33	11	370	250	80	80
11	5	7.5	不稳固	比较稳固	50	23	2100	150	70	75
12	10	10	中等稳固	中等稳固	15	14.28	20	455	70	70
13	6.5	6.5	比较稳固	比较稳固	65	45	550	650	75	75
14	7	7	比较稳固	比较稳固	52	7.2	600	400	70	70
15	5.5	7	不稳固	不稳固	45	31	1200	480	55	65
16	7	10	比较稳固	中等稳固	60	11.6	2200	450	60	60

表 8 – 3　前苏联部分充填法矿山地表移动资料

序号	普氏系数 f		稳固程度		矿体倾角/(°)	开采厚度/m	开采深度/m	移动角/(°)	
	上盘	下盘	上盘	下盘				上盘	下盘
1	10	10	稳固	稳固	60	1.6	50	60	60
2	12	8	稳固	中等稳固	70	20	60	70	65
3	9	9	基本稳固	基本稳固	65	14	440	70	65
4	9	9	基本稳固	基本稳固	65	8	300	75	65
5	9	9	基本稳固	基本稳固	50	4.5	600	70	65
6	12	12	稳固	稳固	60	11	70	80	80
7	9	9	基本稳固	基本稳固	60	13	85	80	80
8	9	9	基本稳固	基本稳固	45	13	68	80	80
9	9	9	基本稳固	基本稳固	60	9	100	80	80
10	9	9	基本稳固	基本稳固	58	14	85	80	80
11	9	9	基本稳固	基本稳固	35	12	80	80	80
12	5	5	比较稳固	比较稳固	75	9	112	80	80
13	5	5	比较稳固	比较稳固	68	10	112	70	80
14	5	5	比较稳固	比较稳固	35	19	65	75	75

序号	普氏系数 f		稳固程度		矿体倾角 /(°)	开采厚度 /m	开采深度 /m	移动角 /(°)	
	上盘	下盘	上盘	下盘				上盘	下盘
15	10	10	稳固	稳固	70	9	112	75	75
16	10	10	稳固	稳固	65	11	98	80	80
17	8	8	中等稳固	中等稳固	70	10	50	75	75
18	9	9	基本稳固	基本稳固	70	11	105	65	70
19	8	8	中等稳固	中等稳固	60	7	83	60	60

对于表 8-3 中的矿体形态因素，根据整理的资料，对其进行定量处理，即对于上、下盘围岩构造特征稳固性差的值取 0.1，较稳固的值取 0.3，中等稳固的值取 0.5，基本稳固的值取 0.7，稳固的值取 0.9。

对所有数据进行归一化处理后，可得神经网络的学习样本见表 8-4。

表 8-4 充填法矿山学习样本

序号	输 入							输 出	
1	0.0080	0.0080	0.5000	0.5000	0.0450	0.0100	0.2000	0.0630	0.0680
2	0.0110	0.0090	0.9000	0.3000	0.0790	0.0210	1.0000	0.0800	0.0800
3	0.0050	0.0070	0.1000	0.7000	0.0200	0.0020	0.0500	0.0440	0.0530
4	0.0110	0.0110	0.9000	0.7000	0.0450	0.3700	0.0600	0.0580
5	0.0120	0.0120	0.9000	0.5000	0.0700	0.0270	0.1750	0.0550	0.0600
6	0.0110	0.0110	0.1000	0.4000	0.0090	0.3100	0.0500	0.0400
7	0.0070	0.0050	0.3000	0.1000	0.0700	0.0550	0.2100	0.0550	0.0500
8	0.0110	0.0090	0.1000	0.3000	0.0750	0.0150	0.3300	0.0700	0.0700
9	0.0120	0.0100	0.3000	0.3000	0.0400	0.0300	0.2800	0.0550	0.0550
10	0.0065	0.0075	0.9000	0.9000	0.0330	0.0110	0.2500	0.0800	0.0800
11	0.0005	0.0075	0.3000	0.3000	0.0500	0.0230	0.1500	0.0700	0.0750
12	0.0100	0.0100	0.5000	0.5000	0.0150	0.0142	0.4550	0.0700	0.0700
13	0.0065	0.0065	0.3000	0.3000	0.0650	0.0450	0.6500	0.0750	0.0750
14	0.0070	0.0070	0.3000	0.3000	0.0520	0.0072	0.4000	0.0700	0.0700
15	0.0055	0.0070	0.1000	0.1000	0.0450	0.0310	0.4800	0.0550	0.0650
16	0.0070	0.0100	0.3000	0.5000	0.0600	0.0116	0.4500	0.0600	0.0600
17	0.0100	0.0100	0.9000	0.9000	0.0600	0.0016	0.0500	0.0600	0.0600
18	0.0120	0.0080	0.9000	0.5000	0.0700	0.0200	0.0600	0.0700	0.0650
19	0.0090	0.0090	0.7000	0.7000	0.0650	0.0140	0.4400	0.0700	0.0650
20	0.0090	0.0090	0.7000	0.7000	0.0650	0.0080	0.3000	0.0750	0.0650
21	0.0090	0.0090	0.7000	0.7000	0.0500	0.0045	0.6000	0.0700	0.0650
22	0.0120	0.0120	0.9000	0.9000	0.0600	0.0110	0.0700	0.0800	0.0800

序号	输　入							输　出	
23	0.0090	0.0090	0.7000	0.7000	0.0600	0.0130	0.0850	0.0800	0.0800
24	0.0090	0.0090	0.7000	0.7000	0.0450	0.0130	0.0680	0.0800	0.0800
25	0.0090	0.0090	0.7000	0.7000	0.0600	0.0090	0.1000	0.0800	0.0800
26	0.0090	0.0090	0.7000	0.7000	0.0580	0.0140	0.0850	0.0800	0.0800
27	0.0090	0.0090	0.7000	0.7000	0.0350	0.0120	0.0800	0.0800	0.0800
28	0.0050	0.0050	0.3000	0.3000	0.0750	0.0090	0.1120	0.0800	0.0800
29	0.0050	0.0050	0.3000	0.3000	0.0680	0.0100	0.1120	0.0700	0.0800
30	0.0050	0.0050	0.3000	0.3000	0.0350	0.0190	0.0650	0.0750	0.0750
31	0.0100	0.0100	0.9000	0.9000	0.0700	0.0090	0.1120	0.0750	0.0750
32	0.0100	0.0100	0.9000	0.9000	0.0650	0.0110	0.0980	0.0800	0.0800
33	0.0080	0.0080	0.5000	0.5000	0.0700	0.0100	0.0500	0.0750	0.0750
34	0.0090	0.0090	0.7000	0.7000	0.0700	0.0110	0.1050	0.0650	0.0700
35	0.0080	0.0080	0.5000	0.5000	0.0600	0.0070	0.0830	0.0600	0.0600

8.3.4　创建神经网络预测模型

在进行网络设计前，一般应从网络的层数、每层的神经元个数以及学习方法等方面加以考虑。其设计的网络性能直接影响到预测结果的可靠性。

8.3.4.1　网络参数设计

A　网络层数的选取

对于 BP 神经网络，在任何闭区间内的一个连续函数都可以用单隐层的 BP 网络逼近，因而一个三层 BP 网络就可以完成任意的 n 维到 m 维的映射。

增加网络的层数可以提高网络性能减少误差，提高精度，同时使网络结构复杂化，增加了训练的时间。因此要优先考虑增加隐含层的神经元数而不是增加网络层数来提高网络性能。对于某一求解问题，必有一个输入层和一个输出层，隐含层数则需要根据问题的复杂性来分析和确定，隐含层的合理选取是网络取得良好性能的一个关键。综合以上因素，采用典型的单隐层的 BP 网络，即具有三层有反馈的前向网络结构，即输入层、隐含层（也称中间层）和输出层。

B　输入层和输出层神经元数的确定

输入层与输出层神经元个数由具体问题决定。影响岩层和地表移动的因素共有七个，从而确定输入层神经元数为七个，又因为这些影响因素决定两个输出结果——矿体的上、下盘移动角，所以输出层神经元数为两个。

C　确定激活转移函数

BP 网络中的激活转移函数采用 S 型的函数，该模型的隐层函数选择 S 型的正切函数（tansig），输出层采用 purelin 函数，使得整个网络的输出可取任意值。

D　网络训练函数的选择

在选择网络训练函数时，考虑到样本容量有限，BP 网络传统的算法又有一定的局限，因此考虑用改进的 BP 网路训练算法。常用的训练函数中，Levenberg-MarquardtBP 训练函数 trainlm 收敛速度很快，能以很少的步数达到要求的精度，但是这种训练函数计算需要占用大量内存，耗费系统资源较多，在训练过程中容易死机，且在输出精度上与其他函数相比没有优越性，所以不采用 Levenberg-MarquardtBP 训练函数。在改进的 BP 网络算法中，自适应 IrBP 的梯度递减训练函数 traingda 和动量及自适应 IrBP 的梯度递减训练函数 traingdx 由于有自适应的梯度递减训练和附加动量项，因此对样本容量有限的问题能够较好的训练，避免收敛速度慢，而且函数 traingdx 由于有附加动量项和自适应学习速率，能够避免陷入局部极小值而出错，训练精度也较高，因此 BP 神经网络选用函数 traingdx 作为训练函数。

E　学习速率的确定

学习速率决定每一次循环中所产生的权值变化量。大的学习速率可能导致系统的不稳定；小的学习速率会导致训练时间较长，收敛速度较慢，能保证网络的误差值不跳出误差表面的低谷而最终趋于最小误差值。所以一般选取小的学习速率，选取范围在 0.01 ~ 0.8 之间，此处取学习速率为 0.01。

F　期望误差的确定

期望误差值是通过对不同期望误差网络的对比训练来选取的，选取期望单个样本误差为 0.01，期望系统平均误差为 0.0001。

G　隐含层的神经元数

采用适当的隐含层神经元非常重要，是网络模型功能实现成功与否的关键。神经元数的合理确定主要还是根据不同的需要解决的问题进行反复比较。

隐含层的神经元数太少，网络不能训练出来，或网络不"强壮"，不能识别以前没有看到的样本，容错性差；隐单元数太多又使学习时间过长，误差也不一定最佳，因此存在一个最佳的隐单元数。对于如何确定最佳隐单元的个数，目前尚无确定的办法。

以下三个公式可作为选择最佳隐单元数时的参考公式：

$$\sum_{i=0}^{n} C_{ni}^{i} > k \tag{8-23}$$

$$n_1 = \sqrt{n + m + a} \tag{8-24}$$

$$n_1 = \log_2^n \tag{8-25}$$

式中　　k——样本数；

　　　　n_1——隐单元数；

　　　　n——输入单元数；

　　　　m——输出单元数；

　　　　a——[1，10] 之间的常数。

除去前述的三个公式可以参考来大致确定隐单元的数目外，还有一种途径可以用于确定隐单元的数目。首先使隐单元数目可变，或放入足够的隐单元，通过学习将那些不起作用的隐单元剔除，直到不可收缩为止。同样，也可以在开始时放入比较少的神经元，学习到一定次数后，如果不成功则再增加隐单元的数目，直到达到比较合理的隐单元数目为止。

将这两种方法结合，来确定隐单元数目。首先由参考公式可知，大约的隐单元数在 [3，12] 之间，为此可以设定循环，检验隐单元数为 3~12 之间的取值时，何时网络的效率比较高，输出误差比较小。对比训练时的误差和效果，从而确定合理的隐单元数目，具体代码如下：

```
s = 3:12;
res = 1:10;
for i = 1:10
net = newff(minmax(P),[s(i),2],{'tansig','purelin'},'traingdx')
net. trainParam. epochs = 5000;
net. trainParam. goal = 0. 0001;
net. trainParam. show = 25;
net. trainParam. Ir = 0. 01;
net = train(net,P,T)
y = sim(net,P);
error = y - T;
res(i) = norm(error);
end
number = find(res = = min(res));
if(length(number) > 1)no = number(1)
else no = number
end
```

通过训练得到在隐单元数为 3~12 时的网络训练误差见表 8-5。

表 8-5   网络训练误差

神经元个数	3	4	5	6	7
网络误差	0. 081455	0. 08133	0. 079935	0. 075779	0. 081513
神经元个数	8	9	10	11	12
网络误差	0. 080181	0. 069389	0. 062918	0. 0682	0. 064917

表 8-5 表明，隐含层神经元个数为 10 的 BP 网络对函数的逼近效果最好，因为它的误差最小，而且经过上述代码，经网络优选的神经元数也为 10，所以将网络隐含层的神经元数目设定为 10。

8.3.4.2   网络训练结果及分析

网络训练的相关参数设计完成之后，便开始对网络进行训练（图 8-5），具体训练流程和网络基本参数如下：

```
Neural Network object:
architecture:
numInputs:1
```

```
        numLayers: 2
    biasConnect:[1; 1]
   inputConnect:[1; 0]
   layerConnect:[0 0; 1 0]
  outputConnect:[0 1]
  targetConnect:[0 1]
```

numOutputs:1 (read – only)

```
  numTargets: 1 (read – only)
numInputDelays: 0 (read – only)
numLayerDelays: 0 (read – only)
subobject structures:
```

inputs: {1x1 cell} of inputs

```
layers: {2x1 cell} of layers
outputs: {1x2 cell} containing 1 output
targets: {1x2 cell} containing 1 target
 biases: {2x1 cell} containing 2 biases
```

inputWeights: {2x1 cell} containing 1 input weight

layerWeights: {2x2 cell} containing 1 layer weight

```
functions:
adaptFcn: 'trains'
initFcn: 'initlay'
performFcn: 'mse'
trainFcn: 'traingdx'
parameters:
adaptParam: . passes
initParam: (none)
```

performParam: (none)

```
trainParam:. epochs,. goal,. lr,. lr_dec,
         . lr_inc,. max_fail,. max_perf_inc,. mc,
         . min_grad,. show,. time,. lr
```

weight and bias values:

```
IW: {2x1 cell} containing 1 input weight matrix
LW: {2x2 cell} containing 1 layer weight matrix
 b: {2x1 cell} containing 2 bias vectors
```

　　通过曲线图 8 – 6 可以了解到，网络在训练到 566 次后，误差达到了期望网络误差 0.0001 的要求，网络收敛结束，训练完成。从训练步数看，用动量及自适应 lrBP 的梯度递减训练函数 traingdx 训练函数没有出现过度训练（overtraining）的情况（图 8 – 6），从而提高了网络仿真结果的准确性。

　　由图 8 – 7 可知，个别样本误差较大，比如 11 号样本的上盘移动角误差较大达到了 0.0451；误差最小的是 24 号样本，上、下盘移动角误差均达到 0.0007。从整体上来讲，所建立的网络误差基本上达到了预期设计的单个样本 0.01 的要求，表 8 – 6 是期望输出与实际输出对比。

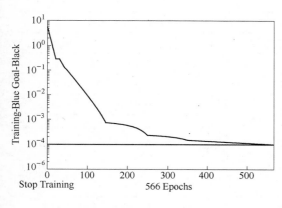

图 8-6 BP 网络训练曲线

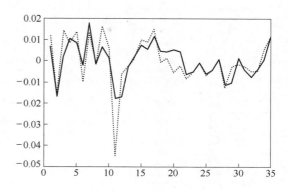

图 8-7 BP 网络误差曲线

表 8-6 期望输出与实际输出对比

序 号	上盘移动角参数值			下盘移动角参数值		
	期望输出值	实际输出值	误差绝对值	期望输出值	实际输出值	误差绝对值
1	0.0630	0.0753	0.0123	0.0680	0.0750	0.0070
2	0.0800	0.0745	0.0055	0.0800	0.0730	0.0070
3	0.0440	0.0584	0.0144	0.0530	0.0557	0.0027
4	0.0600	0.0685	0.0085	0.0580	0.0687	0.0107
5	0.0550	0.0689	0.0139	0.0600	0.0684	0.0084
6	0.0500	0.0470	0.0030	0.0400	0.0380	0.0020
7	0.0550	0.0689	0.0139	0.0500	0.0679	0.0179
8	0.0700	0.0687	0.0013	0.0700	0.0684	0.0016
9	0.0550	0.0614	0.0064	0.0550	0.0617	0.0067
10	0.0800	0.0682	0.0062	0.0800	0.0817	0.0017
11	0.0700	0.0249	0.0451	0.0750	0.0672	0.0078
12	0.0700	0.0637	0.0063	0.0700	0.0630	0.0070
13	0.0750	0.0723	0.0027	0.0750	0.0722	0.0028
14	0.0700	0.0715	0.0015	0.0700	0.0718	0.0018
15	0.0550	0.0650	0.0100	0.0650	0.0726	0.0076
16	0.0600	0.0689	0.0089	0.0600	0.0656	0.0056
17	0.0600	0.0752	0.0152	0.0600	0.0719	0.0119
18	0.0700	0.0692	0.0008	0.0650	0.0698	0.0048
19	0.0700	0.0715	0.0015	0.0650	0.0694	0.0044
20	0.0750	0.0694	0.0056	0.0650	0.0703	0.0053
21	0.0700	0.0679	0.0021	0.0650	0.0696	0.0046
22	0.0800	0.0716	0.0084	0.0800	0.0736	0.0064
23	0.0800	0.0749	0.0051	0.0800	0.0749	0.0051

序　号	上盘移动角参数值			下盘移动角参数值		
	期望输出值	实际输出值	误差绝对值	期望输出值	实际输出值	误差绝对值
24	0.0800	0.0793	0.0007	0.0800	0.0793	0.0007
25	0.0800	0.0731	0.0069	0.0800	0.0739	0.0061
26	0.0800	0.0759	0.0041	0.0800	0.0757	0.0043
27	0.0800	0.0806	0.0006	0.0800	0.0810	0.0010
28	0.0800	0.0774	0.0026	0.0800	0.0687	0.0113
29	0.0700	0.0676	0.0024	0.0800	0.0696	0.0104
30	0.0750	0.0735	0.0015	0.0750	0.0764	0.0014
31	0.0750	0.0725	0.0025	0.0750	0.0705	0.0045
32	0.0800	0.0752	0.0048	0.0800	0.0725	0.0075
33	0.0750	0.0704	0.0046	0.0750	0.0710	0.0040
34	0.0650	0.0709	0.0059	0.0700	0.0712	0.0012
35	0.0600	0.0713	0.0113	0.0600	0.0725	0.0125

由表 8 - 6 中可知，期望输出值和实际输出值相差很小，选取的各因素与上、下盘移动角之间存在着较强的规律性，移动角的大小与上述因素有着密切的联系，从理论上证明可以预测充填法矿山开挖引起的岩层和地表移动范围问题，其准确程度关键在于样本参数选取的合理与否。

8.3.4.3 神经网络的 GUI 实现

GUI（图形用户界面）是指由窗口、光标、按键、菜单、文字说明等对象构成的一个用户界面。用户可以选择、激活这些图形对象，实现某种特定的功能，如计算、绘图等，能够在很大程度上提高工作效率。

Matlab 神经网络工具箱提供了 GUI 并不断完善，具有使用方便，功能强大的优点，而且其与外界连接也比较方便，可以直接从 Matlab 的工作空间中读取数据，也可以在硬盘中读取和存储数据，方便了使用，设计好的网络也可以重复使用。

Matlab 中 GUI 是一个独立的窗口，即 Network/Data Manager 窗口。界面如图 8 - 8 所示。

在 GUI 窗口中单击 New Network 按钮就可以创建神经网络，由于前面已经把网络的各项参数确定，这里就可以在弹出的网络创建窗口中设定，如选定网络类型为 BP 神经网络（feed-forword backprop），训练函数选择 traingdx，选择网络层数为 2，分别设定输入层和中间层的神经元个数为 7 和 10

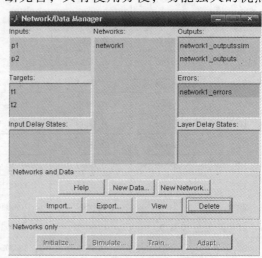

图 8 - 8　GUI 界面 Network/Data Manager 窗口

（图 8 – 9）。创建好的网络需要进行训练，训练参数设置如图 8 – 10 所示。创建好的网络需要进行训练，训练参数设置如图 8 – 11 所示。

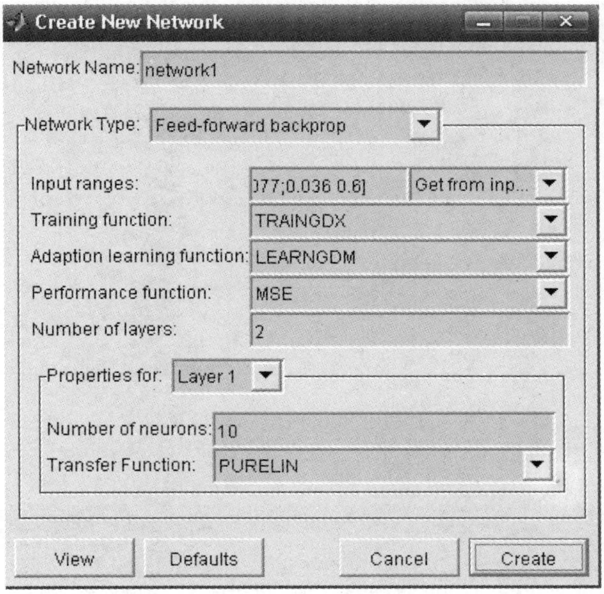

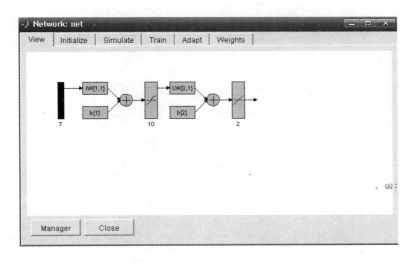

图 8 – 9　GUI 界面 BP 网络创建窗口

图 8 – 10　BP 网络训练参数设置（一）

　　在 GUI 界面中，单击 New Data 进行样本数据等的输入，由于它可以直接从工作空间中获取，就可以很方便地把前述的 BP 网络模型的样本输入输出数据导入 GUI 中，如图 8 – 12 所示。

　　BP 网络的参数和样本数据都设定好以后，再查看建好的网络，选择训练，就可以得到和前述程序一样的训练结果。

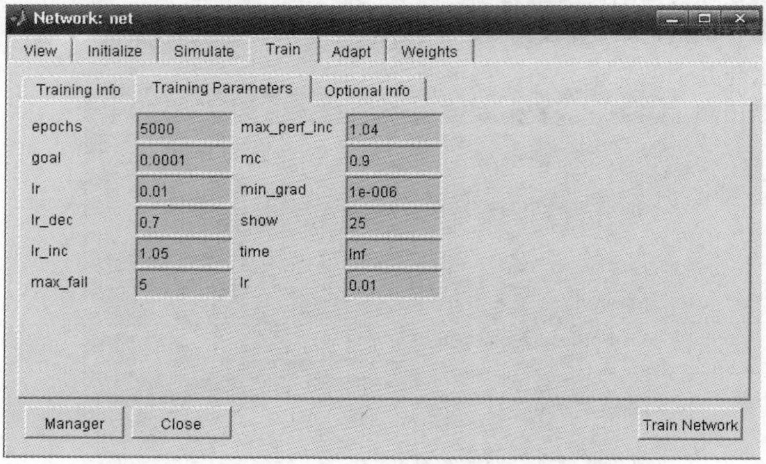

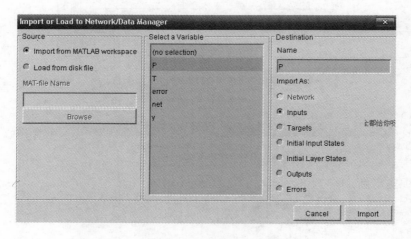

图 8-11 BP 网络训练参数设置（二）

图 8-12 BP 网络数据获取

8.3.5 三山岛金矿新立矿区海底开采岩层移动角预测

三山岛金矿新立矿区属于"焦家式"破碎蚀变岩型金矿，矿区北临渤海，地势自东南向西北由低而高。由于该矿地处海边，构造导水不仅对采矿有影响，而且还会影响岩层变形与移动。

矿区内出露地层主要为第四系海砂、海泥层，最大厚度 50m。其上伏地层是太古代至早元古代胶东群。主要岩性有斑状黑云母花岗岩、斜长角闪岩、黑云母片岩及黑云母变粒岩、片麻岩等，分布于破碎带上盘。破碎蚀变带位于胶东群地层与玲珑花岗岩交界处，偏玲珑花岗岩一侧。

矿体产于 F_1 下盘断层的蚀变岩内，走向 NE35°左右，倾向 SE，倾角 40°~45°。根据蚀变程度矿体下盘岩石依次为黄铁绢英岩、绢英岩、绢英岩化花岗岩、斑状黑云母花岗岩，矿体主要赋存在黄铁绢英岩、绢英岩内。

新立矿区随着矿山开采的不断发展，其开采效应将越来越明显，若因地表变形沟通地表水特别是海水与井下的直接联系，将危及矿山的稳定与安全。为此，有必要对其进行开采地表移动范围预测。

新立矿区至今还没有详细的地表移动与变形参数方面的实测值，根据前面建立的神经网络模型，根据三山岛金矿新立矿区已有的资料对其进行上下盘移动角预测，为工程提供参考依据。基本情况见表8-7。

表8-7 三山岛金矿概况

普氏系数		稳固程度		矿体倾角 /(°)	开采厚度 /m	矿体走向 长度/m	开采深度 /m
上盘	下盘	上盘	下盘				
9	8	基本稳固	基本稳固	46	53	1700	80

神经网络检验样本见表8-8。

表8-8 神经网络检验样本

矿山名称	输 入						
三山岛金矿	0.0090	0.0110	0.7000	0.7000	0.0460	0.0530	0.0800

利用已经训练好的网络模型对三山岛金矿的上、下盘移动角进行预测结果是：下盘移动角为69°，上盘移动角是71°。根据预测得到的上、下盘移动角就基本上可以确定地表移动范围。

8.3.6 三山岛金矿新立矿区开采竖井保护措施

新立矿区矿体赋存特征是：矿体露头推断在海底，主副竖井建设在靠岸边的陆地上，随着矿体往深部延伸，矿体往陆地延伸，在约900m深度与目前主副井筒相交，矿床后期开采会对竖井稳定性产生影响。根据71°移动角作图计算，矿床开采至-600m水平后，要留设竖井保安矿柱（图8-13）。

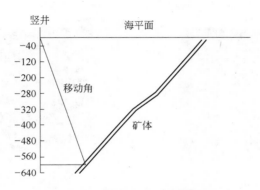

图8-13 矿床开采对竖井稳定性影响

8.4　海底开采沉陷的力学计算

8.4.1　数值计算模型的建立

8.4.1.1　确定材料参数

实体建模时岩层分为三类，分别为上盘岩石、矿体和下盘岩石，对于第四系松散岩层，参数凭经验适当取值。岩体和充填体力学参数见表8-9。

表 8-9　岩体和充填体力学参数

项　目	密度 /kg·m^{-3}	弹性模量 /GPa	黏聚力 /MPa	内摩擦角 /(°)	泊松比	膨胀角 /(°)	抗拉强度 /MPa	抗压强度 /MPa
上盘	2706	4.03	5.72	30.6	0.20	5	3.18	48
矿体	2710	4.51	6.43	32.6	0.19	5	3.72	60
下盘	2635	5.13	10.7	36.94	0.24	5	4.31	58
充填体	2100	0.2311	0.171	38.7	0.19	10	—	2.11

8.4.1.2　实体模型的建立

采用 ANSYS 有限元建立模型，实体模型的建立，一是要根据移动角大体估算可能的移动范围，二是要考虑计算机的可实现性。建立的模型参数如下：计算模型取走向920m，宽度为一个矿房宽度100m，深度为600m，矿房中矿柱尺寸取4m×4m，网度12m×12m。

计算考虑开采沉陷的最不利情况，即矿房全部采空，只留点柱，不留底柱。上部取最小保护层厚度为60m。由于研究对象为地面建筑，同时考虑开采沉陷范围，计算模型在往陆地方向取长度800m，往海水延伸方向取100m。

单元选取 solid 45 单元，计算采用 Drucker-prager 纯弹塑性强度破坏准则，该准则是莫尔-库仑模型的一种改进，修正了莫尔-库仑模型中的不规则六边形，拉压子午线均采用直线。为了计算准确，网格采用映射划分，共有48408个单元、60190个节点。计算模型的正视和立体图如图8-14和图8-15所示，模型中的矿柱布置、单元划分和构造应力施加如图8-16～图8-21所示。

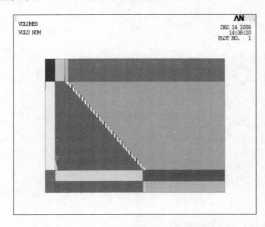

图 8-14　计算模型平视图

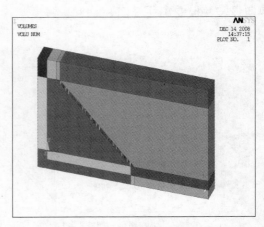

图 8-15　计算模型立体图

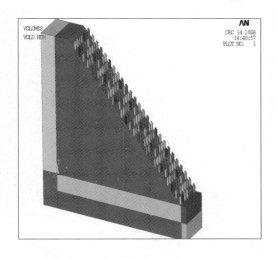

图 8 – 16 矿柱布置图

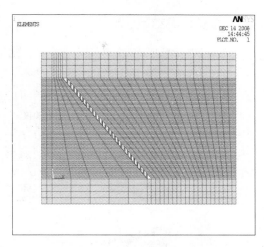

图 8 – 17 计算单元的划分平面图

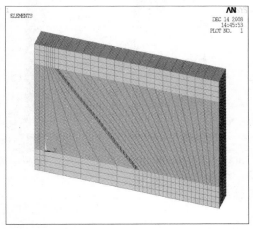

图 8 – 18 计算单元的划分立体图

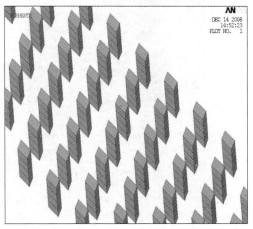

图 8 – 19 矿柱单元的划分

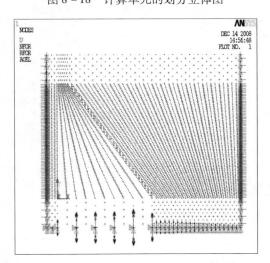

图 8 – 20 沿倾向构造应力的施加及边界约束

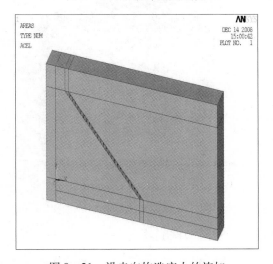

图 8 – 21 沿走向构造应力的施加

8.4.2　数值计算结果

图 8-22 所示为竖向位移立体图。图 8-23 所示为竖向位移计算结果的平面图。图 8-24 所示为水平位移立体图。图 8-25 所示为水平位移计算结果的平面图。从图 8-22 和图 8-23 可以看出，最大竖向位移发生在矿床开采的中部，随着开采范围的扩大，竖向位移逐渐减小；从图 8-24 和图 8-25 可以看出，矿床开采的最大水平位移发生在矿体中央 45°斜线方向的上盘地表岩层上，由于矿体倾角近 45°，根据开采沉陷规律，上述计算结果从方向上可以得到合理的解释。

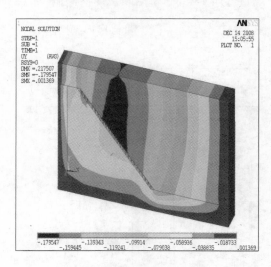

图 8-22　竖向位移立体图

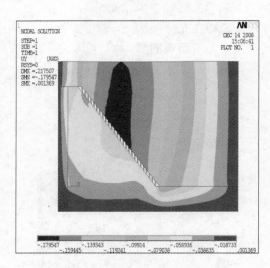

图 8-23　竖向位移计算结果平面图

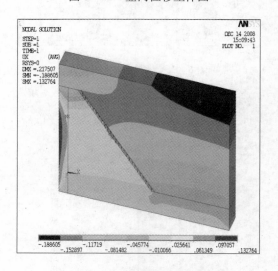

图 8-24　水平位移计算结果立体图

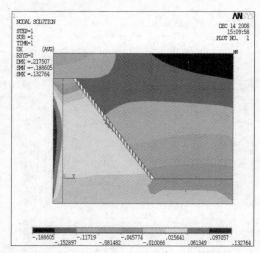

图 8-25　水平位移计算结果平面图

8.4.3　沉陷数据的处理

沉陷数据包括主断面上的沉陷数据和水平移动数据，所谓主断面就是指与开采边界方向垂直，并通过地表最大下沉值的垂直剖面。在地表移动盆地的主断面上范围最大，移动最充分，移动量最大。根据采动对地表影响的程度，可将地表下沉盆地划分为以下三类：

（1）非充分采动下沉盆地，即地表任一点的下沉值小于该地质采矿条件下的最大下沉值。

（2）充分采动，即地表下沉盆地主断面上某一点的下沉值达到了该地质采矿条件下的最大下沉值。

（3）超充分采动。当地表最大下沉值不再随开采范围的增加而增加，即形成平底的下沉盆地。

本节的计算是在矿体开采完后上覆岩层在自重作用和构造应力作用下，矿床开采沉陷计算值，即在充分采动的基础上进行分析。

选取主断面观测线如图 8 – 26 所示，在主断面观测线上的地表沉陷如图 8 – 27 和图 8 – 28 所示，在主断面观测线上的地表水平位移如图 8 – 29 和图 8 – 30 所示。

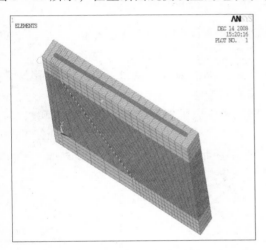

图 8 – 26　位移观测线

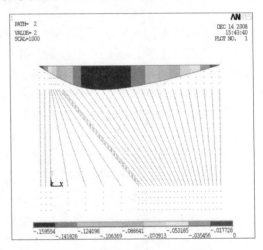

图 8 – 27　地表观测线上沉陷计算结果

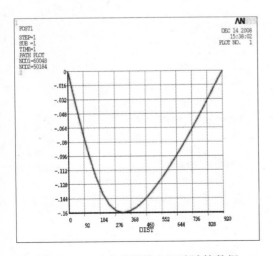

图 8 – 28　地表观测线上沉陷计算数据

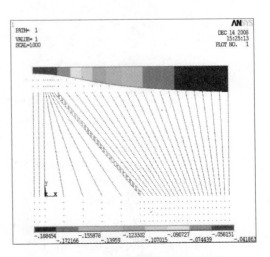

图 8 – 29　地表观测线上水平位移

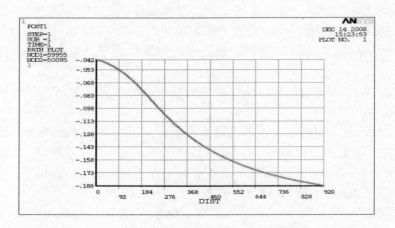

图 8 – 30 地表观测线上水平位移计算结果

从图 8 – 27 和图 8 – 28 可以看出，在主断面观测线上的地表沉陷最大位移处并不出现在开采矿体的正上方，而是在中心偏左位置，其偏离的位置受矿体倾角的影响。

图 8 – 29 和图 8 – 30 计算结果表明，矿床开采沉陷的最大位移处并非水平位移最大，最大水平位移随着开采的向下延伸而逐渐向开采方向推移。

影响地表建筑物的沉陷参数主要有四个，即沉降参数、斜率参数、曲率参数和水平变形参数。

主断面上沉陷参数如图 8 – 31 所示。计算显示主断面上最大沉降值 16cm，最大下沉点位于矿区中上部。对沉降曲线用 5 次曲线进行拟合，拟合结果为：

$$y = 2E^{-15}x^5 - 5E^{-12}x^4 + 2E^{-9}x^3 + 1E^{-6}x^2 - 0.001x + 0.0039$$

经回归检验，$R^2 = 0.9991$，拟合度较好。

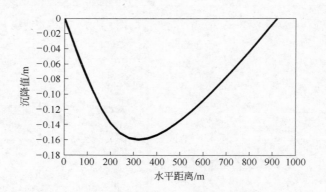

图 8 – 31 地表观测线上主断面沉降曲线

主断面上沉陷斜率曲线如图 8 – 32 所示，计算显示地面下沉的最大斜率为 – 0.8mm/m 和 0.4mm/m。

对下沉斜率曲线进行五次拟合，拟合结果为：

$$y = -4E^{-17}x^5 + 9E^{-14}x^4 - 9E^{-11}x^3 + 3E^{-8}x^2 - 2E^{-6}x - 0.0008$$

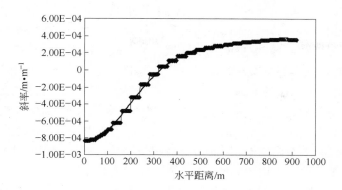

图 8 – 32 地表观测线上主断面斜率曲线

经回归检验，$R^2 = 0.998$，拟合度较好。

沉陷曲率线如图 8 – 33 所示，计算结果显示曲率最大值为 $0.8 \times 10^{-4} \mathrm{m}^{-1}$。

水平变形曲线如图 8 – 34 所示，计算结果显示水平最大变形值为 $0.32 \mathrm{mm/m}$。

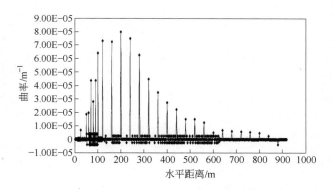

图 8 – 33 地表观测线上主断面曲率曲线

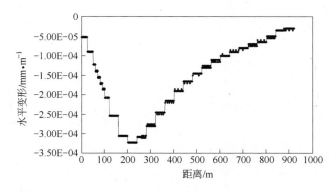

图 8 – 34 地表观测线上主断面水平变形曲线

8.4.4 海下开采沉陷对矿区周边建筑的影响评价

根据开采沉陷的计算参数，矿区周边建筑的分布情况以及建筑物本身的结构条件，可以对建筑物可能的损害程度进行评价分级，进而提出有效的控制措施。

海下矿体呈近东西走向，并往西南深海方向延伸，矿体往北为海水延伸方向，矿体南部为陆地。按照移动角划分陆地可能沉陷区域，从而确定沉陷区域内的建筑分布。

矿区可能沉陷区域内的主要建筑物可分为三部分，即新立分矿工业广场，新立矿区充填站和新立村。其中工业广场多为三层小楼，并有部分平房，建筑结构为砖混结构和砖石结构。新立矿区充填站分布建筑较少，主要是尾砂仓和水泥仓以及措施井，为混凝土结构。而新立村为村庄，多为民房，结构为砖石结构。建筑物分布在矿区北部5km范围内，部分可能位于采矿沉陷范围之内，因此需要对建筑物的可能损坏程度进行评价。

关于开采沉陷对房屋损害的程度，一是取决于地表移动变形量，二是取决于房屋在沉陷盆地的位置，三是取决于房屋本身的结构条件。矿区开采范围内涉及采动损害的房屋主要是矿区工业广场建筑和农村村庄房屋，多为砖混结构楼房和砖混结构平房、砖木结构以及土筑平房等。由于建筑物结构和抗变形能力不同，在划分破坏等级标准时，应区别对待。

我国将长度或变形缝区段内长度小于20m的砖混结构房屋破坏分为四个等级，见表8-10。

表8-10　砖石结构建筑物的破坏（保护）等级

损坏等级	建筑物损坏程度	地表变形值			损坏分类	结构处理
		水平变形/mm·m^{-1}	曲率/m^{-1}	倾斜/mm·m^{-1}		
I	自然砖墙上出现1~2mm的裂缝	≤2.0	≤0.2×10^{-3}	≤3.0	轻微损坏	不修
	自然砖墙上出现宽度小于4mm的裂缝，多条裂缝总宽度小于10mm				轻微损坏	简单维修
II	自然砖墙上出现宽度小于15mm裂缝，多条裂缝总宽度小于30mm。钢筋混凝土梁柱上裂缝长度小于1/3截面高度；梁端抽出小于20mm，砖柱上出现水平裂缝，缝长大于1/2截面边长；门窗略有歪斜	≤4.0	≤0.4×10^{-3}	≤6.0	轻度损坏	小修
III	自然砖墙上出现宽度小于30mm的裂缝，多条裂缝总宽度小于50mm。钢筋混凝土梁柱上裂缝长度小于1/2截面高度；梁端抽出小于50mm，砖柱出现小于5mm水平错动；门窗严重变形	≤6.0	≤0.6×10^{-3}	≤10.0	中度损坏	中修
IV	自然砖墙上出现严重交叉裂缝、上下贯通裂缝，以及墙体严重外鼓、歪斜；钢筋混凝土梁柱裂缝沿截面贯通；梁端抽出小于50mm，砖柱出现小于5mm的水平错动；门窗严重变形	>6.0	>0.6×10^{-3}	>10.0	严重损坏	大修
					极度严重损坏	拆建

根据计算，主断面上地表沉陷最大水平变形为0.32mm/m，最大曲率为0.8×10^{-4}m^{-1}，最大倾斜0.8mm/m。

根据国家规定的等级分类，建筑物的损坏等级为Ⅰ级，自然砖墙上可能会出现1mm左右的裂缝，对房屋使用不构成影响，因此可以不进行结构处理。

建议三山岛金矿加强地表开采沉陷的实际监测，尤其是对井筒等重要构筑物进行位移的收敛监测，以监测数据为基础进行开采沉陷的预测预报。

8.5 深部取消点柱对地表沉陷的数值模拟

为研究取消-555m水平以下矿体点柱后岩层移动及滨海地表沉降规律，采用大型三维有限元分析软件ANSYS进行数值模拟，以期对取消点柱试验效果进行评价，并以相关建筑物保护等级划分规定为准则，判别各危险区段地表移动变形范围及其对地表建筑的危害程度。

8.5.1 基本假设

数值模拟是一种评价岩体稳定性的定性或准定量的方法，为了使计算结果比较接近实际情况，应该对岩体介质性质及计算模拟等作一些必要的假设。

岩石的力学性质是指它的弹性、塑性、黏性及各向异性等，根据在应力作用下所表现出来的变形特征及本构关系，可将岩石分为线弹性、弹塑性及黏弹性等多种属性。岩石力学属性是确定岩体性质的基础，但岩体具有特定的结构，加上岩体的性质各向异性及结构各向异性的影响而使其复杂化。大量的工程实践表明，岩体结构特征空间上的分布既有一定的规律性，又有一定的随机性。对于三山岛金矿，从矿山岩体工程的宏观范围考虑，可以将其看作似均质各向同性介质。但考虑到岩体具有复杂的力学性质，比如弹性、塑性、流变变形、应变硬化或应变软化等，又具有复杂的结构特性，如岩体结构、岩体介质结构及地质结构等，因此可以将岩体视为非线性弹塑性介质，采用Drucker-Prager屈服准则。它是物体中某一点由弹性状态转变到塑性状态时各应力分量的组合所满足的条件。在分析塑性问题时，屈服准则是至关重要的指标。

三山岛金矿的地质条件及岩体结构条件比较复杂，计算模拟中不可能写真式地充分反映和考虑，数值模拟计算只能考虑对巷道围岩稳定性起控制作用的大型或较大型结构面，小型的结构面如节理、裂隙等由于它们的尺寸相对于整个矿体来说太小的，就没有必要考虑了。

8.5.2 数值模拟模型

8.5.2.1 网格划分方法

网格划分方法有四种，即延伸划分、映像、自由划分和自适应划分。延伸网格划分可将一个二维网格延伸成一个三维网格。映像划分可以将几何模型分解成简单的几部分，然后选择合适的单元属性和网格控制，生成映像网格。

8.5.2.2 单元类型的确定

单元类型决定单元的自由度设置、单元形状、维数、位移形函数。经常采用的单元有壳单元、线单元、二维实体和三维实体。壳单元用来模拟平面或曲面，其厚度大小取决于实际应用。一般来说，壳单元用于主尺寸不小于10倍厚度的结构。对于只受拉、压力的线单元，通常将其定义为杆单元。对于既受拉、压力又有弯曲应力的，则将其定义为梁单元。值得注意的是对扭转变形和敏感，对于承受扭矩的实体，要用二维实体单元来模拟。二维实体单元用于模拟实体的截面，必须在总体直角坐标系 $x-y$ 平面内建立模型。所有荷载作用在 $x-y$ 平面内，其位移也在 $x-y$ 平面内。

8.5.2.3　形函数的选择

形函数是指给出单元内结果形态的数值函数。因为有限元分析的解答只是结点自由度值，需要通过形函数用节点自由度的值来描述单元内任一点的值，因此每一个单元的形函数反映单元真实特性的程度，直接影响求解精度。对单元类型的不同描述，可得到不同的精度。

本次模拟对象是三山岛金矿，采用 ANSYS 有限元建立三维模型。选取取消点柱的分界深度为 -555m，-555m 以下采用盘区式开采。

实体模型的建立一是要根据移动角大体估算可能的移动范围，二是要考虑计算机的可实现性。建立的模型参数如下：计算模型取走向 1230m，宽度为 500m，深度为 1000m，矿房中矿柱尺寸取 4m×4m，网度 15m×15m，顶底柱 3m。

计算考虑开采沉陷的最不利情况，即矿房全部采空，只留点柱，不留底柱。上部取最小保护层厚度为 60m，点柱法回采高度 -450m，以及采用盘区法回采高度 450m。由于研究对象为地面建筑，同时考虑开采沉陷范围，计算模型在往陆地方向取长度 1100m，向海水延伸方向取 100m。

考虑到把整个矿山建成一个三维模型，模型采用位移边界条件，采用地层 - 结构法的数值模拟分析方法，边界应力包括自重应力场代替构造应力。矿区模型如图 8 - 35 和图 8 - 36 所示。

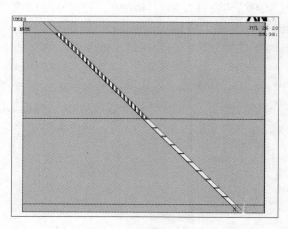

图 8 - 35　数值模型平面图

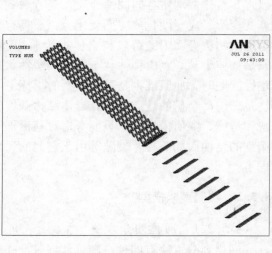

图 8 - 36　点柱及顶底柱分布图

8.5.3　模拟参数的选取

在模拟中，所选取的参数包括弹性模量、泊松比、黏度系数、摩擦系数、摩擦角等，尽量使模型与实际工程相同。根据应用的不同材料特性，可以实线性和非线性的。与单元类型、实常数一样，ANSYS 软件对每一组材料特性有一个材料参考号。但值得注意的是，材料库中的特性值是为了方便而提供的，这些数值是材料的典型值，可以进行基本分析及一般应用场合，特殊情况时可以自己输入数据。线性材料特性可以是常数或温度相关的，各向同性或正交异性的，对各向同性材料只需指定其一个方向的特性，非线性材料特性通常是表格数据，如塑性数据、磁场数据、蠕变数据、膨胀数据、超弹性材料数据等。材料特性主要是由材料本身物理特性决定的。

三山岛金矿矿区以黄铁绢英岩质碎裂岩、黄铁绢英岩化花岗质碎裂岩、绢英岩化花岗岩为。考虑到岩石力学实验中所用的试件与工程中岩体的差别，对实验数据需要进行折减，折减系数值见表 8-11，模拟中使用的基本岩石力学参数见表 8-12。

表 8-11 岩体力学参数折减系数

参　数	弹性模量	抗剪强度	内摩擦角	抗压强度	泊松比	黏聚力
折减系数	$K_E = 0.25$	$K_\tau = 0.6$	$K_\phi = 0.6$	$K_R = 0.6$	$K_\mu = 1.0$	$K_C = 0.6$

表 8-12 模拟中使用的岩体力学参数

项　目	密度 /$kg \cdot m^{-3}$	弹性模量 /GPa	黏聚力 /MPa	摩擦角 /(°)	泊松比	膨胀角 /(°)
上盘	2706	22.17	31.46	30.6	0.20	5
矿体	2710	20.33	33.17	32.6	0.19	5
下盘	2635	28.22	58.85	36.94	0.24	5
充填体	2100	0.2311	0.171	38.7	0.19	10

通过以上分析建立有限元模型网格图如图 8-37 和图 8-38 所示。模型中共有 70413 个单元，单元类型为 solid45。

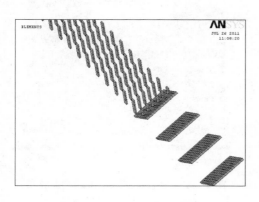

图 8-37 点柱及顶底柱网格

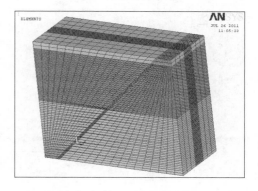

图 8-38 三维模型网格图

8.5.4 计算结果分析

在地表移动盆地的形成过程中，逐渐改变了地表的原有形态，引起地表标高、水平位置发生变化，从而导致位于影响范围的建（构）筑物的损坏。从地表移动的力学过程及工程技术问题的需要出发，地表移动的状态可用垂直移动和水平移动进行描述。常用的定量指标有下沉、水平位移、倾斜、曲率、水平变形、扭曲和剪应变。根据国内建（构）

筑物的损坏标准，采用倾斜、曲率、水平变形 3 个评价指标。下面就三山岛金矿地下开采模拟得到的地表移动盆地主断面进行分析。

（1）下沉。地表点的沉降称为下沉，是地表移动向量的垂直分量，开采扰动情况下地表移动的下沉位移分布如图 8－39 和图 8－40 所示。

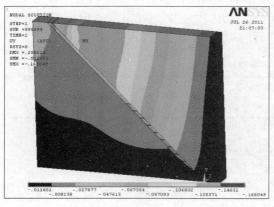

图 8－39　开采扰动下沉位移三维分布图　　　　图 8－40　开采扰动下沉位移平面分布图

（2）水平移动。地表下沉盆地中某点沿某一水平方向的位移称为水平移动，开采扰动情况下地表垂直矿体走向的水平位移分布如图 8－41 和图 8－42 所示。

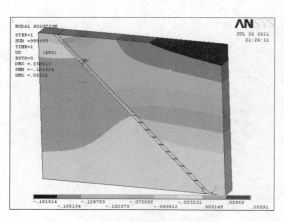

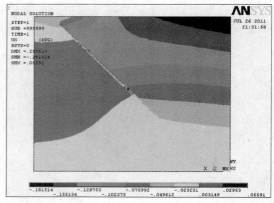

图 8－41　垂直走向水平位移三维分布图　　　　图 8－42　垂直走向水平位移平面分布图

（3）下沉曲线。下沉曲线表示地表移动盆地内下沉的分布规律，设主断面方向为 x 轴，下沉位移为 y 轴，地表移动盆地主断面上的下沉曲线如图 8－43 所示。

对垂直矿体走向沉降点分别进行拟合，拟合结果为：

$$y = -2.089 \times 10^{-18} x^6 + 8.378 \times 10^{-15} x^5 - 1.237 \times 10^{-11} x^4 + 7.463 \times 10^{-9} x^3 -$$
$$4.765 \times 10^{-7} x^2 - 0.00109x + 0.130988$$

拟合系数为 0.9974。拟合度较好。

（4）倾斜曲线。倾斜曲线表示地表移动盆地倾斜的变化规律，为下沉的一阶导数，通过对下沉曲线数据的处理，可得到地表移动盆地垂直矿体走向主断面上的倾斜曲线如图 8-44 所示。

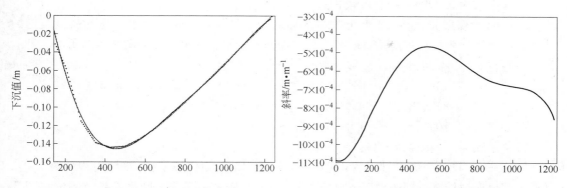

图 8-43 垂直矿体走向主断面下沉曲线　　图 8-44 垂直矿体走向主断面下沉倾斜曲线

对垂直矿体走向沉降点斜率分别进行拟合，拟合结果为：

$$y = -5.911 \times 10^{-25} x^6 - 1.044 \times 10^{-17} x^5 + 3.35110 - 14 x^4 - 3.711 \times 10^{-11} x^3 +$$
$$1.493 \times 10^{-8} x^2 - 4.764 \times 10^{-7} x - 0.00109$$

拟合系数为 1。拟合度较好。

（5）曲率曲线。曲率曲线表示地表移动盆地内曲率的变化规律，它是倾斜的一阶导数，通过对倾斜曲线数据的处理，可得到地表移动盆地垂直矿体走向主断面上的曲率曲线如图 8-45 所示。

对垂直矿体走向沉降点曲率分别进行拟合，拟合结果为：

$$y = 1.102 \times 10^{-27} x^6 - 7.736 \times 10^{-24} x^5 - 4.175 \times 10^{-17} x^4 + 1.005 \times 10^{-13} x^3 -$$
$$7.422 \times 10^{-11} x^2 + 1.493 \times 10^{-8} x - 4.764 \times 10^{-7}$$

拟合系数为 1。拟合度较好。

（6）水平移动曲线。水平移动曲线表示地表移动盆地内水平移动的分布规律，水平移动的分布规律与倾斜曲线相似，通过数值计算结果的处理，得到地表移动盆地垂直矿体走向主断面上的水平移动曲线如图 8-46 所示。

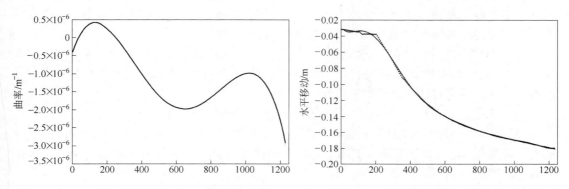

图 8-45 垂直矿体走向主断面下沉曲率曲线　　图 8-46 垂直走向主断面水平移动曲线

对垂直矿体走向水平移动点分别进行拟合，拟合结果为：

$$y = 1.337 \times 10^{-23}x^8 - 7.091 \times 10^{-20}x^7 + 1.545 \times 10^{-16}x^6 - 1.77 \times 10^{-13}x^5 +$$

$$1.126 \times 10^{-10}x^3 - 3.786 \times 10^{-8}x^3 + 5.513 \times 10^{-6}x^2 - 0.000319x - 0.028234$$

拟合系数为 0.9993。拟合度较好。

（7）水平变形曲线。水平变形是水平移动的一阶导数，通过对水平移动曲线数据的处理，可得到地表移动盆地垂直矿体走向主断面上的水平变形曲线如图 8-47 所示。

对垂直矿体走向水平移动变形分别进行拟合，拟合结果为：

$$y = -2.138 \times 10^{-30}x^8 + 1.07 \times 10^{-22}x^7 - 4.964 \times 10^{-19}x^6 + 9.27 \times 10^{-16}x^5$$

$$-8.85 \times 10^{-13}x^3 + 4.5 \times 10^{-10}x^3 - 1.136 \times 10^{-7}x^2$$

$$+1.103 \times 10^{-5}x - 0.00031946$$

拟合系数为 1。拟合度较好。

图 8-35~图 8-38 是针对 A、B 矿区分别建立的数值模拟模型，图 8-39~图 8-42 是通过数值模拟计算得到的地表下沉图，图 8-43~图 8-47 为主断面上各点的位移图及通过进一步的处理得到的地表变形斜率图及曲率图。

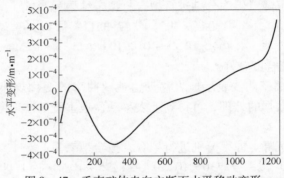

图 8-47   垂直矿体走向主断面水平移动变形

综上所述，研究结论为：

（1）竖直沉降分析。矿区最大沉降位移区域位于垂直走向 430m 处，最大沉降值达到 140.642mm，正好处于点柱式开采与盘区法开采分界处的上方，与理论分析结果吻合。

（2）倾斜及曲线分析。矿区最小倾斜区域均位于点柱式开采与盘区法开采分界处的上方。结合地下采空区平面图及地表下沉曲线图对地表斜率变化规律进行分析，发现点柱式开采引起的倾斜情况比盘区式开采引起的倾斜较大一些。

（3）曲率曲线分析。矿区最大曲率区域均位于盘区法开采矿体的上方，最大值达 $3 \times 10^{-6}m^{-1}$。结合曲率曲线图可以看出，曲率变化在 -150m、-600m 以及 -1000m 附近有拐点，在开采中应对这些区域加强观测。

（4）水平位移分析。矿区水平位移在观测线上呈递增趋势。

（5）水平变形曲线。由水平变形曲线图可知，点柱式开采变形为负，在 600m 左右水平变形降为 0，盘区式开采部分矿体上方地表位移表现为距离活动采场越远的地方，水平变形逐渐增大。

8.5.5 地表沉降对矿区建筑群的影响评价

根据开采沉陷的计算参数，矿区周边建筑的分布情况以及建筑物本身的结构条件，可以对建筑物可能造成的损害程度进行评价分级，进而提出有效的控制措施。

8.5.5.1　矿区周边建筑结构状况

矿体呈近东西走向，并往东南陆地方向延伸，矿体往西为海水延伸方向，矿体东南部为陆地。按照移动角划分陆地可能沉陷区域，从而确定沉陷区域内的建筑分布。

矿区可能沉陷区域内的主要建筑物可分为四部分，即三山岛村、交通道路、油库工业区和办公楼及家属区。其中三山岛村多为民房，建筑结构为砖混结构和砖石结构。油库多为桶装结构。办公楼及家属区多为三层楼房，结构为砖混结构和砖石结构。建筑物分布在矿区东南部 5km 范围内，部分可能位于采矿沉陷范围之内，因此需要对建筑物的可能损坏程度进行评价。

8.5.5.2　计算结果分析

根据计算结果，三山岛金矿深部开采取消矿柱后，主断面上地表垂直位移为 14cm，最大水平变形为 0.4mm/m，最大曲率为 $3 \times 10^{-6} m^{-1}$，最大倾斜 0.011mm/m。按国家规定的等级分类（表 8 - 10），建筑物的损坏等级为 Ⅰ 级，自然砖墙上可能会出现 1mm 左右的裂缝，对房屋使用不构成影响，可以不进行结构处理。

参 考 文 献

[1] 曹丽文，姜振泉. 人工神经网络在煤矿开采沉陷预计中的应用研究 [J]. 中国矿业大学学报，2002，31（1）：23～26.

[2] 童立元，等. 高速公路下伏采空区问题国内外研究现状及进展 [J]. 岩石力学与工程学报. 2004 (4)：1198～2002.

[3] 刘红元. 采动影响下覆岩破坏过程的虚拟研究 [D]. 沈阳：东北大学. 2000.

[4] 刘宝琛，廖国华. 煤矿地表移动的基本规律 [M]. 北京：中国工业出版社，1965.

[5] 何国清，杨伦，等. 矿山开采沉陷学 [M]. 徐州：中国矿业大学出版社，1991.

[6] 王建学. 开采沉陷塑性损伤结构理论与冒矸空隙注浆充填技术的研究 [D]. 北京：煤炭科学研究总院，2001.

[7] 任松. 岩盐水溶开采沉陷机理及预测模型研究 [D]. 重庆：重庆大学，2005.

[8] 林国威. 二广高速公路连州至黎埠路段采空区地面沉陷危险性评价研究 [D]. 广州：中山大学，2009.

[9] 王金庄，等. 矿山开采沉陷及其损害防治 [M]. 北京：煤炭工业出版社，1995.

[10] 国家煤炭工业局. 建筑物、水体、铁路及主要井巷煤柱留设与压煤开采规程 [S]. 北京：煤炭工业出版社，2000.

[11] 周国铨，等. 建筑物下采煤 [M]. 北京：煤炭工业出版社，1983：410～421.

[12] 代智军. 村庄下条带放顶煤开采地表移动规律研究 [D]. 焦作：焦作工学院，2000：4～5.

[13] 王芳. 电子经纬仪在煤层相似材料模拟实验中的应用 [J]. 露天采矿技术，2006（1）：18～19.

[14] 徐良骥. 急倾斜煤层开采条件下地表移动与变形研究 [D]. 淮南：安徽理工大学，2004.

[15] 栾元重，等. 煤矿地表移动三维力学预计模型 [J]. 金属矿山，2000（7）：9.

[16] [波] 克诺特·李特维尼申，等. 矿区采动损害保护 [M]. 上西里西亚：上西里西亚出版社，1980.

[17] 张建全. 煤矿采动覆岩离层发展时空规律及应用研究 [D]. 北京：北京科技大学，2002.

[18] 煤科总院北京开采所. 煤矿地表移动下覆岩破坏规律及其应用 [M]. 北京：煤炭工业出版社，1981：360.

[19] 王芳. 急倾斜煤层条带开采地表移动与变形规律研究——以许岗煤矿为例 [D]. 淮南：安徽理工大学，2006.

[20] 刘宝琛. 随机介质理论在矿业中的应用 [M]. 长沙：湖南科学技术出版社，2004.

[21] 赵经彻，何满潮. 建筑物下煤炭资源可持续开采战略 [M]. 徐州：中国矿业大学出版社. 1997：8.

[22] 刘叶杰，常江，崔希民，等. 开采沉陷预计的样条概率积分法探讨 [J]. 江苏煤炭，1992 (1)：21～24.

[23] 谢和平，周宏伟. FLAC 在为矿开采沉陷预测中的应用及对比分析 [J]. 岩石力学与工程学报，1992，18 (4)：397～401.

[24] 郭广礼，汪云甲，等. 概率积分法参数的稳健估计模型及其应用研究 [J]. 测绘学报，2000，(4)：162～165.

[25] 袁灯平，马金荣，董正筑. 利用 ANSYS 进行开采沉陷模拟分析 [J]. 济南大学学报（自然科学版），2001，15 (4)：336～338，345.

[26] 唐又驰，朱建军. 某矿西翼村庄下开采方案可行性研究 [J]. 辽宁工程技术大学学报（自然科学版），2001，20 (3)：285～287.

[27] 戚冉，黄建华，郭春颖. 矿山地面塌陷预测方法研究 [J]. 中国矿业，2008，(6)：39～41.

[28] 李全明，付士根，王云海，等. 矿山地下开采对地表建筑物影响的评价方法研究 [J]. 轻金属，2008，(1)：4～9.

[29] Zhang Hua, WangYunjia, Li Yongfeng. SVM model for estimating the parameters of the probability-integral method of predicting mining subsidence [J]. Mining Science and Technology. 2009，19：385～388.

[30] 胡友健，邹友峰，李长河，等. 焦西矿四一采区建筑物下最优开采方案 [J]. 焦作工学院学报，1999，18 (1)：22～26.

[31] 谢飞鸿. 开采沉陷山区地表变形可视化分析系统 [J]. 兰州铁道学院学报（自然科学版），2003，22 (6)：73～75.

[32] 潘宏宇，余学义，黄森林，等. 柏林煤矿工业广场南翼滑坡区稳定性分析 [J]. 煤炭工程，2005，3：63～65.

[33] 李文秀，侯晓兵，张瑞雪. 模糊测度在山区开挖岩体移动分析中的应用 [J]. 模糊系统与数学，2007，21 (2)：155～158.

[34] 罗亮，曾涛，梁峰. 矿山地表沉陷预计及其三维可视化研究 [J]. 测绘，2009，32 (5)，204～206.

9 海底矿床开采安全监测技术

9.1 岩层移动与巷道变形监测

金属矿床地质条件通常比较复杂，矿体形状很不规则，因此不同的矿山所采用的采矿方法也不尽相同，所形成的采空区的形状和尺寸千差万别[1]。这样便导致金属矿山开采的岩层移动变形规律研究较煤矿更为复杂，且至今仍处于起步阶段。海底采矿是一个庞大的系统工程，不仅要从采矿技术上保障海底采矿的安全，还要健全一系列的海底开采安全监测系统以及预警救援系统，包括井巷的收敛变形监测、冲击地压的微震监测、岩层变形的位移监测、渗水点的水量与水质监测以及整个海底开采的安全预警与救援系统的建设等。岩层位移监测正是海底开采安全监测体系中的一项，是为了随时监测上覆岩层随采矿发展而产生的移动变形情况，及时判断岩层变形是否在控制范围之内，是否威胁到海底开采的安全，既是一种监测手段，同时也是一种预警手段。其次，岩层移动变形的监测数据还可以反馈于采矿工程设计，为采矿方法的优化设计、充填体强度设计、矿柱设计，采场结构参数设计、支护方法、最小隔离层厚度计算等提供数据支撑[2~4]。

地下开采诱发的围岩和地表变形是一个渐进过程，它直接影响到采场周围及井巷工程的稳定。地下开采引起的地表沉陷和巷道变形问题直接关系到采矿的安全发展，因此对矿山进行安全监测是保障矿山安全生产和防止事故发生的关键[5]。由于矿岩地质构造复杂，每个矿山的矿岩物理力学性质都各不相同，各矿山的开采方法和采场参数也不尽相同，地下开采引起的岩层移动和地表沉陷规律及巷道变形情况就很难掌握，处理难度很大。到目前为止，金属矿山开采沉陷方面还没有建立起较系统的计算或预测理论，尚处于研究的起步阶段[6]；一些矿山企业采用计算机监控的方式对矿山进行安全监测[7~10]，但在沉陷监测手段和监测仪器方面相对比较落后[11~12]。

三山岛金矿海底开采岩层移动和巷道断面变形监测的主要内容有：

(1) 岩层移动监测手段研究；

(2) 岩层移动监测点的布置研究；

(3) 上覆岩层随矿房开采的移动规律研究；

(4) 现场数据监测与力学计算相结合，研究三山岛金矿的岩层移动和巷道变形规律。

9.1.1 岩层移动监测

岩层移动是一个十分复杂的物理、力学变化过程，也是岩层产生移动和破坏的过程。研究岩层移动规律的一个重要手段就是进行现场监测，然后根据监测数据的分析，研究岩层移动和巷道变形的规律。

9.1.1.1 监测方法选择

地下开采引起的岩层与地表移动，是从工作面直接顶板开始，逐渐向上发展，直至地表。要了解岩层与地表移动的全过程，仅设地表移动观测站是不够的，还需要对岩层内部的位移进行观测。要掌握地下开采引起的岩层内部移动规律，同掌握地表移动规律一样，实际观测是基本手段。目前岩层移动的观测工作，主要是在工作面周围及其上部的巷道中和钻孔中进行。根据不同的观测目的和观测条件选择观测的地点和方法。在岩层内部设置一些互相联系的观测点，称为岩层内部观测站。岩层内部观测站地点的选择、建站的原则、观测方法及要求、成果整理等和地表移动观测站相似，但也有它本身的特点。为了设计合理的回采工艺和开采顺序，解决建筑物、井巷和水体下的安全开采等问题，都需要以岩层移动和地表移动规律为依据。因此研究岩层移动规律是采矿实践中经常遇到的重要问题。

钻孔观测法是指：在采动影响范围内，从地面或井下巷道中向围岩内部钻孔，并在钻孔内不同水平上设置观测点进行观测（图9-1）。钻孔中设置测点的位置和数量，应根据观测目的来确定。一般观测点应设在各岩层的接触面附近，在岩层内按一定间距设点。通过观测求出各测点沿轴向的移动量及其移动速度。设在深部测点的钻孔，多数是专门打的。如果利用原有钻孔，则需切断钻孔中的套管。钻孔测点分为金属和木制两种。金属测点是用混凝土灌注使之与孔壁岩层固结在一起。木制测点是用压缩木制成，利用其遇水膨胀的性能与孔壁固结在一起。此外，还可以用钻孔伸长仪、钻孔测斜仪和单点（多点）位移计等进行岩层的竖向移动和水平移动的测量。

由于三山岛金矿是在海底开采，设立地表观测站受诸多限制，存在局限性，只能采用岩层内部观测的方法研究岩层移动的规律。岩层内部移动观测主要包括巷道中观测岩层移动和钻孔中观测岩层移动两种方法，由于不可能布设地表钻孔，因此三山岛金矿岩层移动选择巷道中观测的方法。

监测方案主要包括：（1）在原有穿脉的基础上施工巷道直达矿体上盘。（2）施工位移观测硐室。（3）在位移观测硐室中施工不同高度上向孔，设计孔深为10m、20m、30m。（4）埋设单点位移计。由埋设在不同高度钻孔内的三个单点位移计组成多点位移计。

图9-2所示为岩层位移监测示意图。

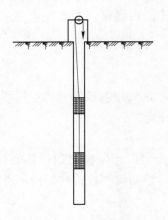

图9-1 钻孔观测法安装
结构示意图

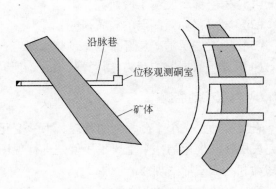

图9-2 三山岛金矿岩层位移
监测示意图

9.1.1.2 岩层移动监测设备和监测原理

A 单点位移计

三山岛金矿海底开采岩层位移监测采用国防科技大学湘银河传感有限公司生产的多点位移计，型号为 YH2005，量程 50mm。为防止井下腐蚀，材质采用不锈钢。

单点位移计位移监测系统如图 9 – 3 所示。单点位移计主要由锚头（图 9 – 4）、传递杆、位移传感器（图 9 – 5）、电缆线、手持式读数仪（图 9 – 6 和图 9 – 7）等组成。

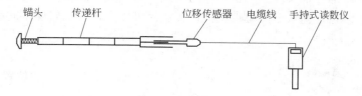

图 9 – 3   位移监测系统结构示意图

图 9 – 4   锚头

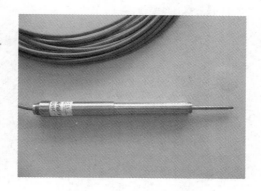

图 9 – 5   位移传感器

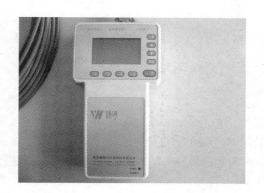

图 9 – 6   手持式读数仪

图 9 – 7   读数仪与传感器的连接

B 单点位移计安装与读数

由于岩层在竖向变形上呈现出由地表往下递减的规律，因此可通过位移计测出岩层在垂直方向上的相对变形。安装时，将锚头和位移传感器通过注浆或用锚杆水泥药卷与岩体固定在一起。锚头、传递杆将岩层变形的物理量传递下来，在位移传感器中转化为电信号，然后经数据电缆线传递到手持式读数仪,在此可以直接读出位移变形量,如图9-8所示。安装完毕数据读数稳定时,可把初始数据进行调零,以后读出的数据即为岩层变形量。

其中锚头设计为机械式自锚固,安装前锚头机械爪为闭合状态,当锚头顶到预定位置后可通过手动装置使机械爪张开,实现摩擦锚固。

由于多点位移计施工比较复杂,技术要求比较高。很多工程上多点位移计的安装均以失败告终,造成较大的经济损失。在吸取以前工程经验的基础上,三山岛岩层移动监测采用多个单点位移计组合来实现多点位移计的功能。为实现三点位移计的功能,可依次按设计高度打三个小钻孔,埋入三支单点位移计,从而可以实现观测岩层不同高度上的竖直沉降规律,如图9-9所示。

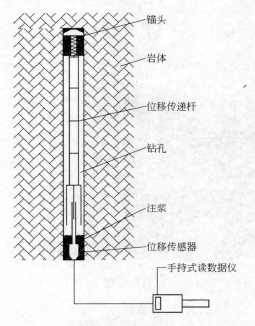

图9-8 单点位移计运行示意图

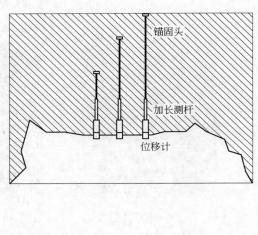

图9-9 三个单点位移计组成的三点位移计

9.1.1.3 岩层移动监测方案与实施

A 岩层移动监测点的选择

a 选点原则

岩层位移观测主要为了实现两个目的,一是保障海底开采的安全,二是为了研究硬岩矿床的岩层移动规律,因此岩层移动监测点的选择要以实现上述目的为基本依据。选点的主要原则为:

(1) 监测点应位于海下,为海下开采服务;

(2) 应布置在矿体上盘,监测上盘的竖直沉降;

(3) 应尽量接近海底,如165中段、135中段、105′中段;能够观测矿房开采前、开采中、开采后的沉降;

(4) 能够观测矿房在充填接顶与未接顶条件下的沉降;

(5) 尽早获取数据,对海底开采安全提供数据参考;

(6) 施工方便,经济可行。

b 监测点的实际位置

基于以上原则，位移观测线选择在 55 线、63 线和 71 线，工程平面和剖面图如图 9-10~图 9-13 所示，井下位移计安装施工工程量见表 9-1。

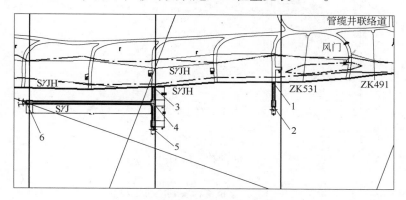

图 9-10 位移监测设计平面图

1~6—位移计观测硐室

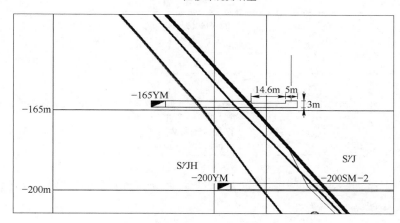

图 9-11 55 线位移监测设计立面图

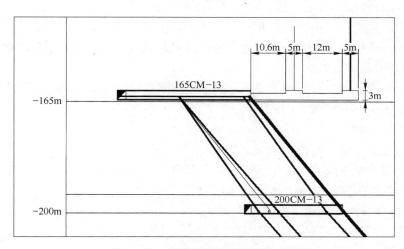

图 9-12 63 线位移监测设计立面图

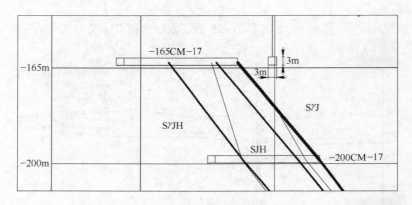

图9-13 71线位移监测设计立面图

表9-1 井下位移计安装施工工程量

项　目		55线-165m	63线-165m	71线-165m	总　计
位移计安装横巷/硐室	长度/m	19.6	32.6	100	152
	规格	14.6m（2×2） 5m（3×3）	22.6m（2×2） 10m（3×3）	95m（2×2） 5m（3×3）	132m（2×2.3） 20m（3×3）
位移计钻孔	数量/个	3	6	3	12
	长度/m	60	120	60	240
	规格	10m、20m、30m各一个； 直径25mm底端扩孔40mm，深270mm	10m、20m、30m各一个，共2个硐室； 直径25mm底端扩孔40mm，深270mm	10m、20m、30m各一个； 直径25mm底端扩孔40mm，深270mm	

在工程施工过程中，根据实际情况，71线硐室改为直接从穿脉穿过，165中段55线改为200中段63线。

B 岩层移动监测工程施工与安装

a 位移计安装硐室的设计施工

为进行矿山岩层移动观测，需开挖专门巷道和位移计安装硐室。专门巷道是在原有穿脉的基础上进行开挖，以通达矿体上盘。位移计安装硐室用来施工上向孔和埋设位移计。

b 监测巷道及硐室的施工

位移观测专用巷道设计规格为2m×2m，监测硐室设计为3m×3m。开挖完成之后的巷道和硐室如图9-14和图9-15所示。

c 支护要求

专用巷道需进行喷浆支护。

安装硐室需进行挂网喷浆支护，等位移计施工完成后用机械U形钢支护。支护参数的确定待工程岩体揭露后根据岩体情况予以确定。

d 岩层位移计的安装施工

岩层位移计安装需在安装硐室中施工上向孔，设计高度为10m、20m、30m，以观测不同高度岩层竖向沉降变形规律。

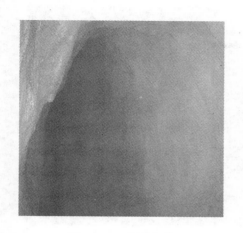

图 9 – 14 监测巷道

图 9 – 15 监测硐室

e 钻孔施工

每个安装硐室中施工三个上向孔（图 9 – 16），设计高度为 10m、20m、30m。钻孔施工要求如下：

（1）钻孔轴线弯曲度应不大于钻孔半径，以避免传递杆过渡弯曲，影响传递效果。

（2）孔向偏差应小于 3°，孔深应比最深测点深 1.0m 左右，孔口应保持稳定平整。

（3）钻孔结束后应把钻孔冲洗干净，并检查孔的通畅情况。

图 9 – 16 10m、20m、30m 上向孔

（4）距离开挖工作面附近的孔口，应预留安装保护设施的孔。

（5）埋设在拱部上斜或上垂孔内的位移计，要充分估计仪器安装埋设时孔口承受的荷载（仪器自重和灌浆压力）。

（6）若孔口岩面较好，可用锚栓和钢筋作担梁支撑。岩面差的孔口需专门搭设构架作孔口支撑，直至钻孔注浆固化。

f 位移计安装

首先将锚头、传递杆、位移传感器进行现场组装。主要施工顺序为：调整锚头→接线→连接锚头与第一节传递杆→用线从杆中将传递杆全部穿起→连接小传感器等。

待位移计整体组装完毕后，将锚头、传递杆依次伸入钻孔中，到达预定深度后，锚头将预先安装的水泥药卷顶破，同时拉断铁丝连线，此时体系整体重量由机械锚爪的摩擦力承担，待水泥药卷凝固后，水泥药卷和机械锚爪联合锚固，承担体系重量。锚头和传递杆施工完毕后，进行位移计传感器的安装。将位移计传感器插入钻孔，和传递杆上的小传感器进行对接，并通过手持式读数仪调整位置。高度合适后，通过水泥药卷进行锚固。此时位移传感器的重量由凝固后的水泥药卷承担。

整个体系安装完毕后如图 9 – 17 和图 9 – 18 所示。

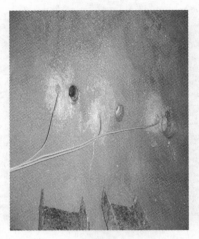

图 9 - 17   位移计施工完照片

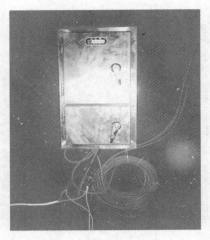

图 9 - 18   数据采集盒

位移计安装好后，开始测量。试验矿段开采前，每月对位移计测量一次，了解巷道的变形与位移计的计量误差；试采开始后，每周对各点位移测量 1 次，同一测点每次重复观测三次，取三次平均值作为测量结果。

9.1.1.4   岩层移动监测数据及分析

A   测点编号

每一只传感器出厂时都会设置一个全球唯一的编号，即传感器编号，同时为了测量方便，对每一只传感器的测量地点进行了编号。编号规则如下，四个测点分别用 A、B、C、D 表示，其中 A 为 -165m 中段 63 线观测巷道最里面硐室；B 为 -165m 中段 63 线观测巷道第二个硐室；C 为 -165m 中段 71 线观测硐室；D 为 -200m 中段 63 线观测硐室。10、20、30 分别代表 10m、20m、30m 钻孔。如 C20 表示测点为 -165m 中段 71 线观测硐室的 20m 钻孔位置。

B   监测原始数据

多点位移计的安装于 2009 年 4 月 10 日结束。2009 年 4 月 11 日、2009 年 4 月 24 日、2009 年 5 月 4 日、2009 年 5 月 9 日、2009 年 5 月 14 日直至 9 月 15 日，共计监测 157 天，A、B、C、D 四个点多点位移计测试数据如图 9 - 19 ~ 图 9 - 22 所示。图 9 - 23 ~ 图 9 - 25 所示分别为 10m、20m 和 30m 监测点数据对比曲线。

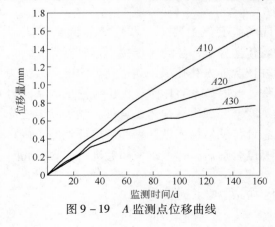

图 9 - 19   A 监测点位移曲线

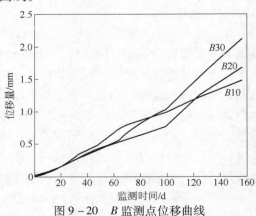

图 9 - 20   B 监测点位移曲线

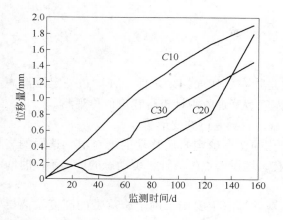

图 9-21 C 监测点位移曲线

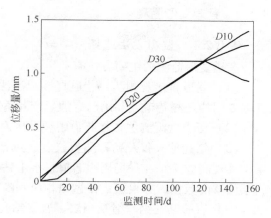

图 9-22 D 监测点位移曲线

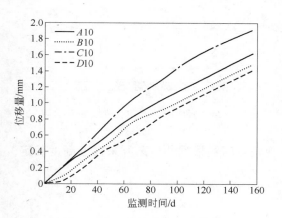

图 9-23 10m 监测点位移曲线

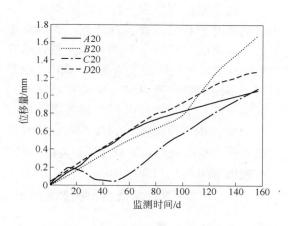

图 9-24 20m 监测点位移曲线

C 监测数据分析

从图 9-19~图 9-25 多点位移计监测数据可以看出：随着采场开采矿石，多点位移计读数逐渐增大（仅 D 点随采矿作业暂呈现抛物线特征），157 天的最大变形量为 2.2mm，大多数点在 1.8mm 以下，变形量较小。监测结果表明，由于矿山采用充填法开采，岩层移动变形得到了有效的控制。

三山岛金矿岩层移动监测是海底安全开采的关键，虽然目前监测的变形量较小，但必须坚持长期监测，及时整理和分析数据，为海底安全开采提供预警信息。

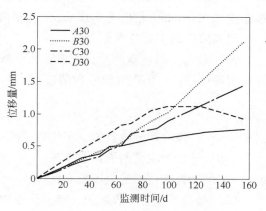

图 9-25 30m 监测点位移曲线

9.1.2　巷道变形监测

9.1.2.1　监测方法选择

巷道变形监测的主要方法有：

（1）巷道直接观测法。巷道直接观测法是指在工作面回采之前，在周边一定距离内开掘专门的观测巷道或利用已有的生产巷道，安装巷道收敛计进行巷道位移观测。

（2）压力盒观测法。在巷道中埋设压力盒，观测巷道的变形量。

（3）钻孔伸长仪及钻孔测斜仪。通过钻孔的变形确定岩层移动的绝对值，选用的岩层位移观测方法是在采场周边巷道打水平钻孔，埋设多点位移计，可动态的读出不同时间岩层位移的数据，并根据数据做出相应判断。

（4）岩移钻孔钢丝绳观测法。岩移钻孔钢丝绳法主要用于确定垮落带的高度及离层出现的位置。其主要原理是在地表钻孔中布置测点并进行沉降观测，并根据各观测点的下沉规律确定垮落带的高度及离层出现的位置等。

本研究采用收敛计对巷道变形监测。

根据观测目的和条件，在采空区上方不同高度的巷道内设置观测点，观测巷道的方向应该与矿体走向垂直或平行，最好位于移动盆地主断面上（图 9 – 26）。设站时，不同水平的观测线与地表移动观测线应位于同一竖直面，以利于观测资料的对比分析，巷道观测线的长度，应包括移动

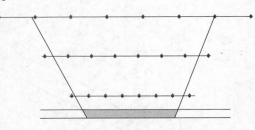

图 9 – 26　岩层内部移动观测线的设置

最充分的范围和采动影响范围以外的一部分，观测点间距根据巷道离开采区的高度确定，一般取等间距 5 ~ 15m。

9.1.2.2　巷道收敛监测仪器及监测原理

A　监测仪器

巷道断面收敛位移的量测多采用收敛计，本次采用的 SWJ – Ⅳ 隧道收敛计为中铁西南科学研究院（原铁道部科学研究院西南分院）开发的 SWJ 系列收敛计的第四代产品，其最小读数 0.01mm，精度为 0.06mm。其整机结构如图 9 – 27、图 9 – 28 所示。

仪器操作的主要技术要求：

（1）读数。每次观测至少完成三次读数（最大互差不大于 0.09mm），取其平均值为该次观测读数值。该次观测收敛值按式（9 – 1）计算：

$$C = R - R_0 \tag{9 – 1}$$

式中　C——该次观测收敛值，正值表示收敛基线缩短，负值表示基线伸长；

　　　R——初始观测的表读数；

　　　R_0——该次观测的表读数。

（2）换孔及换孔后收敛值计算。该收敛计尺带孔间距为 25mm。因此当读数窗内读数值超过 25mm 时，应换尺孔。具体换孔时的读数范围值按表 9 – 2 选取。

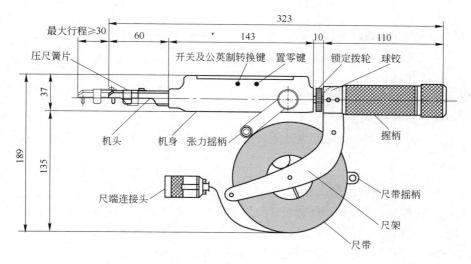

图9-27 SWJ-Ⅳ隧道收敛计结构

图9-28 SWJ-Ⅳ隧道收敛计

表9-2 推荐的换孔读数

尺带伸出长度/m	推荐的换孔读数	尺带伸出长度/m	推荐的换孔读数
20	25.20~25.80	10	25.20~27.80
15	25.20~26.80	5	25.20~28.80

换孔时,换前和换后各测一次,换孔后的收敛值按式(9-2)计算:

$$C_i = C_0 + R_i - R_0' \qquad (9-2)$$

式中 C_i——换孔后第 i 次观测收敛值;

C_0——换孔前收敛值;

R_i——换孔后第 i 次观测表读数值;

R_0'——换孔后初次观测表读数值。

如换孔前未测而只进行了换孔后观测,则该次观测的收敛值为:

$$C = (R \pm nd) - R_0 \tag{9-3}$$

式中　R——该次观测表读数值；

　　　$\pm$——尺孔读数减小取 $+$，尺孔读数增加取 $-$；

　　　n——换孔数；

　　　d——尺孔中心距，标称值为 25.0mm；

　　　R_0——初始观测的表读数值。

（3）温度修正。观测收敛值的温度修正值按式（9-4）计算：

$$\Delta t = (t_0 - t) L \alpha \tag{9-4}$$

式中　Δt——该次观测收敛值的温度修正值；

　　　t_0——初始观测时的尺带温度；

　　　t——该次观测时的尺带温度；

　　　L——尺带拉出的长度即孔位读数，mm；

　　　α——尺带线膨胀系数，取 $11.1 \times 10^{-6} \text{℃}^{-1}$。

则考虑温度修正的该次观测收敛值为：

$$C = C' + \Delta t \tag{9-5}$$

式中　C'——该次观测的尺带读数。

　　B　监测原理

　　由于地下工程的特点及其复杂性，自 20 世纪 50 年代以来国际上就开始通过对地下工程的变形观测来监视围岩和支护的稳定性。开挖后的变形观测是新奥法施工中不可或缺的主要环节之一，它可以检验和评价开挖后围岩的最终稳定性，为支护设计提供必要的信息，同时还可以监视施工过程的安全程度，正确地指导施工。因此，巷道开挖后的变形观测对指导锚杆喷射混凝土支护设计施工有着重要的意义。

　　巷道开挖后，岩体的初始应力平衡状态发生了改变，由于围岩应力重新分布和洞壁应力释放的结果，使围岩产生了变形，洞壁有不同程度的向内净空位移。根据《锚杆混凝土支护技术规范》（GBJ 86—85）要求，在开挖后的洞壁上应及时安设测点，采用不同的观测点，观测两测点间的相对位移值，用相对的位移量或位移速率来判定围岩与支护的稳定性，据此通过必要的力学分析，及时掌握巷道围岩变化动态及支护受力情况，获得围岩力学动态和支护工作状态的信息，以修正和确定支护系统的设计和施工对策。

9.1.2.3　巷道收敛计技术特点及测点埋设

　　A　巷道收敛计技术特点

　　（1）巷道收敛计质量轻、体积最小，携带、使用方便。重量 1.5kg，其中钢尺及尺架重量将通过握柄传递到测点上，而非直接加在拉出的尺带上。

　　（2）采用球铰定向系统设计，具有较大的倾斜量测范围，并且在该范围内，机身在尺带张力的牵引下总能自动保持与尺带的同轴性。倾斜量测范围为：垂直面内 $+85°$ ~ $-20°$，水平面内 $\pm 20°$（图 9-29 和图 9-30）。这一范围可以满足收敛计所有可能用到的量测角度。

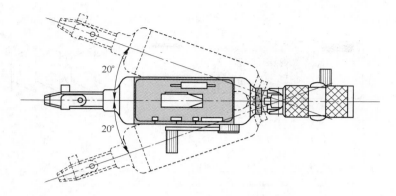

图 9 - 29　水平面内倾斜量测范围

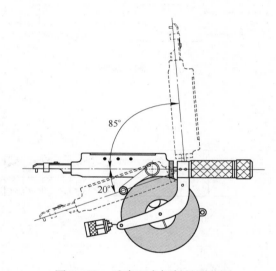

图 9 - 30　垂直面内倾斜量测范围

B　技术指标

（1）外形尺寸：长度 323mm，高度 189mm，宽度 75mm；

（2）量测精度：重复性指标不大于 0.06mm，位移总不确定度不大于 0.10mm（≤20m）；

（3）量值范围：最小读数 0.01mm，最大读数 30mm。

C　测点及其埋设

收敛计采用专用测点及连接系统，使仪器可以快速方便地上下测点。配有钩式测点连接件，安装该连接件后，可使用钩式测点，以便用于斜基线的观测。专用测点由测点头、防护帽、紧固螺母及埋设杆组成（图 9 - 31、图 9 - 32 和图 9 - 33）。其中，紧固螺母为 M12 标准件。埋设时，可先将埋设杆（或膨胀螺栓）埋入岩面内（凿眼、灌浆），然后旋入测点头并用紧固螺母顶紧。

测站布置在 -540m 中段运输大巷的巷道中，如图 9 - 34 所示。

测点的布设采用交叉三角形布置，每个断面安装三个测点（顶部中线上布置一个测点，两侧帮上距巷底 0.2m 处各设一个测点）。通过测量断面上各测点间的距离变化计算

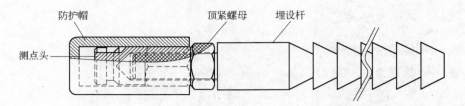

图 9 – 31 测点

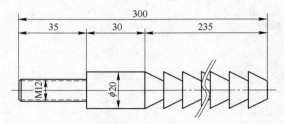

图 9 – 32 测点埋设杆

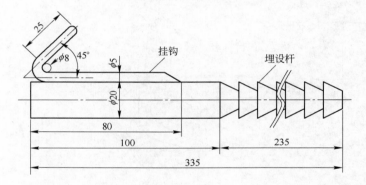

图 9 – 33 钩式测点

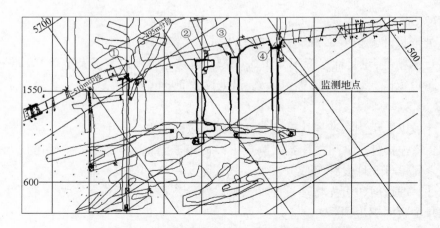

图 9 – 34 巷道断面收敛位移监测测站布置图

两帮相对位移及顶板点的竖向位移（图 9 – 35）。

观测时间及频度：在巷道开挖或支护后第一个月内，每天观测 1 次；第二个月，两天测读 1 次；第三个月以后，每周测读 1 次，直到位移不变化或变化很小，停止观测。每个断面的测点采用相同的量测频度。如遇突发事件，则应加大观测频度。

9.1.2.4　巷道表面位移监测结果及分析

A　巷道变形量的计算原理

以测点 A、B、C 组成的 $\triangle ABC$ 为例，两帮相对位移和顶板岩移可以通过量测 A、B 间以及 AC、BC 间的位移读数求得。计算顶板岩移基于以下原理：

（1）A、B、C 三测桩埋设于同一垂直平面内，且 A、B 两桩设在同一水平线上；

（2）A、B 两点只存在水平位移，顶板的 C 点只发生垂直位移。

计算简图如图 9-36 所示，具体求解过程如下：

令：$AB = a$，$AB' = b$，$BB' = c$，$BD = x_{c_1}$，$B'D = x_{c_2}$，$AD = h$

$$s = 1/2(a + b + c)$$

$A_1 B_1 = a'$，$A_1 B_1' = b'$，$B_1 B_1' = c'$，$B_1 D = x_{c_1}'$，$B_1' D = x_{c_2}'$，$A_1 D = h'$

$$s = 1/2(a' + b' + c')$$

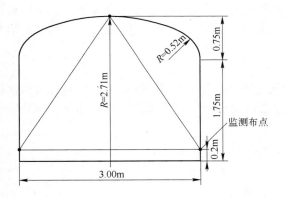

图 9-35　巷道位移测点布置断面图

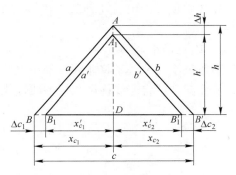

图 9-36　观测断面位移计算简图

由图 9-36 可得到如下关系：

$$\left.\begin{array}{l} \Delta c_1 = x_{c_1} - x_{c_1}' \\ \Delta c_2 = x_{c_2} - x_{c_2}' \\ \Delta h = h - h' \end{array}\right\} \tag{9-6}$$

式中　Δc_1，Δc_2——分别为两侧帮相对巷道中心线的移近量；

　　　　Δh——顶板下沉量。

$$\left.\begin{array}{l} x_{c_1} = \dfrac{c^2 + a^2 - b^2}{2c} \\[2mm] x_{c_2} = \dfrac{c^2 + b^2 - a^2}{2c} \\[2mm] h = (2/c) \cdot s \cdot (s - a) \cdot (s - b) \cdot (s - c) \end{array}\right\} \tag{9-7}$$

$$x'_{c_1} = \frac{c'^2 + a'^2 - b'^2}{2c'}$$

$$x'_{c_2} = \frac{c'^2 + b'^2 - a'^2}{2c'} \tag{9-8}$$

$$h' = (2/c') \cdot s' \cdot (s' - a') \cdot (s' - b') \cdot (s' - c')$$

B   巷道变形监测数据误差消除方法

巷道变形受多种随机因素的影响，因此，它是一种动态的非线性过程。巷道变形观测值受外部环境如温度、湿度、磁场等因素的影响较大，包含了无法补偿的系统误差，尤其是初次观测值中的系统误差，如果不消除，它将在后续变形中累积放大，致使观测值与实际值的偏差越来越大，无法为工程设计人员提供可靠的信息。

消除误差的主要方法是通过建立合适的数学模型来实现。在以往的研究中，所建立的数学模型仅仅考虑单因素或少数几个因素的影响，而且也仅仅采用较为简单的线性函数关系来建立数学模型，如最小二乘法函数模型、插值函数模型等。这些函数模型与客观实际相差较大，当模型误差是一个极微小量时，被忽视的模型误差对参数估计值影响甚微，当模型误差的存在不能被忽略时，就会对参数估值产生很大的影响。为了提高模型的精度，就必须采用非线性研究方法，在模型中补充随时间连续变化的系统误差分量，这可以通过多种途径实现，常用的几种数学模型有阻尼最小二乘法、卡尔曼滤波法、半参数回归分析法。

a   阻尼最小二乘法

阻尼最小二乘法是将非线性最小二乘问题逐次化为一系列线性最小二乘问题来迭代求解，从而减少了将非线性函数模型线性化过程中的模型误差，提高了计算精度，其数学模型为：

$$\left. \begin{array}{l} V^{T}PV = \min \\ \text{s. t.} \quad f(\hat{L}) = f(L + V) = 0 \end{array} \right\} \tag{9-9}$$

$$\sigma_0^2 = (V^{T}PV)/r \tag{9-10}$$

式中 $\hat{L}$——观测值的平差值向量；

L——观测值的改正系数向量；

V——观测值的权阵；

P——单位权方差；

r——多余观测数。

将观测值 L 作为近似值引入阻尼条件平差中，可以得到阻尼条件平差的迭代算法，阻尼最小二乘法的迭代步骤为：

$$\left. \begin{array}{l} V^{(s+1)} = -\left[\left(\dfrac{\partial f(\hat{L})}{\partial \hat{L}} \right)^{T} PV + \lambda I \right]^{-1} \left[\dfrac{\partial f(\hat{L})}{\partial \hat{L}} \right]^{T} f(L) \\ L^{(s+1)} = L^{(s)} + V^{(s)} \end{array} \right\} \tag{9-11}$$

式中 I——单位矩阵；

λ——阻尼因子，是以非负实数，一般取 (0，1)。

b   卡尔曼滤波法

卡尔曼滤波法是卡尔曼于 1960 年提出的从与被提取信号有关的测量中通过计算法估

计出所需信号的一种滤波算法。它是当前应用最广的一种动态数据处理方法，拥有最小无偏差。它的最大特点是能够剔除随机干扰误差，从而获得逼近真实情况的有用信息。其基本方程为：

$$\left.\begin{array}{l} X_k = \varphi_{k,k-1} X_{k-1} + w_k \\ L_k = A_k X_k + \varepsilon_k \end{array}\right\} \tag{9-12}$$

式中　X_k——t_k 时刻状态向量；

　　$\varphi_{k,k-1}$——状态转移矩阵；

　　w_k——动力模型噪声向量；

　　L_k——观测向量；

　　A_k——设计矩阵；

　　ε_k——观测误差向量。

　　则 X_k 的估计 $\widehat{X}_k$ 可按下述方程求解：

$$\widehat{X}_k = \varphi_{k,k-1} \widehat{X}_{k-1} + K_k (L_k - A_k \varphi_{k,k-1} \widehat{X}_{k-1}) \tag{9-13}$$

式中　K_k——滤波增益矩阵：

$$K_k = \left(\varphi_{k,k-1} \sum_{\widehat{X}_{k-1}} \varphi_{k,k-1}^{\mathrm{T}} \sum_{w_k} \right) A_k^{\mathrm{T}} \left[A_k A_k^{\mathrm{T}} \left(A_k \varphi_{k,k-1} \sum_{\widehat{X}_{k-1}} \varphi_{k,k-1}^{\mathrm{T}} + \sum_{w_k} \right) + \sum_{w_k} \right]^{-1} \tag{9-14}$$

　　$\sum_{\widehat{X}_{k-1}}$——观测误差向量 ε_k 的方差协方差矩阵；

　　$\sum_{w_k}$——动力模型噪声方差阵。

　　单位权方差 σ_0^2 可用下式求解：

$$\widehat{\sigma}_k^2 = \frac{\xi_k^{\mathrm{T}} P_{\xi_k} \xi_k}{n_k} \tag{9-15}$$

$$\xi_k = L_k - A_k \varphi_{k,k-1} \widehat{X}_{k-1} = V_x^{\mathrm{T}} P_{\xi x} V_x + V_k^{\mathrm{T}} P_{\Delta} V_k \tag{9-16}$$

式中　V_x——$\varphi_{k,k-1} \widehat{X}_{k-1}$ 的改正数；

　　V_k——L_k 的改正数，也称作观测值相对于状态值的残差向量；

　　p_x——$\varphi_{k,k-1} \widehat{X}_{k-1}$ 的验前阵；

　　P_{Δ}——L_k 的验前阵。

　　ξ_k——观测值相对于状态一步预测值的残差；

　　$P_{\xi x}$——ξ_k 的权阵为 $P_{\xi x} = (P_{\Delta}^{-1} + A_k P_x^{-1} A_k^{\mathrm{T}})^{-1}$；

　　$\widehat{\sigma}_K^2$——第 K 期滤波的单位权方差 σ_0^2 的估值；

　　n_k——第 K 期滤波观测值的个数。

　　c　半参数回归分析法

　　半参数模型的矩阵形式为：

$$L = Bx + S + \Delta \tag{9-17}$$

式中　L——n 维观测向量；

　　x——t 维参数向量；

　　t——必要的观测数；

Δ——n 维偶然误差向量；

B——列满秩设计矩阵；

S——$S = (S_1, S_2, \cdots, S_n)^T$，$n$ 维非参数向量。

通过正则化方法给 **S** 加上一个约束。假设正则因子 **R** 为 N 阶对称正定矩阵，取正则化参数 $\alpha = 5$，得到具有正定矩阵的法方程为：

$$\begin{bmatrix} B^T P_n B & B^T P_n \\ P_n B & P_n + \alpha R \end{bmatrix} \begin{bmatrix} \hat{x} \\ \hat{s} \end{bmatrix} = \begin{bmatrix} B^T P_n L \\ P_n L \end{bmatrix} \qquad (9-18)$$

因此 x 的估计值为：

$$\hat{x} = (B^T \overline{P} B)^{-1} B^T \overline{P} L \qquad (9-19)$$

$$\overline{P} = P_n [L - (P_n + \alpha R)^{-1} P_n]$$

S 的局部线性估计 $\hat{S}$ 为：

$$\hat{S} = (P_n + \alpha R)^{-1} P_n (L - B \hat{x}) \qquad (9-20)$$

单位权方差 σ_0^2 为：

$$\sigma_0^2 = \frac{S^T P Q_V P S}{t} \qquad (9-21)$$

式中 Q_V——$\hat{S}$ 的协因素矩阵，$Q_V = -BN^{-1}B^T$。

C 监测结果及分析

下面以第一测站第一个月的巷道两帮相对移近量为例，采用线性最小二乘法模型、阻尼最小二乘法、卡尔曼滤波法和半参数回归分析法分别对收敛计量测值进行计算，其结果见表 9-3。

表 9-3 四种误差处理模型计算结果

时间/d		2	4	6	8	10	12	14	16
观测值		8.25	18.16	30.45	42.93	52.72	62.71	66.23	69.19
模型 A	真值	8.82	17.35	31.78	44.75	50.13	65.84	69.79	78.45
	权方差	0.21	0.38	0.42	0.56	0.64	0.66	0.74	0.72
模型 B	真值	8.46	17.94	31.42	43.78	51.34	64.85	68.23	72.81
	权方差	0.12	0.14	0.32	0.37	0.34	0.45	0.51	0.24
模型 C	真值	8.42	18.01	30.94	43.22	52.31	62.98	66.95	70.24
	权方差	0.09	0.11	0.26	0.32	0.25	0.17	0.22	0.10
模型 D	真值	8.38	18.08	30.86	43.15	52.39	62.86	66.88	70.21
	权方差	0.08	0.12	0.18	0.30	0.26	0.14	0.19	0.08
时间/d		18	20	22	24	26	28	30	
观测值		74.04	79.51	85.65	94.27	107.28	114.75	126.12	
模型 A	真值	81.47	84.50	96.75	106.4	118.45	123.67	138.43	
	权方差	0.81	0.79	0.88	0.90	0.89	0.83	0.94	
模型 B	真值	76.41	79.70	88.57	97.02	110.13	116.79	129.24	
	权方差	0.27	0.42	0.29	0.28	0.26	0.27	0.24	

时间/d		18	20	22	24	26	28	30	
观测值		74.04	79.51	85.65	94.27	107.28	114.75	126.12	
模型 C	真值	75.11	78.96	86.26	94.95	108.34	115.21	126.88	
	权方差	0.25	0.24	0.17	0.14	0.13	0.15	0.17	
模型 D	真值	75.04	78.81	86.32	94.77	108.63	115.17	126.42	
	权方差	0.23	0.22	0.12	0.11	0.08	0.11	0.14	

从表 9-3 中可以看出，采用线性最小二乘法模型计算的位移值与原始观测值产生厘米级偏差，这种误差不容忽视。而阻尼最小二乘法、卡尔曼滤波法和半参数回归分析法计算的位移值与原始观测值的变化趋势非常接近。阻尼最小二乘法、卡尔曼滤波法和半参数回归分析法消除误差的精度较高，都能满足工程设计要求，其中半参数回归分析法最为理想。

根据收敛计的量测值，采用半参数回归分析法对其误差进行消除，所得的直属矿区 -540m 中段大巷试验巷道两帮移近量、顶板下沉量 70 天的监测数据如图 9-37～图 9-44 所示。

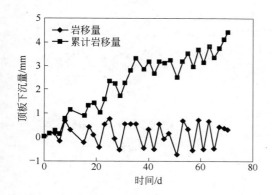

图 9-37 断面①顶板下沉岩移量及累计岩移量与时间的关系

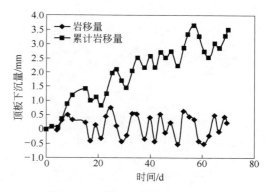

图 9-38 断面②顶板下沉岩移量及累计岩移量与时间的关系

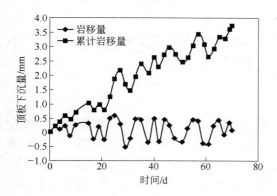

图 9-39 断面③顶板下沉岩移量及累计岩移量与时间的关系

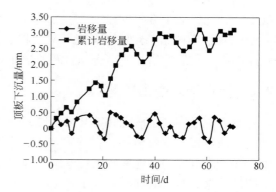

图 9-40 断面④顶板下沉岩移量及累计岩移量与时间的关系

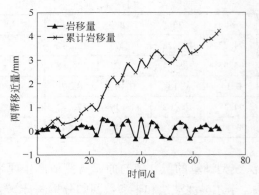

图 9-41　断面①两帮移近岩移量及
累计岩移量与时间的关系

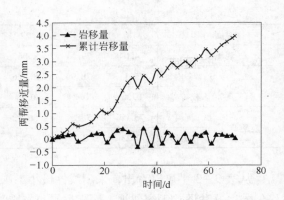

图 9-42　断面②两帮移近岩移量及
累计岩移量与时间的关系

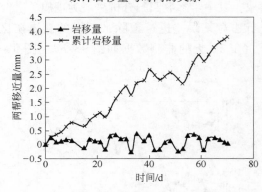

图 9-43　断面③两帮移近岩移量及
累计岩移量与时间的关系

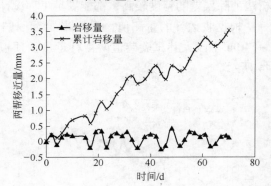

图 9-44　断面④两帮移近岩移量及
累计岩移量与时间的关系

分析上述实测结果，可以得出如下规律：

（1）从实测结果可以看出，矿区深部巷道受采动和原岩应力场的影响，变形量较小，两个多月时间内两帮移近量和顶板下沉量都不超过 5mm。导致这种结果的一个原因是巷道开挖时间较早，另一方面也说明了 -555m 采用盘区式开采的采场，在目前支护条件下较安全，能保证正常的生产。

（2）从实测结果还可以发现，两帮移近量和顶板沉降量都有观测初期变形量大，增长速率高，它们的增长速率会随时间的增加而逐渐降低。

9.2　海岸地表变形监测

地表变形实测是研究井下开采岩层移动规律的重要手段，也是判断其他研究手段所得结论正确与否的重要依据，在许多矿山工程中得到应用。三山岛矿区在长期的开挖过程中，在开采范围内的地表和关键建筑上都安装了测点，并进行了长期观测工作，积累了大量测试数据，对分析和研究地下开采对地表变形的影响具有重要意义。在研究收集了历年测试数据，又重新增设了许多测试点，继续对地表变形进行了观测，经过对这些数据的分析处理，基本掌握了三山岛矿区海底开采海岸地表变形规律，尤其是三山岛金矿海边车间地表测试数据，较全面地反映了井下多年开采过程中地表变形状态，揭示了不同时期、不同深度和不同区段开采对海岸地表变形的影响关系。

9.2.1 测试区域

三山岛矿区从 1996 年就开始设点测试，一直连续至今，其主要测点布置如图 9-45 所示。

9.2.2 测试仪器与测定方法

在监测过程中，测量人员遵循沉降观测"五定"原则，所用水准仪稳定，使用 JENA-005A 水准仪，测量精度 1mm，采用二等水准观测。每次测量矿区，都有固定测量人员观测，相同的水准路线，以时间为周期进行观测，使所测得结果都具有一定的趋向性，保证了各次复测结果与首次观测结果可比性更一致，使所观测的沉降值更真实。

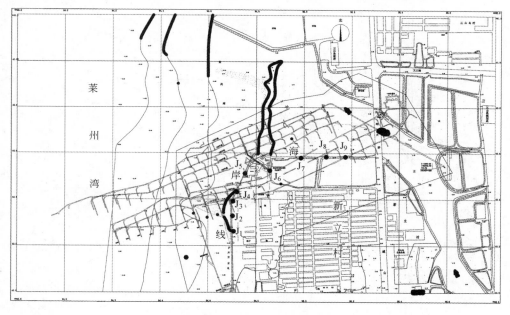

图 9-45　测点布置平面图

根据《工程测量规范》（GB 50026—93），沉降观测采用蔡司 Koni005 自动水准仪和铟钢水准尺进行水准测量，执行《国家三、四等水准测量规范》（GB 12897—91）技术要求，以工作基点高程为起算数据，共施测长度为 0.6km 水准路线闭合环一个，环线闭合差小于 2mm、精度均符合要求。

9.2.3 海岸地表监测数据分析

三山岛金矿开采最接近地表的部分水平标高为 +5 水平，从 1992～2009 年均有比较完整的监测数据记录。

采用有代表性的六个点所监测数据，按监测时间做了分析。图 9-46～图 9-51 是各点的时间-沉降量变化曲线。

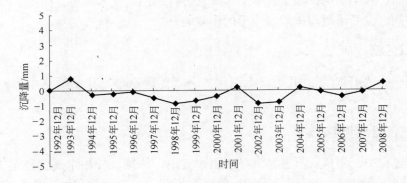

图 9 – 46 J$_1$ 点沉降变化曲线

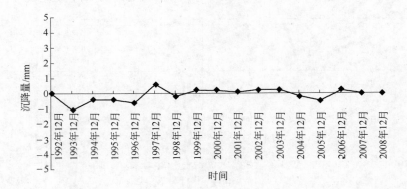

图 9 – 47 J$_2$ 点沉降变化曲线

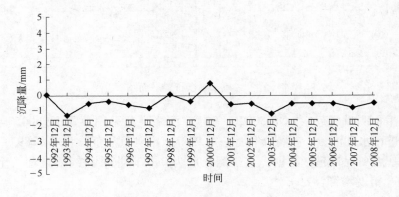

图 9 – 48 J$_3$ 点沉降变化曲线

由图 9 – 46 ~ 图 9 – 51 可知，各个测点的高程变化均小于 2mm，各点均无明显沉降现象。观测点的变化值都在沉降观测规范规定允许误差范围内，视为无沉降变化。可得出预测区地表稳定，无沉降趋势。

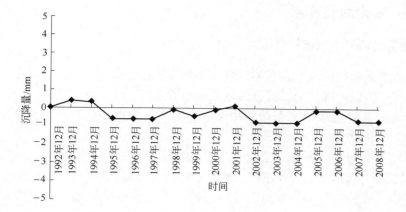

图 9-49 J₄ 点沉降变化曲线

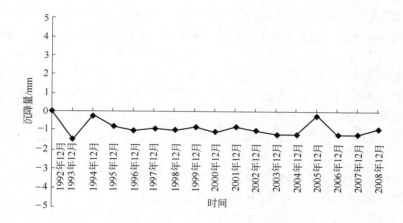

图 9-50 J₆ 点沉降变化曲线

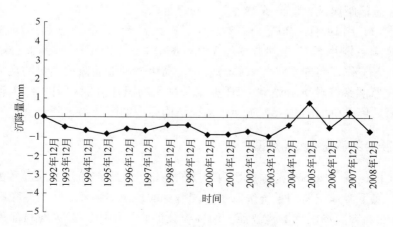

图 9-51 J₈ 点沉降变化曲线

9.3 海底开采微地震监测

9.3.1 微地震监测系统选型

微地震监测系统发展至今，其结构总体可分为两种，即集中式和分布式。按监测的范围和监测精度可将微地震监测系统分为以下几种类型[13~16]：

（1）分布式矿井地震监测系统，用于监测矿震，特点是注重监测大震级破裂事件，定位精度 100~500m 左右。

（2）分布式微地震监测系统，用于监测小型矿震，特点是可监测小震级破裂事件，采用分布式结构，定位精度 50~100m 左右。适合采区尺度，如波兰、南非、加拿大的产品。

（3）集中式高精度防爆型微地震监测系统，用于监测矿震和岩层破裂，特点是主机防爆，安装于井下，地面设监测中心，检波器集中式布置，可以布置深孔检波器，矿震和破裂事件的定位精度达到 10m 以内，适合采掘工程尺度，用于监测工作面和顺槽附近的冲击地压、透水范围、三维破裂场和高应力场。

根据三山岛金矿的高精度和大面积监测的要求，最终选择分布式与集中式相结合的方案，即区域间分布式、区内集中式的测区布置方式，定位精度可达 10m 左右，能满足三山岛金矿的监测要求。

三山岛金矿微地震监测系统（BMS）采用"分布式与集中式相结合"的系统设计思想，既能够实现重点区域的高精度监测（小范围内的矿柱失稳、岩体断裂），又能实现区域间的联合定位监测（矿震、岩爆和岩层移动等地质灾害），系统采用光纤信号同步和光纤信号传输，实现井下的监测数据同步、及时的传输，大幅拓展了监测范围的尺度。

三山岛金矿微地震监测系统分为地面部分和井下部分。

地面部分由数据采集主机和数据存储及处理服务器组成。

井下部分由 1 个 UTC 控制器（可实现信号同步，分站集中电源控制、信号交换转发至地面等功能），3 个 BMS-SAT 分站（实时采集震动信号、传输功能），若干震动传感器（探测震动信号）组成。信号传输采用光纤传输方式，速度快、失真率小、不受电场、磁场干扰、且传输距离长，保证了整个系统的稳定性。

自 2008 年 11 月 14 日~2008 年 12 月 5 日，经过 25 天的井下和地面施工，完成了 BMS 微地震监测系统井下 17 个检波器和 3 个监测分站、1 个 UTC 控制器分站的安装、铺线、熔接光纤等工作。实现了将井下震动信号自动传输到地面监控主机的功能。

BMS 微震监测系统井下分站和 UTC 控制分站实物照片分别如图 9-52 和图 9-53 所示，地面数据采集主机如图 9-54 所示，系统结构原理如图 9-55 所示。

9.3.2 微地震监测系统检波器选型

为实现矿区内既能监测小范围采场内岩体的稳定性，又能监测开采导致的上盘岩体的破裂和移动，海下微地震监测系统选取了不同型号的检波器：4.5Hz 的低频高灵敏度的检波器和 60Hz 的高频高灵敏度的检波器。两种检波器联合使用，能实现局部采场和整个矿区稳定性的安全监测评价在众多矿山已经使用[17~22]。

图9-52 BMS微地震监测系统井下分站照片　　　图9-53 UTC控制分站实物照片

图9-54 BMS微地震监测系统地面数据采集主机

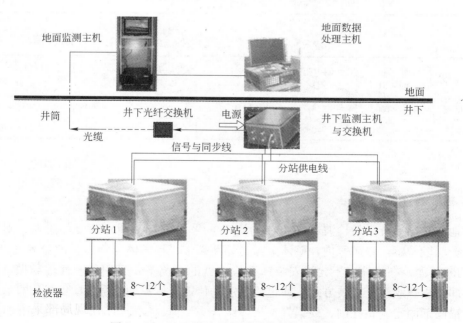

图9-55 BMS微地震监测系统结构和实物图

整个微震监测系统初期布置了17个高性能检波器，检波器布设位置及性能指标见表 9-4和表9-5。

表9-4 三山岛金矿微震监测检波器序号说明

检波器序号	所在水平	所在地点	连接分站号	接线盒内线序	通道号	检波器类型/Hz
1	-135	13 号穿脉	1 号	1	1	4.5
2	-165	回风斜巷	1 号	2	2	60
3	-165	10 号穿脉	1 号	3	3	60
4	-165	5 号穿脉	1 号	4	4	60
5	-165	15 号穿脉	1 号	5	5	60
6	-165	19 号穿脉	1 号	6	6	60
7	-165	31 号穿脉	1 号	7	7	60
8	-165	35 号穿脉	1 号	8	8	4.5
9	-200	14 号穿脉	2 号	1	9	60
10	-200	10 号穿脉	2 号	2	10	60
11	-200	8 号穿脉	2 号	3	11	4.5
12	-200	9 号穿脉	2 号	4	12	60
13	-200	11 号穿脉	2 号	5	13	60
14	-200	17 号穿脉	2 号	6	14	60
15	-400	11 号穿脉	2 号	7	15	4.5
16	-400	17 号穿脉	2 号	8	16	4.5
17	-200	25 号穿脉	3 号	1	17	60

表9-5 检波器主要性能指标（20℃）

检波器类型	响应频率范围/Hz	线圈电阻[①]/Ω	灵敏度/V·m^{-1}·s^{-1}	谐波失真/%	开路阻尼[①]	外形尺寸（$d \times h$）/mm×mm
4.5Hz 低频	4.5~1000	375	110	≤0.2	0.60	55×260
60Hz 中频	60~1500	940	100	≤0.2	0.60	55×260

① 误差为±5%。

9.3.3 检波器安装方式

微地震监测系统内的检波器（也称为测点）采用的是动圈式速度传感器，对垂直方向上的振动较敏感。在矿区内，矿体上盘紧邻断裂带，且矿体与断裂带的分界面处有5~10cm的断层泥，在岩体内不允许安装深孔检波器的情况下，采用了刚性传导振动的安装方式，即采用螺纹锚杆安装方式，通过锚杆震动传递岩体震动信号。螺纹钢锚杆长2.5m，用水泥锚固剂固定于钻孔内，使锚杆与岩体结合为一体，实现震动信号的良好传递。检波器安装方式如图9-56所示，实物照片如图9-57所示。

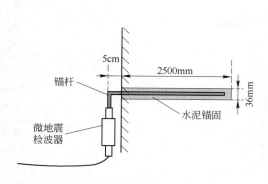

图 9 – 56 微地震检波器及锚杆安装示意图

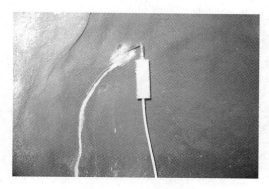

图 9 – 57 检波器安装实物照片

9.3.4 微地震监测系统在三山岛金矿的布置方案

微地震监测系统通常是根据矿山的实际情况和开采危险区域分布进行测区设计。

根据三山岛矿区整体开拓布局以及矿内潜在的危险区域分布，将微地震监测系统在空间上设计成 T 形结构。分为东部、中部和西部三个测区。

为了使微地震监测系统能够更灵敏的监测到岩层移动及矿体破裂信息，在实际布置测点的过程中，各水平的测点均布置在穿脉端头的断裂带处。空间布置结构特点为上部密集，下部稀疏，并且三个开采水平上均有低频和高频高灵敏度的检波器联合监测，这种布置检波器的方式是针对岩层移动、矿体破裂以及导水通道形成等危险情况的监测要求设计的，通过这种布置能实现岩层移动的监测，对海水的溃入能起到预防和监测的作用，对深部开采导致的岩爆等压力灾害也能起到预警作用。

本项目采用的 T 形微地震监测系统布置方案，是针对三山岛金矿海底开采潜在危险区域设计的，能够满足局部危险区域与整个矿区岩层稳定性两个监测目的要求。

9.3.5 微地震系统的参数标定

由于每个矿山的地质条件和开采方式差异性大，因此，微地震监测系统安装后，要进行监测系统和定位参数的标定，以最大程度的实现微地震监测系统的优良性能。监测和定位参数的标定包括测点坐标、地震波传播速度、定位精度、爆破能量与震级的计算等方面[23~26]。

三山岛金矿微地震监测系统安装完成后，最初为了不遗漏微地震事件，将监测阈值设定的较低，监测事件时长较小，因此每天监测到上百个形波信息，其中绝大多数事件是由于井下施工干扰、电干扰产生，在系统参数调整的 12 天内，监测到的有效信号与总信号数量的关系见表 9 – 6。

表 9 – 6 有效信号与总的监测信号数之间的关系

编号	日期	监测到信号数量	有效信号数量	有用信息所占监测数量的百分比/%
1	12	24	7	29.2
2	13	116	23	19.8

编号	日期	监测到信号数量	有效信号数量	有用信息所占监测数量的百分比/%
3	14	191	21	11.0
4	15	127	14	11.0
5	16	100	19	19.0
6	17	158	14	8.9
7	18	156	18	11.5
8	19	364	17	4.7
9	20	349	14	4.0
10	21	468	15	3.2
11	22	421	18	4.3
12	23	119	6	5.0

从表 9 - 6 中可以看出，每天能收到的有效信号数在 6 ~ 23 之间。根据矿区井下实际爆破产生信号的数量（-240m 水平以上）每天在 10 个左右。考虑到矿区采用的是微差爆破方式，一次爆破分段数较多，持续时间较长，而在监测初期，由于记录监测时窗参数设置过短，产生了一次爆破事件分成两个微地震事件记录的情况。经调整记录时间参数和事件判别阈值参数后，微地震监测系统每天能监测到微地震监测系统每天收到的总的监测数在 20 个左右，有效信号在 10 个左右（具体每天监测的数量会根据采场数量的增加或是某些采场进入充填期而减少），有用信息所占监测数量的 60% 以上，这样既减少监测人员的工作量又保证了系统的监测效果。

9.3.5.1 测点坐标

系统中各个测点的位置在安装完毕后已经确定，各测点的坐标标定也关系到微地震监测系统的定位精度。三山岛金矿微地震监测系统建成后，各测点的具体坐标见表 9 - 7。

表 9 - 7 各测点的具体坐标

检波器序号	所在水平	所在穿脉 CM	检波器坐标		
			X	Y	Z
1	-135	13CM	94478.3	40514.9	-134
2	-165	14CM	95118.6	40784.6	-164
3	-165	10CM	95001.3	40717.4	-164
4	-165	5CM	94642.1	40555.1	-164
5	-165	15CM	94357.2	40427.6	-164
6	-165	19CM	94262.1	40392.8	-164
7	-165	31CM	93767.6	40316	-164
8	-165	35CM	93877.8	40287.5	-164
9	-200	14CM	95104.8	40732.8	-199
10	-200	10CM	95014.8	40680.8	-199

检波器序号	所在水平	所在穿脉 CM	检波器坐标		
			X	Y	Z
11	-200	8CM	94968.6	40658.9	-199
12	-200	9CM	94556.8	40474.8	-199
13	-200	11CM	94452.4	40433.5	-199
14	-200	17CM	94319.6	40384.6	-199
15	-400	13CM	94420.7	40256	-399
16	-400	17CM	94420	40262	-399
17	-200	25CM	94134.9	40328.1	-199

9.3.5.2 地震波传播速度的标定

波速标定的一般做法是利用放标定炮测定地震波在所测区域地层中的传播速度,即将起爆位置作为一个已知的点震源,然后进行反演分析,从而获得地层的波速。

根据矿区内的生产情况:采场内按爆破、通风、出矿三个阶段为一循环。每两天有三个循环班次,每个班次的爆破时间段是固定的:0 点班 5:30 ~ 7:30、8 点班 13:30 ~ 15:30、16 点班 21:30 ~ 23:30。

根据以上矿内的生产情况,选取了 2009 年 1 月 4 日 14:52:59 时矿内生产爆破作为标定炮,爆破位置位于 -240 水平 55 号采场,所用炸药为 30kg,震源点的三维坐标为(94489,40441,-231)。爆破发生后,微地震监测系统中共有 5 个测点收到此次爆破信息,它们分别是 -165 水平的 4 号、5 号、6 号测点和 -200 水平的 12 号、13 号测点,波形图分别如图 9 -58 ~ 图 9 -62 所示。

图 9 -58 4 号测点监测到的微地震波波形图

图 9 -59 5 号测点监测到的地震波波形图

图 9 -60 6 号测点监测到的地震波波形图

图 9 - 61　12 号测点监测到的地震波波形图

图 9 - 62　13 号测点监测到的地震波波形图

以上五个测点波形图中均有两个完整的爆破地震波，在选取到时的时候，选择五个测点中波形较清晰且到时信息容易拾取的波形进行处理，即：拾取每个通道内波形图中第二个波形的到时信息。这五个测点距震源的距离和到时信息见表 9 - 8。

表 9 - 8　测点与震源的距离与到时信息记录表

测点编号	4 号测点	5 号测点	6 号测点	12 号测点	13 号测点
震源距离 S/m	202.223	148.691	241.700	81.253	49.568
到时 T/ms	4081	4073	4099	4062	4056

根据距离与时间的关系，$v=S/T$，利用以上数据和多组监测数据，可以得出三山岛金矿微地震波的平均传播速度为 5.1m/ms。

9.3.5.3　微地震监测定位精度的标定方法

根据测算的三山岛海下金矿地层地震波传播速度，将微地震波平均传播速度为 5.1m/ms 进行定位精度的计算。

表 9 - 9 是一次放炮事件震动波到达各测点的时间和各检波器的坐标。测点与震源空间位置分布如图 9 - 63 所示。

表 9 - 9　测点坐标及震源数据

测点编号	X	Y	Z	T
4 号	94642.1	40555.1	-164	4081
5 号	94357.2	40427.6	-164	4094
6 号	94262.1	40392.8	-164	4103
12 号	94556.8	40474.8	-199	4062
13 号	94452.4	40433.5	-199	4056
震源	94489	40441	-231	0

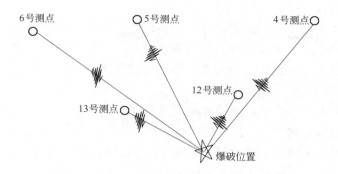

图 9 - 63　测点与震源空间位置分布示意图

空间定位的原理为：设测点坐标为 (x_i, y_i, z_i)，震源为 (x, y, z)。测点接收到的到时为 t_i，起震时刻为 t，波速为 v。因此，只要有 4 个或是 4 个以上的测点收到地震波的信号便可定位。以 4 组为例，定位方程组为：

$$\left.\begin{array}{l} \sqrt{(x_1 - x)^2 + (y_1 - y)^2 + (z_1 - z)^2} = v(t_1 - t) \\ \sqrt{(x_2 - x)^2 + (y_2 - y)^2 + (z_2 - z)^2} = v(t_2 - t) \\ \sqrt{(x_3 - x)^2 + (y_3 - y)^2 + (z_3 - z)^2} = v(t_3 - t) \\ \sqrt{(x_4 - x)^2 + (y_4 - y)^2 + (z_4 - z)^2} = v(t_4 - t) \end{array}\right\} \qquad (9 - 22)$$

本次标定爆破有五个测点接收到爆破地震波信息，故可以组成 5 个非线性方程组，便可将爆破位置定位出来。

依据此原理，将公式结合，变形后可得

$$\Delta T = \Delta S / v \qquad (9 - 23)$$

分别计算 4 号、5 号、6 号、12 号、13 号两两联立后的到时误差和距离误差：

4 号和 5 号的计算结果：$\Delta T = 10.5$ms，记录结果为：$\Delta T = 8$ms，误差为 2.5ms；

4 号和 6 号的计算结果：$\Delta T = 7.7$ms，记录结果为：$\Delta T = 18$ms，误差为 10.3ms；

4 号和 12 号的计算结果：$\Delta T = 23.7$ms，记录结果为：$\Delta T = 19$ms，误差为 3.7ms；

4 号和 13 号的计算结果：$\Delta T = 30.5$ms，记录结果为：$\Delta T = 25$ms，误差为 5.5ms；

5 号和 6 号的计算结果：$\Delta T = 18.2$ms，记录结果为：$\Delta T = 26$ms，误差为 7.8ms；

5 号和 12 号的计算结果：$\Delta T = 13.2$ms，记录结果为：$\Delta T = 11$ms，误差为 2.2ms；

5 号和 13 号的计算结果：$\Delta T = 19.4$ms，记录结果为：$\Delta T = 17$ms，误差为 2.4ms；

12 号和 13 号的计算结果：$\Delta T = 6.2$ms，记录结果为：$\Delta T = 6$ms，误差为 0.2ms；

6 号和 12 号的计算结果：$\Delta T = 31.5$ms，记录结果为：$\Delta T = 37$ms，误差为 4.5ms；

6 号和 13 号的计算结果：$\Delta T = 37.7$ms，记录结果为：$\Delta T = 43$ms，误差为 5.3ms。

分析结果为：如不考虑 4 号和 6 号检波器信息组成的计算结果，检波器两两计算的时间差值在 3.8ms，即：系统计算误差值在 10m 之内。分析以上各组数据可以得出：同一水平相邻的两个检波器计算出的定位误差值较小，随着检波器距离的增大，系统计算出的误差值增大；不同型号的两个检波器计算出来的定位误差值较大。在地震波经过完全充填体后计算的差值有增大的趋势。因此，在矿区定位的时候，尽量用距离较近的检波器以及同种型号的检波器进行定位。

在三山岛金矿采用5.1m/ms的波速、距离较近且同型号的检波器进行定位时，空间定位误差在6~8m之内；如果采用远距离或者不同型号的检波器联合定位时，空间定位误差在10~15m之内。因此，三山岛金矿微地震监测系统的定位精度满足岩体破裂和岩体区域稳定性监测的需求。

9.3.5.4 通过标定炮计算振幅与矿用炸药量的关系

微地震监测系统监测到的事件波形振幅值代表井下岩体震动的能量，振幅值越大，地震波传递至检波器时的震动能量也越大。通过标定炮可以研究振幅与矿用炸药爆破产生能量的关系，目前三山岛金矿井下使用的炸药为2号岩石炸药，设标定炮所用2号炸药量为$W(kg)$，距离震源不同距离r_1，r_2，r_3，r_4，r_5，…，r_n的检波器测到的最大振幅为A_1，A_2，A_3，A_4，A_5，…，A_n，假设地震波在岩体中衰减量与震源到检波器距离L的平方成正比（有多个矿的统计数据），则由各检波器最大振幅乘以相应距离的平方L_i^2，相当于换算到了震源的地震波能量E_i，而n个检波器的平均能量值$E_o = (E_1 + E_2 + \cdots + E_n)/n$。$E_o$与标定炮所用矿用炸药量$W$相对应，因此，可以根据标定炮药量确定不同距离的检波器振幅。

以2009年1月4日14：52：59时事件为例，研究振幅与2号岩石炸药能量的关系：

已知：此次爆破的炸药量为24kg，分为十段爆破，其中，最大一段的药量为6.75kg，最小一段的药量为2.70kg，即：$W_1 = 6.75kg$，$W_2 = 2.70kg$；

各测点与震源的距离分别为：$L_4 = 202.223$，$L_5 = 148.691$，$L_6 = 241.70$，$L_{12} = 81.253$，$L_{13} = 49.568$。

各测点测到的最大振幅：

$W_1 = 6.75kg$对应各测点振幅分别为：$A_4 = 26.38$，$A_5 = 23.84$，$A_6 = 26.49$，$A_{12} = 114.90$，$A_{13} = 482.20$；

$W_2 = 2.70kg$对应各测点振幅分别为：$A_4 = 8.82$，$A_5 = 14.08$，$A_6 = 16.06$，$A_{12} = 84.89$，$A_{13} = 130.54$。

由震源到单个地震波能量$E_i = A(L_i)^2$和平均能量值$E_o = (E_1 + E_2 + \cdots + E_n)/n$，震源点坐标（94489，40441，−231），可计算出本次爆破产生的平均能量值为：

$W_1 = 6.75kg$时，$E_o = 2457493$

$W_1 = 2.70kg$时，$E_o = 498166$

选取不同时间的多组事件的振幅和震动能量的数据进行多次标定，则取平均值可作为E_o—W的对应关系图，如图9−64所示。

根据井下E_o和W的对应关系图，可将井下岩体破裂产生的震动能量转化为爆破产生的能量，实现将井下无法估计的震动能量转变为可以直观理解的爆破震动能量。

在前人研究的基础上可知，震级计算公

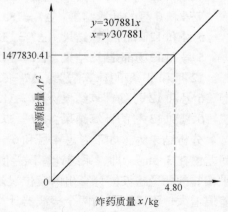

图9−64 井下E_o和W的对应关系

式为：

$$M = 4.42 + 0.53\lg(aQ)$$
$$E = aQd$$

式中 Q——TNT 质量，t；

    a——能量转换系数，地震波能量与炸药总能量之比，矿山爆破 $a = 6.87 \times 10^{-4}$，硐室爆破 $a = 1.83 \times 10^{-5}$，井下组合爆破 $a = 2.03 \times 10^{-3}$；

    d——能量密度，查资料可知：TNT 炸药的能量密度为：$4 \sim 5MJ/kg$，而矿用炸药的能量密度约为 1/5TNT 的能量密度，大约为 $1MJ/kg$。

爆破地震的能量转化在最初的研究中以 TNT 炸药作为研究对象，在震级和能量的计算中，首先要将矿区使用的 2 号岩石炸药转化为 TNT 炸药的当量重量再行计算。

因此，$W_1 = 6.75kg$ 的矿用炸药，相当于 $6.75/5 = 1.35kg$ TNT 的能量密度，TNT 能量密度为 $5MJ/kg$，即：当取 $a = 1.83 \times 10^{-5}$，则震源能量为：

$$E = 1.83 \times 10^{-5} \times 10^{-3} \times 1.35 \times 5 \times 10^6 \times 10^3 J = 124J$$

则：

$$M = 4.42 + 0.53\lg(aQ)$$
$$aQ = 1.83 \times 10^{-5} \times 10^{-3} \times 1.35 = 2.47 \times 10^{-8}$$
$$M = 4.42 + 0.53\lg(aQ) = 0.39$$

$W_2 = 2.70kg$ 的矿用炸药，相当于 $2.70/5 = 0.54kg$ TNT 的能量密度，TNT 能量密度为 $5MJ/kg$，即：当取 $a = 1.83 \times 10^{-5}$，则震源能量为：

$$E = 1.83 \times 10^{-5} \times 10^{-3} \times 0.54 \times 5 \times 10^6 \times 10^3 J = 49.6J$$

则：

$$M = 4.42 + 0.53\lg(aQ)$$
$$aQ = 1.83 \times 10^{-5} \times 10^{-3} \times 0.54 = 0.99 \times 10^{-8}$$
$$M = 4.42 + 0.53\lg(aQ) = 0.18$$

由以上数据可知，在生产爆破中，一般一次爆破的震源最大能量在 130J 左右，最小震源能量为 50J 左右；震级最大为 0.4 级，最小为 0.2 级。

9.3.6 微地震信号的定位

9.3.6.1 微地震监测特点

A 生产中段多且采场多

三山岛金矿目前正在生产的中段有 -200、-240、-320、-360、-400 五个中段，每个中段的采场都是由此中段位置向上一个中段的位置进行开采，并且每个中段的采场是按自东向西 13 条勘探线进行划分的，因此矿区内开采的采场数量较多。-200 中段布置有 7 号、15 号、23 号、55 号、63 号、71 号、79 号、87 号、95 号采场，共 9 个采场，目前开采的采场为 7 号、79 号、87 号、95 号四个采场，其余采场已结束开采；-240 中段布置有 7 号、15 号、55 号、63 号、71 号、79 号采场，共 6 个采场，其中 63 号、71 号、79 号的这 3 个采场为中南大学设计的实验采场，每个采场又分为 2~8 个矿房；-320 中段布置有 63 号、71 号、79 号采场，共 3 个采场；-360 中段布置有 8 号、0 号、47 号、55 号、63 号、71 号、79 号、87 号采场，共 8 个采场；-400 中段布置有 8 号、0 号、39 号、47 号、55 号、63 号、71 号、79 号、87 号采场，共 9 个采场，除 47 号采场结束开采外，其余采场都在生产中。从图 9－65 中可以看出，三山岛金矿微地震监测具有生产水平多，采场多，干扰大的特点。

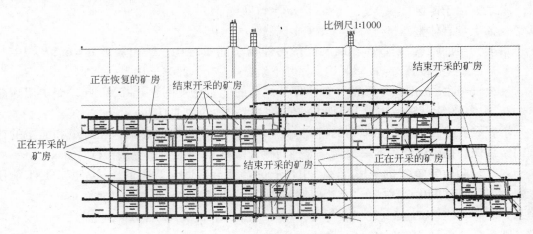

图 9－65 三山岛金矿采场布置

（从图的左边起，自上而下分别为：－165 中段、－200 中段、－240 中段、－320 中段、－360 中段、－400 中段）

B 采场爆破规模小、岩体震动信号较弱

由于是贵金属矿山开采，采场内的爆破受生产工艺和地质状况的限制，应尽量减少矿石的损失率和贫化率，保障采场生产安全。因此，每个采场一次爆破的炸药量较少，单次放炮的炸药量一般为 24kg 左右，极少数的情况下爆破量为 48kg 左右，并且采场爆破时要求每一分层的顶板爆破为光面爆破，爆破时炸药的能量只有很少一部分转化为地震波，与其他矿山上千公斤级的爆破量相比，爆破规模小，爆破后对周围岩体的破坏小，爆破对采场的稳定性影响小。这些因素均对地震波的减弱有一定的作用，岩体的震动信号传播距离受到影响，因此，微地震系统测点需要在一定距离内才能有良好的监测。

C 岩层运动不明显

三山岛金矿矿体赋存于构造断裂带的下盘，矿体主体部分紧靠主裂面分布，井巷工程基本布置于下盘，因此，断裂带对开采影响较大，采场边界接近上盘的位置是较危险的区域。个别采场因附近采场的开采及靠近断裂带的原因，岩体完整性差，但多数采场和巷道围岩稳定。由于矿区采场开采采用上向水平分层尾砂充填采矿法，生产对围岩的扰动小，加上上盘岩体的整体稳定性好，因此上盘岩体没有出现明显的岩体断裂运动。

D 微地震监测信号主要因爆破所致

从 2008 年 12 月中旬海下微地震监测系统建立以来，微地震监测系统初期一天能收到几十个信息，绝大部分信息是由于干扰所致，例如：电机车运行干扰、铲运机的干扰、凿岩机和放矿机的机械振动以及分站周围变压器的强电干扰等。经过分析和研究，不断地对系统监测参数进行调整，得到合理的微地震监测参数，目前每天收到的信号都为有效微地震信号，数量在 5~10 个，矿区采场生产密集时，当天的信号会有所增加；相反，当个别采场处于充填阶段时，这段时间收到的信息量就会减少。从目前监测的结果来看，有效信号大部分为爆破所致，大能量岩体断裂信号很少。

总之，由于矿区具有生产中段多，采场多，爆破量小，爆破方式多的特点，监测表明，矿体上盘岩体整体稳定性较好，岩体运动不明显；目前监测的微地震事件信号具有以生产爆破为主的特点。

9.3.6.2　定位精度影响因素

从仪器选型到微地震震源定位，其中有很多因素可能导致定位精度的误差增大，如地层变化大，地震波传播速度变化大，可以导致定位误差增大；检波器安装效果也影响定位的精度；到时位置的选取对定位精度有一定程度的影响。其中针对三山岛金矿的微地震监测系统来说，影响定位精度的主要因素有三个：微地震事件发生的能量大小、收到事件信号的测点数和信号质量[27~29]。

微地震事件发生时的能量大小在一定范围内影响检波器接收能力，如在同一位置发生爆破，能量大的爆破事件要比能量小的爆破事件的波形信号的质量好，收到地震波信号的测点数量多；相反，测点收到此事件的信号质量弱，数量减少，定位难度增加。

检波器收到信号的数量对定位精度的影响，检波器收到爆破地震波的数量越多，可对到时的信息进行比较筛选，在人工选择到时的过程中，人工选择到时与真实到时有偏差，而在到时信息较多的情况下，这种偏差相对较小。另外，当一些测点的到时信息明显与其他到时信息有差别时，可以将这些因为经过充填体或是采空区造成的到时延长的信息屏蔽掉，选取多个测点的到时和距离成正比关系的数据进行定位。通过这种方式将多个到时信息对定位结果与实际爆破位置进行拟合。另一方面，当爆破地震波传播时，多个测点收到的波形信息较清晰，定位精度也会随之提高。用四个测点进行定位比用五个测点进行定位，误差增加1~2m。采用多点定位能使定位精度提高。

信号质量对定位精度的影响，爆破地震波在岩层中传播的过程中，在经过两个岩层明显的分界面的时候，会发生波的折射和反射，这些反射波和折射波与爆破地震波的原波形到时相差较小，微地震系统的检波器记录到这样的波形信息后，如果采用折射波和反射波的到时信息进行定位，定位结果会出现定位位置明显远离采场，或是定位结果出现在不可能爆破的位置。对这种情况的解决方案是选择信号质量较好的波形，在监测到爆破地震波多个波形的情况下，多次定位，也会减小因选错波形造成的定位误差或是错误。

目前，微地震监测系统在三个重点监测的区域的监测中，东部测区和中部测区在定位精度上相对较高，西部测区定位精度较低。其主要原因有两个：

（1）中部和东部采场数量较少，微地震系统的测点布置在正在生产的采场附近，当微地震事件发生时，多个测点能收到此次事件，监测效果较好，能达到对生产采场的立体监测。而西部采场较多，测点数量有限，当微地震事件发生时，收到的事件信息的测点数量少，不能够达到对生产采场全方位立体监测的要求。

（2）西部采场相对中部和东部的采场，整体稳定性较差，采场岩体内节理裂隙较多，爆破震动波在地层中传播能量损耗较大，导致地震波波速降低，定位误差增大。

9.3.6.3　到时拾取和定位方法

微地震监测系统最重要的工作就是根据系统各测点收到的岩石破裂信息，把岩体内部看不见的破裂点的位置找到，使"黑色"的岩体"透明化"。定位工作离不开拾取到时，研究拾取到时是进行微地震事件定位的第一步，也是关键的一步。只有做到到时的拾取误差尽可能减小，才能提高定位精度。在系统运行前期，滤波功能不强，电干扰较多，测点到时不够清晰，拾取到时工作困难。经过系统改进后，对监测数据进行了滤波处理，目前地震波形较清晰，到时容易拾取。通过对三山岛金矿长期的微震监测，总结出以下的到时拾取方法。

（1）定位波形的选择。不论是巷道掘进爆破还是采场生产爆破，一般均采用光面微差爆破，爆破段数从 2～10 段不等，在定位的时候可以浏览所有有效信号的波形信息，选取事件中多数测点都能收到，波形较清晰，且到时容易拾取的那个波形段进行到时的拾取。

（2）到时拾取情况分类。

1）收到爆破地震波的多个测点波形起跳位置明显的情况下，拾取地震波的明显起跳点的位置作为定位的到时数据，一般选择第一个波形来选取到时，到时波形选择如图 9－66 所示。

其余测点的到时信息按同样的标准拾取到时点：同一个波形的同一个到时位置。然后进行定位，可很方便地确定爆破位置，这种多个波形到时起跳位置较明显的情况多见于测点布置较密，且爆破位置距离测点位置较近的情况下。

2）只有一个测点收到的波形信息起跳位置明显（即离爆破位置最近的一个测点波形清楚），其余的测点的波形信息起跳位置不明显，这种情况下，到时位置可以以波形的第一个峰值位置作为到时信息拾取位置，到时波形选择如图 9－67 所示。

图 9－66　到时波形选择（一）　　　　　　图 9－67　到时波形选择（二）

此种方式与第一种到时拾取方法，到时误差在 1～2ms，由于每个测点的到时信息相差不等，定位结果与用第一种方法定位的结果误差在 4m 以内。定位情况以 3 月 29 日 16：02：04 事件为例进行到时的选择，事件波形图见图 9－68 所示。

将拾取的到时信息进行定位运算，定位结果为：（94347，40371，－227），对比现场实际爆破位置（94340，40376，－228）可知，定位结果与实际位置相差 8.67m，达到三山岛金矿海下微地震监测的定位精度，到时拾取方法是可行的。

3）只有四个测点地震波波形到时位置可以拾取，其余测点的波形信息较复杂的情况下，定位时可以只考虑这四个波形信息，其余波形信息的到时可以不予拾取，以 3 月 29 日 16：05：55 的微地震事件为例，波形图如图 9－69 所示。

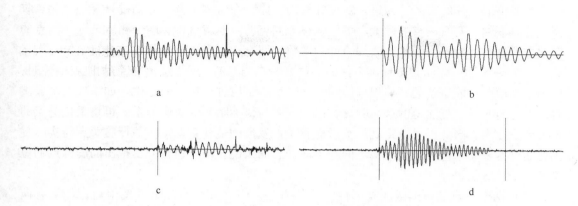

图 9 - 68　2009 - 03 - 29 16：02：04 事件到时拾取波形
a—13 号到时选取波形图；b—14 号到时选取波形图；
c—6 号到时选取波形图；d—5 号到时选取波形图

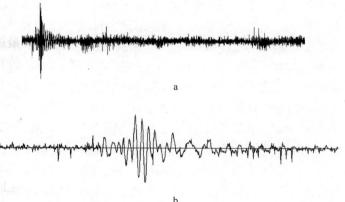

图 9 - 69　12 号测点波形展开前后对比
a—展开前；b—展开后

4）收到爆破地震波的测点多于四个时，且只有一个测点的波形信息较清晰时，可以根据多段爆破时，最清晰、容易拾取的某个波形到时最大振幅的位置拾取，如图 9 - 70 所示。

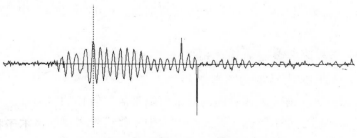

图 9 - 70　波形到时最大振幅位置的拾取

到时拾取工作结束后，便进入定位计算的工作，在监测工作中遇到过只有一个测点收到微地震事件、两个测点的微地震事件、三个测点的微地震事件、四个测点至六个测点的微地震事件。针对不同的测点收到事件的个数的情况，需采用不同的方法进行定位。

（1）一个测点监测到微地震事件的定位方法。当只有一个测点监测到微地震事件时，按理论来说是不能定位的，但根据波的传播规律，可以进行粗略的定位。如一次生产爆破后，知道监测系统能测得的最大距离，以及振幅与传播距离的对应关系，再将系统测点的布置考虑在内，因此，可以得到一个微地震事件发生的估计震源点。估计震源点与实际震源点的误差要根据地层地质结构不同而不同，总的来说，误差值较大，得出的震源点的位置是一个区域位置。

（2）两个测点监测到微地震事件形的定位方法。当一个微地震事件发生后，如果有两个测点监测到此次事件，定位工作首先做的是分析事件的到时和振幅信息，从中发现震源位置距离哪个测点距离较近，根据振幅与传播距离的对应关系，可以判断震源发生的位置，此位置与实际震源位置的误差值也较大，震源点也代表着一个区域范围。

（3）三个测点监测到微地震事件的定位方法。当一个微地震事件发生后，如果有三个测点监测到此次事件，定位工作首先做的是查看三个测点的空间分布位置及到时拾取工作，如果三个测点分布于空间立体位置，可以使用该项目组研究的"双曲线定位"方法，利用双曲线在空间的交点定位得出震源位置。如果三个测点分布于平面位置中，无法利用"双曲线定位"，此时，需要分析事件的到时和振幅信息，根据振幅与传播距离的对应关系，可以判断震源发生的位置，此定位结果与实际震源位置的误差值相对前两种情况的定位效果良好，震源点距离定位点的距离在 20m 左右。

（4）四个测点至六个测点监测到微地震事件的定位方法。在微地震事件监测的测点较多的情况下，如四个测点或是四个以上的测点监测到此次微地震事件，在拾取完到时工作后，将到时信息导入"微地震分布式定位系统"进行定位，定位误差在 15m 左右。

将记录下的到时信息导入运用北京科技大学研制的定位软件"微地震分布式定位系统"，设定三山岛金矿的波速传播值后，选取所要定位的测点编号，点击"震源定位"按钮后，微地震事件定位结果便会显示在图 9-71 的右下角的定位结果区域。图 9-71 计算的定位结果便是 2009-01-04 14：52：59 事件的定位计算显示图，此事件的定位结果为（4489.1，5441.4，-231）。经过图中坐标与实际坐标的转换后便可以得出微地震事件发生位置的确切地点。

9.3.7　基于微地震监测的安全预警

采用微地震监测技术监测矿区内岩体的破裂信息，能够对岩爆、冲击地压、导水裂隙带高度、边坡滑移等进行预警[30,31]。

9.3.7.1　基于微地震监测的突水预警技术

A　连续发生岩层破裂诱发的微地震事件

真正形成从开挖区至海下岩体表面的导水裂隙带需要较长的时间，从开采诱发岩层破裂到岩层整体移动，即在导水裂隙带形成的过程中，将产生大量的微地震时间，且这些事件将靠近上盘且逐渐向海底延伸。如果出现此类现象，则进行突水预报。

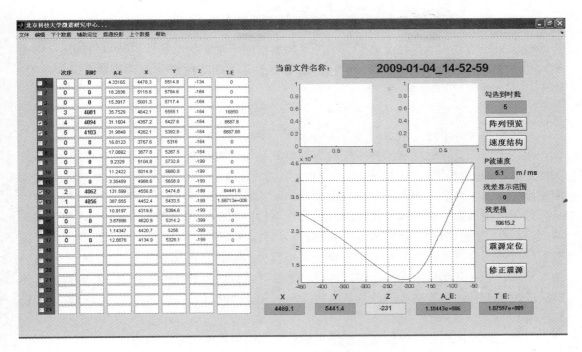

图 9 – 71　2009 – 01 – 04 14：52：59 事件的软件定位结果输出

B　频繁出现大能量事件

因为矿体上盘为硬度较大的花岗岩，当上盘岩体破裂时，将产生较大的能量，微地震监测系统的传感器均布置于矿体与上盘岩体接触的断裂带附近，能对这些大能量地震波实施很好的监测。当某段时间内监测到大能量微地震事件后，通过定位，能够及时分析破裂所在的位置和类型，必要时做出预报，预防突水事故的发生。

C　采场垮塌导致突水的监测

从目前的开采状况来看，总体上 71—79 勘探线附近的采场稳定性较差，发生坍塌事件的采场有 –200 中段的 79 号采场、–360 中段的 71 号采场和 –400 中段的 71 号采场，这些采场的坍塌大部分发生在靠近上盘的位置。如果坍塌范围超过围岩的极限承载能力，有可能导致某个区域岩层的沉降，从而产生导水裂隙带，危害井下的安全生产。

在突水预警中，微地震监测系统监测的是采动影响区域内岩体破裂发育的过程，在此基础上，微地震系统也有一定的局限性：若是开采之前导水裂隙带已经形成，则微地震监测系统监测不出来。因此，在微地震监测的同时，还应做好地质构造的探测工作，以使微地震监测系统的功能更好的发挥，保障海下开采的安全。

9.3.7.2　突水危险区域的预报

根据微地震系统监测经验可知：微地震监测能够准确地揭示采动引起的破裂场，根据破裂场内裂隙的发育程度和含水层分布情况，可以准确地确定采场周围导水裂隙带的三维空间形态分布规律。项目运行至今，从监测的结果表明，目前矿内的爆破生产扰动较小，未形成断层上部的导水裂隙带。

9.3.7.3   基于微地震监测的采场安全等级划分

根据微地震监测系统结果，可将矿区内引起微地震的原因划分为四类，即：采场内生产爆破、采场内冒顶及点柱型岩裂、采场上盘出现向上延伸的持续性破裂、构造活化形成导水通道。对应这四种震动类型，可将三山岛金矿突水危险性划分为"正常、轻度危险、中度危险、高度危险"四个等级。

A   第一种类型：采场内生产爆破——正常等级

三山岛金矿井下生产实行的是两天内安排三个班组的生产组织方式，通常一个采场一天一至两次爆破。在微地震监测系统的测点监测范围内，爆破岩体震动信息均能监测到，大体上震源距测点的空间位置在300m以内监测效果较好。统计微地震监测系统每天的监测结果，可以得到矿区内采场生产的情况，如果某些生产采场内的一次爆破能量较大，可从微地震监测数据中明显地反映出来（大能量事件以2009 – 05 – 08 06：09：14的事件为典型事例）。通过采场内生产情况的对比分析，可以了解采场内爆破位置，以及爆破对顶板稳定度的影响（主要考虑总的爆破能量大小及分段后每一段爆破能量的大小）。从监测结果来看，矿区采用微差光面爆破，能减小爆破对顶板以及上盘岩体稳定性影响；从岩体破裂的位置上看，岩体破裂的位置基本在采场内部，由此可知目前的生产方式对矿体围岩影响较小。

因此，如果监测到的仅仅是生产爆破信号，表明采场生产是安全的。

B   第二种类型：采场内冒顶及点柱型岩裂——轻度危险等级

随着三山岛金矿的生产设计能力的提高，井下采场内高频率、大能量爆破会成为三山岛金矿的生产趋势。这种作业方式将加剧顶板或是上盘岩体的破裂。面对靠近上盘岩体稳定性较差的现状，目前，三山岛金矿采取的措施是在回采之前，先对采场顶板进行长锚索支护，以增强顶板整体稳定性，虽然这种方式能收到一定的成效，但是，长锚索支护也有一定的局限性，当顶板岩体整体稳定性较差时，爆破引起的顶板垮冒事件发生的几率便会提高。这种情况的顶板冒落不会在采场爆破后立即冒落，而是经过一定的时间，岩体与周围岩体完全没有力的传递时，才会脱落，或者是周围采场爆破将之震落。从冒落岩体的倒三角的外观来看，岩体是因为受拉张力而产生的破坏，这一过程在不受外界作用力的情况下过程缓慢，冒落前岩体破裂的能量较小，微地震监测系统对这种情况的监测效果一般，只能监测到这类事件里的个别大能量事件。

采场内点柱的破裂现象：一般情况下，一个分层里会有两排点柱，发生岩裂时，支撑上盘岩体的点柱会因为受力超过其强度时，产生大体沿大于45°的角度破裂。由于点柱破裂时产生的能量较大，采场附近的测点能监测到震动现象，监测到的波形明显区别于爆破波形。此种情况微地震监测系统监测效果较好（图9 – 72，点柱破裂以2009 – 02 – 18 04：19：52的事件为典型事例）。

因此，采场围岩出现这类震动事件时，认为采场属于轻度危险的状况。

C   第三种类型：采场上盘出现向上延伸的持续性破裂——中度危险等级

由于采场内频繁开采，采场上盘的围岩稳定性较差，加上断层的影响，极有可能发生岩爆，上盘岩体破碎的位置逐渐往上延伸，当这种裂隙经过一定时间发展，有可能形成海下通往采场内的导水通道，一旦此类事件发生将影响井下中段内安全生产。此种情况在三

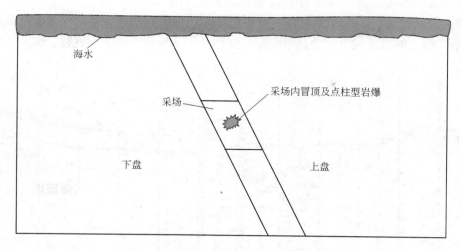

图 9 - 72　采场内冒顶及点柱型岩爆示意图

山岛金矿还未发生，不过根据类似金属矿和煤矿中发生的情况以及三山岛金矿地质状况，此类情况将来有可能发生，因此，将此种类型列为中度危险的等级，如图 9 - 73 所示。

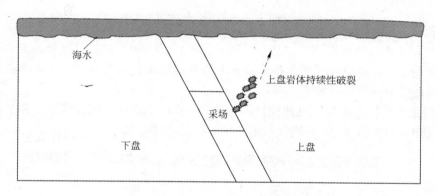

图 9 - 73　上盘岩体持续性破裂示意图

D　第四类型：构造活化形成导水通道——高度危险等级

鉴于目前井下地质工作的局限性，地质状况未完全探明，矿区中存在已经形成却未探明的节理构造，对海底开采带来安全隐患。针对此问题，在做好矿区地质勘探的同时，还可利用地震波传播的速度变化以及波形特性的变化进行辅助判断，当这些节理构造在生产的扰动下继续发展，有可能产生采场冒顶或是裂隙导通形成导水通道的危险。一旦此种情况发生，上层海水渗入将会对矿山带来巨大的危害，因此将第四类型列为矿山高度危险等级。微地震监测系统能够及时发现这类前兆并做出预报。

矿山采用多中段多采场同时进行生产，在开采范围达到一定程度后，有可能达到围岩稳定的极限状态。如果发生这种情况，将影响到整个中段的生产或是整个矿区的安全。特别是构造将开始活化，因此，在开采后期，要特别注意应用微地震监测结果，评判构造的稳定性。

9.3.7.4　三山岛金矿海下开采区域微地震监测结果

选取自 2009 年 1 月份和 2009 年 8 月份监测到的微地震数据，将这些数据在采掘工程图中显示，可了解微地震事件的分布状况，如图 9－74 所示。

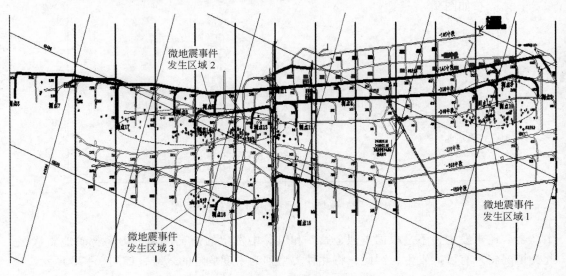

图 9－74　矿区微地震事件分布平面图

在图 9－74 中，可以看到三山岛金矿微地震事件发生频繁的位置可分为 3 个区域，这 3 个区域分别是矿区微地震事件分布平面图中的微地震事件发生区域 1、微地震事件发生区域 2、微地震事件发生区域 3。

三山岛金矿矿体在走向上延伸较长，能达到 1000～2000m，因此截取了多个剖面图进行展示。图 9－75 所示为 55 号勘探线附近的微地震事件分布。

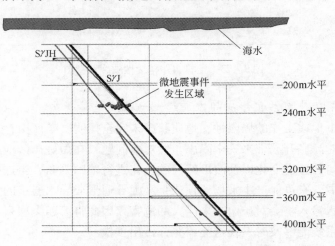

图 9－75　55 号勘探线附近微地震事件分布

从剖面图中可以看到矿体与上盘岩体之间有一条黑色的区域，此区域为断层的位置，是矿山安全开采的一个制约因素，从图 9－75 中可以看到，微地震发生区域是在断层以下的采场内部，断层上部的岩层里未发生微地震事件。

在63—79号勘探线一侧的浅部区域，此区域包括 - 200m 水平的 71 号、79 号、
- 240m水平的 63 号、71 号、79 号采场，共 5 个采场。浅部 5 个采场附近监测到的微地震
事件具体分布如图9-76~图9-79所示。

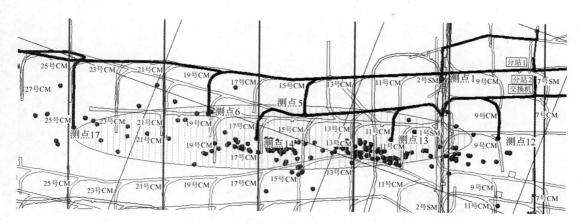

图 9-76 三山岛金矿63号~79号勘探线浅部区域微地震事件平面投影图

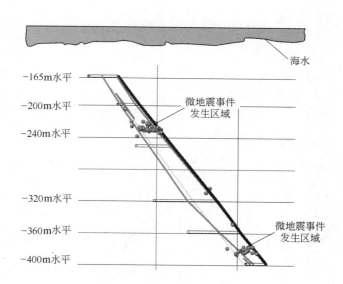

图 9-77 63号勘探线附近微地震事件显示图

从剖面图中，可以看到63—79号勘探线一侧采场内生产较集中，目前，矿体上盘的
岩体受矿内生产扰动影响较小，未发生明显的岩石断裂产生的微地震事件。在光面微差爆
破的生产方式下，岩体稳定性较好，目前需注意的是在某些采场内频繁爆破时应注意上盘
岩石的稳定性。由以上分析可知，此区域同样不存在海水通过导水裂隙带灌入井下的
威胁。

从 2008 年 12 月 12 日至 2009 年 3 月 31 日微地震事件时间、地点和收到信息的定位
数据看，井下采场的生产情况以及微地震事件多发生的采场位置。在 - 200m 水平有 3 个

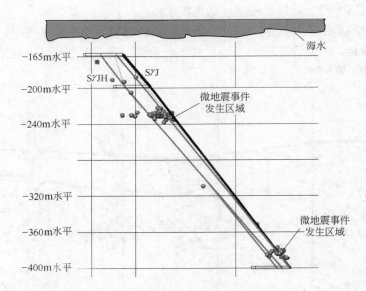

图 9 – 78　71 号勘探线附近微地震事件显示图

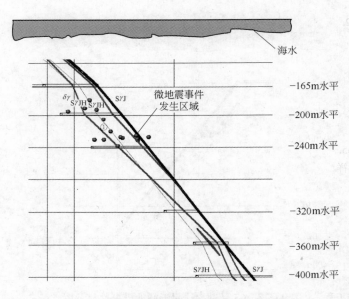

图 9 – 79　79 号勘探线附近微地震事件显示图

采场正在生产，发生的微地震事件较少；在 – 240m 水平有 7 个采场，多个位置进行生产爆破，发生的微地震事件较频繁，对 – 240 水平的采场附近的岩体影响较大，应注意 – 240m 水平岩体稳定性，确保采场安全生产。

　　总之，目前三山岛金矿上盘岩体整体稳定性较好，未产生因井下生产导致的持续向上发展的导水裂隙；上盘断层附近未出现开采扰动，短期内不可能出现上盘岩体整体错动的危险。因此，三山岛金矿整体较稳定，矿山安全状态为正常，不存在海下突水的可能性。

参 考 文 献

[1] 古德生，李夕兵. 现代金属矿床开采科学技术［M］. 北京：冶金工业出版社，2006：125～158.

[2] 韦华南，彭康，毕洪涛，等. 三山岛金矿海底采矿的采准工程优化［J］. 矿业研究与开发，2011，31（3）：11～14.

[3] 王成，胡国宏，刘志祥，等. 三山岛金矿海底开采采矿方法优化选择［J］. 黄金科学技术，2009，17（1）：46～52.

[4] 修国林，何顺斌，于常先. 三山岛海底采矿关键技术及最优开采方案研究［J］. 黄金科学技术，2010，18（3）：9～13.

[5] 王成钢，朱申红，周盛世. 地理信息系统在矿山安全监测及管理中的应用［J］. 煤矿安全，2000（4）：19～22.

[6] 张水平，陈刚. 国内外金属矿山安全监测现状与发展趋势［J］. 技术与装备，2009（6）：28～29.

[7] 刘志寒，姚萌. 煤矿安全实时监测与控制信息系统的实现［J］. 工矿自动化，2005（2）：4～6.

[8] 罗霄. 矿井监测系统软件的研究［J］. 太原理工大学学报，2001，32（1）：48～50.

[9] 史红霞. 安全生产监测监控系统浅析［J］. 机械管理开发，2003，72（3）：44～46.

[10] 华钢，左明，胡延军. 全矿井安全生产监测系统的研制［J］. 煤矿自动化，1999（2）：22～23.

[11] 李易展，贺跃光. 某矿山尾矿库安全监测方案设计［J］. 中国钨业，2009，24（2）：25～27.

[12] 过江，古德生，罗周全. 地下矿山安全监测与信息化技术［J］. 安全与环境学报，2006，6（增刊）：170～172.

[13] 刘建坡，石长岩，李元辉，等. 红透山铜矿微震监测系统的建立及应用研究［J］. 采矿与安全工程学报，2012，29（1）：72～77.

[14] 张开诚. BMS 微震监测系统在海底采矿中的应用［J］. 金属矿山，2012，（6）：133～136.

[15] 杨志国，于润沧，郭然，等. 微震监测技术在深井矿山中的应用［J］. 岩石力学与工程学报，2008，27（5）：1066～1073.

[16] 巩思园，窦林名，曹安业，等. 煤矿微震监测台网优化布设研究［J］. 地球物理学报，2010，53（2）：457～465.

[17] 唐礼忠，杨承祥，潘长良，等. 大规模深井开采微震监测系统站网布置优化［J］. 岩石力学与工程学报，2006，25（10）：2036～2042.

[18] 徐奴文，唐春安，沙椿，等. 锦屏一级水电站左岸边坡微震监测系统及其工程应用［J］. 岩石力学与工程学报，2010，29（5）：915～925.

[19] 赵兴东，石长岩，刘建坡，等. 红透山铜矿微震监测系统及其应用［J］. 东北大学学报（自然科学版），2008，29（3）：399～402.

[20] 王春来，吴爱祥，徐必根，等. 某深井矿山微震监测系统建立与网络优化研究［C］//第十届全国岩石力学与工程学术大会论文集. 2008：120～128.

[21] 李庶林，尹贤刚，郑文达，等. 凡口铅锌矿多通道微震监测系统及其应用研究［J］. 岩石力学与工程学报，2005，24（12）：2048～2053.

[22] 李庶林. 我国金属矿山首套微震监测系统建成并投入使用［J］. 岩石力学与工程学报，2004，23（13）：2156.

[23] 何岗，刘一鸣，赵立柱，等. 微震监测系统标定信号的应用［J］. 地球物理学进展，2012，27（2）：722～726.

[24] 贾瑞生，张兴民，孙红梅，等. 井下微震监测系统中远程串行通讯方案的设计与实现［J］. 计算机测量与控制，2005，13（2）：195～197.

[25] 杨志国，于润沧，郭然，等. 基于微震监测技术的矿山高应力区采动研究［J］. 岩石力学与工程

学报，2009，28（增2）：3632～3638.

[26] 唐绍辉，潘懿，黄英华，等. 深井矿山地压灾害微震监测技术应用研究 [J]. 岩石力学与工程学报，2009，28（增2）：3597～3603.

[27] 唐礼忠，潘长良，杨承祥，等. 冬瓜山铜矿微震监测系统及其应用研究 [J]. 金属矿山，2006，（10）：41～44，86.

[28] 杨承祥，罗周全，唐礼忠，等. 基于微震监测技术的深井开采地压活动规律研究 [J]. 岩石力学与工程学报，2007，26（4）：818～824.

[29] 姜福兴，XUN Luo. 微震监测技术在矿井岩层破裂监测中的应用 [J]. 岩土工程学报，2002，24（2）：147～149.

[30] 刘超，唐春安，张省军，等. 微震监测系统在矿山灾害救援中应用 [J]. 辽宁工程技术大学学报（自然科学版），2009，28（6）：929～932.

[31] 尹贤刚，李庶林，黄沛生，等. 微震监测系统在矿山安全管理中的应用研究 [J]. 矿业研究与开发，2006，26（1）：65～68.

冶金工业出版社部分图书推荐

书　　名	定价（元）
采矿手册（第 1 卷～第 7 卷）	927.00
采矿工程师手册（上、下）	395.00
现代采矿手册（上册）	290.00
现代采矿手册（中册）	450.00
现代采矿手册（下册）	260.00
选矿手册（第 1 卷～第 8 卷共 14 分册）	637.50
矿用药剂	249.00
浮选机理论与技术	66.00
现代金属矿床开采技术	260.00
中国典型爆破工程与技术	260.00
爆破手册	180.00
现代矿山企业安全控制创新理论与支撑体系	75.00
矿山废料胶结充填（第 2 版）	48.00
采矿概论	28.00
采矿学（第 2 版）	58.00
地质学（第 4 版）	40.00
矿山地质技术	48.00
选矿设计手册	140.00
地下装载机	99.00
硅酸盐矿物精细化加工基础与技术	39.00
炸药化学与制造	59.00
选矿知识 600 问	38.00
采矿知识 500 问	49.00
矿山尘害防治问答	35.00
金属矿山安全生产 400 问	46.00
煤矿安全生产 400 问	43.00
现代选矿技术丛书　铁矿石选矿技术	45.00
矿物加工实验理论与方法	45.00
金属矿山清洁生产技术	46.00
爆破工程（本科教材）	27.00
井巷工程（本科教材）	38.00
井巷工程（高职高专教材）	36.00
现代矿业管理经济学（本科教材）	36.00
环境工程微生物学实验指导（本科教材）	20.00
基于 ArcObjects 与 C#. NET 的 GIS 应用开发	50.00